U0293898

普通高等教育"十一五"国家级规划教材

建筑智能化概论

苗月季　刘临川　主编

中国水利水电出版社
www.waterpub.com.cn

内 容 提 要

本书是普通高等教育"十一五"国家级规划教材。全书共分六章，包括绪论、自动化控制基础理论、楼宇自动化系统、安全防范系统、火灾报警控制系统、综合布线系统等。本书针对智能建筑的特点，结合智能建筑自动化系统新产品、新技术、新规范与标准，论述了系统的基本原理与应用技术，内容突出技术理论的先进性与运用的规范性，每章除了说明系统原理、典型设备特点及应用技术外，每个系统都附有工程实例，给读者一个理论与工程实际相结合的启示。

本书可作为高等院校（工程造价、建筑工程管理、建筑设备等专业）智能建筑相关课程的教材，也可作为智能建筑相关从业人员的参考书。

图书在版编目（CIP）数据

建筑智能化概论 / 苗月季，刘临川主编. -- 北京：
中国水利水电出版社，2010.6（2019.1重印）
普通高等教育"十一五"国家级规划教材
ISBN 978-7-5084-7559-2

Ⅰ. ①建… Ⅱ. ①苗… ②刘… Ⅲ. ①智能建筑-自
动化系统-高等学校-教材 Ⅳ. ①TU243

中国版本图书馆CIP数据核字(2010)第103758号

书　名	普通高等教育"十一五"国家级规划教材 **建筑智能化概论**
作　者	苗月季　刘临川　主编
出版发行	中国水利水电出版社 （北京市海淀区玉渊潭南路1号D座　100038） 网址：www.waterpub.com.cn E-mail：sales@waterpub.com.cn 电话：（010）68367658（营销中心）
经　售	北京科水图书销售中心（零售） 电话：（010）88383994、63202643、68545874 全国各地新华书店和相关出版物销售网点
排　版	中国水利水电出版社微机排版中心
印　刷	北京印匠彩色印刷有限公司
规　格	184mm×260mm　16开本　23.5印张　557千字　1插页
版　次	2010年6月第1版　2019年1月第2次印刷
印　数	3001—4500册
定　价	**62.00元**

前言

　　智能建筑工程是一门新兴的、多专业结合的边缘学科，它汇集了现代计算机技术、通信技术、自动控制技术的成果，又与建筑技术、电子工程、电工学、自动控制、电气、暖通、给排水等专业密切相关，它既是为达到各系统（如空调、给排水等）使用功能的保证，也是现代化管理的一种手段。随着我国智能建筑的快速发展，对智能建筑相关技术人才的培养显得日益迫切和重要，本教材可作为高等院校（工程造价、建筑工程管理、建筑设备等专业）学生学习用书，也可作为智能建筑从业人员的参考书。

　　全书共分六章。其中：第一章介绍智能建筑的概念、智能建筑的组成部分以及智能建筑的发展趋势；第二章介绍自动化控制基础理论；第三章介绍楼宇自动化系统；第四章介绍安全防范系统；第五章介绍火灾报警控制系统；第六章介绍综合布线系统。本书为适应不同专业学生的学习，在结构编排上，力求易教易学，致力于概念和原理，对相关的基础知识做了一定的补充，大量使用了图表使解释简明易懂，便于学生自学与思考，通过阅读和学习能较全面地了解建筑智能化系统相关知识，为今后从事智能建筑工程施工、造价、管理等奠定理论基础并做好技术和方法上的准备。

　　本书由苗月季、刘临川任主编，全书由苗月季统稿。

　　本书参考了有关"建筑智能化"的大量书刊资料，并引用了部分内容，列入参考文献，在此对这些书刊资料的作者表示衷心感谢。

　　由于编者水平有限，书中不妥和错误之处恳请读者批评指正。

编　者

2010 年 3 月

目录

第一章 绪 论

第一节 智能建筑的概念

一、智能建筑的定义

所谓"智能建筑"是计算机、信息通信等技术融入建筑行业的产物，这些先进技术使建筑物内电力、照明、空调、防灾、防盗、运输设备等实现了管理自动化、远端通信和办公自动化的有效运作。

"智能建筑"从整个技术角度来看，它是计算机技术、控制技术、通信技术、微电子技术、建筑技术和其他很多先进技术相结合的产物，几乎融合了信息社会中人类所有智慧。但是，目前国际上关于智能建筑尚未有统一的定义。美国智能大厦协会（AIBI）认为：智能建筑是通过对建筑物的结构、系统、服务和管理四项基本要素及其之间的内在关系进行最优化，来提供一个投资合理的，具有高效、舒适、便利的环境的建筑物。日本智能大楼研究会认为：智能大楼是指具备信息通信、办公自动化信息服务，以及楼宇自动化各项功能的、便于进行智力活动需要的建筑物。新加坡政府的公共事业部门，在其《智能大厦手册》内规定，智能建筑必须具备三个条件：一是具有先进的自动化控制系统，能对大厦内的温度、湿度、灯光等进行自动调节，并具有保安、消防功能，为用户提供舒适、安全的环境；二是具有良好的通信网络设施，以保证数据在大厦内流通；三是能够提供足够的对外通信设施。

智能建筑与传统建筑最主要的区别在于"智能化"。也就是说，它不仅具有传统建筑物的功能，而且具有智能（或智慧）。"智能化"可以理解为，具有某种"拟人智能"的特性或功能。建筑物的智能化意味着具有以下几种功能。

（1）对环境和使用功能的变化具有感知能力。

（2）具有传递、处理感知信号或信息的能力。

（3）具有综合分析、判断的能力。

（4）具有做出决定，并且发出指令信息提供动作响应的能力。

以上四种能力建立在上述三大系统有机结合、系统集成的基础上，智能化程度的高低，取决于三大系统有机结合、渗透的程度，也就是系统综合集成的程度。

我国对于智能建筑的定义，国家标准《智能建筑设计标准》（GB/T 50314—2000）定义如下：它是以建筑为平台，兼备建筑设备、办公自动化及通信网络三大系统，集结构、系统、服务、管理及其之间的最优化组合，向人们提供一个安全、高效、舒适、便利的建筑环境。

国外对"智能建筑"的定义都不相同。最先提出"智能建筑"思想的美国就认为没有固定特性的定义，智能建筑是将结构、系统、服务和管理等四项基本要求，及其之间的内在关系进行优化组合，所有建筑的智能设计是要提供一个投资合理，又具有高效、舒适、便利的环境。日本则认为具有建筑自动化、远程通信和办公自动化，这三种功能结合起来有效运作的建筑就为"智能建筑"。欧洲一些国家认为能创造一种可以使用户发挥最高效率环境的建筑即为"智能建筑"，他们把用户的需要作为智能建筑的定义。

而中国智能建筑专业委员会建议，"智能建筑"是利用系统集成方法，将智能型的计算机技术、通信技术、信息技术与建筑艺术有机结合，通过对设备的自动监控、对信息资源的管理和对使用者的信息服务及其与建筑的优化组合，所获得的投资合理、适合信息社会需要，并且具有安全、高效、舒适、便利和灵活特点的建筑物。

各国的国情不同，对智能建筑的需求也不同，导致侧重点不同，因此定义也不同。另外，"智能建筑"的含义还随着科学技术发展而不断完善，因此它的定义也随着高速发展的科学技术不断地变化和充实。

二、智能建筑的特征

"智能建筑"的固有特征是：建筑物管理服务自动化；办公资源自动化；信息通信自动化。智能建筑的服务综合为几个子系统，这些子系统的资源共享成为整个系统的资源互补，这样能有效地构成一个综合系统来满足建筑物的各种复杂要求。"智能建筑"提供一个优越的生活环境和高效的工作环境，且具有舒适性、高效性、方便性、适应性、安全性和可靠性的特征。

三、智能建筑分类

人们通常将智能建筑分为以下几类。

1. 智能大楼

智能大楼的基本框架是将 BA、CA、OA 三个子系统结合成一个完整的整体，发展趋势则是向系统集成化、管理综合化和多元化以及智能城市化的方向发展，真正实现智能大楼作为现代化办公和生活的理想场所。

2. 智能广场

智能建筑将从单体大楼转变为成片开发，形成一个位置相对集中的建筑群体，称之为智能广场（PLAZA）而且不局限于办公类大楼，还在向公寓、酒店、商场、医院、学校等建筑领域扩展。

3. 智能化住宅

智能化住宅的发展分为三个层次，首先是家庭电子化（Home Electronics，HE），其次是住宅自动化（Home Automation，HA），最后是住宅智能化，美国称其为智慧屋（Wise House，WH），欧洲则称为时髦屋（Smart Home，SH）。智能化住宅是指通过家庭总线（Home Distribution，HDS）把家庭内的各种与信息相关的通信设备、家用电器和家庭保安装置都并入到网络之中，进行集中或异地的监视控制和家庭事务性管理，并保持这些家庭设施与住宅环境的协调，提供工作、学习、娱乐等各项服务，营造出具有多功能的信息化居住空间。

4. 智能化小区

智能化小区是对有一定智能程度的住宅小区的笼统称呼。智能化小区的基本智能被定义为"居家生活信息化、小区物业管理智能化、IC卡通用化"。智能小区建筑物除满足基本生活功能外，还要考虑安全、健康、节能、便利、舒适五大要素，以创造出各种环境（绿色环境、回归自然的环境、多媒体信息共享环境、优秀的人文环境等），从而使小区智能化有不同的等级。

5. 智能城市

在实现智能化住宅和智能化小区后，城市的智能化程度将被进一步强化，出现面貌一新的、以信息化为特征的智能城市。

智能城市的主要标志首先是通信的高度发达，光纤到路边（Fiber To The Curb，FTTC）、光纤到楼宇（Fiber To The Building，FTTB）、光纤到办公室（Fiber To The Office，FTTO）、光纤到小区（Fiber To The Zone，FTTZ）、光纤到户（Fiber To The Home，FTTH）；其次是计算机的普及和城际网络化，届时，在经历了"统一的连接"、"实时业务的集成"、"完全统一"三个发展阶段后，将出现在网络的诸多方面进行统一的"统一网络"。计算机网络将覆盖人们的工作、学习、办公、购物、炒股、休闲等几乎所有领域，电子商务成为时尚；再次是办公作业的无纸化和远程化。

6. 智能国家

智能国家是在智能城市的基础上将各城际网络互联成广域网，地域覆盖全国，从而可方便地在全国范围内实现远程作业、远程会议、远程办公。也可通过Internet或其他手段与全世界相沟通，进入信息化社会，整个世界将因此而变成"地球村"。

四、智能建筑的功能

"智能建筑"的功能体现在以下几个方面。

（1）具有信息处理功能。

（2）各中心之间能进行通信，信息通信的范围不局限于建筑物内部，应能在城市、地区和国家之间进行。

（3）能对建筑物内照明、电力、暖通空调、给排水、防灾、防盗及运输设备等进行综合自动管理。

（4）能实现各种设备运行状态监视和统计记录的设备管理自动化，并实行以安全状态监控为中心的防灾自动化功能。

（5）功能可随技术进步和社会发展所需具有可适应性和扩展性。

第二节　智能建筑的起源与发展

智能建筑是为了适应现代信息社会对建筑物的功能、环境和高效率管理的要求而产生的，它是采用计算机技术对建筑物内的设备进行自动控制、对信息资源进行管理和对用户提供信息服务等的一种新型建筑。

智能建筑是最近十几年才发展起来的，能很快在全球迅速发展有其原因。20世纪70年代末，随着社会信息化进程加快，信息也同其他科学技术一样成为竞争和巩固企业地位及推动发展的手段。现代科学技术的发展，使大量信息的积累、处理、传递变得无比迅速和相对廉价，建筑和信息技术的结合就成了必然的趋势。而且当时全球经济特别是东亚经济腾飞，生产力特征由劳动力资源型转向智力资源型，需要高效的工作场所，为智能建筑提供了广阔的买方市场。同时也出现了一大批从事智能建筑、系统集成商和技术咨询公司，使智能建筑的发展有了广泛而坚实的基础。而现代计算机网络技术的发展是智能建筑强有力的技术支撑。

"智能建筑"最早出现于 1984 年 1 月美国康涅狄格州所建"都市办公大楼"（Mty-place Building），该大楼用最先进的技术来控制电力、照明、空调、防灾、防盗、运输设备以及通信和办公自动化，除了有舒适、安全的办公条件外，还具有高效、经济的特点，这是世界上公认的第一座"智能建筑"。不久，日本于 1985 年 8 月在东京青山建成"青山大楼"，该大楼具有良好的综合功能，除了舒适、安全、高效、经济外，还方便、节能，使"智能建筑"又得到了进一步发展。由美国、日本勾画了"智能建筑"基本特征，随后世界各地的"智能建筑"蓬勃发展起来，英、法、德等国都积极筹建"智能建筑"。

随着社会高度信息化的推进，"智能建筑"已成为现代化建筑的新趋势。目前，国外"智能建筑"朝两个方面发展，一方面不限于智能化办公楼，正向公寓、商店、商场等建筑领域扩展，特别是向住宅发展；另一方面已从单一建造发展到成片规划开发，如"智能广场"、"智能社区"等。

我国"智能建筑"起步较晚，直到 20 世纪 80 年代末才开始有较大发展。1986 年在我国"七五"计划初期，由国家计划委员会同国家科委主持制订国家"七五"重点科技攻关项目，到 1998 年 5 月建设部成立建筑自动化系统工程设计专家工作委员会，为积极引导市场规范化，推进智能建筑业的健康发展做出了积极的努力，同年 5 月在北京又成立了中国智能建筑专家网（CIBnet）。

1999 年建设部住宅产业化办公室召开了住宅小区智能化技术论证研讨会，制订了住宅小区智能化分级功能设置，并编制《住宅小区智能化技术准则》，组织实施住宅小区智能化技术示范工程。这样使我国"智能建筑"纳入了正常发展轨道。近几年来，在北京、上海、广州相继建成了不少具有相当水平的智能建筑。

第三节　智能建筑的组成部分

现代"智能建筑"主要是建筑技术与信息技术相结合的产物，是随着科学技术的进步而逐步发展充实的，现代建筑（Crchitecture）技术、现代计算机（Computer）技术、现代通信（Communication）技术、现代控制（Control1）技术，是智能建筑发展的基础。智能建筑是由以下几个系统组成的。

一、建筑自动化控制系统

建筑自动化控制系统（BAS）采用计算机技术、自动化控制技术和通信技术组成的高度自动化综合管理系统，对建筑物内所有机电设施进行自动控制，这些机电设施包括变配电、给排水、采暖通风、空气调节、火警保安、交通运输等系统，用计算机实行全自动的综合监控管理，建筑自动化系统一般有以下几个方面。

1. 管理系统

它主要包括：热源、空调设备最佳控制；温、湿度自动调节控制；调度运转控制；电梯管理；大楼的环境；设备状态测定记录；能源计量、计费；远程控制等。

2. 安全防范系统

它主要包括：远程监视；出入口控制；火灾探测、报警、灭火及火灾控制；排烟控制、避难自动引导；煤气泄漏探测；报警系统；漏水探测系统；停车场自动管理系统；地震监视系统；停电控制系统等。

3. 节能系统

它主要包括：照明自动调光；照明自动开关系统；供电需求控制系统；节约用水控制系统；空调冷暖自动控制系统等。

二、通信系统

通信系统（CAS）主要有语音通信、数据通信、图形图像通信。智能建筑中的信息通信设施一般以程控用户交换机（PABX）为基础，并与其他外部通信设施联网，能利用高速数字传输网络或卫星通信系统进行信息传输，通信系统包括以下几种。

（1）以建筑物为中心的多功能程控电话和电视电话系统。

（2）电视电话会议和电子电话会议系统。

（3）电子邮政系统（包括电子邮件、高速传真邮件和原稿传真邮件等）。

（4）电传打字和数据传输系统。

（5）传真、电视和闭路电视系统。

（6）卫星通信和专用无线电通信系统。

先进的通信系统既可传输话音、数据，还可传输图像等多媒体信息。不同功能的建筑物，对通信要求也有所不同，信息产业部门会根据需求提供相应的应用系统。

三、办公自动化系统

办公自动化系统（OAS）是智能建筑最基本的内容之一，它能对来自建筑物内、外部等各种信息，给予收集、处理、存储、检索等综合处理。它提供了先进的信息处理功能，并可提供各种为办公事务的决策支持体系，极大地方便了办公事务的处理。该系统主要包括以下两种。

1. 共用信息系统

它包括局域网系统、公用数据库、主计算机系统、专家系统、综合统计系统、电子出版系统、可视图文系统、会议电视系统等。

2. 用户专用信息处理系统

它包括分体式办公信息管理系统、办公设备（服务器、传真器、复印机、扫描仪、打印机、文字处理机等）、应用系统（办公、财务、人事、情报等管理系统）。

第四节　智能建筑的系统集成

系统集成的概念，就是将各种各样的新技术、实用技术在应用的层面上进行合作，并使它们工作起来就像一个应用系统那样协调，系统集成的意义在于当各种信息和新技术如同潮水般地涌来时，如何根据需要对各种信息进行智能化的寻找、检索、过滤和选择，对各种新技术进行组合、归纳和集成，使之生成有价值的信息和再生新的应用技术，为了达到这个目的，系统集成成了关键问题。

系统集成在实际应用中，就是借助于结构化的综合布线系统和计算机网络技术，把构成智能建筑的三大要素作为核心，将语音、数据和图像及监控等信号，经过统一的筹划设计综合在一套结构化的布线中，并通过贯穿大楼内、外的布线系统和公共通信网络为桥梁，以及协调各类系统和局域网之间的接口和协议，把那些分离的设备、功能和信息有机地连成一个整体，从而构成一个完整的系统。使资源达到高度共享，管理实现高度集中。

系统集成包括设备的集成、系统软件的集成、应用软件的集成、人员的集成、管理机构的集成和管理方法的集成等方面。可以认为，系统集成是对软件、硬件及多元化信息综合和统一的过程。实质上，系统集成就是系统平台的集成。所谓"系统平台"就是应用系统的开发和运行环境，系统集成应是各类设备、子系统及系统平台达到完整统一，它支持智能建筑中功能和环境的各个方面，并且功能齐全，在用户界面上一致。

系统集成的实现，关键在于解决系统之间的互连性和互操作性问题，这是一个多厂家、多协议和面向各种应用体系的结构。这需要解决各类设备、子系统之间的接口、协议、系统平台、应用软件和其他相关子系统、建筑环境、施工管理及人员配备等问题，涉及多学科、多领域的复杂的系统工程，贯穿于智能建筑的规划、设计、施工和管理的全过程。

第五节 智能建筑的发展趋势

当前，智能建筑直接利用的技术是建筑技术、计算机技术、网络通信技术、自动化技术。在21世纪的智能建筑领域里，新技术不断涌现，如信息网络技术、控制网络技术、智能卡技术、可视化技术、流动办公技术、家庭智能化技术、无线局域网技术（含蓝牙技术）、卫星通信技术、双向电视传输技术等，都将有更加深入广泛的应用。

智能建筑的发展，带动了建筑设备智能化技术的快速发展。近年来，空调、制冷、电梯、变配电、照明等系统与设备的控制系统的智能化程度越来越高，建筑智能化的外延在扩展，如智能化的建筑材料（自修复混凝土、光纤混凝土）、智能化的建筑结构。国内近几年智能建筑的发展，已经带动和促进了相关行业的发展，成为高新技术产业的重要组成部分，一方面为智能建筑功能的提高提供了有力的技术支持，另一方面也促进了相关行业产品技术水平的不断提高和产品的更新换代。

智能建筑中各个系统向开放性和集成化方向发展，特别是开放性控制网络技术正在向标准化、广域化、可移植性、可扩展性和互可操作性方向发展。由于智能建筑系统是多学科、多技术的系统集成整体，因而开放式可互操作性系统技术的规范化、标准化，就成为实现智能化建筑及其产品设备与系统的产业化技术水平的核心。智能建筑中各种系统、网络正在相互融合、简化，如智能建筑的发展推动了移动办公的发展，使办公不再受到地域的限制，减少了交通开支。

"可持续发展技术"是智能建筑技术发展的大方向。新兴的环保生态学、生物工程学、生物电子学、仿生学、生物气候学、新材料学等技术，正在渗透到建筑智能化的多学科、多技术领域中，实现人类聚居环境的可持续发展目标，从而在国际上也形成所谓"可持续发展技术产业"。目前，欧洲、美国、日本等发达国家也在尝试运用高新技术有规模地建设智能型绿色建筑、智能型生态建筑。

智能建筑的概念也在发展，目前智能建筑正和节能建筑、环保建筑、生态建筑、绿色建筑、信息建筑、数字建筑、网络建筑相结合而发展。

智能建筑正在从单体向建筑群和数字化社区、数字化城市发展。智能建筑（群）和具备了"智能建筑"特点的现代化居住小区，虽然它们都建成了自己独具特色的综合"信息系统"，但从整个城市来讲，它们仍只是一个个功能齐全的"信息孤岛"。如果将这些"信息孤岛"有机地联系起来，更大地发挥它们的功能和作用，进而将整个城市推向现代化、信息化和智能化，这就产生了"数字城市"的概念。可以说"数字城市"是"智能建筑"概念的具有特殊意义的扩展。可以想象将住宅、社区、医院、银行、学校、超市、购物中心等所有智能建筑通过信息网络连接形成"数字城市"信息平台之上的"智能建筑"、"智能小区"、"智能住宅"。这些可以预见的前景，预示着智能建筑具有极其广阔的发展空间。

智能建筑在向绿色的方向发展，智能化系统在建筑物内提供一个更节能、环保的优良工作、生活空间。可防治电磁污染，避免或减少信息垃圾的产生。

智能建筑的标准化工作正向着国际化、模块化、个性化的方向发展。

智能建筑及其相关高新技术产业正在世界范围内高速发展，其巨大的经济效益使之充满活力，并将成为21世纪的主要高技术产业之一。

思 考 题 与 习 题

1-1 什么是智能建筑？

1-2 智能建筑的技术支撑是什么？

1-3 简述智能建筑的组成部分。

1-4 何谓系统集成？其作用是什么？

第二章　自动化控制基础理论

楼宇自动化系统是对建筑（群）的电力设备、照明、空调、通风、给排水、火灾报警、消防灭火、送风排烟、安防、电梯等设备及系统进行监控和管理，每一个设备或系统的具体监控原理、内容和功能不尽相同，但都没有超出设备与系统的监视、测量、控制与调节所涵盖的技术范围。

第一节　检测技术与常用传感器

一、检测技术概述

在楼宇自动化系统中，通常要对温度、湿度、压力、流量、浓度、液位等参数进行检测和控制，使之处于最佳的工作状态，以便用最少的材料及能源消耗，获得较好的经济效益。同时，也要对建筑内部关系到人身安全、设备与系统运行安全、环境与财产安全的因素与状态进行全面监视，及时发现危险源或险情，并采取有效的防范措施，保证建筑环境的质量与安全，最大限度地保护人身与财产安全。因此必须及时掌握描述它们特性、运行过程的各种参数和反映安全状态的相关变量，首先就要求测量这些参数和变量的值。

测量是取得各种事物的某些特征的直接方法。从计量角度来讲，测量就是把待测的物理量直接或间接地与另一个同类的已知量进行比较，并将已知量或标准量作为计量单位，进而定出被测量是该计量单位的若干倍或几分之几，也就是求出待测量与计量单位的比值作为测量的结果。

自动检测技术归纳起来可以分为两大类：一类是测量电压、电流、电阻、电抗、功率因数等电量参数的检测；另一类是温度、湿度、压力等非电量参数的检测。这些非电量参数到电量参数的转换，是根据电学性质或原理与被测非电量之间的特定关系来实现的。如热敏电阻就是利用温度变化引起被测物体电阻的变化，然后再根据电学原理，将温度值变换成对应的电流或电位。将非电量转换为电量的器件，通常称为传感器，传感器在自动检测技术中占有极为重要的地位，在某些场合成为解决实际问题的关键。

图2-1是电量自动检测单元基本结构，图2-2是非电量自动检测单元基本结构。

二、楼宇自动化系统常用传感器

广义的BAS是现代建筑物或建筑群内的电力、照明、空调、给排水、火灾、保安、车库管理等设备或系统的集中监视、控制和设备综合系统。传感器/探测器是必不可少的重要组成部分。

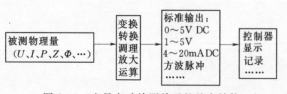

图2-1　电量自动检测单元的基本结构

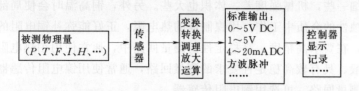

图2-2　非电量自动检测单元的基本结构

这里只简单讨论温度、湿度、压力、流量等现代建筑常用到的非电物理量的测量传感器的工作原理。用于火灾、防盗、入侵等防灾、保安的传感器/探测器在后面的章节进行专门讨论。

（一）温度传感器

温度是表征被测对象冷热程度的物理量，它在楼宇控制中是一个极为重要的参数。温度的自动调节能给人们提供一个舒适的工作与生活环境，通过合理的温度控制又能有效地降低能源的消耗。

现代建筑中的温度测量通常根据下列方法进行。

（1）电阻测温：铜电阻（-5～150℃）、铂电阻（200～600℃）、热敏电阻（-200～0℃、-50～50℃、0～300℃）的阻值随温度变化而变化，通过测量感温电阻的电阻值来测量温度。

（2）半导体测温：半导体 PN 结的结电压随温度的变化而变化，通过测量感温元件（结）电压变化来测量温度变化。

（3）热电偶测温：根据热电效应，将两种不同的导体接触并构成回路，若两个接点温度不同，回路产生热电势，通过测量热电偶的电势测量温度。

1. 热电阻温度传感器

利用导体电阻随温度变化而变化的特性制成的传感器，称为热电阻温度传感器。

在测量低于150℃的温度时，经常利用金属导体的电阻随温度变化的特性进行测温。例如，铜电阻温度系数为 $4.25 \times 10^{-3}/℃$，当温度从 0℃ 升高到 100℃ 时，铜电阻增加大约 40%，因此只要确定电阻的变化就能得知温度的高低。

用金属电阻作为感温材料，要求金属电阻温度系数大，电阻与温度成线性关系，在测温范围内物理化学性能稳定，在常用感温材料中首选铜和铂。

金属电阻与温度的线性关系如下：

$$R_t = R_0(1 + \alpha t)$$

式中　R_t——温度 t 时的电阻值；

R_0——温度零摄氏度时的电阻值；

α——电阻的温度系数，铂金属 $\alpha = 3.908 \times 10^{-3}/℃$，铜金属 $\alpha = (4.25 \sim 4.28) \times 10^{-3}/℃$。

铂金属电阻的特点是精度高，性能稳定可靠，被国际组织规定为 -259～+630℃ 间的基准，但铂属于贵金属，价格高。

铜金属制成的热电阻：优点是价格便宜，电阻与温度之间线性度好；缺点是电阻率低（$\rho_{Cu} = 1.7 \times 10^{-8} \Omega \cdot mm^2/m$，$\rho_{Pt} = 9.81 \times 10^{-8} \Omega \cdot mm^2/m$），所以制成电阻率一样的热电

阻，铜电阻要细一些，机械强度差，体积也大些。另外，铜高温时会使局部氧化，只能在低温及没有侵蚀性的介质中工作。用镍制成的热电阻，正好能弥补铜电阻的缺陷，价格又比铂低。因此，在要求高精度、高稳定性的测量回路中，通常使用铂热电阻材料制成的传感器。要求一般、具有较高稳定性要求的测量回路，通常使用镍电阻传感器。档次低、只有一般要求的测量回路，可选用铜电阻传感器。

在使用热电阻测温时，要充分注意热电阻与外部导线的连接，因为外部的连接导线与热电阻是串联的，如果导线电阻不确定，测温是无法进行的，因此，不管外接导线长短如何，必须使导线电阻符合规定值（由检测仪表测量，一般为 5Ω），如果不足，用锰铜电阻丝补齐。为了提高测量精度，常用三线热电阻电桥测量法。

利用半导体的电阻随温度变化的属性制成温度传感器，是常采用的又一种测温方法。

半导体的电阻对温度的感受灵敏度特别高，在一些精度要求不高的测量和控制电路中得到广泛应用，上述提及的铜电阻当温度每变化 $1\,℃$ 时，阻值变化 $0.4\%\sim0.5\%$。而半导体电阻温度每变化 $1\,℃$，则阻值变化可达 $2\%\sim6\%$，所以其灵敏度要比其他金属电阻高出一个数量级，这样将它作为热敏电阻时，其测量和放大线路非常简单。

半导体热敏电阻的温度系数是负的，温度升高时，半导体材料内部载流子密度增加，故电阻下降，其电阻和温度的关系为

$$R_T = R_{T_0}\, e^{\beta(1/T+1/T_0)}$$

式中　R_T、R_{T_0}——分别表示 $T\,(K)$ 与 $T_0\,(K)$ 时的电阻阻值；

　　　　β——常数，与材料成分及制造方法有关。

由于半导体热敏电阻的特性曲线不太一致，因此互换性差，使其在实际使用中受到一定限制。目前半导体热敏电阻的测量温度为 $-50\sim+300\,℃$。

2. 热电势温度传感器

半导体测温、热电偶测温都属于利用热电势测温的范围。

（1）以热电偶为材料的热电势传感器。两种不同的导体或半导体连接成闭合回路时，若两个不同材料接点处温度不同，回路中就会出现热电动势，并产生电流。这一热电动势包括接触电势和温差电势两部分，主要是由接触电势组成。

两种不同导体 A、B 接触时，由于两边自由电子密度不同，在交界面上产生电子的相互扩散，致使在 A、B 接触时产生电场，以阻碍电子的进一步扩散，达到最后平衡。平衡时接触电动势取决于两种材料的种类和接触点的温度，这种装置称为热电偶。

将热电偶材料一端温度保持恒定（称为自由端或冷端），而将另一端插在需要测温的地方，这样两端的热电势就是被测温度（工作端或热端）的函数，只要测出这一电势值，就能确定被测点的温度。

制成热电偶的材料，必须在测温范围内有稳定的化学与物理性质，热电势要大，与温度接近线性关系。

铂及其合金属于贵金属，其组成的热电偶价格最贵，优点是热电势非常稳定。铜、康铜价格最便宜；镍铬、康铜居中，而它的灵敏度又最高。由于热电偶的热电势大小不仅与测量温度有关，还决定于自由端（冷端）温度，即电势的大小取决于测量端与自由端的温差。由于自由端距热源较近，因其温度波动较大，给测量带来误差，为克服这个缺点，通

常采用补偿导线和热电偶连接，补偿导线的作用就是将热电偶的自由端延伸到距热源较远、温度比较稳定的地方，对补偿导线的要求是它在温度比较低时的特性与热电偶相同或接近，且价格低廉。常用的各种热电偶材料、测量范围、灵敏度及特点见表 2-1。

表 2-1　　　　　　　　　　　　　　几种常用的标准型热电偶

热电偶名称	分度号	热电丝材料	测温范围（℃）	平均灵敏度（μV/℃）	特　点
铂铑 t_{11}-铂铑$_6$	B	正极 Pt70%，Rh30% 负极 Pt94%，Rh6%	0～+1800	10	价贵，稳定性好，精度高，在氧化气氛使用
铂铑$_{10}$-铂	S	正极 Pt90%，Rh10% 负极 Pt100%	0～+1600	10	同上，线性度优于 B
镍铬-镍硅	K	正极 Ni90%，Cr10% 负极 Ni97%，Si2.5% Mn0.5%	0～+1300	40	线性好，价廉，稳定，可在氧化及中性气氛中使用
镍铬-康铜	E	正极 Ni90%，Cr10% 负极 Ni60%，Cu60%	-200～+900	80	灵敏度高，价廉，可在氧化及弱还原气氛中使用
铜-康铜	T	正极 Cu100% 负极 Ni60%，Cu60%	-200～+400	50	价廉，但铜易氧化，常用于 150℃ 以下温度测量

（2）以半导体 PN 结为材料的热电势传感器。利用温度变化造成半导体 PN 结结电压变化的传感器称为热电势传感器。常用的集成温度传感器，就是这种热电势传感器，这种传感器使用方便，工作稳定，价格便宜，且具有高精度的放大电路。在 -50～150℃ 之间，按 $1\mu A/K$ 的恒定比值，输出一个与温度成正比的电流，通过对电流的测量，即可测得所要测量的温度值。集成温度传感器，输出阻抗高，适用于远距离传输。

（二）湿度传感器

在现代建筑中，根据不同的场所，不同的工作环境，需要把空气湿度控制在相应的范围内，湿度过高、过低都会使人感到不适。在一定的温度和压力下，单位体积空气中所含的水蒸气量称为绝对湿度，单位为 g/m^3。空气中所含实际水蒸气量与同一温度下所含最大水蒸气量的比值用百分比表示，称为相对湿度，单位为 %RH。相对湿度与该温度下空气的最大水蒸气量有关，是一个与温度相关的物理量。

在一定压力下，含一定量水蒸气的空气，当温度降低一定值时，空气中的水蒸气将达到饱和状态，开始由气态变成液态，称为"结露"，此时的温度称露点，单位为℃。温度继续下降，液态可能要变成固态，即结冰。冰冻会给设备带来一定的危害，这在系统控制中一定要加以注意。

湿度测量一般用湿敏元件，常用湿敏元件有阻抗式和电容式两种。阻抗式湿敏元件的阻抗与温度呈非线性关系。

1. 阻抗式湿度传感器

（1）金属氧化物湿度传感器。硒蒸发膜湿度传感器是利用硒薄膜具有较大的吸湿面这一特点研制而成的。在绝缘管上镀一层铂膜，然后以细螺距将铂膜刻成宽度约为 0.1cm

的螺旋状，以此作为两个电极，在两个电极之间蒸发上硒，两极间电阻大小随着吸湿面硒上的湿度大小而变化。这种传感器能在高湿度环境连续使用，性能稳定。

（2）磁胶体湿度传感器。磁胶体湿度传感器采用在氧化铝基片上制作一对梳状金电极，然后选用粒径为 $100\sim250\text{Å}$（埃）的优质纯磁粉制成胶状体，用喷涂法在电极上涂约厚 $30\mu m$，最后在 $100\sim200℃$ 温度下加热 1h，即可得到很实用的湿度传感器。这类传感器制作容易，价格便宜，可以做成各种形状，互换性能好。随着相对湿度的增加，两电极间电阻接近线性下降，这类传感器湿度检测范围在 $30\%\sim95\%$RH 的相对湿度内。通常用金属氧化物制作的湿度传感器的特性曲线出现滞后现象，但磁胶体湿度传感器滞后现象不明显，并且它的湿度特性也较好。使用阻抗式湿度传感器时，需对传感器供电，供电频率为 1kHz。相对湿度的变化，使传感器电抗随之变化，如 40%RH 时，阻抗为 $68\text{k}\Omega$；60%RH 时，阻抗为 $29\text{k}\Omega$；80%RH 时，阻抗为 $7\text{k}\Omega$。这样给调试带来方便。

2. 电容式湿度传感器

电容式湿度传感器，先是在一玻璃基片上做一个电极，上面喷涂一层 $1\mu m$ 厚的聚合物，聚合物容易吸收空气中的水分，也容易将水分散发掉，在聚合物上再做一个可透气的金属薄膜为第二电极，厚度为 100Å，相对湿度的变化影响了聚合物的介电常数，从而改变了传感器的电容值。电容与湿度基本呈线性关系，电容式湿度传感器元件尺寸小，响应快，温度系数小，有良好的稳定性，也是人们经常选用的湿度传感器。

（三）压力传感器

压力传感器是将压力转换成电流或电压的器件，可用于测量压力和液位。对压力的测量由于条件、测量精度的要求不同，所使用的敏感器件也不一样。

1. 利用金属弹性制成的压力传感器

利用金属材料的弹性制成的测压元件来测量压力是一种常用的测压方法。

在民用建筑中最常用的弹性测量元件有弹簧、弹簧管、波纹管和弹性膜片。而这些测压元件是先将压力变化转换成位移的变化，然后再将位移的变化通过磁电或其他电学方法转换成能方便检测、传输、处理、显示的电物理量。

（1）电阻式压差传感器。将测压弹性元件的输出位移变换成滑动电阻的触点位移，这样被测压力的变化就可转换成滑动电阻阻值的变化，把这一滑动电阻与其他电阻接成桥路，当阻值发生变化时，电桥输出不平衡电容。

（2）电容式压差传感器。这是现在最常见的一种压力传感器。它是用两块弹性强度好的金属平板，作为差动可变电容器的两个活动电容，被测压力分别置于两块金属平板两侧，在压力的作用下，能产生相应位移。当可动极板与另一电极的距离发生变化时，则相应的平板电容器的容量发生变化，最后由变送器将变化的电容转换成相应的标准电压或电流信号。

（3）霍尔压力传感器。霍尔压力传感器是通过霍尔元件，将弹性元件感受的压力变化所引起的位移转换成电压信号。霍尔元件实际上是一块半导体元件。如果在霍尔元件纵向端口通入控制电流 I，在与 I 垂直的方向加一磁场，其磁感应强度为 B，则在与电流和磁场垂直的霍尔元件横向端将产生电位差 V_H，这种现象称为霍尔效应，产生的电位差叫霍尔电势，这种半导体元件称为霍尔元件，原理如图 2-3 所示。

霍尔电势大小与控制电流和磁感应强度的乘积成正比，与沿磁场方向的霍尔元件厚度

$$V_H = \frac{4\pi R_H}{d} I B f_H \quad (V)$$

式中　d——霍尔元件厚度，m；

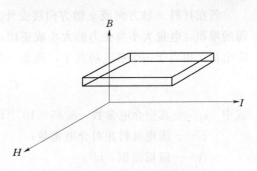

　　　B——磁感应强度，A/m；

　　　f_H——形状因子，一般取 $0.88 \sim 0.99$；

　　　I——控制电流，A；

　　　R_H——霍尔系数，m^3/C（$R_H = \mu/\sigma$）；

　　　μ——材料载流子的迁移率，$m^2/(V \cdot S)$；

图 2-3　霍尔效应原理示意图

　　　σ——材料的电导率，S/m。

把霍尔元件固定在弹性元件上，当弹性元件受压变形后产生位移，带动霍尔元件运动，将霍尔元件放在具有均匀梯度的磁场内（不均匀磁场），当霍尔元件随压力变化而运动时，则作用于霍尔元件上的磁场强度发生变化，霍尔电势也随之变化，霍尔电势的大小正比于位移的变化，这样也就完成了压力变化→机械位移→霍尔电势的变化。

霍尔压力传感器只能用在测量动态压力和快速脉动的压力上，而对其他压力，这种压力传感器就无能为力了。

2. 压电式压力传感器

压电式压力传感器是利用某些材料的压电效应原理制成的，具有这种效应的材料，如压电陶瓷、压电晶体，称之为压电材料。

压电效应就是压电材料在一定方向受外力作用而产生形变时，内部将产生极化现象，同时在其表面上产生电荷，当去掉外力时，又重新返回不带电的状态，这种机械能转变成电能的现象，称之为压电现象，而压电材料上电荷量的大小与外力的大小成正比。

通常的压电材料是人工合成的，天然的压电晶体也有压电现象，但效率低，利用难度较大，故应用较少。只有在高温或低温状态下，才用单晶石英晶体。

（1）压电陶瓷传感器。压电陶瓷是人工烧结的一种常用的多晶压电材料。压电陶瓷烧结方便，容易成形，强度高，而且压电系数高，为天然单晶石英晶体的几百倍，而成本只有石英单晶的 1%，因此，压电陶瓷被用做高效压力传感器的材料。

常用的压电陶瓷材料有钛酸钡（$BaTiO_3$）、锆钛酸铅等。

压电陶瓷材料烧结后，原先并不具有压电特性。这种陶瓷材料内部有许多无规则排列的"电畴"，这些"电畴"在一定外界温度和强极化电场的作用下，按外电场的方向整齐排列，这就是极化过程。极化后的陶瓷材料，撤去外界的极化电场，其内部电畴的排列不变，具有很强的极化排列，这时的陶瓷材料才具有压电特性。

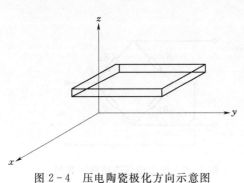

图 2-4　压电陶瓷极化方向示意图

如图 2-4 所示，压电陶瓷的极化方向为 z 轴方向，而在 z 轴方向上受外力作用，则垂直于 z 轴的 x、y 轴平面上面和下面出现正、负电荷。

13

若在材料 x 轴方向或 y 轴方向接受外力作用，同样在 x、y 轴平面的上、下面出现电荷的堆积，电量大小与受力的大小成正比，压电陶瓷受外力作用，在晶体上、下面出现感应电荷，相当于一个静电场发生，或是一个以压电材料为介质的电容器。电容量大小为

$$C = \varepsilon_0 \varepsilon_r \frac{A}{d}$$

式中　ε_0——真空介电常数，$8.85 \times 10^{-12}\,\text{F/m}$；

　　　ε_r——压电材料相对介电常数；

　　　A——极板面积，m^2；

　　　d——压电材料厚度，m。

　　而电容两端开路电压 $U = Q/C$，Q 为极板上的电荷量，其大小取决于外界力的大小。因为电量 Q 很小，因此感应出的电压也很小。为了能检测到 U 的变化量，要求陶瓷本身有极高的阻抗，同时前级放大器也应有极高的输入阻抗，通常检测电路的前级放大器使用场效应管。由于输入阻抗极高，极易窜入干扰信号，为此希望前级放大器直接接在传感器的输出端，信号经放大后输出一个高电平、低阻抗的检测信号。

　　（2）有机压电材料传感器。有机压电材料是一种新型压电材料，如聚氯乙烯（PVC）、聚二氟乙烯（FVF$_2$），它们具有柔软、不易破碎的特点，因此也广泛地应用在压力测量上。

　　3. 半导体压力传感器

　　半导体压力传感器是利用 Si 晶体的压电电阻效应的半导体压力测量元件。当半导体材料 Si 受外力作用时，晶体处于扭曲状态，由于载流迁移率的变化而导致结晶阻抗变化的现象，称为压电电阻效应，用 ΔR 表示晶体阻抗的变化，它的变化率为

$$\Delta R/R = (\Delta \rho/\rho)t\sigma = G\sigma$$

式中　t——压电电阻系数；

　　　ρ——电阻率；

　　　σ——应力；

　　　G——比例因子。

　　半导体材料压力传感器的比例因子 G 高达 200，G 越高，灵敏度越高。图 2-5 所示为半导体压力传感器的结构。当 Si 膜片受压时，扩散电阻阻值发生变化，把 R_1、R_2、R_3、R_4 接成桥路，如图 2-6 所示。由图 2-7 可以看出，输出电压随压力的变化而变化且线性较好。

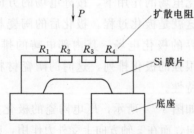

图 2-5　半导体压力传感器结构

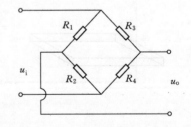

图 2-6　压力传感器桥路示意图

用来检测压力的传感器还有静电容压力传感器和硅振动式压力传感器。静电容压力传感器是将压力膜微小的位置变化转化成静电容变化的传感器。硅振动式压力传感器是用微加工方法将硅膜片加工成长 $50\mu m$、宽 $20\sim30\mu m$、厚 $5\mu m$ 的硅振子膜片，当膜片受到此力，就把压力转换成张力，使膜片产生振动。但为使振子不直接与测量物体接触，防止振子的污染和劣化，而将其全部封在真空室内，硅振动式压力传感器对工作条件的要求是极高的。

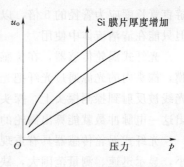

图 2-7　压力传感器压电传输特性

（四）流量传感器

测量流量的方法很多，常用的有节流式、速度式、容积式和电磁式，使用时经常根据精度要求、测量范围选择不同的方式。

1. 节流式

在被测管道上安装一节流器件，如孔板、喷嘴、靶、转子等，使流体流过这些阻挡体时，流动状态发生变化，根据流体对节流元件的推力和节流元件前后的压力差，可以测定流量的大小。再根据上节所述把节流元件两端的压差或节流元件上的推力转换成标准的电信号。

压差式流量计是在管道中将孔板作为节流元件，当流体经过这一孔板时，载流面缩小，流速加快，压力下降，测出孔板前后压力差，而流量的大小与节流元件前后压力差的平方根成正比，把压力差转换成相应的电压或电流量信号。压差流量计精度稍差，但结构简单，制造方便，是一种常用的流量仪器。

靶式流量计则是把节流元件做成一个悬挂在管道中央的小靶，输出信号取自作用于靶上的压力，同样可以得到通过管道流体的流量与靶上的压力成正比，只要测出靶上的推力 F 就得到流量的大小。

靶式流量计和压差流量计的原理是相似的，靶式流量计则经常用于高黏度的流体，如重油、沥青等流体的测量，也适用于有浮物、沉淀物的流体。

转子流量计是把可以转动的转子放在圆锥形的测量管道中，当被测流体自下而上流过时，由于转子的节流作用，在转子的前后产生压差，而转子在这压差的控制下上下移动，这时转子平衡位置的高低能反映流量的大小，把转子的位置用传感器发送就能转换成电信号，也就直接反映了流量的大小。

2. 速度式

速度式流量计常用的有涡流流量计，该流量计则是在导管中心轴上安装一个涡轮装置，流体流过管道，推动涡轮转动，涡轮的转速正比于流体的流量。因为涡轮在管道中转动，其转速只能通过非接触的电磁感应方法才能测出，涡轮的叶片采用导磁材料制成，在非导磁材料做成的导管外面安放一组套有感应线圈的磁铁。涡轮旋转，每片叶片经过磁铁下面，改变磁铁的磁通量，磁通量变化感应出电脉冲。在一定流量范围内，产生的电脉冲数量与流量成正比，在流量计中每通过单位体积的流体，产生 N 个电脉冲信号，N 又称为仪表常数。这个常数在仪表出厂时就已经调整好。

为保证流体沿轴向流动推动涡轮，提高测量精度，在涡轮前后均装有导流器。尽管如此，还要求在涡轮流量计的前后均安装一段直管，上游管段的长度应为管径的 10 倍，下游直管长度应为管径的 5 倍，以保证液体流动的稳定性。涡轮流量计线性好，反应灵敏，但只能在清洁流体中使用。

光纤式涡轮传感器，在传感器涡轮叶片上贴上一小块具有高反射率的薄片或一层反射膜，探头内的光源通过光纤把光线映射到涡轮叶片上，当反射片通过光纤入射口时，入射光线被反射到探测探头上，探头由光电器件组成，光线射到光电器件后变成电脉冲，计算出这一电脉冲数就能算出涡轮的转速，进而计算出流体的流量。

光纤式涡轮传感器具有重现性和稳定性好的特点，受环境、电磁、温度等因素的干扰小，显示迅速、测量范围大，缺点是只能用来测量透明的气体和液体。

3. 容积式

容积式流量计通常有椭圆齿轮流量计，它靠一对加工精良的椭圆齿轮在一个转动周期里，排出一定量的流体，只要累计出齿轮转动的圈数，就可以得知一段时间内的流体总量。这种流量计是按照固定的排出量计算流体的流量，只要椭圆齿轮加工精确，防止腐蚀和磨损，就可达到极高的测量精度，一般可达到 0.2%～0.55%，所以经常作为精密测量用，该流量计经常用于高黏度的流体测量。

4. 电磁式

电磁式流量计常用于测量导电液体流量，被测液体的电导率应小于 $50～100\mu\Omega/cm$。在测量管的两侧安装磁铁能在测量管中形成磁场，利用导电液体通过磁场时在两固定电极上感应出的电动势测量流速，这一电动势的大小与流量大小成正比。

电磁流量计的优点是在管道中不设任何节流元件，因此，可以测量各种黏度的导电液体，特别适合测量含有各种纤维和固体污物的流体，此外对腐蚀性液体也适用。除了测量管中一对电极与被测流体接触外，没有其他零件与之接触，工作可靠，精度高，线性好，测量范围大，反应速度也快。

此外，还有涡节流量计、超声流量计等其他形式的流量计，在楼宇自动化系统中用到时，可参考相关技术资料和产品说明书。

（五）液位检测传感器

在现代化楼宇中，经常要求对供、排水的水位进行检测和控制，对液位监控的传感器，可以是电容式的，也可以是电阻式的，传统的浮球开关作为开关量传感器，仍被广泛地用于液位监测。

1. 电阻式液位传感器

电阻式液位传感器是利用液体的电阻作为监控的对象，在液体介质中安装几个金属接点，利用介质的导电性，接通检测控制回路，监测液体液位的高低。为了更精确地连续反映液位的高低，也可在容器内安置浮筒，构成浮筒式液位计，浮筒经过一连杆与滑动电阻器中心滑动触点相连，随液位升降，滑动电阻器的阻值也相应发生变化。选择精度高、性能稳定、线性较好的滑线变阻器，即可由变阻器的电阻值精确反映出液面的高度。也可将浮筒与一压力弹簧相连，浮筒重量大于浮力，无液体时，浮筒的重量靠弹簧拉力平衡，当有液体时，浮筒受到浮力，减轻了弹簧拉力，浮力的大小与弹簧形变的恢复成正比，通过位移—电压转换器，输出与浮力相对应的检测电压。

这种监测仪器结构简单、价格便宜，但只能用于无腐蚀性液体中，否则液体的腐蚀性会使弹簧的弹性系数发生变化，给测量带来误差。该仪表适合于 200cm 以内、密度为 0.1～0.5g/cm³ 液体界面的连续测量。

2. 电容式液位传感器

电容式液位传感器是对液体液位进行连续精密测量的仪器。它是用金属体和与之绝缘的金属外筒作为两电极，外筒电极底部有孔，金属筒高为 L，被测液体能够进入内外电极之间的空间中。当液面低于液位计、电极间没有液体时，此时液位计相当于一个以空气为介质的同心圆筒电容，其电容值为

$$C_0 = \frac{2\pi\varepsilon_0 L}{\ln\dfrac{D}{d}}$$

式中　ε_0——空气的介电常数；

　　　L——圆筒电极的高度；

　　　D——外电极的内径；

　　　d——内电极的外径。

当液面上升到 H 高度时，则液位计的电容为两段电容的并联，上段电容介质为空气，高为 $L-H$，介电常数为 ε_0，下段电容介质为液体，高度为 H，介电常数为 ε，故此时电容量为

$$C = \frac{2\pi\varepsilon H}{\ln\dfrac{D}{d}} + \frac{2\pi\varepsilon_0(L-H)}{\ln\dfrac{D}{d}} = \frac{2\pi(\varepsilon-\varepsilon_0)H}{\ln\dfrac{D}{d}} + \frac{2\pi\varepsilon_0 L}{\ln\dfrac{D}{d}}$$

由上式可知，这时的电容量与液面高度 H 呈线性关系，测得此刻的电容量值，便可测知液面高度。测量灵敏度与 $(\varepsilon-\varepsilon_0)$ 成正比，与 $\ln\dfrac{D}{d}$ 成反比。这种方法常用于测量油类非导电性液体的液位。

如被测液体是水或导电液体，则可在内电极上套一绝缘层，如搪瓷、塑料套管等；若容器是金属，则可用容器外壳作为一个电极。如容器直径太大，则可用一个金属圆筒作为一个外电极，当没有液体时，液位计的空间内介质是空气和棒上的绝缘层，电容量很小。当液体液位上升到 H 时，由于液体的导电性能，电容量大大增加，此刻电容量的大小与液位的高度成正比。

使用电容式液位计时，应充分考虑液体的介电常数随温度、杂质成分等变化可能引起的测量误差。若把内电极做成一个外表面绝缘的浮筒，套在外筒内（如容器是金属的，则容器当作另一电极），外筒当作另一电极，浮筒是一个活动的电极。当液位发生变化时，浮筒位置随之发生变化，相当于电容的极板面积的变化，这时，极板面积又与液位高低成正比，即此刻液位计的电容量 C 就与液位的高低成正比，读出电容量 C 就能得出液位高度。

（六）空气质量传感器

现代楼宇要求有一个舒适的生活和工作环境，除了要提供一个合适的温度和湿度环境外，同时还应不断补充新鲜空气，因此，对空气质量的监测也是非常重要的。

空气质量传感器主要用于检测空气中 CO_2 和 CO 的含量。如果室内 CO_2 含量增加，应启动新风机组，向室内补充新鲜空气以提高空气质量。汽车库内的空气质量传感器主要

用以检测车库内 CO_2 和 CO 的浓度，检测汽车尾气的排放量，及时启动排风机，以加强车库的换气量，保证库内空气质量与环境安全。

空气质量传感器最常用的为半导体气体传感器。传感器平时加热到稳定状态，空气接触到传感器的表面时被吸附，一部分分子被蒸发，残余的分子经热分解而固定在吸附处，有些气体在吸附处取得电子变成负离子吸附，这种具有负离子吸附倾向的气体称为氧化型气体，或电子接收型气体，如 O_2、NO。另一些气体在吸附处释放电子变成正离子吸附，具有这种正离子吸附倾向的气体，称为还原型气体，或电子供给型气体，如 H_2、CO、氧化合物和酒类等。当这些氧化性气体吸附在 N 型半导体上，还原性气体吸附在 P 型半导体上时，将使半导体的载流子减少。反之，当还原性气体吸附到 N 型半导体上，而氧化性气体吸附到 P 型半导体上时，使载流子增加。正常情况下，敏感器件的氧吸附能力一定，即半导体的载流子浓度是一定的，如异常气体流到传感器上，器件表面发生吸附变化，器件的载流子浓度也随之发生变化，这样就可测出异常气体浓度大小。

半导体气体传感器的优点是制作和使用方便，价格便宜，响应快，灵敏度高，因此广泛地应用在现代建筑的气体监控中。

第二节　自动控制基本原理与系统组成

一、闭环控制、调节系统的组成

一般的自动控制系统由被控对象、检测仪表或装置、调节器/控制器和执行器几个基本部分组成。检测仪表对被控对象的被控参数进行测量，调节器根据给定值与测量值的偏差并按一定的调节规律发出调节命令，控制执行器对被控对象的被控参数进行控制，使被控参数满足要求。这类控制系统就是闭环控制系统，称为调节系统，如图 2-8 所示。

常用的控制系统根据其组成结构的不同，可分为单回路系统、多回路系统、比值系统、复合系统等。

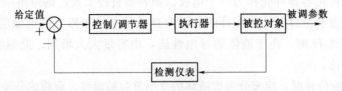

图 2-8　闭环控制系统原理框图

1. 单回路控制调节系统

单回路系统一般指在一个控制对象上用一个调节器来控制一个被控参数，调节器只接受一个测量信号，其输出只控制一个执行机构，系统如图 2-9 所示。

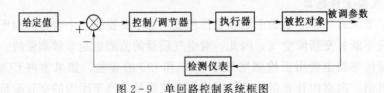

图 2-9　单回路控制系统框图

现代楼宇控制中，单回路控制调节系统能够满足绝大部分的控制要求，因此，它在楼宇控制中用量很大。单回路系统结构简单、明了，投资小，只要系统设计合理、选择合适的调节器和适当的调节规律，就能使系统满足控制要求。

2. 多回路控制调节系统

如果被控制对象的动态特性较为复杂，惯性比较大，采用单回路控制往往不能满足要求。对这类控制对象可寻找某一惯性较小、能及时反映干扰影响的中间变量或参数作为辅助控制变量，通过辅助回路对辅助变量的及时控制，共同完成对主要被控参数的调节与控制，这就组成了多回路系统，如图 2-10 所示。

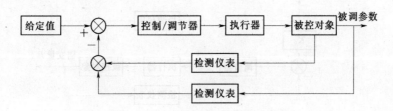

图 2-10 多回路控制系统原理框图

辅助变量的选择，要求它与主要被调参数关系密切，在扰动出现时，其变化比主要被调参数的变化更快，而且容易检测、转换。图 2-11 是多回路控制系统的另一种形式，它由主、副两个控制回路构成，主、副两个控制回路的调节器相串联，所以又称为串联多回路调节系统，简称串级调节系统。

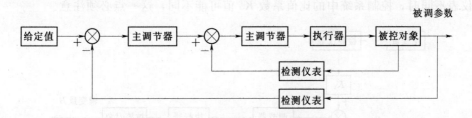

图 2-11 串级调节系统原理框图

被控参数通过反馈构成主回路，而对主控量变化起主要影响的辅助变量反馈后构成副回路，主、副回路相串联。副回路的给定值为一变量，它是主控变量经主调节器调节后的输出量。因而，副回路是一个随主回路变动而能自动调节的随动系统。副回路被加在主控回路中，将随机的、频繁的、高强度的干扰及时消除，而缓慢变化的扰动则由主控回路去控制。因此，在选择串联多回路控制系统的方案时，副回路主要考虑对频繁出现的主要干扰进行控制，以减少主要干扰对被控变量的影响，提高系统的抗干扰能力，副回路应有较快的反应速度。另外，对副回路的选择应考虑合理性与经济性，合理性和经济性应表现在辅助变量对主变量影响的重要性——辅助变量应能快速、准确地随主调节器的输出而变化。

3. 比值控制/调节系统

在某些系统中，会遇到两种或多种物料流量，或者两种或多种控制参数保持严格的比例关系。一旦比例失调，就会影响系统的正常运行，浪费原料，消耗能源，甚至造成环境污染，引发事故。

凡是这种实现两种或多种物料流量，或者两种或多种控制参数保持严格比例关系的自动控制系统，称为比值控制系统。

在比值控制系统中，有一个被控变量（称为 A 变量或主变量）处于主导地位，另外一个（或几个）被控变量（称为 B 变量或辅变量）与主变量保持一定比例。比值控制系统的组成如图 2-12 所示。

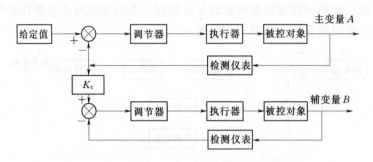

图 2-12　比值控制系统原理框图

在比值控制系统中，辅变量是随主变量按一定比例变化的，因此，辅回路实际上是一种随动控制系统，当主变量不要求控制时，可采用单闭环比值控制系统。单闭环比值控制系统组成如图 2-13 所示。

比值控制系统中的比值系数 K_c 由比例系数 K 决定，对于确定的比例系数 K 值，当检测仪表不同时，控制系统中的比值系数 K_c 值可能不同，这一点必须注意。

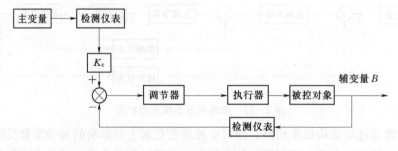

图 2-13　单回路比值控制系统框图

4. 复合控制/调节系统

上述几个控制系统均是利用反馈原理组成的闭环控制系统，系统把干扰引起被调变量的变化与相应给定值比较后调节控制，完全是"事后"调节。而在复合控制系统中，前馈通道直接对特定的干扰信号进行检测，并按照一定的控制规律，通过前馈控制通道（补偿器）对控制对象进行控制。由于前馈控制是按干扰进行控制，有可能把干扰对被调参数的影响完全消除而不出现偏差。但一个前馈控制通道只能对一个特定干扰源进行控制，而对其他的干扰无能为力。而对所有可能的干扰进行前馈控制不可行，也不经济。所以在复合控制系统中，对主要干扰进行前馈控制，通过反馈回路对其他可能的干扰进行调节控制，以保证被调参数的控制指标。复合控制系统组成如图 2-14 所示。

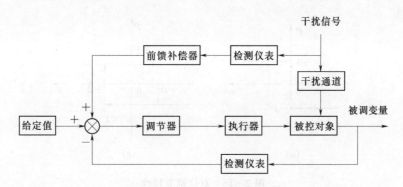

图 2-14 复合控制系统框图

二、控制器调节特性及其选择

闭环控制系统控制器（也称调节器）的作用是把测量值和给定值进行比较，得出偏差后，根据一定的调节规律计算出输出信号，控制执行器对控制对象进行自动控制，实现对被控变量的调节。

调节器虽然经过气动调节器、液动调节器、电动模拟调节器、数字调节器等不同的发展阶段，但其基本的控制规律也在不断地改进，但并没有发生根本性的变化。在楼宇自动化系统中的调节器，不管是开关式的位式控制器、模拟调节器还是数字化的 DDC 控制器，其控制规律绝大部分仍采用传统的位置式、比例式、积分式、比例＋积分式和比例＋积分＋微分式五种。后面这四种一般简称为 P（Proportional）调节、I（Integral）调节、PI（Proportional＋Integral）调节和 PID（Proportional＋Integral＋Differetial）调节，积分调节器单独使用的场合很少。

1. 位置式调节

所谓位置调节，也就是开关控制或开关调节。位置调节分双位调节和三位调节两种。

（1）双位调节。双位调节的特性就是根据偏差值的正/负，输出两个不同的开关控制信号。调节器的方程如下：

$$P = \begin{cases} +1(\text{on})e > 0 \\ -1(\text{off})e < 0 \end{cases}$$

式中　P——双位调节器的输出，取开（＋1，on）、关（－1 或 0，off）两种状态；

　　　e——偏差值。

其特性如图 2-15（a）所示。

实际使用双位调节存在滞环区。所谓滞环区是指不至于引起调节器动作的偏差的绝对值。如果被调参数对给定值的偏差不超出这个绝对值区间，调节器的输出将保持不变，这样就避免了偏差在"0"（临界点）附近，调节器输出信号频繁变化，引起执行机构和相关设备频繁启停所带来的不利影响，滞环区偏差的绝对值区间如图 2-15（b）中的 Δ 所示。

双位调节机构简单，动作可靠。所以在空调系统中广泛应用。空调系统中的风机盘管温控器就是典型的双位调节。室内温度由室内温度传感器检测，在冬天，温控器工作在加热模式下，当室内温度超过设定值时，调节器立即关闭电加热器或热水电动两通阀，停止热水供应，使室温下降；相反，当室内温度低于设定值时，调节器立即启动电加热器或打

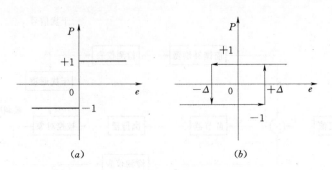

图 2-15 双位调节特性

(a) 无滞环区；(b) 有滞环区

开电动两通阀，继续供应热水，使室温上升，实现室温的自动控制。在夏天，温控器工作在制冷模式下，当室内温度超过设定值时，调节器立即开通冷冻水电动两通阀，使室温下降；当室内温度低于设定值时，调节器立即关闭电动两通阀，停止冷冻水供应，使室温上升，同样达到室温的自动控制作用。电加热器的开关、电动两通阀只有开/关两种状态，所以称其为双位调节。

（2）三位调节。三位调节的特性就是根据偏差的大小，输出三个不同的开关状态控制信号。调节器的方程如下：

$$P = \begin{cases} +1 & e \geqslant \Delta \\ 0 & \Delta > e \geqslant -\Delta \\ -1 & e \leqslant -\Delta \end{cases}$$

式中　P——三位调节器的输出，取 +1、0、-1 三种状态，可认为 +1、0、-1 三种状态分别对应电动机正转、停、反转三种工作状态，或者对应于某系统大、中、小三种工作方式等，实际的工程含义由具体的应用确定；

　　　e——偏差值；

　　　Δ——输出 P 取不同值时所对应偏差值 e 的区间间隔，也可理解为调节器输出对应的偏差不灵敏区。

其特性如图 2-16 所示。

实际使用三位调节也存在滞环区，如图 2-16（b）所示，这样就避免了偏差在输出

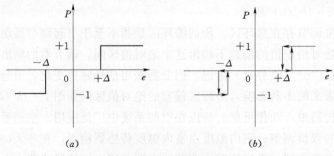

图 2-16 三位调节特性

(a) 无滞环区；(b) 有滞环区

状态转换（临界）点附近调节器输出信号频繁变化，从而消除设备频繁启停所带来的不利影响。

双位式调节的动作特性是：当被调参数偏差设定在一定数值时，调节器输出最大值或最小值，使调节器全开或全闭，双位调节系统的调节输出有两种状态：全开和全闭。三位调节系统有三种状态：全开、中间、全闭（大、中、小或正、停、反等）。位置调节的被调参数不能稳定在不变的数值上，而是在规定范围内波动，从调节的品质角度出发，希望波动范围越小越好，但波动范围太小，则波动的次数就多。位式调节在调节精度要求不高的地方比较合适，如房间温度的调节和精度要求不高的液位控制等。

2. 比例调节

比例调节（P）的特性：当被调参数与给定值有偏差时，调节器能按被调参数与给定值的偏差值大小和方向输出与偏差成比例的控制信号，不同的偏差值对应不同执行机构的位置。比例调节器的方程如下：

$$P = Ke$$

式中　P——调节器输出；

　　　　e——调节器的输入，也就是测量值与给定值之差；

　　　　K——比例常数，也就是调节器的比例增益。

其调节特性如图 2-17 所示。比例调节器的特点是调节速度快，稳定性大，不容易产生超调现象。但是它在调节过程结束时有残余的偏差，被调参数不能回到原来的给定值上，特别是当负荷变化幅度较大或干扰很大时，残余偏差值会更大。

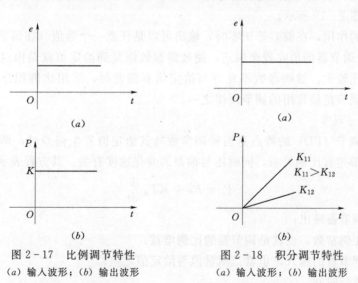

图 2-17　比例调节特性　　　　图 2-18　积分调节特性
(a) 输入波形；(b) 输出波形　　　(a) 输入波形；(b) 输出波形

比例调节的主要缺点是有残余偏差。适用于调节精度要求不高、允许有残余偏差的场合，如一般液位调节、压力调节等。

3. 积分调节

积分调节（I）是当被调参数与其给定值存在偏差时，调节器对偏差进行积分并输出相应的控制信号，控制执行器动作，一直到被调参数与其给定值的偏差消失为止，因而在调节过程结束时，被调参数能回到给定值，其静态误差（残余偏差）为零，其调节特性如图 2-18 所示，积分调节方程如下：

$$P = K_1 \int e \mathrm{d}t = \frac{1}{T_1} \int e \mathrm{d}t$$

式中　P——调节器输出；

　　　K_1——放大倍数，调节器的积分增益；

　　　e——调节器的输入，就是测量值与给定值之差；

　　　T_1——积分时间。

4. 比例积分调节

比例积分调节（PI）的特点是当被调参数与其给定值发生偏差时，调节器的输出信号不仅与输入偏差保持比例关系，同时还与偏差存在的时间长短（偏差的积分）有关。比例积分调节器综合了比例、积分两种调节器的优点，在偏差出现时，调节过程开始以比例调节器的特性进行调节，接着又叠加了积分调节的特性进行调节，并消除偏差。比例积分调节的方程如下：

$$P = Ke + \frac{K}{T_1} \int e \mathrm{d}t$$

式中　P——调节器输出；

　　　K——比例常数，也就是调节器的比例增益；

　　　e——调节器的输入，也就是测量值与给定值之差；

　　　T_1——积分时间。

其调节特性如图 2-19 所示。

由于积分的作用，在偏差等于零时，输出可以是任意一个数值（在调节器的工作范围内），比例积分调节器能消除残余偏差，使被调参数恢复到给定值就是由这一特性所决定的。当负荷变化较大，被调参数不允许与给定值有偏差时，采用比例积分调节是最合适的。比例积分调节是最常用的调节规律之一。

5. 比例微分调节

比例微分调节（PD）的特点是当被调参数与其给定值发生偏差时，调节器的输出信号不仅与输入偏差有比例关系，同时还与偏差的变化速度有关。其方程表示如下：

$$P = Ke + KT_\mathrm{d} \frac{\mathrm{d}e}{\mathrm{d}t}$$

式中　P——调节器输出；

　　　K——比例常数，也就是调节器的比例增益；

　　　e——调节器的输入，也就是测量值与给定值之差；

　　　T_d——微分时间。

其调节特性如图 2-20 所示（由于使用环境中都存在高频干扰，实际应用中一般采用不完全微分代替理想的微分运算，图中所示的响应曲线为实际使用的不完全微分的响应）。增加微分作用，可以增进调节系统的稳定度，使系统比例增益 K 增大而加快调节过程，减小动态偏差和静态偏差。引入微分作用，在惯性滞后较大的场合下将会大大改善调节品质。因为微分作用主要是希望在过渡过程前期起作用，若微分时间选择恰当，由于调节作用的超前，将会减少超调和过渡时间。缺点是不能消除静差。微分作用过强，会使过渡过程的后期振荡加剧，从而拖长整个调节时间。微分作用对克服纯滞后显示不出好的效果。因为在纯滞后阶段内，速度为零，微分不起作用。系统中存在高频干扰时，若 T_d 太大，系统对高频干扰特别敏感，系统可能无法正常工作。所以在存在高频干扰或周期性干扰的场合应避免使用微分调节。

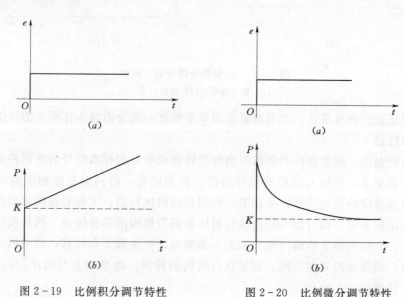

图 2-19　比例积分调节特性　　　　　图 2-20　比例微分调节特性
（a）输入波形；（b）输出波形　　　　　（a）输入波形；（b）输出波形

6. 比例、积分、微分式调节

比例、积分、微分式调节（PID）的动作特性是：当被调参数与其给定值发生偏差时，调节器的输出信号不仅与输入偏差及偏差存在的时间长短有关，而且还与偏差变化的速度（快、慢）有关。其方程表示如下：

$$P = Ke + \frac{K}{T_1}\int e \, dt + KT_d \frac{de}{dt} = K\left(e + \frac{1}{T_1}\int e \, dt + T_d \frac{de}{dt}\right)$$

式中　　P——调节器输出；

K——比例常数，也就是调节器的比例增益；

e——调节器的输入，也就是测量值与给定值之差；

T_d——微分时间；

T_1——积分时间。

其调节特性如图 2-21 所示。

比例、积分、微分式调节是常规调节中最好的一种调节规律。它综合了各种调节规律的优点，所以有更高的调节质量，不管对象特性存在纯滞后还是容量滞后、负荷变化幅度比较大、干扰频繁等情况，均有比较好的调节效果，是适应性最好的单回路调节规律，在实际工程中得到广泛的应用。

7. 复杂调节系统

对于对象滞后很大，负荷变换很大的调节系统，前面介绍的调节规律无法满足要求，

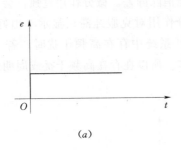
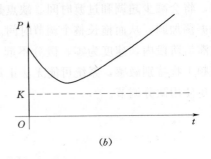

图 2-21 比例积分微分调节特性

(*a*) 输入波形；(*b*) 输出波形

必须设计更复杂的调节系统。本书对复杂调节系统这一部分内容不作深入的讨论。

三、执行器

传感器把温度、湿度和压力等被控物理量转换成电量的标准信号后送到控制器中，控制器根据控制要求，把输入的检测信号与设定值相比较，将其偏差经相应的调节后输出开、关信号或连续的控制信号，去调节、控制相应的执行器，实现对被控量的控制。

从组成结构来看，执行器一般由执行机构和调节机构两部分组成。执行机构是执行器的推动部分，它按照调节器输出信号的大小和类型，产生推力和位移；调节机构是执行器的调节部分，最常见的是调节阀，它受执行机构的操纵，改变阀芯与阀座间的流通面积，调节工艺介质流量。

（一）执行机构

执行机构根据调节器发出的调节指令，驱动调节机构动作。按照执行机构的输出方式，分角行程执行机构和直行程执行机构。按照所用的能源种类，执行机构可分气动、电动和液动三种类型。气动执行机构结构简单，电动执行机构能源取用方便，液动执行机构驱动力大。三种类型各有自己的优、缺点。

无论采用哪种执行机构，都要能接受所选用调节器的输出信号的控制。在选用调节器与执行机构时，要特别注意信号之间的匹配。现在大多数调节器的输出信号和电动执行机构的输入信号能提供多种选择，这为设备选型带来了便利。

电动执行机构在楼宇控制系统中广泛使用。生产厂家也根据实际需要提供满足要求的各种电动执行机构。有接受开、关的控制信号，对调节机构进行二位（开、关）控制的电动执行机构。也有接受标准直流信号（0～10VDC、0～5VDC、1～5VDC、4～20mADC）或其他信号（电阻；三位：正、反、停等）的电动执行机构，输出转角或位移以驱动阀门，在楼宇控制中最常见的电动执行机构是阀门驱动器和风门驱动器。

（二）调节机构

调节机构接受执行机构输出的轴向或转角位移的驱动，控制工艺介质流量大小，实现对被调量的自动控制。在楼宇自动化中最常用的调节机构是阀门和风门，有时也会用到其他执行机构。

1. 调节阀

（1）调节阀组成。调节阀主要由阀体、阀座、阀芯、阀杆等部件组成。当阀芯在阀体内上下移动时，可改变阀芯与阀座之间的流通面积，控制通过的流量。

在楼宇控制中使用的调节阀有直通阀和三通阀。直通阀又可分为单座阀和双座阀，图2-22和图2-23是它们的结构示意图。

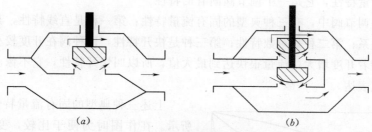

图 2-22　直通调节阀结构示意图

(a) 单座直通阀结构示意图；(b) 双座直通阀结构示意图

单座调节阀只有一个阀芯，结构简单，维修清洗方便。它的缺点是被调节流体对阀芯有作用力。如图 2-22 (a) 所示，流体由下向上流动时，阀芯将受到一个向上的推力，在阀门接近全关时推力最大；当流体由上向下通过阀门时，由于流体对阀芯的抽吸作用，阀芯将受到一个向下的作用力。在阀门由全关打开时，作用力最大。当阀门前后压差高或阀芯尺寸大时，这一作用力可能相当大，严重时会使执行器不能正常工作。因此，在自动调节系统中有时采用双座阀，其结构示意图如图 2-22 (b) 所示，它有两套阀芯、阀座，流体同时从上、下两个阀座通过，由于流体对上、下阀芯的作用力方向相反而大致抵消，因而双座阀的不平衡力小，对执行机构的驱动力要求低，适宜于作为大压力和大管径的流体介质的自动调节之用。双座调节阀的缺点是其结构复杂，不便维修与清洗，由于上、下两组阀芯不易保证同时关闭，因而关闭时泄漏量比单座阀大，其价格比单座阀贵。

三通阀有分流阀（一入两出型，见图 2-23）和合流阀（二入一出型，介质流向和图 2-23 所标的流向相反）。前者用于要求上游流体流量保持恒定的系统，三通阀通过分流的方式，实现（一个出口）流量的调节，而剩余流量由另一出口分流，同时保证阀门入口流量基本恒定。合流阀则是在保持出口流量恒定的同时，对某一入口的流体在出口中的流量进行调节，出口流量中的其余部分由另一入口的流体补充，从而保证阀门出口流量基本恒定。

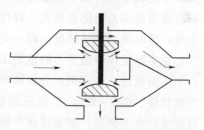

图 2-23　双座三通阀结构示意图

(2) 调节阀的流量特性。从自动控制的角度看，调节阀一个最重要的特性是它的流量特性，即调节阀阀芯位移与流量之间的关系。需要特别说明的一点是，调节阀的特性对整个自动调节系统的调节品质有很大的影响，实际上不少调节系统不能正常工作，往往是由于调节阀的特性选择不合适，或阀芯在使用中受腐蚀磨损，使流量特性变坏而引起的。通过调节阀的流量大小不仅与阀的开度有关，还和阀前后的压差高低有关。对工作在管路中的调节阀，当阀门开度改变时，随着流量的变化，阀门前后的压差也可能发生变化，为分析方便，在研究调节阀的特性时，先把阀门前后压差固定为恒值进行研究，然后再考虑阀门在管路中的实际情况。

1）固有流量特性。在调节阀前后压差固定的情况下得出的流量特性称为固有流量特性，也叫理想流量特性。显然，这种流量特性完全取决于阀芯的形状，不同的阀芯曲面可得到不同的流量特性，它是一个调节阀固有的特性。

在常用的调节阀中，有三种典型的固有流量特性：第一种是直线特性，其流量与阀芯位移成直线关系；第二种是对数特性；第三种是快开特性，这种阀在开度较小时，流量变化比较大，随着开度增大，流量很快达到最大值，所以叫快开特性，它不像前两种特性有一定的数学式表达。

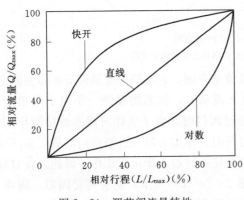

图 2-24 调节阀流量特性

上述三种典型的固有流量特性如图 2-24 所示。在作图时为便于比较，变量都用相对值，其阀芯位移和流量都用自己最大值的百分数表示。由于阀常有泄漏，实际特性可能不经过坐标原点。从流量特性来看，线性阀的放大系数在任何一点上都是相同的；对数阀的放大系数随阀的开度增加而增加；快开阀与对数阀相反，在小开度时具有最高的放大系数。

2）工作流量特性。调节阀在实际使用时，其前后压差是变化的。在各种实际使用条件下，阀芯位移对流量的控制特性，称为工作流量特性。在实际的工艺装置上，调节阀由于和其他阀门、设备、管道等串联或并联使用，使阀门两端的压差随流量变化而变化。其结果使调节阀的工作流量特性不同于固有流量特性。串联的阻力越大，流量变化引起的调节阀前后压差变化也越大，特性变化也越显著。所以调节阀的工作流量特性除与结构有关外，还取决于配管情况。同一个调节阀，在不同的外部条件下，具有不同的工作流量特性，在实际工作中最关心的也是工作流量特性。

下面通过一个实例，分析调节阀在外部条件影响下，怎样由固有流量特性转变为工作流量特性。图 2-25（a）表示的是调节阀与工艺设备及管道阻力串联的情况，这是一种最常见的典型情况。如果流体介质外加压力 P_0 恒定，那么当阀门开度加大时，随着流量 Q 的增加，设备及管道上的压降 ΔP_g 将随流量 Q 的值成平方增加，如图 2-25（b）所示，随着阀门开度加大，阀门前后的压差 ΔP_T 将逐渐减小。因此在同样的阀芯位移下，此时的流量变化与阀前后保持恒压差的理想情况下的流量变化相比，要小一些。特别是在阀开度较大时，阀前后压差 ΔP_T 相对于 P_0 变化比较大，阀的实际控制作用可能变得非常迟钝。如果用固有特性是直线特性的阀，由于串联阻力的影响，实际的工作流量特性将变成图 2-26（a）表示的曲线（图中的直线为阀门的固有流量特性）。在图 2-26 中，纵坐标是相对流量 Q/Q_{max}，Q_{max} 表示串联管道阻力为零时，阀全开时达到的最大流量。图中的参变量 $S=\Delta P_{Tmin}/P_0$ 表示存在管道阻力的情况下，阀门全开时，阀门前后的最小压差 ΔP_{Tmin} 占总压力 ΔP_0 的百分数。

从图 2-26 可以看到，当 $S=1$ 时，管道压降为零，阀前后的压差始终等于总压力，

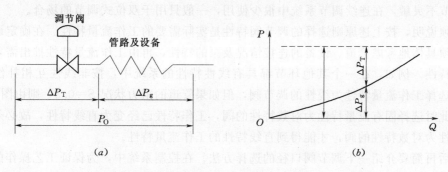

图 2-25 调节阀与管路串联工作及管路与调节阀上的压力变化
(a) 调节阀与管路串联工作；(b) 串联管路调节阀上压力变化

故工作流量特性为固有流量特性；当 $S<1$ 时，由于串联管道阻力的影响，使流量特性产生两个变化：一个是阀门全开时流量减小，也就是阀的可调范围变小；另一个变化是阀门在大开度时的控制灵敏度降低。例如，在图 2-26 (a) 中，固有流量特性是直线的阀门，其工作流量特性趋向于快开特性，在图 2-26 (b) 中，固有流量特性为对数特性的阀门，其工作流量特性趋向于直线特性。参变量 S 的值越小，流量特性变形的程度越大。

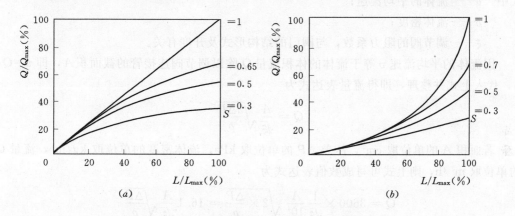

图 2-26 串联管道中调节阀的工作流量特性
(a) 直线阀工作流量特性；(b) 对数阀工作流量特性

在实际的系统设计中，调节阀特性的选择是一个重要的问题。从调节原理来看，要保持一个调节系统在整个工作范围内都具有较好的品质，就应使系统在整个工作范围内的总放大倍数尽可能保持恒定。通常，变送器、调节器和执行机构的放大倍数是常数，但调节对象的特性往往是非线性的，其放大倍数常随工作点的不同而变化。因此选择调节阀时，希望以调节阀的非线性补偿调节对象的非线性。例如，在实际生产中，很多对象的放大倍数是随负荷加大而减小的，这时如能选用放大倍数随负荷加大而增加的调节阀，便能使两者互相补偿，从而保证整个工作范围内都有较好的调节质量。由于对数阀具有这种特性，因此得到广泛的应用。

若调节对象的流量特性是线性的，则应选用具有直线流量特性的阀，以保证系统总放大倍数保持恒定。至于快开特性的阀，由于小开度时放大倍数高，容易使系统振荡，大开度时调节不灵敏，在连续调节系统中很少使用，一般只用于双位式调节的场合。

必须说明，按上述原则选择的调节阀特性是实际需要的工作流量特性。在确定调节阀时，必须具体地考虑管道、设备的连接情况及泵的特性，再由工作流量特性推出需要的固有流量特性。例如，在一个其他环节都具有线性特性的系统中，按非线性互相补偿的原则，应选择工作流量特性为线性的调节阀，但如果管道的阻力状况 $S=0.3$，则由图 2-26 可知，此时选择固有流量特性为对数特性的阀，工作特性已经变为直线特性，故必须选用固有特性为对数特性的阀，才能得到直线特性的工作流量特性。

最后再简要介绍一下调节阀口径的选择方法。在控制系统中，为保证工艺操作的正常进行，必须根据工艺要求，准确计算阀门的流通能力，合理选择调节阀的尺寸。如果调节阀的口径选得太大，将使阀门经常工作在小开度位置，造成调节质量不好。如果口径选得太小，阀门完全打开也不能满足最大流量的需要，就难以保证生产的正常进行。

根据流体力学原理，对不可压缩的流体，在通过调节阀时产生的压力损失 ΔP 与流体速度之间有以下关系，即

$$\Delta P = \xi \rho \frac{v^2}{2}$$

式中　v——流体的平均流速；

　　　ρ——流体密度；

　　　ξ——调节阀的阻力系数，与阀门的结构形式及开度有关。

因流体的平均流速 v 等于流体的体积流量 Q 除以调节阀连接管的截面积 A，即 $v=Q/A$，代入上式并整理，即得流量表达式为

$$Q = \frac{A}{\sqrt{\xi}} \sqrt{\frac{2\Delta P}{\rho}}$$

若面积 A 的单位取 cm^2，压差 ΔP 的单位取 kPa，流体密度的单位取 kg/m^3，流量 Q 的单位取 m^3/h，则上式可写成数值表达式为

$$Q = 3600 \times \frac{1}{\sqrt{\xi}} \frac{A}{10^4} \sqrt{2 \times \frac{\Delta P}{\rho}} = 16.1 \frac{A}{\sqrt{\xi}} \sqrt{\frac{\Delta P}{\rho}}$$

由上式可知，通过调节阀的流体流量除与阀门两端的压差及流体种类有关外，还与阀门口径、阀芯阀座的形状等因素有关。为说明调节阀的结构参数，工程上将阀门前后压差为 100kPa，流体密度为 $1000kg/m^3$ 条件下，阀门全开时每小时能通过的流体体积 m^3 称为该阀门的流通能力 C。

根据流通能力 C 的上述定义，可知

$$C = 5.09 \frac{A}{\sqrt{\xi}}$$

在有关调节阀的手册上，对不同口径和不同结构形式的阀门分别给出了流通能力 C 的数值，可供用户查阅。将 $C=5.09\frac{A}{\sqrt{\xi}}$ 代入 $Q=16.1\frac{A}{\sqrt{\xi}}\sqrt{\frac{\Delta P}{\rho}}$，可得

$$Q = C \sqrt{\frac{10\Delta P}{\rho}}$$

此式可直接用于液体的流量计算，也可用于已知差压 ΔP、液体密度 ρ 及需要的最大流量 Q_{max} 的情况下，确定调节阀的流通能力 C，选择阀门的口径及结构形式。但当流体是气体、蒸汽或二相流时，以上的计算公式必须进行相应的修正。

由于执行器对调节系统的最终性能具有特别重要的影响，而且价格比较高，因此在选用调节阀作为调节机构时，要全面考虑各方面的因素。调节阀门的流量特性是首先要考虑的，同时也要注意执行机构的输入信号与调节器输出信号之间的匹配。如果执行机构与调节阀分开采购，也要注意二者之间行程的匹配，执行机构的驱动力要满足系统运行的要求。在选择调节阀时，除了流量特性的要求之外，对调节阀的工作条件也要作全面的考虑，调节阀（阀芯、阀座、阀体、密封）的材料要能适应流体介质的物理化学性质，同时满足温度、绝对压力等工作条件，以免产生不必要的失误，避免造成经济损失或延误工期等问题。

2. 风门（阀）

在空调通风系统中，用得最多的执行器是风门。风门用来控制风的流量。风门由若干叶片组成，当叶片转动时改变风道的等效截面积，即改变了风门的阻力系数，其流过的风量也就相应地改变，从而达到调节风流量的目的。叶片的形状决定风门的流量特性。同调节阀一样，风门也有多种流量特性可供选择。风门的驱动器可以是电动的，也可以是气动的，在楼宇自动化系统中一般采用电动式风门。

3. 其他执行器

除了调节阀和风阀以外，在楼宇控制中还用到一些特殊的执行器。像电流阀就是其中之一，它接受调节器输出的标准控制信号，输出和控制信号成比例的恒压电流或者电流脉冲，通过控制电加热器的输出功率来调节温度参数。

电磁阀、电动碟阀等开关型两位阀也在楼宇控制中广泛使用，由于功能与性能比较简单，这里不作深入讨论，其选型与使用要注意的问题与调节阀基本类似。

四、调节器的参数整定

前面已经介绍了闭环控制、调节系统的各个环节所涉及的基本内容。怎样评价一个调节系统的好坏？什么样的调节系统是一个好的调节系统？怎样才能使已有的调节系统的性能达到设计要求或者更好？这些问题涉及调节系统性能指标的评价与调节器参数的最佳整定。

（一）闭环控制系统的性能指标

评价闭环控制系统的性能可用简单、直观的语言概括为稳定性、正确性、快速性。

稳定性表现为：

（1）系统没有受到外部干扰且系统设定值保持不变时，被调参数值稳定保持在设定值且不随时间变化，整个系统处于平稳的工作状态。

（2）当系统受外界干扰或者系统设定值改变时，系统偏离原来平稳工作状态，经过一段时间调整后，系统能够恢复到原来的平稳工作状态，或者被调参数会达到并保持在新的设定值或其附近，系统处于新的平稳工作状态。

稳定性是系统正常工作的必要条件，不稳定的系统根本不能正常工作。稳定性是控制系统的最基本要求。

正确性表现为：

（1）系统在稳定工作状态时，被调参数与设定值保持相等，或者二者的偏差满足精度要求。

（2）当系统受到干扰或者设定值改变时，被调参数偏离设定值或稳态值回复到设定值或稳态值的过程中，被调参数与设定值的最大差值（最大动态偏差）应不超过一定的界限。前者为定态准确性，后者为动态准确性。

快速性表现为：当受到外界干扰或者系统设定值改变，使系统偏离原来平稳工作状态时，系统能够在控制器、调节器的控制下，在尽可能短的时间内回复到原来的平稳工作状态或达到新的平稳工作状态。从扰动出现到回到平稳工作状态所需的时间代表控制系统的快速性，这个时间越短，说明控制系统的快速性越好。

闭环控制系统稳定性、正确性和快速性这三方面的要求在时域上体现为若干性能指标。一个闭环控制系统在 t_0 时刻，设定值从 R_1 切换到 R_2，这一变化可以看作一个扰动，被调量的变化曲线如图 2-27 所示。

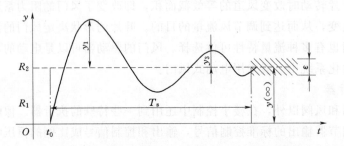

图 2-27 闭环控制系统对设定值阶跃扰动的响应曲线

这一曲线的形状可以用一系列指标描述，它们分别是衰减比（衰减率）、最大动态偏差（超调量）、残余偏差（静差）、调节时间（振荡频率）等。

1. 衰减比 n 和衰减率 φ

衰减比 n 是衡量一个振荡过程衰减程度的指标，它等于两个相邻的同向波峰之比（图 2-27）为

$$n = \frac{y_1}{y_3}$$

衰减率 φ 是衡量一个振荡过程衰减程度的另一个指标，它是指经过一个周期后，波峰幅度衰减的百分数，即

$$\varphi = \frac{y_1 - y_3}{y_1} = 1 - \frac{y_3}{y_1} = 1 - \frac{1}{n}$$

衰减比 n 与衰减率 φ 之间有简单的对应关系，$n=4:1$ 就相当于 $\varphi=0.75$。为了保证控制系统有一定的稳定度，在过程控制中一般要求衰减比 n 在 $4:1\sim10:1$ 之间，相当于衰减率 φ 为 $75\%\sim90\%$。这样大约经过两个周期以后就趋于稳态，基本上看不出振荡了。

2. 最大动态偏差 y_1 和超调量 $\delta\%$

最大动态偏差是指设定值出现阶跃变化时，过渡过程开始后，被调量第一个波峰值超过新稳态值的幅度，如图 2-27 中的 y_1。最大动态偏差占稳态变化幅度的百分数称为超调量，即

$$\delta\% = \frac{y_1}{R_2 - R_1}\%$$

3. 残余偏差或静差 ε

残余偏差是指过渡过程结束后，被调量的新稳态值 $y(\infty)$ 与新设定值 R_2 之间的差值，它是控制系统稳态准确性的衡量指标，残余偏差也称静差。

4. 调节时间和振荡频率

调节时间是指从过渡过程开始到过渡过程结束所需的时间。当被调量与稳态值的偏差（绝对值）进入稳态值的 5% 范围内（有时要求 2%），就认为过渡过程结束。因此，调节时间就是从扰动出现到被调量进入新稳态值±5%（±2%）范围内的这段时间。在图中用 T 表示。调节时间是衡量控制系统快速性的指标，在衰减率一定的情况下，调节时间与振荡频率存在严格的对应关系，所以过渡过程振荡频率也可以作为控制系统快速性的一个指标。

上面列举的都是单项指标。误差积分指标也可用来衡量闭环控制系统性能的优良程度，它是过渡过程中被调量偏离其新稳态值的误差对时间的积分，无论是误差幅度大还是调节时间拖长，都会使误差积分增大，因此它是综合性指标，当然是越小越好。常用的误差积分有以下几种形式。

（1）误差积分（IE）

$$IE = \int_0^\infty e(t)\,dt$$

（2）绝对误差积分（IAE）

$$IAE = \int_0^\infty |e(t)|\,dt$$

（3）平方误差积分（ISE）

$$ISE = \int_0^\infty e^2(t)\,dt$$

（4）时间与绝对误差乘积积分（ITAE）

$$ITAE = \int_0^\infty t|e(t)|\,dt$$

以上各式中 $e(t) = y(t) - y(\infty)$，见图 2-27。积分误差与前面的单项指标有一定的对应关系。采用不同的积分误差公式意味着评价整个过渡过程优良程度时的侧重有所不同，可以根据系统的实际需要选用。

（二）调节器参数的整定

在控制系统安装完成或系统维修结束后，就要对控制系统调节器的参数进行整定，以得到某种意义下的最佳性能指标，和最佳指标对应的调节器参数值叫做最佳整定参数。所谓的最佳指标并没有统一的标准。由于闭环系统的动态稳定性往往是首先要考虑的，一般情况下，在系统满足衰减率 $\varphi = 0.75 \sim 0.9$（具体值依据实际需要确定）的前提下，尽量提高准确性和快速性指标，即绝对误差的时间积分最小。

常用的调节器参数整定的方法有数种，这里只介绍比较简单的响应曲线法和经验整定法两种。

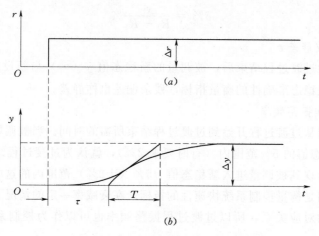

图 2-28　系统响应曲线与近似处理

（a）系统输入信号波形；（b）系统响应曲线

1. 响应曲线法

当控制广义对象的输入作阶跃变化时，测得被调量的响应曲线如图 2-28 所示。根据响应曲线，通过近似处理，在响应曲线的拐点处做切线，并把对象特性当作具有纯滞后的一阶惯性环节看待，就能从曲线上得到能代表该调节对象动态特性的参数，即滞后时间 τ 和时间常数 T，并按照公式，计算出 K 值，即

$$K = \frac{\Delta y / (y_{max} - y_{min})}{\Delta r / (r_{max} - r_{min})}$$

式中　K——广义对象的放大倍数；

　　　Δy——控制对象被调参数的变化量；

y_{max}、y_{min}——控制对象被调参数的最大值与最小值；

　　　Δr——控制对象调节参数的变化量；

r_{max}、r_{min}——控制对象调节参数的最大值与最小值。

在工程实际中，对于调节器比例的作用大小，常用比例度（也称比例带）来表示。简单来讲，比例度与调节器的放大倍数 K 互为倒数关系，即

$$P = \frac{1}{K} \times 100\%$$

表 2-2　响应曲线法整定参数的公式

整定参数 调节规律	P（%）	T_1	T_d
P	$\dfrac{K\tau}{T}$		
PI	$1.1\dfrac{K\tau}{T}$	3.3τ	
PID	$0.85\dfrac{K\tau}{T}$	2τ	0.5τ

根据代表对象动态特性的三个参数：τ、T、K，可以按照表 2-2 所列经验公式计算出对应于 $n = 4:1$（相当于 $\varphi = 0.75$ 时）调节器的最佳整定参数。

下面通过一个实例来了解这一方法的实际应用。

在一蒸汽加热的热交换器自动调节系统中，当供水温度为 65℃时，阀门的输入电压增加 0.4VDC（阀门的输入电压范围为

1～5VDC)时，供水温度上升为 67.8℃，并达到新的稳定状态，温度的最大变化范围为 30～80℃，从温度的动态曲线上可以测出 $\tau = 1.2\text{min}$、$T = 2.5\text{min}$，如果采用 PI 和 PID 调节规律，按照式 $K = \dfrac{\Delta y / (y_{\max} - y_{\min})}{\Delta r / (r_{\max} - r_{\min})}$ 和表 2-2 给出的公式，可以计算出相应的整定参数。

　　首先计算出控制对象的 K 值：

$$\Delta r = 0.4(\text{VDC})$$

$$r_{\max} - r_{\min} = 5 - 1 = 4(\text{VDC})$$

$$\Delta y = 67.8 - 65.0 = 2.8(℃)$$

$$y_{\max} - y_{\min} = 80 - 30 = 50(℃)$$

所以
$$K = \frac{\dfrac{2.8}{50}}{\dfrac{0.4}{4}} = 0.56$$

$$\frac{K\tau}{T} = 0.56 \times \frac{1.2}{2.5} = 0.27$$

选用 PI 调节时，按表 2-2 公式可得

$$P = 1.1 \times 27\% = 29.7\% \approx 30\%$$

$$T_1 = 3.3 \times 1.2 = 3.96 \approx 4(\text{min})$$

选用 PID 调节时，按表 2-2 公式可得

$$P = 0.85 \times 27\% = 22.95\% \approx 23\%$$

$$T_1 = 2 \times 1.2 = 2.4(\text{min})$$

$$T_d = 0.5 \times 1.2 = 0.6(\text{min})$$

2. 经验整定法

　　在现场控制系统的整定中，经验丰富的技术人员常常采用经验整定法。这种方法实质上是一种经验试凑法，它不需要进行试验和计算，而是根据运行经验，先确定一组调节参数，然后人为加入阶跃扰动（通常是调节器设定值的扰动），观察被调量的响应曲线，并按照调节器各参数对调节过程的影响，逐次改变相应的整定参数值。一般按先 P，后 T_1、T_d 的次序反复试验，直到获得满意的阶跃响应曲线为止。表 2-3 给出对于不同被调量（调节对象）时调节器整定参数的经验数据，表 2-4 给出在设定值产生阶跃变化（扰动）时，调节器各个参数变化对调节系统动态过程的影响，可作为实际工程中参数整定的参考。

表 2-3　　　　　　　　　　　　调节器整定参数的经验取值范围

调节系统及调节规律 ＼ 整定参数	比例度 P（%）	积分时间 T_1（min）	微分时间 T_d（min）
温度（PID）	20～60	3～10	0.5～3
流量（PI）	40～100	0.1～1	
压力（PI）	30～70	0.4～3	
液位（P）	20～80		

表 2 - 4 　　　　　　　　　　　　　整定参数变化对调节过程的影响

性能指标　　　　　　整定参数	比例度 P（%）	积分时间 T_1（min）	微分时间 T_d（min）
最大动态偏差	↑	↑	↓
残差（静差）	↓		
衰减率	↓	↓	↑
振荡频率	↑	↑	↓

　　经验丰富的工程技术人员，合理地使用这种方法同样可以获得满意的调节器整定参数，取得最佳的控制效果，而且方法简单易行。

　　关于单回路调节系统的参数整定，还有临界比例度法、衰减曲线法等其他整定方法，对于串级调节系统、复合调节系统、比值调节系统等特殊的调节系统，其调节参数整定也有专门的方法，这里不作介绍，读者可参考相关的文献资料。

第三节　楼宇电气控制基础

　　现代建筑都配备大量的电气设备、电气系统及电力系统，像风机、水泵等动力设备的电动机、电梯系统、变/配电系统、照明电气系统等的控制最终都是通过电气控制系统实现的。在楼宇自动化系统中，通过电力与电气设备的电气控制系统实现对这些设备的自动控制。它们是楼宇自动化系统主要控制对象的重要组成部分。同时，这类设备也是空调系统、消防系统、安保系统等系统的组成部分或联动控制对象。因此，对这些系统所涉及的电气控制的原理与技术必须有所了解和掌握。

一、常用低压电器

　　电气控制系统是由各种有触点的低压电器，如继电器、接触器、熔断器、行程开关、按钮等组成的具有特定功能的控制电路。不管是对已有电气控制电路的分析，还是设计所需要的电气控制系统，或者实现强弱电系统控制接口的设计与实现，都必须对常用的各种低压电器有所了解。下面就对楼宇自动化中常用的低压电器作简单的介绍。

（一）接触器

　　接触器是用于远距离频繁地接通与断开交、直流主电路及大容量控制电路的一种自动切换电器。其主要控制对象是电动机，也可以用于控制其他电力负载、电热器、电照明等。接触器具有操作频率高、使用寿命长、工作可靠、性能稳定、维护方便等优点。同时还具有低电压释放保护功能，在电力拖动自动控制系统中被广泛应用，接触器电气符号见图 2 - 29。按控制电流性质的不同，接触器分交流接触器和直流接触器两大类。

　　1. 交流接触器

　　交流接触器常用于远距离、频繁地接通和分断额定电压至 1140V、电流至 630A 的交流电路，交流接触器一般由电磁系统、触点系统、灭弧装置和其他部件等组成。

　　2. 直流接触器

　　直流接触器主要用来远距离接通与分断额定电压至 440V、额定电流至 630A 的直流电路

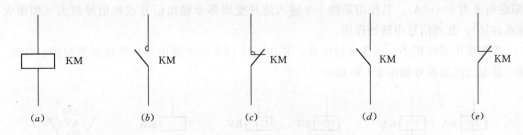

图 2-29　接触器电气符号

(a) 线圈；(b) 常开主触点；(c) 常闭主触点；(d) 常开辅助触点；(e) 常闭辅助触点

或频繁地操作和控制直流电动机启动、停止、反转及反接制动。

直流接触器的结构和工作原理与交流接触器类似。在结构上也是由电磁系统、触点系统、灭弧装置等部分组成。只不过铁芯的结构、线圈形状、触点形状和数量、灭弧方式以及吸力特性、故障形式等方面有所不同而已。

(二) 继电器

继电器是一种根据电气量（电压、电流等）或非电气量（温度、压力、转速、时间等）的变化接通或断开控制电路的自动切换电器。继电器的种类繁多、应用广泛，按输入信号的不同，分为电压继电器、电流继电器、时间继电器、温度继电器、速度继电器、压力继电器等。按工作原理不同，可分为电磁式继电器、感应式继电器、电动式继电器、热继电器和电子式继电器等。按用途不同，可分为控制继电器、保护继电器等。

1. 电磁式继电器

电磁式继电器结构简单，价格低廉，使用维护方便，广泛地应用于控制系统中。常用的电磁式继电器有电压继电器、电流继电器、中间继电器等。

(1) 电流继电器。 电流继电器是根据输入电流大小而动作的继电器。电流继电器的线圈串入电路中，以反映电路电流的变化，其线圈匝数少、导线粗、阻抗小。按用途不同，电流继电器可分为欠电流继电器、过电流继电器。欠电流继电器的吸引线圈吸合电流为线圈额定电流的 30%～65%，释放电流为额定电流的 10%～20%，用于欠电流保护或控制，如电磁吸盘中的欠电流保护。过电流继电器在电路正常工作时不动作，当电流超过某一定值时才动作，整定范围为 110%～400% 额定电流，其中交流过电流继电器为 110%～400% 额定电流 I_N，直流过电流继电器为 70%～300% 额定电流 I_N，过电流继电器用于过电流保护或控制，如起重机电路中的过电流保护。

(2) 电压继电器。 电压继电器是根据输入电压的大小而动作的继电器，与电流继电器类似，电压继电器也分为欠电压继电器、过电压继电器两种。过电压继电器的动作电压范围为 (105%～120%)U_N，欠电压继电器吸合电压动作范围为 (20%～50%)U_N，释放电压调整范围为 (7%～20%)U_N，零电压继电器当电压降低至 (5%～25%)U_N 时动作，它们分别起到过压、欠压、零压保护。

电压继电器工作时并入电路中，因此线圈匝数多，导线细，阻抗大，用于反映电路中电压的变化。

(3) 中间继电器。 中间继电器实际上是一种电压继电器，触点对数多，触点容量较大

（额定电流为 5～10A），其作用是将一个输入信号变成多个输出信号或将信号放大（即增大触点容量），起到信号中转的作用。

中间继电器体积小，动作灵敏度高，并在 10A 以下的电路中可代替接触器起控制作用。继电器电气图形符号如图 2-30 所示。

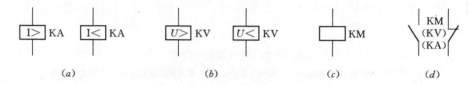

图 2-30　继电器电气图形符号

(a) 过/欠电流继电器线圈符号；(b) 过/欠电压继电器线圈符号；
(c) 中间继电器线圈符号；(d) 继电器触点符号

2. 时间继电器

时间继电器是一种根据电磁原理或机械动作原理来实现触点系统延时接通或断开的自动切换电器。其种类很多，按其动作原理可分为电磁式、空气阻尼式、电动式与电子式时间继电器。时间继电器按延时方式可分为通电延时型与断电延时型两种。时间继电器电气图形符号如图 2-31 所示。

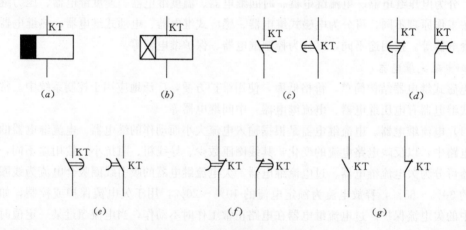

图 2-31　时间继电器电气图形符号

(a) 断电延时线圈符号；(b) 通电延时线圈符号；(c) 延时闭合常开触点符号；(d) 延时断开常闭触点符号；
(e) 延时断开常开触点符号；(f) 延时闭合常闭触点符号；(g) 瞬时常开、常闭触点符号

3. 热继电器

热继电器是利用电流的热效应原理来切断电路的保护电器。电动机在运行中常会遇到过载情况，但只要过载不严重，绕组不超过允许温升，这种过载是允许的。但如果过载情况严重，时间长，则会加速电动机绝缘的老化，甚至烧毁电动机。热继电器就是专门用来对连续运行的电动机实现过载及断相保护，以防电动机因过热而烧毁的一种保护电器。热继电器电气图形符号如图 2-32 所示。

4. 速度继电器

速度继电器是根据电磁感应原理制成的。主要用做笼型异步电动机的反接制动，故又称

为反接制动继电器，其电气图形符号如图 2-33 所示。

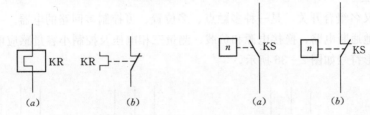

图 2-32 热继电器电气图形符号
(a) 发热元件；(b) 常闭触点

图 2-33 速度继电器电气图形符号
(a) 常开触点；(b) 常闭触点

5. 固态继电器

固态继电器是一种新型无触点继电器。它是随着微电子技术的不断发展而产生的以弱电控制强电的新型电子器件。同时又为强、弱电之间提供良好的隔离，从而确保电子电路和人身的安全。

（三）熔断器

熔断器是低压配电系统和电力拖动系统中起过载和短路保护作用的电器。使用时，熔体串接于被保护的电路中，当流过熔断器的电流大于一规定值时，以其自身产生的热量使熔体熔断，从而自动切断电路，实现过载和短路保护。

熔断器具有结构简单、体积小、重量轻、使用维护方便、价格低廉、分断能力较高、限流能力良好等优点，因此在强电系统和弱电系统中得到广泛应用，熔断器的电气图形符号如图 2-34 所示。

熔断器由熔体和安装熔体的绝缘底座（或称熔管）组成。熔体由易熔金属材料如铅、锌、锡、铜、银及其合金制成，形状常为丝状或网状。由铅锡合金和锌等低熔点金属制成的熔体，因不易灭弧，多用于小电流电路；由铜、银等高熔点金属制成的熔体，易于灭弧，多用于大电流电路。熔断器种类很多，按结构分为开启式、半封闭式和封闭式；按有无填料分为有填料式、无填料式；按用途分为工业用熔断器、保护半导体器件熔断器及自复式熔断器等。

图 2-34 熔断器的电气
图形符号

（四）低压开关

1. 刀开关

刀开关是一种手动电器，广泛应用于配电设备作为隔离电源，有时也用于直接启动小容量的笼型异步电动机。刀开关的电气图形符号如图 2-35 所示。刀开关有开启式负荷开关和封闭式负荷开关等类型。

（1）开启式负荷开关。开启式负荷开关俗称胶盖瓷底刀开关，由于它结构简单、价格便宜，使用维修方便，故得到广泛应用，主要用作电气照明电路和电热电路。小容量电动机电路的不频繁控制开关，也可用作分支电路的配电开关。

（2）封闭式负荷开关。封闭式负荷开关又称铁壳开关，一般用于电力排灌、电热器、电气照明线路的配电设备中，用于不频繁地接通与分断电路，也可以直接用于异步电动机的非频繁全压启动控制。

2. 转换开关

转换开关又名组合开关，是一种多触点、多位置、可控制多回路的电器。一般用于电气设备中非频繁地通断电路、换接电源和负载、测量三相电压及控制小容量感应电动机，转换开关的电气图形符号如图 2-36 所示。

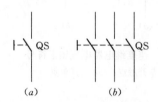

图 2-35　刀开关的电气图形符号
(a) 单极；(b) 三级

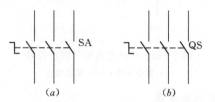

图 2-36　转换开关的电气图形符号
(a) 用作控制开关；(b) 用作电源开关

（五）低压断路器

低压断路器俗称自动开关，是低压配电系统和电力拖动系统中非常重要的电器，它相当于刀开关、熔断器、热继电器和欠电压继电器的组合，集控制与多种保护于一身，并具有操作安全、使用方便、工作可靠、安装简单、分断能力强等优点，因此得到广泛应用。

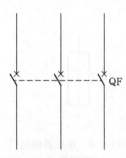

图 2-37　断路器的电气
图形符号

断路器的种类繁多，按用途和结构特点可分为框架式断路器、塑料外壳式断路器、直流快速断路器、限流式断路器和漏电保护断路器等，断路器的电气图形符号如图 2-37 所示。

（1）框架式断路器（万能式断路器）。具有绝缘衬底的框架结构底座，将所有的构件组装在一起，用于配电电网的保护。

（2）塑料外壳式断路器。由模压绝缘材料制成的封闭型外壳将所有构件组装在一起形成塑料外壳式断路器。用作配电电网的保护和电动机、照明电路及电热器等控制开关。

（3）直流快速断路器。具有快速电磁铁和强有力的灭弧装置，最快动作时间可在 0.02s 以内，主要用于半导体整流元件和整流装置的保护。

（4）限流断路器。利用短路电流所产生的电动力使触点在 8～10ms 内迅速断开，限制了电路中可能出现的最大短路电流，适用于要求分断能力较强的场合（可分断高达 70kA 短路电流的电路）。

（5）漏电保护断路器。在电路或设备出现对地漏电或人身触电时，迅速自动断开电路，从而有效地保证人身和线路安全。漏电保护断路器是一种安全保护电器，在电路中作为触电和漏电保护之用。漏电保护断路器有单相式和三相式两种，漏电保护断路器的额定漏电动作电流为 30～100mA，漏电脱扣动作时间小于 0.1s。

（六）主令电器

主令电器是用来接通和分断控制电路以发号施令的电器。主令电器应用广泛，种类繁多，常见的有按钮、行程开关、万能转换开关、主令控制器等。

1. 按钮

按钮是一种手动且可以自动复位的主令电器，其结构简单，控制方便，在低压控制电路中得到广泛应用，按钮的结构及电气图形符号如图 2-38 所示。

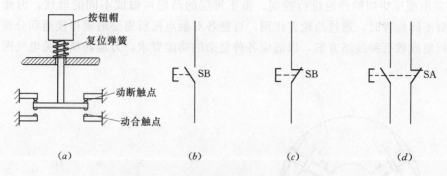

图 2-38　按钮结构及其电气图形符号
(a) 按钮结构示意图；(b) 常开触点；(c) 常闭触点；(d) 复合式触点

按照用途和结构，按钮可分为启动按钮、停止按钮和复合按钮等。按照使用场合和作用不同，通常将按钮帽做成红、绿、黑、蓝、白、灰等颜色，国标 GB 5226—85 对按钮的颜色作以下规定。

(1) 停止和急停按钮颜色必须用红色。

(2) 启动颜色用绿色。

(3) 启动与停止交替动作的按钮必须是黑白、白色或灰色。

(4) 点动按钮必须是黑色。

(5) 复位按钮必须是蓝色（如保护继电器的复位按钮）。

2. 行程开关

行程开关又称位置开关或限位开关，它的种类很多，按运动形式可分为直动式、转动式、微动式；按触点的性质可分为有触点式和无触点式（又称接近开关或无触点行程开关）。行程开关主要用于检测工作机械的位置，发出命令以控制运动方向或行程。行程开关的电气图形符号如图 2-39 所示。

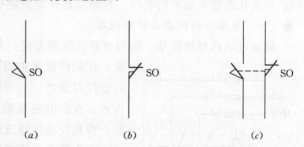

图 2-39　行程开关的电气图形符号
(a) 常开触点；(b) 常闭触点；(c) 复合式触点

3. 万能转换开关

万能转换开关实际上是一种多挡位、多触点、能够控制多回路的主令电器。可用于控制高压油断路器等操作机构的分合闸和各种配电设备中线路的转换、遥控以及电流表、电压表的换相测量等；也可用于发布控制指令，远距离控制，小容量电动机的启动、调速和换向控制。由于其换接、控制电路多，用途广泛，故又称为万能转换开关。

目前常用的万能转换开关由操作机构、面板、手柄及触点底座等主要部件组成。图2 -40所示为LW6系列转换开关内其中某一层的结构原理示意图，其操作位置有2～12个，触点底座有1～10层，其中每层底座均可装三对触点，这种转换开关装入的触点最多可达60对，并由底座中间的凸轮进行控制。由于每层的凸轮可做成不同的形状，因此，当手柄转动到不同位置时，通过凸轮自作用，可使各对触点按所需要的规律接通和分断，这种开关可以组成数百种线路方案，以适应各种复杂的功能要求，万能转换开关电气图形符号如图2-41所示。

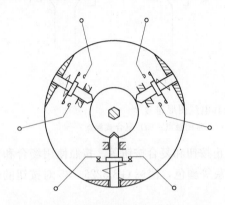

图2-40 万能转换开关结构示意图

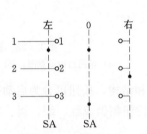

图2-41 万能转换开关电气图形符号

二、基本电气控制电路

这一部分通过对异步电动机几种电气控制电路的分析，对电气控制电路的基本原理有一定的了解，为在楼宇自动化系统设计中更好地处理弱电控制系统与电气系统的强弱电接口、设备状态监视信号的获取、控制点选择等奠定基础。

（一）异步电动机启动控制线路

异步电动机结构简单、运行可靠、维修方便，具有体积小、重量轻、转动惯性小的特点，在现代建筑中得到广泛应用，是楼宇自动化系统主要的监控对象之一。异步电动机有直接启动和降压启动两种方式。在供电变压器容量足够大时，异步电动机可直接启动，否则应采用降压启动方式。

下面简单介绍直接启停控制。

1. 开关直接启动

排污泵、排气扇等可用开关直接启动，开关直接启动的电路如图2-42所示。

2. 接触器直接启停控制

对通风机、排风机、冷/热水循环泵、冷却水循环泵、生活水泵、消防水泵等中型电动机，宜采用接触器直接启

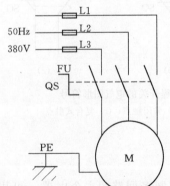

图2-42 开关直接启动的电路

停，电气控制线路如图2-43所示。

在图2-43所示的电气控制线路中，三相交流异步电动机通过由接触器、熔断器、热继电器和按钮所组成的控制电路进行控制。

启动电机时：

$$合\ QS \rightarrow 按\ SB2 \rightarrow KM\ 线圈得电 \rightarrow \begin{cases} 主触点\ KM\ 闭合 \\ 辅助常开触点\ KM\ 闭合 \rightarrow 自锁 \rightarrow 电机连续运行 \end{cases}$$

电机停转时：

按停止按钮 SB1 →KM 的线圈失电→所有 KM 常开触点断开→电动机失电停转

并联于启动按钮的辅助常闭触点通常称为自锁触点，其作用是当松开启动按钮 SB2 后，吸引线圈 KM 通过其辅助常开触点可以继续保持通电，故电动机连续运行，此控制电路称为自锁电路。

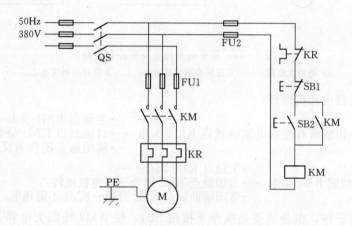

图 2-43　接触器直接启停与保护线路

通过上述电路的分析可看出，电器控制的基本方法是通过按钮发布命令信号，而由接触器执行对电路的控制，继电器则用以测量和反映控制过程中各个量的状态。例如，热继电器反映电动机过载、断相可能产生的过流情况及其保护，并在适当时候发出控制信号，使接触器实现对主电路的各种必要的控制。

（二）电动机正反转控制

图 2-44 所示为正反转按钮控制的典型线路。在主电路中，两个接触器 KM1、KM2 触点接法不同，因此当 KM2 的触点闭合时，使电动机电源线的左、右两相互换，故可改变电机电源的相序，从而改变电机转向。那么将正转和反转启动线路组合起来就构成了异步电动机的正反转控制线路。

在图 2-44 所示的中间正反转控制电路部分 [图 2-44（b）]，SB2、SB3 分别为正、反控制按钮，SB1 为停止按钮。KM1、KM2 为互锁触点，在它们各自的线圈电路中串联接入对方的常闭触点，防止了 SB2、SB3 同时按下可能造成的短路事故。这种利用辅助触点互相制约工作状态的方法形成了一个基本控制环节——互锁环节。

工作原理如下：

先合上 QS，电机正转时：

$$按\ SB2 \rightarrow 线圈\ KM1\ 得电 \rightarrow \begin{cases} 主触点\ KM1\ 闭合 \\ 自锁触点\ KM1\ 闭合 \end{cases} \rightarrow 电机正转 \\ 常闭辅助触点\ KM1\ 分断 \rightarrow KM2\ 不能得电，切断反转电路$$

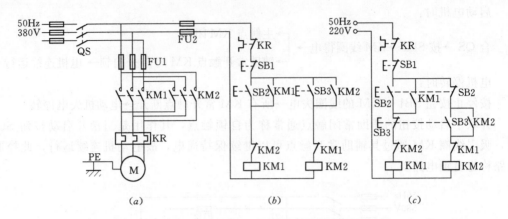

图 2-44 异步电动机正反转控制电路

(a) 电机主电路；(b) 正反转控制线路之一；(c) 正反转控制线路之二

反转时，先将电动机停转：

先按 SB1→切断所有控制电路→线圈 KM1 失电→ ┌→主触点 KM1 分断→ ┐

├→自锁触点 KM1 分断→ ┤→电机停转

└→常闭触点闭合为反转作准备

再按 SB3→线圈 KM2 得电→ ┌→主触点 KM2 闭合→ ┐

├→自锁触点 KM2 闭合→ ┤→电机反转

└→常闭辅助触点 KM2 分断→KM1 不能得电，切断正转电路

如果想再次正转，也必须要先按停止按钮 SB1，使 KM2 线圈失电释放，电机停转，然后按 SB1 使电机正转。这种控制线路 [图 2-44 (b)] 的工作过程是：正转—停止—反转—停止—正转—停止—……的循环工作过程。当电机需要频繁换向时，这种方式操作不方便，非生产时间多，效率低。

如果要求直接实现正反转控制，可采用图 2-44 中正反转控制电路部分 [图 2-44 (c)]，用复合按钮代替单触点按钮，并将复合按钮的常闭触点分别串接入对方接触器的控制电路中，这样在接通一条电路的同时，可以切断另一条电路，即可不使用停止按钮过渡而直接控制正反转。但须注意这种直接正反转控制线路仅适用于小容量电动机，且拖动的设备转动惯量又较小的场合。

（三）双速异步电动机的高、低速控制

现代建筑中，有一部分设备有多种用途和功能。如有的风机在正常情况下作为空调系统的送/回风机，但当发生火灾时，又转换为补风机/排烟风机。同一风机工作在不同的功能时，有可能采用不同的转速，对应的电动机必须配备双速控制线路。

图 2-45 给出了三种双速电动机控制线路。

图 2-45 (b) 是通过按钮进行转速控制的高、低速控制电路。按下 SB2 按钮，KM1 得电，电机绕组接成 △ 形，低速运转；按下 SB3 按钮，KM2、KM3 得电，电机绕组接成 Y 形，电机高速运转，在低速和高速之间用动断触点互锁。

图 2-45 (c) 是通过开关实现高低速控制的控制电路。当电动机容量较大时，若直接作高速运转（Y 接法），启动电流较大，这时可采用低速启动，再转换到高速运行的控制方式。

图 2-45（d）是通过转换开关实现低、高速自动转换的控制电路。在图中，当 SA 开关打到高速时，时间继电器 KT 得电，其瞬时动作触点闭合，先接通低速电路，使电动机低速启动，KT 延时时间到后，其两个延时触点分别断开低速电路和接通高速电路，使电动机转换到高速运行。

这一部分只是简单介绍了一般常用低压电器的工作原理以及电动机启停控制，楼宇自动化系统基本都涉及电气控制，电气控制及其系统在变配电、照明、电梯、火灾自动报警及消防控制、空调、通风、给排水等系统的控制中都有广泛的应用，掌握各种低压电器的基本原理和电气控制线路的基本设计方法，对楼宇自动化系统设计，特别是强弱电接口的设计是必不可少的。

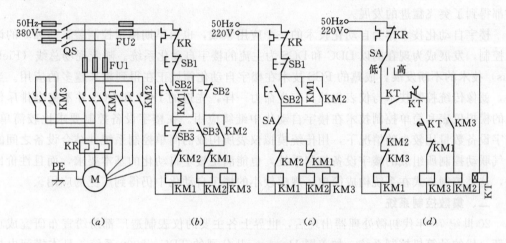

图 2-45　三种双速电动机控制线路

（a）电机主电路；（b）双速电机控制电路之一；（c）双速电机控制电路之二；（d）双速电机控制电路之三

第四节　计算机控制技术

一、概述

早在 20 世纪 50 年代数字计算机出现之初，有远见的控制工程师便从计算机运算速度快、具有实现各种数学运算和逻辑判断的能力上，意识到这是控制系统的发展方向，并进行了积极的探索，1959 年美国在炼油厂实现计算机数据监控，1962 年英国实现用计算机代替模拟调节器进行闭环数字控制。但计算机在控制领域的发展并非一帆风顺，尽管计算机的潜力很大，但随着控制功能向计算机高度集中，事故发生的危险性也被高度地集中。当一台控制几百个网路的计算机发生故障时，所有控制回路同时瘫痪，在这种情况下，仪表操作工的技术不管怎样高明也无法对付，由此造成巨大风险和可能带来的潜在损失谁也无法承受。加上早期计算机可靠性低，价格昂贵，人机界面不方便，所以在很长一段时间里，人们虽然对计算机控制进行了大量的研究工作，但实际在线运行的计算机控制系统并不多。

这种状况一直延续到 20 世纪 70 年代初微处理器出现为止。微处理器以大规模集成电路的形式出现，其可靠性高，价格便宜，功能又相当齐全，一出现立即受到自动化行业的巨大关注，业界全力以赴加以研究，并很快取得新的技术突破。在不长的时间里，出现了以数字调节器、直接数字控制器（Direct Digital Controller，DDC，在有些资料中 DDC 作为直接数字控制——Direct Digital Control 的缩写，在本书中只指前者）、可编程序控制器（Programmable Logical Controller，PLC）为代表的数字化控制装置，自动化技术进入了数字化时代。随着电子技术、计算机技术、通信技术、控制理论的不断发展，计算机控制技术也由最早的独立控制装置，发展成为网络化的集散控制系统（Distributed Control Systems，DCS）。20 世纪 90 年代出现的现场总线控制系统（Field bus Control Systems，FCS），使得自动控制设备与系统在功能、可靠性、兼容性、智能化与网络化等方面都得到了突飞猛进的发展。

楼宇自动化技术作为自动化技术的一个应用领域，也由早期模拟控制装置与独立的设备控制，发展成为现在的以 DDC 和 DCS 为主流的楼宇自动化系统。随着现场总线（Field Bus）技术的不断发展，成熟的 FCS 技术在楼宇自动化领域正在得到越来越多的应用。当然，就像传统控制技术与仪表仍然具有生命力一样，先进的 DCS 和 FCS 并不完全排斥传统的模拟仪表和简单控制技术在楼宇自动化中继续应用。在楼宇设备控制要求比较简单、楼宇设备数量比较少的情况下，用传统模拟仪表所构成的简单控制系统并结合设备之间的电气联动控制所组成的楼宇设备控制系统，也能满足楼宇自动化的基本要求，而且性价比好，这类控制方式在系统构成简单、规模较小的楼宇自动化中仍得到广泛的应用。

二、集散控制系统

20 世纪 70 年代初微处理器出现后，世界上各主要的仪表制造厂都纷纷宣布研究成功了新一代的计算机控制系统，如美国 Honeywell 公司的 TDC - 2000 系统、日本横河电机公司的 CENTUM 系统、美国 Foxboro 公司的 SPECTRUM 系统等。虽然这些系统各自的结构和功能有所不同，但都有一个共同特点，即控制功能分散，操作管理集中，因此称为分散型控制系统（DCS），也称集中分散型控制系统，简称集散控制系统。这是在多年集中型计算机控制失败的实践中产生的一种新的体系结构，即通过将功能分散到多台计算机上，分散危险性，同时采用双重化、冗余等增强可靠性的措施，达到提高系统可靠性和整个系统运行安全的目的。

（一）集散控制系统的体系结构

集散控制系统是随着计算机技术、信号处理技术、自动测量和控制技术、通信网络技术和人机接口技术的发展和相互渗透而产生的，既不同于分散的常规仪表控制系统，又不同于集中式的计算机控制系统，它吸收了两者的优点。集散控制系统是利用计算机技术对生产过程进行集中监视、管理和设备现场进行分散控制的一种新型控制技术，具有很强的生命力和显著的优越性。自 20 世纪 70 年代第一套集散控制系统问世以来，集散控制系统已经在各种控制领域得到了广泛的应用。

集散控制系统是由集中管理部分、分散控制部分和通信部分所组成。集中管理部分主要由中央管理计算机及相关控制软件组成。分散控制部分主要由现场直接数字控制器及相关控制软件组成，对现场设备的运行状态、参数进行监测和控制。DDC 的输入端连接传感器等现场检测设备，DDC 的输出端与执行器连接在一起，完成对被控量的调节以及设备状态、过程参数的控制。通信部分连接集散型控制系统的中央管理计算机与现场 DDC 控制器，完成数据、控制信号及其他信息在两者之间的传递。

集散系统的体系结构框图如图 2-46 所示。

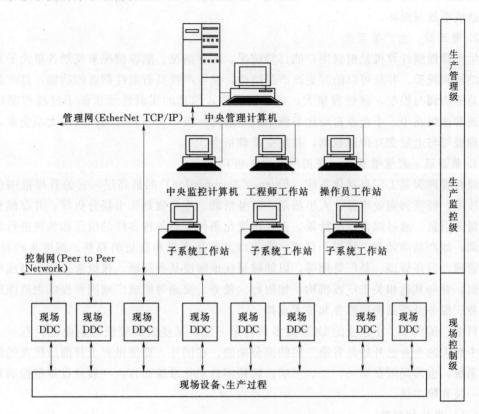

图 2-46 集散控制系统体系结构框图

集散控制系统通常可分为三（层）级（或四级）。

1. 第一级：现场控制级

现场控制级由现场控制器（DDC）和其他现场设备组成。DDC 直接与各种现场装置（如变送器、执行器等现场仪表与装置）相连，对现场控制对象的状态和参数进行监测和控制，如设备与系统的状态与参数检测、报警，开环和闭环控制等。同时，DDC 还与第二级的中央监控计算机相连，接受上层计算机的指令和管理信息，并向上传递现场采集的数据（包括实时数据和特征数据）。

在系统规模比较大而且可划分为比较独立的子系统的集散控制系统，为了便于对子系统的监控和管理，可在这一层设置系统工作站，对于系统进行有效的监控与管理。例如，在楼宇自动化系统中，火灾报警与消防工作站、安保工作站等就属于这类工作站。

2. 第二级：生产监控级

生产监控级由中央监控计算机（又称操作站）及相关软件组成，可监视现场控制级的信息，如故障检测存档、历史数据、记录状态报告、打印显示、优化过程控制、协调各站的操作关系，控制回路状态和参数值等。中央监控级一般采用工业控制计算机（PC 总

47

线）和专用计算机，楼宇自动化系统的中央监控计算机就属于监控级。

为了保护系统安全，在这一级分设工程师工作站和操作员工作站，或者通过设置权限密码限制不同人进入系统的级别，以避免不必要的误操作可能引起的对系统正常运行的干扰或造成事故与损坏。

3. 第三级：生产管理级

生产管理级计算机是根据用户的订货情况、库存情况、能源情况来规划各单元子系统产品结构和规模，并且可以随时更改产品结构，使生产线具有柔性制造的功能，是产品生产的总体协调与控制，该级容量大、运算功能强，信息的实时性要求低于过程控制计算机，通常该级在中、小企业自动化系统中就是最高一级，对于具有第四级的大型企业，生产管理级可与上层交互传递数据，并接受管理指令。

4. 第四级：经营管理级（在图中没有画出）

经营管理级是工厂自动化系统（Factory Automation）的最高层，它的管理范围包括工程技术、经济和商业事务、人事活动、财务活动、生产规划和市场分析等，并存储和处理大量的信息。通过综合产品计划，在各种变化条件下对各种各样的信息和装置进行合理的配调，如产品的经营、销售、订货、接收以及产品产量和质量的调整、调度生产计划、财务管理、设备管理、总厂管理等，以能够最优地解决某些问题。该级常采用小型或中型计算机，并与其他相关工厂或机构，如银行、税务、交通等组成广域网并提供大范围的金融业务、税务及产品售后服务和技术支持。

目前，国内中、小企业的 DCS 大多只有第一层，某些发展较快的企业也只有一、二层，少数大的企业已开始具有第三层的部分功能。在国外，即使世界上目前最优秀的集散控制系统，也多局限在第一、二、三层。就楼宇自动化系统而言，一般只设集散控制系统的第一级和第二级。

（二）现场控制器

智能楼宇中的集散型计算机控制系统是通过通信网络系统将不同数目的现场控制器与中央管理计算机连接起来，共同完成各种采集、控制、显示、操作和管理功能。智能楼宇中的现场控制器采用计算机技术，又称直接数字控制器，简称 DDC。

现场控制器根据控制功能，可分为专用控制器和通用控制器。专用控制器是为专用设备控制研发的控制器，如楼宇自动化系统中的空调机控制器、灯光控制器等。通用控制器可用于多种设备的控制。

通用控制器常采用模块化结构，使得系统配置更为灵活。在实际使用中，可根据不同需求选用不同的模块进行 DDC 控制器配置，并采用不同的冗余结构以适应不同的控制要求，现场控制器通常安装在靠近控制设备的地方，为适应各种不同的现场环境，DDC 控制器应具有防尘、防潮、防电磁干扰、抗冲击、抗振动及耐高、低温等恶劣环境的能力。

1. 现场控制器的功能

在集散控制系统中，各种现场检测仪表（如各种传感器、变送器等）送来的测量信号均由现场控制器进行实时的数据采集、滤波、非线性校正、各种补偿运算、上下限报警及累积量计算等。所有测量值、状态监测值经通信网络传送到中央管理计算机数据库，并进行实时显示、数据管理、优化计算、报警打印等。DDC 控制器将现场测量信号与设定值进行比较，按照产生的偏差由DDC控制器完成各种开环控制、闭环反馈控制、控制、驱动执行机构完成对被控参数的控制。

DDC控制器能接受中央管理计算机发来的各种直接操作命令，对监控设备和控制参数进行直接控制，提供了对整个被控过程的直接控制与调节功能。DDC控制器的基本组成如图2-47所示。

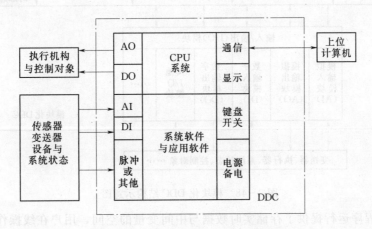

图2-47　DDC控制器基本组成框图

在集散控制系统中，显示与操作功能集中在中央管理计算机，DDC控制器一般不设置CRT显示器和操作键盘，但可以通过便携式计算机或现场编程器对现场控制器进行编程和对系统参数进行修改。现场控制器一般配备可供选择的简易人机界面，如小型显示器、迷你键盘、按钮等，通过这些简单的人机界面，可在现场对DDC控制器进行变量调整、参数设定等一些简单的操作以及检测参数的就地显示等。在DDC控制器独立使用时，选配相应的人机接口是非常必要的，对系统现场调试、编程和参数调整等带来极大便利。

2. 模块化DDC控制器的组成结构

模块化DDC控制器通常包含电源模块、计算机（CPU）模块、通信模块和输入/输出模块。组成结构如图2-48所示。

（1）计算模块与通信模块。计算机模块通过输入模块完成数据采集、滤波、非线性校正、各种补偿运算、上下限报警及累积量计算等。同时通过运算，由输出模块输出控制信号，驱动执行机构（器）完成对控制对象的控制。可通过远程驱动模块和远程执行器实现远程控制。通过通信模块可将所有测量值和状态监测信号传送到中央管理计算机数据库，供实时显示、数据处理、优化计算、报警打印等。中央管理计算机的管理、控制指令同样可通过通信模块送入DDC控制器计算模块，实现系统的直接调控。

现场控制器是一种开放式控制器。CPU普遍采用了高性能的16位微处理器，有的已使用了准32位或32位的微处理器，还配有浮点运算协处理器，因此DDC的数据处理能力大大提高，除了具有先进的PID算法功能外，还可执行复杂的控制算法，如自整定、预测控制和模糊控制等。

为了工作的安全可靠，现场控制器的控制程序全部同化在ROM中，包括系统启动、自检程序、输入/输出驱动程序、检测、计算、通信和控制管理程序等。

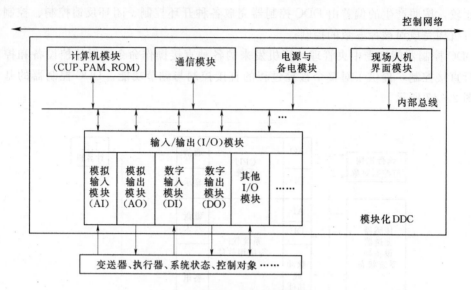

图 2-48 模块化 DDC 结构示意图

RAM 为程序运行提供了存储实时数据与中间变量的空间，用户在线操作时需修改的参数（如设定值、手动操作值、PID 参数、报警界限等）也须存入 RAM 中。现场控制器为用户提供了在线修改组态的功能，用户组态应用程序亦必须存入 RAM 中运行。

在一些采用双 CPU 的冗余系统中，还特别设有一种双端口随机存储器，其中存放过程输入、输出数据及设定值、PID 参数等；两个 CPU 可分别对其进行读写，从而实现了双 CPU 间运行数据的同步，当主 CPU 出现故障时，热备份 CPU 可立即接替工作，保证正常运行过程不受任何影响。

DDC 控制器的通信方式主要有 Peer to Peer（点对点）方式和 RS485 方式。Peer to Peer（点对点）网络通信可达到 115.2kbps 的通信速率。RS485 通信总线长度可达 1.2km。

（2）内部总线。DDC 控制器一般采用最流行的标准的 VME 总线，它支持多 CPU 的 16 位/32 位总线，PC 总线（ISA 总线）在中规模集散控制系统的 DDC 控制器中亦得到了应用。

（3）电源模块。稳定、无干扰的交流供电是现场控制器正常工作的重要保证，现场控制器采用了隔离变压器，将其一次、二次线圈间的屏蔽层可靠接地，很好地隔离共模干扰。电源模块带有板内微处理器，为控制器提供了高质量的 24VDC 稳压电源，24VDC 又通过 DC-AC-DC 变换方式转换成现场控制器内各功能模块所需的直流电源。电源模块具有过压/电压不足的显示功能，长寿命的后备锂电池可保证 DDC 控制器的重要数据不丢失。

（4）输入/输出（Input/Output）模块。在集散型的控制系统中，种类最多、数量最大的就是各种输入/输出模块。DDC 控制器的输入/输出接口通过输入/输出模块与各种传感器、变送器、执行器等在线仪表连接在一起。DDC 控制器的输入/输出模块根据信号的性质可分为模拟输入模块、模拟输出模块、数字输入模块、数字输出模块、脉冲量输入及其他专用 I/O 模块。

1）模拟输入（Analogy Input，AI）模块。各种连续变化的物理量（如温度、压力、压差、液位、应力、位移、速度、加速度、电流、电压等）和化学量（如 pH 值、浓度等），通过传感器将其转变为相应的标准电信号，由模拟输入模块送入现场控制器进行处理。上述的非电物理量转换后的标准电信号有以下几种。

电阻信号：由热电阻产生，电阻信号的输入模块与所采用的电阻传感器对应，常用的规格有 100Ω、500Ω、1000Ω、10kΩ、20kΩ 等。

电压信号：一般是由热电偶、压力、湿度、应变式传感器产生，常用的规格有 1～5VDC、0～5VDC、0～10VDC 几种。

电流信号：由各种温度、位移或各种电量、化学量变送器、电磁流量计等产生，一般均采用 4～20mADC 标准。

在所有模拟输入模块中，输入电路先将各种范围的模拟量输入信号统一转变成 1～5VDC 或 0～10VDC 的电压信号送入 A/D 转换器。通过滤波电路、差动放大器以提高系统抗干扰能力，提高其共模抑制比，对于热电偶信号的处理器，还采取冷端补偿与开路检测等措施，以提高检测精度与系统可靠性。

通过 A/D 转换器，将信号处理器输入的多路模拟信号，按 CPU 的指令逐一转变为数字量送给 CPU。每一 A/D 转换器一般可直接输入 8～64 路模拟信号，由多路选通开关通过分时选通进行 A/D 转换。A/D 转换器有 8 位、10 位、12 位、16 位等多种，但在集散控制系统中使用较多的是 12 位的 A/D 转换器，每一次 A/D 转换时间一般在 100s 左右。

2）模拟输出（AO，Analogy Output）模块。DDC 控制器将要输出的数字信号经 D/A 转换成电流或电压模拟信号，常用的 D/A 转换器有 8 位、10 位、12 位、16 位等多种，但在集散控制系统中使用较多的是 12 位的 D/A 转换器。通过模拟输出模块输出 4～20mADC 直流电流信号或 1～5VDC、0～5VDC、0～10VDC 直流电压信号，用于控制各种直线行程或角行程电动执行机构，以控制各种阀门的开度，或通过调速装置（如各种交流变频调速器）控制各种电机的转速，也可通过电—气转换器或电—液转换器来控制各种气动或液动执行机构，如控制气动阀门的开度等。

3）数字（状态）量输入（DI，Digital Input）模块。用来输入各种限位（限值）开关、继电器、电气联动机构、电磁阀门联动触点的开、关状态等二位（on/off）信号。

各种开关量输入信号在 DI 模块内经电平转换、光电隔离并经滤波去除抖动噪声后，存入模块内数字寄存器中。外接每一路开关的状态，相应地由二进制寄存器中的一位数字的 0 与 1 来表示。CPU 可周期性地读取各模块内寄存器的状态来获取系统中各个输入开关的状态。也可通过中断申请电路读取，当外部某开关状态变化时，即向 CPU 发出中断申请，提请 CPU 及时处理。

4）脉冲输入（PI，Pulse Input）模块。现场仪表中转速计、涡轮流量计、脉冲电量表及一些机械计数装置等输出的测量信号均为脉冲信号，脉冲输入模块就是为输入这一类测量信号而设置的。脉冲量输入与数字量输入功能相似。PI 模块上设多个可编程定时计数器（如 8253、8254 等 16 位的定时计数器）及标准时钟电路，输入的脉冲信号经幅度变换、整形、隔离后输入计数器。根据不同的功能、编程方式和转换系数，可进行计数、脉冲间隔时间、脉冲频率测量及总量计算等。

5）数字输出（DO，Digital Output）模块。用于控制电磁阀门、继电器、指示灯、声报警器等具有开、关两种状态的装置或设备。DO 模块用于锁存 CPU 输出的开关状态数据，这些 O、I 数据的每一位分别对应一路输出的开、关或通、断状态，经光电隔离后可通过小型继电器、双向晶闸管（或固态继电器）的输出控制现场设备。在 DO 模块上一般设有输出值回测电路，供 CPU 确认开关量输出状态是否正确。

上述各种输入/输出模块在设计时，为保证其通用性和系统组态的灵活性，在模块中均设有一些用于改变信号量程与种类的跳线或 DIP 开关。有些 DDC 控制器还有一组模块地址选择开关，用于模块地址的确定，在这类系统安装与调试时必须按组态数据仔细设定。

（三）中央监控系统

1. 中央监控计算机

集散控制系统监控范围大、设备数量多、监控状态与参数的类型、数量多且分散。在控制系统方案的选取上，宜坚持"分散控制、集中管理"的原则，即利用 DDC 对被控对象实施"分散控制"，通过中央监控计算机对被控对象实施统一管理，图 2-48 所示的 DCS 结构已清楚地说明了这一点。

中央监控计算机担负着系统集中监视、管理、系统生成及诊断等监控与管理的职能，因此，不仅要求其硬件系统耐用、可靠，而且要求应用软件方便使用且功能齐全。在中央监控计算机选型方面，对于较小型的 DCS 系统，一般可考虑采用"工控机"作为中央监控计算机的主机设备，对于较大型和特大型的 DCS 系统，可考虑采用"容错计算机"作为中央监控计算机的主机设备，一个集散控制系统中可以配置多个中央管理计算机工作站。为了提高中央监控主机的可靠性，容错计算机采用了两台计算机互为热备份的系统设计技术，即一台运行中的计算机一旦出现故障，热备份的计算机即自动投入运行，并自动接管中央主机对整个系统的管控大权，从而保证系统最大限度地处在可靠运行状态。

为了避免意外误操作，一般监控中心分设工程师工作站和操作员工作站。系统工程师通过工程师工作站进行系统组态、系统测试、系统维护与系统管理等工作。系统操作员通过操作员工作站进行系统画面显示与切换、系统运行操作。基本的显示画面有流程和控制画面、报警提示画面、控制回路画面、趋势画面、提示信息画面、记录和表格画面等。基本操作有参数修改、画面调用与展开、报警确认、信息输出等。当系统规模较小或者工艺流程相对简单时，工程师和操作员可共用一个工作站，通过授权密码进行工作站功能的切换。

当 DCS 可划分为不同子系统时，为了便于子系统管理以及遵循国家规范的要求，可增设子系统工作站，在楼宇自动化系统中通常设有火灾自动报警与消防工作站、安保工作站、门禁工作站等子系统工作站。

2. 集散系统的通信网络

（1）中央监控计算机与 DDC 之间的通信。中央监控计算机与分布在现场的 DDC 之间需要大量上传下送监测与控制数据信息，各控制器之间也需要相互通信，以实现系统的协调控制。该级网络通信系统需要满足以下要求。

1）应适应工业现场的相对恶劣环境。

2）传输速率不得过低，就是说通信波特率不低于9600bps。

3）直接传输距离不得大于1.2km，通信传输介质可采用双绞线（UTP或STP）。

4）意外高电压引入时，不得破坏整个通信系统的正常运行。

（2）多台中央监控与管理计算机之间的通信。在有多台中央监控与管理计算机的DCS系统中，中央管理计算机之间需要相互传输大量的数据和图像等信息，而且有一定的实时性要求。用于智能建筑楼宇自动化的DCS系统，担负着对建筑（群）的所有设备的集中监测、控制和管理任务，为了高效率地完成既定任务，往往需要在一座建筑物或一组建筑群中，设置多台中央管理计算机。例如，在高层建筑的楼宇自动化系统中，某层的某个防火报警探头报警后，防火自动监控系统应能及时响应，确认报警的有效性，通过网络系统发布火灾警报，同时启动消防联动系统，实施有效救灾。在具有多台中央管理计算机的DCS系统中，常用网络型中央监控系统结构。

3. 中央监控系统基本功能

（1）报告功能。如控制器报警功能、操作员操作追踪记录功能等。

（2）趋势功能。集散控制系统的一个突出特点是可以存储历史数据，并可以以曲线的形式进行显示。一般的趋势显示有两种：一种是跟踪趋势显示，又称为实时趋势；另一种趋势显示为长期记录。

（3）报警管理功能。用户定义所有事件的报警级别、报警延迟时间（以s计）、点报警状态持续时间、屏蔽点的报警等。

（4）历史记录功能。能记录系统历史运行状况。

（5）进行系统运行操作功能。通过中央监控计算机和工作站，实现对控制对象的直接操作控制、系统控制参数修改、报警确认等系统运行操作控制。

（6）系统维护与管理功能。通过累计设备运行时间、评价系统、设备工作状态等项目，辅助工作人员进行系统与设备的维护管理。

4. 系统软件

系统软件指完成操作、监控、管理、控制、计算和自诊断等功能的计算机程序，整个系统在软件指挥下协调工作，从管理范围和功能来分，软件可分为系统管理软件和现场控制器管理软件。

（1）系统管理软件。系统管理软件应采用开放式、标准化和模块化设计，可以很方便地进行修改和扩充，而不需要调整或增加系统的硬件配置，系统管理软件包括以下功能模块。

1）系统操作管理。

2）交互式系统界面。

3）报警、故障的处理、提示和打印。

4）系统操作指导。

5）系统故障自诊断。

6）快速信息检索。

7）系统信息传递。

8）系统远程通信。

9）辅助功能设定。

（2）现场控制器管理软件。现场控制器管理软件包括以下功能模块。

1）直接数字控制。

2）组合控制设定。

3）设备节能控制。

4）报警设定。

5）程序控制。

6）通信。

（四）集散控制系统的发展

20世纪90年代以来，DCS在其传统的基础上又有所改进和发展，出现一些新特点，主要表现在以下几个方面。

（1）系统的开放性不断增强。越来越多的DCS系统采用标准化的网络和数据库，保证高层互联。多数DCS提供了与各种标准的智能仪表通信（如现场总线等）和通用PLC的通信接口，使系统的开放性大为增加，扩展控制系统的集成范围。

（2）采用先进的计算机技术。高性能的微处理器已经大量应用到DCS系统中。

（3）DCS系统综合性和专业性增加。过去的DCS系统最多为用户提供一个控制系统平台，用户可以通过组态实现过程控制功能。当今的DCS系统几乎都增加了综合管理功能，可采用网络操作平台以方便实现全厂综合自动化。

未来的DCS发展，将向综合化、开放化、网络化方向发展，并且在大型DCS进一步提高和完善的同时，小型DCS系统会有一个大的发展，人工智能（如知识库系统、模糊控制，神经网络等）将会在DCS中得到应用，从而实现从生产到管理层的全面优化控制。

第五节 现场总线控制系统

以现场总线技术为基础的现场总线控制系统（FCS）是以网络为基础的开放型控制系统，现场总线是控制现场智能化设备之间的数字式、双向传输、多结点和多分支结构的数字通信网络，也被称为开放式、数字化多点通信的底层控制网络。DCS是把控制网络连接到DDC。而现场总线控制系统则把通信线一直连接到现场设备。它把单个分散的测量控制设备变成网络结点，以现场总线为纽带，组成一个集散型的控制系统。它适应了控制系统向分散化、网络化、标准化和开放性发展的趋势，是继DCS之后的新一代控制系统。

更重要的是新型的FCS用公开的、标准化的通信网络代替了DCS的专用网络，实现了不同厂商现场设备之间的兼容与互换性。

一、现场总线系统的结构特点

DCS中的现场控制器输入端连着传感器、变送器，输出端连着执行器，由控制器完成对现场设备的控制，传输的是模拟量信号和开关量信号，是一对一的物理连接。随着电子技术、计算机技术、通信技术、控制技术等的不断发展，自动控制系统的现场仪表与装置的技术水平迅速提高，出现了大量的智能化现场设备。智能化的现场设备不仅能检测、转换、传递现场参数（温度、湿度、压力等）、接收控制、驱动信号执行调节、控制功能外，还含有运算、控制、校验和自诊断功能，智能化的现场设备自身就能完成基本的控制功能。这种智能化现场设备具有很强的通信能力。通过标准化的网络，将智能化的现场设备联系在一起，构成现场总线控制系统，实现了彻底的集散控制，现场总线系统的特点有以下几个方面。

1. 系统的开放性

现场总线为开放式的互联网络，既能与同类网络互联，也能与不同类型网络互联。开放系统是指它可以与世界上任何地方遵守相同标准的其他设备或系统连接，通信协议的公开，使遵守同一通信协议不同厂家的设备之间可以实现互换。用户可按自己的需要，选用不同供应商的产品，通过现场总线构筑自己所需要的自动化系统。

2. 互操作性与互换性

互操作性与互换性是指不同生产厂家性能类似的设备不仅可以相互通信，并能互相组态，相互替换构成的控制系统。

3. 现场设备的智能化与功能自治性

现场总线系统将传感测量、计算与转换、工程量处理与控制等功能分散到现场设备中完成，仅靠现场设备即可完成自动控制的基本功能，并可随时诊断设备的完好状态。

4. 分散的系统结构

现场总线系统把 DCS 中的现场控制功能分散到现场仪表，取消了 DCS 中的 DDC，它把传感测量、补偿、运算、执行和控制等功能分散到现场设备中完成，体现了现场设备功能的独立性。构成新的分散控制的系统结构，简化了系统结构，提高了可靠性。现场总线系统的接线十分简单，一对双绞线可以挂接多个设备，当需要增加现场控制设备时，可就近连接在原有的双绞线上，既节省了投资，也减少了安装的工作量。用户可以选择不同厂商所提供的设备来集成系统。避免因选择了某一品牌的产品而限定以后使用设备的选择范围，也不会出现系统集成中协议、接口不兼容等问题。

5. 现场总线控制系统的优点

（1）智能变送器 DDC 直接进行数据通信。

（2）总线取代传感器与 DDC 间的单独布线。

（3）现场仪表的功能与精度大为提高。

（4）多功能仪表大量出现。

（5）设备的选择范围大大扩展。

二、楼宇自动化中的现场总线技术

20 世纪 80 年代以来，出现了多种现场总线，目前国际上流行的现场总线有 40 多种。比较著名的有 IEC61158、Control Net、Profi Bus（Process Field Bus）、P－Net、FF-HSE、Swift Net、World FIP、Inter Bus 等。在楼宇自动化系统中，国际上流行的有 Lon Works 和 CAN 两种现场总线标准。

1. Lon Works 总线

这是一种具有强大功能的现场总线技术。它是由美国 Echelon 公司于 1990 年正式公布而形成的现场总线标准，Lon Works 总线采用了 ISO/OSI 模型的全部 7 层通信协议，采用了面向对象的设计方法，它把单个分散的测量控制设备变成网络结点，通过网络实现集散控制，通过网络变量把网络通信设计简化为参数设置，其通信速率从 300kbps～1.5Mbps 不等，直接通信距离可达 2700m（78kLps，双绞线），支持双绞线、同轴电缆、光纤、射频、红外线和电力线等多种通信介质，并开发了相应的安全防爆产品。

2. CAN 总线

CAN 总线最早是由德国 Bosch 公司推出的控制局域网络，开始主要用于汽车内部测量与执行机构之间的数据通信。CAN 总线规范已被 ISO 国际标准化组织制定为国际标准，并得到 Motorola、Intel、Philip、Siemens 和 NEC 等公司的支持，被广泛应用于离散控制领域。CAN 协议建立在国际标准化组织的开放系统互联模型的基础上，它的模型结构只有 3 层——ISO 底层的物理层、数据链路层和顶层的应用层。CAN 总线信号传输介质为双绞线，若以 1Mbps 传输，则最远直接传输距离可达 40m；若以 5kbps 传输，则最远直接传输距离可达 10km，最多可挂接设备数 110 个。

三、Lon Works 总线

Lon Works 技术为现场总线控制系统的集中管理、分散控制的方式提供了很强的实现手段，设备供应商提供了多种以 Lon Works 总线技术为基础的现场总线控制系统。

（一）概述

Lon Works 采用开放式 ISO/OSI 模型的全部 7 层通信协议结构，被誉为通用控制网络，各层功能见表 2-5。

表 2-5 Lon Works 模型分层

模型分层	作用	服务
应用层（Application）	网络应用程序	标准网络变量类型：组态性能，文件传送
表示层（Presentation）	数据表示	网络变量：外部帧传送
会话层（Session）	远程传输控制	请求/响应，确认
传输层（Transport）	端-端传输可靠性	单路/多路应答服务：重复信息服务，复制检查
网络层（Network）	报文传送	单路/多路寻址，路径
数据链路层（Data Link）	媒体访问与成帧	成帧，数据编码，CRC 校验，冲突回避/仲裁，优先级
物理层（Physical）	电气连接	媒体特殊细节（如调制），收发种类，物理连接

（二）Lon Works 总线技术

Lon Works 技术主要由 Lon Works 结点和路由器、Lon Talk 协议、Lon Works 收发器、Lon Works 网络和结点开发器几部分组成。

1. Lon Works 结点

一个典型的现场控制结点主要包括以下几部分功能模块：应用 CPU、I/O 处理单元、通信处理器、收发器和电源。Lon Works 智能结点主要分以下两种类型。

（1）神经元结点。它是以神经元芯片为核心的控制结点，采用 MIP 结构。神经元结点充分利用了神经元芯片自身的强大功能，增加收发器便构成了一个典型的现场控制结点，其组成结构如图 2-49 所示。

（2）Hose Base 结点。神经元芯片仅是 8 位总线 CPU，功能有限，对于复杂控制需求显得力不从心。Hose Base 结构很好地解决了这一问题，将神经元芯片作为通信协议处理器，用高性能主机实现复杂测控功能，其典型的组成结构如图 2-50 所示。

2. 路由器

路由器是 Lon Works 技术的重要组成部分，使 Lon Works 总线突破了传统现场

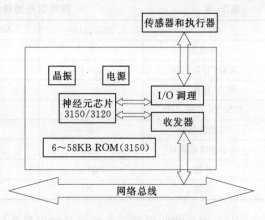

图 2-49 神经元结点结构框图

总线的限制，使其通信不受通信介质、通信距离和通信速率的限制。在 Lon Works 技术中，路由器包括中继器、桥接器等几种。

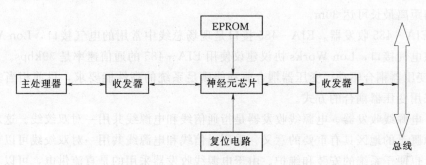

图 2-50 Hose Base 结点结构框图

3. 神经元芯片

神经元芯片是 Lon Works 技术的核心，神经元芯片拥有 3 个处理器：一个用于完成开放互联模型中第一和第二层的功能，称为媒体访问处理器，实现介质访问的控制与处理；第二个用于完成第三～六层的功能，称为网络处理器，进行网络变量的寻址、处理、路径选择、背景诊断、网络管理等功能，并负责网络通信控制，收发数据包等；第三个是应用处理器，执行操作系统服务与用户代码。芯片中还有存储信息缓冲区，以实现 CPU 之间的信息传递，并作为网络缓冲区和应用缓冲区。神经元芯片还有 11 个输入/输出接口，这样一片神经元芯片就能完成现场的控制功能和组网功能。

神经元芯片主要有 MC143150 和 MC143120 两大系列，MC143150 系列支持外部存储器，适合更为复杂的应用，MC143120 则不支持外部存储器，它本身带有 ROM，四种型号神经元芯片的比较见表 2-6。

4. Lon Works 通信

Lon Works 技术的一个重要特征是它支持多种通信介质（双绞线、电力线、电源线、光纤、无线和红外）。根据通信介质的不同，Lon Works 技术可分为以下多种总线收发器。

表 2-6 四种型号的神经元芯片比较

项　目	MC143150	MC143120	MC143120E1	MC143120E2
处理器	3	3	3	3
RAM 容量（B）	2048	1024	1024	2048
ROM 容量（B）	—	10240	10240	10240
EPROM 容量（B）	512	512	1024	2048
16 位计数器	2	2	2	2
外部存储器接口	有	无	无	无
封装	PQFG	SOG	SOG	SOG
管脚	64	32	32	32

（1）双绞线收发器。双绞线是使用最为广泛的一种介质，用于双绞线介质的收发器有以下三种：

1）直接驱动收发器。直接驱动收发器是使用神经元芯片的通信端口作为收发器，直接驱动收发器支持的最大通信速率是 1.25Mbps，该速率下一条通道最多能连接 64 个结点，通信距离最长可达 30m。

2）EIA-485 收发器。EIA-485 接口是现场总线中常用的电气接口，Lon Works 同样支持该电气接口，Lon Works 协议建议使用 EIA-485 的通信速率是 39kbps。

3）变压器耦合驱动。变压器耦合驱动能满足系统的高性能要求，目前相当多的网络收发器采用变压器耦合的方式。

（2）电源线收发器。电源线收发器是指通信线和电源线共用一对双绞线。这对于一些电力资源匮乏的地区具有重要的意义。采用通信线和电源线共用一对双绞线可以节约一对双绞线，也便于系统的安装和维护。由于电源线收发器采用的是直流供电，可以和变压器耦合的双绞线直接连接。

（3）电力线收发器。电力线收发器是将通信数据调制成载波信号或扩频信号，然后通过耦合器耦合到 220V 或其他交、直流电力线上，这种方式减少了施工布线等建设投资，是一种将神经元结点加入到电力线中的简单、有效的方法。

（4）其他收发器。除上述收发器外，Lon Works 技术中还广泛采用无线收发器、光纤收发器等，以满足特殊情况的需要。

5.Lon Works 开发工具

为产品供应商提供了开发自主产品的空间。

Lon Works 主要的开发工具有结点开发工具 Node Builder、结点和网络安装工具 Lon Builder、网络管理工具 Lon Manage 和 LNS 技术。

（1）结点开发工具 Node Builder。Node Builder 只能完成结点开发的功能，不具备网络的功能，它只有一个在线仿真器。

（2）结点和网络安装工具 Lon Builder。Lon Builder 是 Lon Works 技术中最主要的一个开发工具，它包括以下几部分：

1）结点开发器。

2）网络管理器。

3）协议分析器和报文统计器。

4）案例程序和开发。

（3）网络管理工具 Lon Manage。Lon Manage 主要由一系列的软件开发包和接口卡组成，包括 Lon Manage DDE、Lon Manage Profile、Lon Maker 和 Lon Manager 协议分析仪。

（4）LNS 技术。LNS 是 Echelon 公司开发出来的 Lon Works 总线开发工具，它为用户提供了一个强大的客户机/服务器网络构架，是 Lon Works 总线可互操作性的基础。使用 LNS 提供的网络服务，可以保证从不同网络服务器上提供的网络管理工具一起执行网络安装、网络维护和网络监测。客户可以同时申请这些服务器所提供的网络服务。

6.Lon Works 的通信协议

Lon Works 技术采用 Lon Talk 通信协议，该协议为 7 层协议，通过网络变量直接面向对象进行通信。

Lon Talk 协议的网络地址采用 3 层结构：域（Domain）、子网（Subnet）和结点（Node）。域为第一层结构，它保证在不同域中通信的彼此独立性。子网为网络地址结构的第二层，每一个域最多有 255 个子网，一个子网可以是一个或多个通道的逻辑分组。结点是网络地址的第三层，每个子网最多可以有 127 个结点，所以一个域最多可以有 255×127＝32385 个结点，Lon Talk 通信协议见表 2-7。

表 2-7 　　　　　　　　　　　　　Lon　Talk　通　信　协　议

序号	OSI 层次	Lon 提供的服务	处理器
7	应用层	标准网络变量类型	应用处理器
6	表示层	网络变量，外部帧传送	网络处理器
5	会话层	请求/响应，认证，网络管理	网络处理器
4	传输层	应答，非应答，点对点，广播，认证	网络处理器
3	网络层	地址，路由器	网络处理器
2	链路层	帧结构，数据解码，CRC 错误检查	MAC 处理器
	MAC 子层	P-预测 CSMA，碰撞规避，优先级，碰撞检测	MAC 处理器
1	物理层	介质，电气接口	MAC 处理器 XCVR

（三）Lon Works 在楼宇自动化系统中的应用

随着社会的进步和科学技术的快速发展，楼宇的自动化水平越来越高，主要表现在楼宇自动化系统所包含的自动化设备和不同功能的子系统越来越多。另外，业主总是希望楼宇自动化系统具有更高的性能、更高的效率和相对低廉的系统维护费用。如果不同厂商提供的设备和子系统采用各自不同的通信协议，使得不同品牌的系统互联与信息交换非常困难，将会给系统集成、备品备件的准备及互换带来诸多困难，这对系统运行效率的提高、运行费用的降低都是不利的，也会对系统的改造与扩容造成巨大障碍。不管是系统集成商、系统的建设投资方还是运营管理者，都迫切需要具备广泛兼容能力的开放性控制技术，通过这样的技术，使得建筑物内的各种控制设备与系统能方便地集成，不同品牌的同类产品方便互换，为用户和管理者创造更好的经济与社会效益。

Lon Works 技术正是为了适应和满足上述需要而产生的，具备开放性和互操作性，对各种控制设备和不同系统间的通信与整个系统的集成创造了条件，因此被称为"智能控制网络"，该技术的标准与规范已被业界广泛接受，并在楼宇自动化领域取得了可观的进展与成果，在我国建筑领域受到广泛的关注与重视，国内智能建筑行业有专门机构进行 Lon Works 技术的推广工作，Lon Works 还为产品生产商和用户提供一整套 Lon Works 开发工具，为产品开发和用户的系统优化与维护提供了便利。

第六节　楼宇自动化系统通信协议——BACnet 标准

一、BACnet 概述

楼宇自动化系统是自动化技术的一个专门应用领域，为了实现设备与设备、设备与系统、系统与系统的互联和信息兼容，达到信息共享与系统兼容的目的，使之更具有开放性和互操作性，这些设备和系统的数据通信就必须遵循同一标准协议。楼宇自动控制系统的数字通信协议——BACnet 协议（A Data Communication Protocol for Building Automation and Control Network）就是在这种大背景下产生的。

在建筑设备生产领域，HVAC&R（Heating Ventilation Air‑Conditioning and Refrigerating）行业是最早意识到开放性标准重要性的建筑设备行业。1987 年美国供热、制冷及空调工程师协会组织了世界各地的 20 名楼宇控制工业部门，包括大学、控制器制造商、政府机构与咨询公司的志愿者组成了一个名为"SPC135P"的工作组，在纽约召开了关于"标准化能量管理系统协议（Standardizing EMS Protocol）"的圆桌会议。会议决定在美国供热、制冷与空调工程师协会（ASHRAE，American Society of Heating，Refrigerating and Air‑Conditioning Engineers）的资助下制订一个标准的楼宇自动控制网络数据通信协议。在长达八年多的制订过程中，其收到来自 12 个国家的 741 份意见，经过三次公开评审，于 1995 年 6 月正式的开放标准 BACnet——《建筑物自动控制网络数据通信协议》（简称（BACnet 数据通信协议）获得正式通过）。该标准是楼宇自动控制领域中第一个开放性的组织标准，成为 ASHRAE135‑1995 标准，并定为美国国家标准，该标准不属于某个公司专有，任何公司或个人均可以参加该标准的讨论和修改工作，并且对该标准的开发和使用没有任何权利限制。BACnet 是楼宇自动控制领域先进技术的体现，它代表了该领域发展的最新方向。2000 年 8 月国际标准化组织（ISO）的 205 技术委员会（建筑环境设计技术委员会），将 BACnet 数据通信协议列为正式的"委员会草案"发布并进行公开评议，对该草案进行适当修改之后，成为正式的国际标准。

在 BACnet 的基础上，ASHRAE 于 2000 年发布了有关设计 DDC 系统的标准《ASHRAE Guideline 13‑2000 Specying Direct Digital Control Systems》（《ASHRAE 指南 13‑2000，DDC 系统说明与设计》），该指南是用于设计互操作 DDC 系统的开放性标准，对楼宇自动控制系统起着规范和指导的作用。该标准内容包括 DDC 系统的体系结构、输入/输出结构、通信、程序配置、系统测试和文档等所有内容，定义五个互操作域（Interoperability Area）：数据共享（Data Sharing）、报警和事件管理（Alarm and Event

Management）、时间表（Scheduling）、趋势（Trending）及设备和网络管理（Device and Network Management）。

《BACnet 数据通信协议》阐述了建筑物自动控制网络的功能、系统组成单元相互分享数据、实现的途径、使用的通信媒介、可以使用的功能及信息如何翻译的全部规则。

BACnet 既然是一种开放性的计算机控制网络，就必须参考 OSI 参考模型，但 BACnet 规范的是楼宇内机电设备控制器之间的数据通信，实现计算机控制的空调、给排水、变配电和其他建筑设备系统的服务和协议，因而 BACnet 协议比较简单，BACnet 协议建立了一个包含四个层次的分层体系结构，四个层次分别是物理层、数据链路层、网络层、应用层，详见表 2-8。

表 2-8　　　　　　　　　　　　　BACnet 的四层协议结构

OSI	BACnet			
应用层	BACnet 应用层			
网络层	BACnet 网络层			
数据链路层	ISO8802.2 （IEEE802.2）类型 1	MS/TP （主从/令牌传递）	PTP（点到点协议）	Lon Talk
物理层	ISO8802.3 （IEEE802.3）	ARCnet	EIA-485 （RS485）	EIA-232 （RS232）	Lon Talk

BACnet 标准目前将五种类型的物理层/数据链路技术作为自己所支持的物理层/数据链路技术规范，形成其协议。这五种类型的技术分别是 ISO8802.3 以太网、ARC 网、主从/令牌传递（MS/TP）网、点到点（PTP）连接和 Lon Talk 协议网。

楼宇自动控制系统的发展正向着标准更加统一、更加开放的方向发展，这个发展方向与其他领域的发展是一致的。从 BACnet 问世至今，虽然不到十年的时间，但已得到了许多权威标准组织（包括国际标准组织 ISO）的认可，并在全世界范围内得到了广泛的应用。

二、BACnet 数据通信协议

楼宇自动化系统由许多分散的、独立完成控制功能的现场控制器组成，而不同厂商生产出来的 DDC 的内部软件的数据结构有很大差异，BACnet 的目的就是要使不同厂商生产的 DDC 通过网络可以实现数据交换。

BACnet 数据通信协议采用了面向对象的技术，定义了一组具有属性的对象（Object）来表示建筑物设备的功能，用属性的值来描述对象的特征和功能，一个 BACnet 对象就是一个表示某设备的功能元的数据结构。

对象是在设备之间传输的一组数据结构，对象的属性就是数据结构中的信息，设备可以从对象（数据结构）中读取信息，可以向对象（数据结构）写入信息，这些就是对对象属性的操作。

BACnet 中的设备之间的通信，就是设备的应用程序将相应的对象（数据结构）装入设备的应用层协议数据单元（APDU）中，按照协议传输给相应的设备。对象（数据结构）中携带的信息就是对象的属性值，接收设备中的应用程序对这些属性进行操作，从而完成信息交换的目的。

楼宇控制系统中 DDC 的功能、任务是 BACnet 中各种标准的"对象"，是所有数据的集合。BACnet 通过"对象"把 DDC 内部数据结构转换成通用的、明确的、抽象化的数据结构以实现数据通信。

1. BACnet 的 18 种标准对象

BACnet 定义了 18 种标准对象，通过不同对象的组合，实现 DDC 不同的控制功能，从而实现对 DDC 任务的描述。18 种标准对象类型为模拟输入、事件登记、模拟输出、文本、模拟值、组、数字输入、环路、数字输出、多状态输入、数字值、多状态输出、日历、通知等级、命令、程序、设备和进度表。

2. BACnet 的 18 种标准对象的类型

BACnet 按不同的属性把 18 种标准对象分成以下类型：

设备对象、输入/输出对象、命令对象、时序表对象、事件登记对象、文件、组、环对象、多态输入/输出对象、通知对象和程序对象。

3. BACnet 的标准属性

BACnet 除定义 18 种标准对象外，还定义了 123 种标准属性，属性实际上是对象的进一步描述，从对象获取信息、向对象发出指令都是通过属性体现。

每个对象的属性分为必需的和可选的两种，如对象标识符、对象名称、对象类型是每个对象所必需的。

（1）对象标识符。对设备内的一个对象，对象标识符是一个 32 位的编码，用来识别对象的类型和标号，这两者一起可以唯一地识别对象。

（2）对象名称。对象名称是一个字符串，BACnet 设备可以通过广播某个对象名称而建立与包含有此对象名称的设备的联系。

（3）对象类型。用来标识对象类型。

三、BACnet 服务功能

对象描述了楼宇自动化设备的一组数据结构，属性是对象数据结构中的信息，服务功能则用于访问和管理这些对象发出的信息，命令完成一定的操作，或通知发生了某事件的手段。BACnet 服务就是一个 BACnet 设备可以用来向其他 BACnet 设备请求获得信息，命令其他设备执行某种操作或者通知其他设备有某事件发生的方法。

BACnet 数据通信协议定义了 35 个服务，并且将这 35 个服务划分为 5 个类别，这 5 个服务类别分别是：

（1）报警与事件服务（Alarm and Event Services）。

（2）文件访问服务（File Access Services）。

（3）对象访问服务（Object Access Services）。

（4）远程设备管理服务（Remote Device Management Services）。

（5）虚拟终端服务（Virtual Terminal Services）。

这些服务又分为两种类型，即确认服务（Confirmed）与不确认服务（Unconfirmed）。

1. 报警与事件服务

报警与事件服务提供感知设备、环境状态的变化。

（1）确认报警。

（2）确认的"属性改变"通告。

（3）确认的事件通告。

（4）获得报警摘要。

（5）获得注册摘要。

（6）预订"属性值改变"。

（7）不确认的"属性值改变"通告。

（8）不确认事件通告。

2. 文件访问服务

文件访问服务提供读写文件的方法，包括上载、下载控制程序和数据库的能力。文件访问服务的两种服务功能分别为基本读文件功能和基本写文件功能。

3. 对象访问服务

对象访问服务类别中有九种服务，分别为读出、修改和写入属性的值及增删对象的方法。

（1）添加列表元素。

（2）删除列表元素。

（3）创建对象。

（4）删除对象。

（5）读属性。

（6）条件读写属性。

（7）读多个属性。

（8）写属性。

（9）写多个属性。

4. 远程设备管理服务

远程设备管理服务类别中有十种服务，提供对设备进行维护和故障检测的工具。

（1）设备通信控制。

（2）确认的专用信息传递。

（3）不确认的专用信息传递。

（4）重新初置设备。

（5）确认的文本报文。

（6）不确认的文本报文、时间同步。

（7）Who has。

（8）I have。

（9）Who is。

（10）I am。

5. 虚拟终端服务

提供了一种实现面向字符的数据双向交换的机制，操作者可以用虚拟终端服务，建立 BACnet 设备与一个在远程设备上运行的应用程序之间的基于文本的双向连接，使得这个设备看起来就像是连接在远程应用程序上的一个终端。

（1）VT‑Open：与一个远程 BACnet 设备建立一个虚拟终端会话。

（2）VT‑Close：关闭一个建立的虚拟终端会话。

（3）VT‑Data：从一个设备向另一个参与会话的设备发送文本。

四、BACnet 网络

BACnet 采用五种网络技术进行信息数据传送。这五种网络技术是 Ethernet、BACnet、MS/TP（主从/令牌环）、PTP（点对点）、Lon Talk。

其中 MS/TP 是专门为 BACnet 制订的通信协议，用于单元控制器及其他输入/输出设备之间。PTP 用于 RS232 串口直连或通过 MODEM 从远程工作站拨号。

选用多种网络技术的原因如下：

（1）用各种不同局域网性能/价格比来适应不同场合的需求，其中以太网性价比为最高。

（2）对于不同要求的系统，需采用不同的通信速度和通信量的网络。

（3）BACnet 采用了多种不同的网络技术，以适应不同的要求。

BACnet 局域网的数据速率见表 2‑9。

表 2‑9　　　　　　　　　　　　BACnet 局域网的数据速率

局域网	标准	数据速率	局域网	标准	数据速率
Ethernet	ISO/IEC 8802—3	10～100Mbps	MS/TP	ANSI/ASHRAE 135—1995	9.6～78.4Mbps
ARCnet	ATA/ANSI 878.1	0.156～10Mbps	Lon Talk	PROPRIETARY	4.8～1250Mbps

由 BACnet 定义的 MS/TP 网络及 Echelon 公司开发的 Lon Talk，尽管这些网络的速度、拓扑性能及价格不一，但它们可通过路由器构成 BACnet"互联网"。

五、类别和功能组

1. BACnet 的性能级

正确了解 BACnet 的关键在于理解实际应用对通信的要求及如何把这些要求同 BACnet 的各种功能联系起来，也就是确认一个建筑物自动控制系统中的所有设备没有必要全都支持所有的 BACnet 数据通信协议功能，为此，BACnet 规定了六个"性能级"和 13 个"功能组"，根据设备的初始化功能和执行功能，性能级分 1～6 级，如表 2‑10 所示。

高性能级别包含低性能级别的功能，性能级越高，BACnet 提供的服务功能越丰富，通信量也越大。各类不同的设备可按需要选用不同的性能等级，既保证了网络的响应速度，又不影响网络速率。

2. BACnet 的功能组

为了实现建筑物自动控制的功能，需要对象与服务的组合，BACnet 通信协议数据定义了 13 个功能组，分别为时钟、手动工作站、微机工作站、事件发生、事件回应、数值改变发生、数值改变回应、重新初始化、虚拟操作者界面、虚拟终端、设备通信、时间控制、文件。

功能组是性能级别的补充，低性能级的设备要实现本性能级不具备的功能，可通过网络通信中的功能组从系统内获取有关数据来实现该功能，从而使低性能级设备可通过网络通信实现高性能级功能。

表 2 - 10　　　　　　　　　　　　BACnet　性　能　级

性能级别	设备初始化功能	设备执行功能	设备举例
1	无	读取参数	智能传感器
2	无	一级＋写参数	智能传感器
3	"我是"、"我有"	二级＋读多个参数 写多个参数 "谁有"、"谁是"	控制器
4	三级＋增加列表元素 消除列表元素 读多个参数、写多个参数	三级＋增加列表元素、 消除列表元素	主控制器操作站
5	四级＋"谁有"、"谁是"	四级＋建立对象 删除对象 有条件地读取参数	主控制器操作站
6	五级＋时钟、PCWS、事件响应、 事件初始化、文件功能组	五级＋时钟、PCWS、事件响应、 事件初始化、文件功能组	主控制器操作站

3. BACnet 的开发性

BACnet 是个完全开放性的楼宇自动控制网络，它的协议开放性表现在以下几个方面。

（1）适于任何制造商，也不需要专用芯片，得到众多制造商的支持。

（2）有完善和良好的数据表示和交换方法。

（3）按 BACnet 标准制造的产品有严格的一致性等级，即 PICS。

（4）产品有良好的互操作性，有利于系统的扩展和集成。

第七节　基于 DCS 的控制系统产品

目前基于 DCS 的楼宇自动化系统的品牌和生产商很多，在国际上影响比较大的公司有美国的 Honeywell、Johnson Control、Andover Control、德国的 SIEMENS、瑞典的 TAC 等，国内有北京的清华同方等。下面对市场占有率高，在业内影响比较大的三个具有代表性的系统作简单的介绍。

一、Excel5000（Honeywell）

美国霍尼韦尔（Honeywell）公司生产的 Excel5000 系统，是一套专门用于楼宇自动化系统的 DCS。其系统结构示意图见图 2 - 51。

Excel5000 系统管理层采用共享总线型网络拓扑结构的以太网，传输速率为 10Mbps；控制层采用 C - Bus（RS485）总线，DDC 控制器直接挂在总线上，总线（C - Bus）传输速率为 1Mbps。

在图 2 - 51 中的现场设备可以是空调系统、供热系统、给排水系统、配电系统、照明系统、消防系统及安防系统等。传感器接收现场设备物理量变化的信号输入 DDC，控制器输出控制信号控制执行器工作，各个 DDC 直接连到控制总线（第三方现场控制器可通过网关接入总线）上，在网络或网关上可以接上监控微机、打印机，也可以和其他系统（安防、电梯、火灾报警等）相连，通过 MODEM 可以用电话线路与其他系统进行远程通信。

在图 2－51 中，中央工作站（WS，WorkStation）所用的系统平台和软件，一般有基本型建筑物自动化系统（XBS）和企业网建筑物设备集成系统（EBI，Enterprise Buildings Integrator）两种类型。

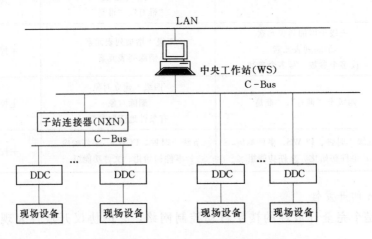

图 2－51　Excel 5000 系统结构示意图

1. 企业网建筑物设备集成系统

企业网建筑物设备集成系统（EBI）系统是美国霍尼韦尔公司近年来新推出的，专门用于建筑弱电系统的集成软件，EBI 系统有一个充分开放的，采用客户机/服务器体系的系统网络结构，客户机、服务器和工作站都运行在 Windows NT4.X（或更高版本）的环境下，中央站嵌入了 Web 服务器，系统在保留实时数据库的同时，增加了关系数据库，中央站有三层结构：Web 服务器、数据访问层和混合数据库层，可以实现建筑物自动化系统与企业管理系统集成。

EBI 包含了建筑物自动控制系统（Building Automatic Control System）、生命保障管理（Life Safety Management）、安防管理系统（Security Management System）。EBI 同时包含了广泛的设备和协议界面，如 TCP/IP 协议的以太网通信、ODBC 数据接口、Network API、Advance DDE 客户端、BACnet 客户机/服务器、OPC（OLE for Process Control）客户机、Lon Works、MS Excel 数据交换等。EBI 拥有当前主流系统集成平台的几乎所有先进特征，特别适用于智能建筑系统集成，实现 BAS 和建筑物智能化系统设备的通信连接。EBI 具有设置、组态和编程开发功能，可以组建一整套完整的建筑物集成监控管理系统，分站或子站 EBI 内建的设备数据库允许第三方系统以标准的 ODBC 方式访问，进行数据交换。

EBI 系统特点可简单地归纳如下：

（1）专业的图形化人机交互界面。

（2）支持多个本地和远程的高性能工作站。

（3）对建筑物设备的数据进行实时监控。

（4）强大的报警系统。

（5）提供历史数据和趋势曲线分析。

（6）标准格式或用户自定义格式的报表。

（7）丰富的应用开发工具。

（8）支持符合工业标准的本地及远端多客户机/服务器体系。

（9）安防数据与人事系统集成。

（10）热冗余备用。

（11）全面支持 Interact 功能。

2. 基本型建筑物自动化系统

基本型建筑物自动化系统（XBS）在通用的 MS Windows/Windows NT 操作环境下运行，采用下拉菜单、对话框和弹出视窗，XBS 的开放性使它可以运行大量的 Windows 应用程序（如电子邮件、电子表格、文字处理及相关数据库等），XBS 有与 MS Windows 相同的式样显示交互对话框、列表框和进入框，XBS 是基于国际通用性而设计的，用它提供的翻译工具可以进行全面的翻译，其系统程序配有双向操作员接口，不仅直观，而且只需很少的培训时间就可以方便地使用。

XBS 只需通过以下 3 个简单步骤就可以建立用户系统。

（1）加载 MS Windows 或 Windows NT 操作系统软件。

（2）通过交互、填空式的在线对话框，定义远方现场数据。

（3）定义微机如何连接到系统上（如 LAN 控制器总线或 MODEM）。

在图 2-51 中，DDC 包含不同类型的控制器，它包括 Excel 10、Excel 20 微型控制器（Excel 10 可用于确定风量、风机盘管、变风量空调器的控制，Excel 20 是分散型 DDC，它专门用于空调器、新风机组、照明等的控制与编程）、Excel 80B/100B 控制器（一种中型 DDC，具有管理建筑物的功能，分为 24 点和 36 点两种规格）和 Excel 500/600 控制器（一种大型 DDC，不仅具有管理建筑物的功能，而且还可以容纳多个插入模块，包括计算、电源、调制解调、输入/输出等，控制点最多可达 128 点，还可以通过 Lon Works 技术降低系统安装成本）等，控制器的通信组件有 XPC PC 卡、Q7054A 1057MPCP 基板、PA732-RS-485 转换模块等，控制器通过网络和总线与中央工作站和现场设备进行通信。网络通信通过以太网、标准以太网 10Base5（用直径 10mm，阻抗 50Ω 粗同轴电缆）、PC 以太网 10Base2（采用阻抗 53Ω 细同轴电缆 RG58）、双绞线以太网 10BaseT（采用非屏蔽双绞线 UTP）和光缆以太网等，控制器总线全部采用非屏蔽双绞线 UTP。

二、METASYS

美国江森公司（Johnson Controls）是一家专门开发和生产建筑智能化系统产品的专业公司，METASYS 建筑物自动化系统是该公司为楼宇自动化推出的基于 DCS 的自动化系统产品，其系统结构如图 2-52 所示。

图 2-52 中各种设备模块简单说明如下。

（1）网络控制器（Network Control Unit，NCU）。与网络及其他控制器连接，起控制和通信作用。它可以单独起控制作用，也可通过 NI 网络与其他 NCU 联合使用，它同

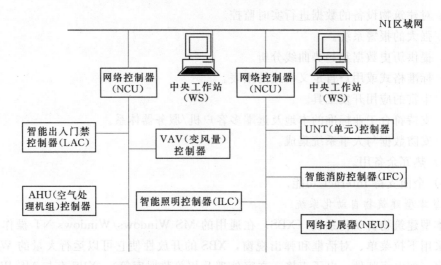

图 2-52 METASYS 系统结构示意图

时也是系统操作员的输入/输出接口，它采用模块化结构，由一系列电子、电气和气动模块组成。

（2）网络扩展器（Network Extend Unit，NEU）。它是用于扩展网络控制单元的输入/输出监控点，用 N2 总线和网络控制单元连接。

（3）中央工作站（Work Station，WS）。系统采用微型计算机作为中央工作站，其软件具有操作指导程序和多级密码保护，避免不必要的操作失误和受到人为的干扰。

（4）变风量（Vary Air Volume，VAV）控制器。主要是对变风量空调进行控制，也可控制采暖和照明，它有六个模拟量输入、两个模拟量输出、四个数字量输入和六个数字量输出接口。

（5）空气处理机组（Air Handling Unit，AHU）控制器。用于控制各个空调器，它有 8 个模拟量输入、6 个模拟量输出和 10 个数字量输出接口。

（6）智能照明控制器（Intelligent Lighting Controller，ILC）。主要用于控制照明设备。

（7）智能消防控制器（Intelligent Fire Alarm Controller，IFC）。用于与 BAS 的消防控制子系统连接。

（8）智能出入门禁控制器（Intelligent Access Controller，IAC）。用于与 BAS 的门禁子系统连接。

近年来，该公司向市场上推出了 MS Workstation 建筑物自动化系统。该产品主要提高了网络信息管理能力，增强了 METASYS 结构的能力和灵活性，便于设备管理，通过高性能图像接口，操作员可以进行环境舒适管理、照明控制、响应紧急状态、优化控制策略，系统还可以集成电子表格、文字处理等第三方软件。

三、SYSTEM 600 APOGEE（SIEMENS Landis&Steafa）

西门子（SIEMENS Landis&Steafa）公司的 SYSTEM 600 APOGEE 楼宇自动化系统是国际上广泛采用的建筑智能化产品之一，其系统组成如图 2-53 所示。

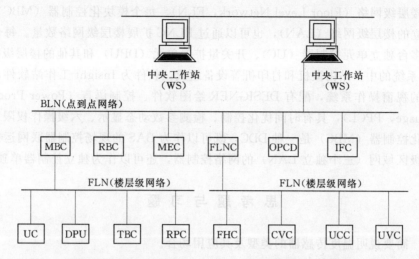

图 2-53 SYSTEM APOGEE 600 系统网络组成示意图

图 2-53 中各种设备模块简单说明如下。

(1) MBC (Moduler Building Controller) ——模块化楼宇控制器。

(2) RBC (Remote Building Controller) ——远程楼宇控制器。

(3) MEC (Moduler Equipment Controller) ——模块化设备控制器。

(4) FLNC (Floor Level Network Controller) ——楼层网络控制器。

(5) OPCD (Open Processor Communication Driver) ——开放式通信驱动器。

(6) IFC (Intelligent Fire Controller) ——智能火灾控制器。

(7) UC (Unitary Controller) ——单元控制器。

(8) DPU (Digital Point Unit) ——数字控制单元。

(9) TBC (Terminal Box Controller) ——终端盒 (VAV) 控制器。

(10) RPC (Room Pressurization Controller) ——室内压力控制器。

(11) FHC (Variable Air Volume Fume Hood Control System) ——变风量风道控制系统。

(12) CVC (Constant Volume Controller) ——定风量控制器。

(13) UCC (Unit Conditioner Controller) ——单元式空调机组控制器。

(14) UVC (Unit Vent Controller) ——单元式通风控制器。

S600 系统是以工作站为核心,与现场 DDC 共同组成的 DCS,系统有各种单元控制器,用来实现暖通空调、电力、照明、电梯、安防和消防等系统的监测与控制。系统网络分成以下三层结构。

(1) 管理级网络 (Management Level Network, MLN)。该层网络由以太网组成,Insight 工作站可接入网络进行数据管理。

(2) 楼宇级网络 (Building Level Network, BLN)。该层网络为点对点同层网 (Peer to Peer Network),可以连接多台模块化控制器 (MBC)、远程控制器 (RBC)、楼层网络控制器 (FLNC)、设备控制器 (MEC)。

（3）楼层级网络（Floor Level Network，FLN）。每个模块化控制器（MBC）最多可有三个独立的楼层级网络（LAN），也可以通过 FLNC 扩展楼层级网络数量。每个楼层级网络可接多台独立单元控制器（UC）、开关量扩展单元（DPU）和其他的楼层级控制器。

S600 系统的中央站由微机和打印机等设备组成，软件为 Insight 工作站软件，采用实时多任务的视窗操作系统，配有 DESIGNER 绘图软件、控制语言（Power Process Control Language，PPCL），具有时间优化控制、检测参数动态显示、六级操作权限口令等功能。模块化控制器（MBC）是一种 DDC，既可以作为 BAS 的现场控制器联网运行，也可作为楼层级区域网（三个独立 LAN）的网络控制器，还可以作为独立控制器单独运行。

思 考 题 与 习 题

2-1　简要说明温度传感器的类型及其应用场合。

2-2　说明霍尔元器件的原理。

2-3　液位传感器的类型及其应用是什么？

2-4　何谓闭环控制？其主要原理是什么？

2-5　说明比例、比例积分、比例积分微分调节器的调节原理。

2-6　简述流量调节阀门的流量特性。

2-7　热继电器的应用场合是什么？

2-8　画出三相异步电动机的正反转原理图。

2-9　DDC 的概念是什么？

2-10　什么是现场总线？

2-11　BACnet 协议的产生背景是什么？

第三章 楼宇自动化系统

建筑设备自动化系统（Building Automation System，BAS）亦称楼宇自动化系统，是将建筑物或建筑群内的电力、照明、空调、给排水、电梯、防灾、安保、车库管理等设备或系统，以集中监视、控制和管理为目的而构成的一个综合系统。它的目的是使建筑物成为安全、健康、舒适、温馨的生活环境和高效的工作环境，并能保证系统运行的经济性和管理的智能化。因此，广义地说，建筑设备自动化（BA）也包括消防自动化（FA）和安保自动化（SA），这种广义 3AS 的监控系统亦即建筑设备管理系统（BMS）。广义 BAS 所包含的监控内容如图 3-1 所示，有关消防、保安等内容在后面几章详述，而且由于目前我国的管理体制要求等因素，要求独立设置（如消防系统）的情况较多，本章着重以空调、给排水、建筑电气系统为主进行叙述。

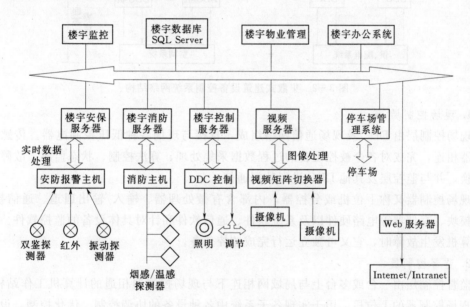

图 3-1　楼宇自动化系统的范围

第一节　楼宇设备自控系统的网络结构

楼宇设备自控系统是通过计算机网络组成的机电设备自动控制系统，在《智能建筑设计标准》（GB/T 50314—2000）中将其称为建筑设备监控系统。该系统的网络结构模式一般采用集散式或分布式控制方式，实现对设备运行状态的监视和控制。

一、集散式控制系统

集散式控制系统是采用集中管理、分散控制策略的计算机控制系统，它以安装在被控设备现场的数字化控制器完成对不同设备的实时监测、运算、控制任务，以数据处理功能强大的上位中央计算机集中进行系统优化管理、操作、显示、报警等工作。

（一）集散式控制系统网络结构及功能划分

尽管不同厂家推出的集散式控制系统的网络结构存在差异，网络系统设备的名称也各不相同，但其网络组成可以如图3-2所示划分为三个层次，即用于实现单个设备自动化的现场控制层，用于实现分系统自动化的监督控制层和用于实现全系统综合自动化的管理层，层与层之间的信息传递通过通信网络实现。

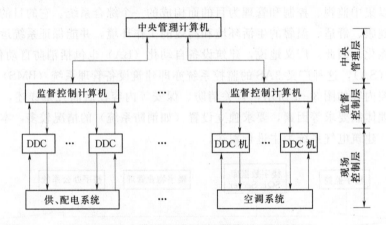

图3-2 集散式建筑设备控制系统网络结构

1. 现场控制层

现场控制层由DDC及现场通信网络组成，直接与现场各种低压控制电器、传感器和执行器相连，完成对各个被控设备的过程数据采集处理、算法控制、状态监测、故障诊断和切换，并与监控层及其他DDC进行数据通信。

现场控制器又称下位机或分控器，内部含有微处理器、输入/输出通道、通信接口、电源模块、存储器等电路硬件以及系统软件、通信软件和针对具体设备的监控软件。在上层计算机发生故障时，它又可独立运行完成监控任务。

2. 监督控制层

监督控制层由一台或多台上与局域网相连下与现场控制器相通的计算机工作站构成，作为现场控制器的上位机，用于实现各子系统中各种设备的协调控制、优化控制、设备和网络故障诊断以及网络数据通信管理等。

监督控制层除了要求具有完善的软件功能外，计算机硬件也不同于普通的PC。现场控制器关系到部分设备的工作，而监控计算机则影响到分系统的正常运行。因此，这一层面的计算机多选用高可靠性的工控机或设置热备份容错机。

3. 中央管理层

中央管理层计算机采用高配置的计算机，辅以打印机、报警器、模拟显示屏等外部设备，具有强大的信息处理能力，是大楼信息管理局域网中的一个结点，是楼宇自控网络人机界面。它的作用是为管理人员提供对整个系统的集中操作和监视，并与大楼管理信息系统有机结合，实现企业信息管理系统的最优化，提高经济效益。

对于大多数中、小规模系统往往只有现场控制层和监督控制层，管理层使用在大规模集散式楼宇自动控制系统中。

集散式控制系统三个层面上的计算机靠通信网连接传输信息。现场控制器与上位监控机之间的连接属于控制网，用于 DDC 与上位机及 DDC 之间的测、控数据传递，采用总线式拓扑结构，有 RS485 或 RS422 接口，通信速率为 9.6～76.8kbps。监控机与管理机之间的连接属于数据网，用于传输管理信息，由于数据流量大，目前多采用高速以太网。

（二）集散式楼宇设备自控系统建设方案

集散式楼宇设备自控系统目前在我国楼宇自动化工程中仍然是主要的产品应用形式，可根据建筑物的结构特点和设备分布情况来设计不同的解决方案。

1. 按建筑层面组织网络系统

在大型的商务和出租办公楼中，不同的楼房、不同的用户会对设备的监控功能提出不同的要求，为此可以按图 3-3 所示的方案搭建楼宇设备控制网络。

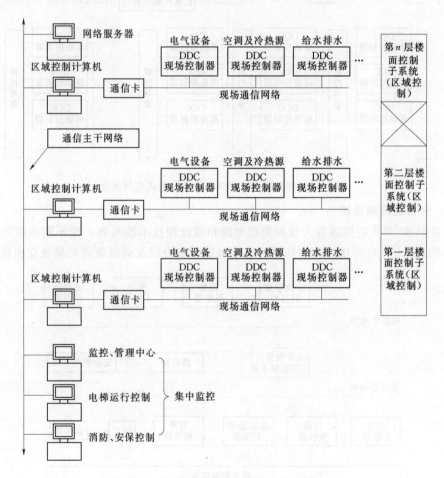

图 3-3　按建筑层面组织的集散式控制系统

这种结构有布线设计和设备安装简单、整个系统可靠性高、楼层分系统故障不会影响全楼、设备投资大的特点，适用于多功能公用建筑。

2. 按被控设备功能组织网络系统

图3-4是使用功能相对单一的常用楼宇设备控制系统。这种结构线路施工复杂、调试工作量大、子系统失灵会波及整个控制系统，但相对投资较小。

在有些设计方案中还灵活采用了上述两种的混合形式，某些设备如给排水、冷热源按设备功能控制，另一些设备如空调机、新风机按楼层分散控制，也不失为一种好方案。

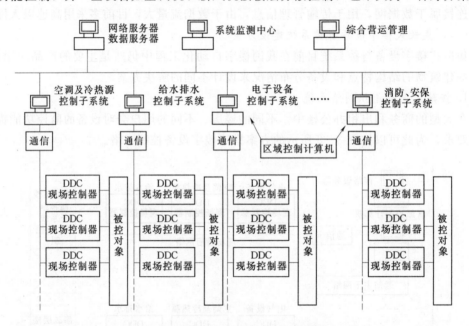

图3-4 按被控设备功能组织的集散式控制系统

二、分布式控制系统

20世纪80年代后期随着大规模集成电路和微处理技术的发展，使不断出新的微控制器功能更加强大，有更快的速度和更大的信息处理能力以及更低廉的价格独立构建新型的

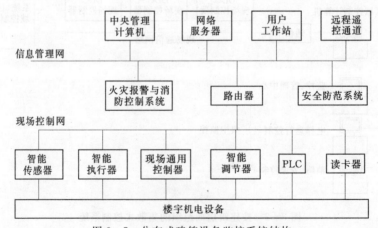

图3-5 分布式建筑设备监控系统结构

计算机控制体系。这就是智能传感器、智能执行器和具有互操作性的开放式现场总线技术带来的生命力——分布式控制系统，把集散式控制系统中的监控层，也分散到现场去，如图3-5所示，给现场级控制器赋予更高级的智能技术、更多的共享信息资源、更大的监控权限，使网络的可靠性、灵活性及运行效率大大提高。

与集散式控制网络相比，分布式控制网络上的所有结点都是智能型数字化的，减少了模拟信号在现场传输引入的干扰和衰减，最大限度地消除了现场控制器对上位机的依赖；相对于信息管理网络而言，分布式控制网络面向的机电设备和生产过程，更强调对底层的监控性能和数据的实时性、可靠性。分布式控制网络将有更好的发展前景。

第二节　传　感　器

传感器或变送器是将电量或非电量转化为控制设备可以接收的电信号的检测装置，有模拟量（辨别细微变化）和数字量（辨别是非）之分，它是实现精确可靠的自动检测和自动控制的前提，广泛应用在工业控制领域。在楼宇计算机监控系统中多用于温度、湿度、压力、流量等工业物理量的测量，同时还会用到一些特殊的专用传感器，如露点温度、照度、二氧化碳、烟度、超声波、红外线、玻璃破碎等探测器。在工程设计中需根据使用要求和环境条件选择合适的类型。

一、温度传感器

温度传感器在传感器家族中是一个大分支，种类最多，应用最广。其测温方式主要是利用温敏元件与被测物体（气体、液体或固体）直接接触，吸收被测物体热能进行测量。

空调自动控制中常用的测量元件是热电阻，铂、铜、镍等金属热电阻具有阻值随温度的升高而增大的正温度系数性质，价格便宜，稳定性高，线性度好；半导体热电阻具有阻值随温度升高而减少的负温度系数性质，灵敏度高，但在使用时需要做线性校正。

在楼宇设备控制中还会用到另外一些基于机械转换原理构成的温度传感器。例如，利用被测物体受热后压力变化产生的位移进行温度测量，即压力式温度传感器，利用贴在一起的膨胀系数不同的双金属片产生的机械形变进行测温的双金属片式温度传感器等，它们的测量精度大多较低，常用于比较简单的测控系统中。

按照使用安装要求的不同，温度传感器有室内空间温度传感器、室外温度传感器、风道温度传感器（测空调机风量和风管某点温度）、浸没式温度传感器（测液体温度）、烟气温度传感器、表面接触温度传感器（测管道、油罐、热交换器的温度变化）等形式，图3-6是温度传感器。

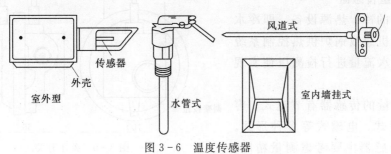

图3-6　温度传感器

二、湿度传感器

湿度传感器用于测量环境空气的相对湿度，有的湿度传感器可同时测量温度。安装形式有室内、室外、风道等。建筑设备自动化系统中较常用的是电容湿度传感器。它的基本结构是在电容两极板间夹有一层感温聚合物薄膜，当周围空气的相对温度发生变化时，薄膜吸湿和放湿变化，使薄膜电容量发生变化。与传统的干湿球测湿方法相比，电容湿度传感器测量精度高，响应快，稳定性好，抗污染能力强，测量值与周围空气流速度无关，图 3-7 所示为室内湿度传感器的外形。

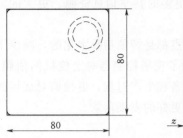
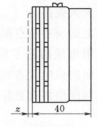

图 3-7 室内湿度传感器的外形（单位：mm）

三、压力传感器

楼宇自动控制系统中的压力检测属于微压，量程范围为 0～5kPa，主要针对风道和设备中某点的风压、油压、气压、气压以及水泵、锅炉、冷水机组、热交换机组、空调机两端的管道中的压力差，有时也用于水箱液位的测量。

常用的测压元件如图 3-8 所示，它们是将压力或压差 p 转换成位移 x 的弹性敏感元件。弹簧管式的线性好，用于测量汽（气）压、水压；波纹管式的灵敏度高，用于测量空调风道静压；膜片式的用于测量微压和黏性介质。

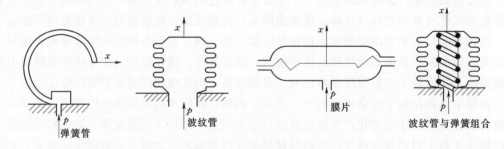

弹簧管　　　波纹管　　　膜片　　　波纹管与弹簧组合

图 3-8 常用测压弹性元件

差压开关是一种简单的压力传感器，用于监测空调机内的风机和过滤器的运行状况，带单向转换触头，输出开关量，如图 3-9 所示。

四、流量传感器

在空调的冷、热源设备，即冷水机组和换热机组或锅炉供热控制系统中，需要对水流量进行检测以便实现机组群控。

检测流量的传感器有节流式、容积式、速度式、电磁式等多种形式。选用流量传感器主要考虑测量精度，

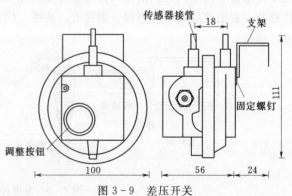

传感器接管　　支架
固定螺钉
调整按钮
图 3-9 差压开关

最大、最小额定流量，使用环境特点，被测流体的性质和状态，显示方式，接口形式。

五、电量变送器

电量变送器是一种将各种电量，如电压、电流、功率、频率转换为标准输出信号（电流 4~20mA 或电压 0~10V）的装置，用于楼宇设备自动化系统对于建筑物内变配电系统各种电量的监测记录，需设有电流互感器。多参数电力监测仪也是一种电量变送器，它可以监测单相或三相电力参数，如图 3-10 所示。

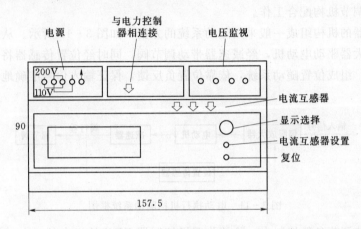

图 3-10 多参数电力监测仪

六、变送器

变送器是使用在传感器和控制器之间的接口器件，是一种适配器。由于传感器测量的电信号一般比较弱，且信号的类型（电压或电流）也不一定被控制器接受，需要通过变送器将信号放大，转换成Ⅲ型仪表标准信号（0~10V 或 4~20mA）。为了使用方便，也有将传感器和变送器甚至数字显示器制成一体的各种用途传感器。

第三节 执 行 器

一、执行器概述

从广义上讲执行器是控制器的终端执行部件，用于完成各种自动操作，简单的如指示灯、开关、蜂鸣器，复杂的如调节阀、风门、变频器、调压器等。在自动控制系统中，执行器一般专指那些复杂的可控的末端部件，它的作用是按照控制器的指令，调节能量或物料的输送量，是自动控制系统的终端执行部件。执行器安装在工作现场，与工作现场的工艺介质直接接触，执行器的选择不当或维护不善常使整个系统工作不可靠，严重影响控制目标的完成。

执行器一般由执行机构和调节机构两部分组成。其中执行机构是执行器的驱动部分，按照控制器输送信号的大小产生相应的推力或位移；调节机构是执行器的调节部分，比如调节阀，它接受执行机构的操纵，改变阀芯与阀座间的流通面积，达到调节工艺介质流量的目的。

执行机构使用的能源种类可分为电动、气动和液动三种。

1. 电动执行器

电动执行器根据使用要求有各种结构。电磁阀是电动执行器中最简单的一种，它利用电磁铁的吸合和释放对小口径阀门作通、断两种状态的控制，由于结构简单、价格低廉，常和两位式简易控制器组成简单的自动调节系统。除电磁阀外，其他连续动作的电动执行器都使用电动机作动力元件，将控制器的输出信号转变为阀的开度。电动执行机构的输出方式有直行程、角行程和多转式三种类型，可和直线移动的调节阀、旋转的蝶阀和多转的感应调压器等调节机构配合工作。

电动执行器的机构组成一般采用随动系统的方案，如图3-11所示。从控制器来的信号通过伺服放大器驱动电动机，经减速器带动调节阀，同时经位置传感器将阀杆行程反馈给伺服放大器，组成位置随动系统，依靠位置负反馈，保证输入信号准确地转换为阀杆的行程。

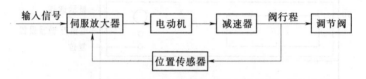

图3-11 电动执行机构随动系统框图

在许多工艺调节参数控制中，除接收现场控制器DDC的指令外，电动执行器还能直接与具有不同输出信号的各种电动调节仪表配合使用。

2. 气动执行器

气动执行器是指以压缩空气为动力的执行机构，它具有结构简单、负载能力强、防火防爆等特点。气动执行机构主要有薄膜式和活塞式两大类，并以薄膜式气动执行机构应用最广。气动活塞式执行机构由汽缸内的活塞输出推力，由于汽缸允许的操作压力较大，故可获得较大的推力，并容易制造成长行程的执行机构，所以它特别适用于高静压、高压差以及需要较大推力和位移（转角或直线位移）的应用场合。由于气动执行器需要以压缩空气为动力，故比电动执行器要多一整套气源装置，使用、安装、维护比较复杂，故在建筑物中不宜采用。

电动执行机构除可与调节机构组装成整体式的执行器外，常单独分装以适应各方面的需要。

（1）整体连接。执行机构一般安装在调节机构（如阀门）的上部，直接驱动调节机构。这类执行机构有直行程电动执行机构、电磁阀的线圈控制机构、电动阀门的电动装置、气动薄膜执行机构和气动活塞执行机构等。

（2）间接连接。执行机械与调节机构分开安装，通过转臂及连杆连接，转臂作回转运动。这类执行机构有角行程电动执行机构、气动长行程执行机构。

二、电磁阀

电磁阀是常用的电动执行器之一，其结构简单，价格低廉，多用于两位控制系统中。电磁阀的结构如图3-12所示，它是利用线圈通电后产生的电磁吸力提升活动铁芯，带动阀塞运动，控制气体或液体的流量及通断。电磁阀有直动式和先导式两种。图3-12所示为直动式电磁阀，这种电磁阀的活动铁芯本身就是阀塞，通过电磁吸力开阀，失电后，由恢复弹簧闭阀。图 3-13 所示为先导式结构，由导阀和主阀组成，通过导阀的先导作用促使主阀开闭，线圈通电后，电磁力吸引活动铁芯上升，使排出孔开启，由于排出孔远大于平衡孔，导致主阀上腔内的压力降低，但主阀下方压力仍与进口侧的压力相等，则主阀因差压作用而上升，阀呈开启状态。断电后，活动铁芯下落，将排出孔封闭，主阀上腔因从平衡孔冲入介质而压力上升，当约等于进口侧压力时，主阀因本身弹簧力及复位弹簧的作用力，使阀呈关闭状态。电动阀结构原理见图 3-14。

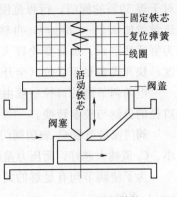

图 3-12 电磁阀结构

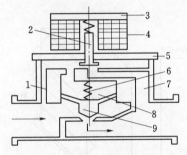

图 3-13 先导式电磁阀结构原理

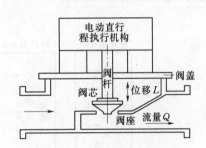

图 3-14 电动阀结构原理

1—平衡孔；2—活动铁芯；3—固定铁芯；4—线圈；5—阀盖；
6—复位弹簧；7—排出孔；8—上腔；9—主阀塞

电磁阀的种类和型号可根据工艺要求选择，其通径应与工艺管路直径相同。

电磁阀的主要特点是：传动部分无转动机械部件，可靠性高，能手动调节，便于维护和调试。

三、电动阀

电动阀是以电动机为动力元件，将控制器的输出信号转换为阀门的开度，它是一种连续动作的执行器。

电动执行机构根据配用的调节机构不同，输出方式有直行程、角行程和多转式三种类型，分别与直线移动的闸阀、旋转的蝶阀、多转的感应调节器等配合工作。在结构上电动执行机构除可与调节阀组装成整体的执行器外，常单独分装以适应各方面的需要，使用比较灵活。

图 3-14 所示为直线移动的电动阀结构，阀杆的上端与执行机构相连接，当阀杆带动阀芯在阀体内上下移动时，改变阀芯与阀座之间的流通面积，即改变阀的阻力系数，流过阀的流量也就相应地改变，从而达到调节流量的目的。

电动阀的阀杆行程比率与阀门流量的关系即执行机构对介质流量的控制方式是用流量特性来描述的，常用的有线性、等百分比和快式。线性特性是指流量与阀杆运动等比例，即等流量；等百分比特性是指将阀杆行程的数值对应为流量等百分比的变化，例如，对于等50%的阀门,行程范围内阀杆移动40%时流量为0.4kg/s,当阀杆增加行程10%,流量增加0.2～0.6kg/s,再移动阀杆10%,流量增加0.3～0.9kg/s。楼宇集中空调一般为舒适性空调,负荷变化较大,控制系统中的水阀选用等百分比式可以有较快的响应速度;快开式多见于双位(全开/全关)或三位阀(开、停、关)。

电动调节阀的口径一般由空调工艺设计单位确定,通常比管路的管径小一挡,应注意口径的公制与英制转换。

阀门流量系数 C_v 表明阀门全开时前后压力差,从减小给水泵负荷角度来看,压力差越小、C_v 值越大越好,而压力差越大可控性越好,因此,C_v 值应均衡考虑,一般选50%。

为了使调节阀有足够的关阀压紧力,执行机构的压强选择在 0.8～1MPa(8～10kgf/cm^2)之间。

现代控制技术对传感器和执行器提出了智能化的要求,从而使这些现场仪表能够直接与现场总线控制系统连接。

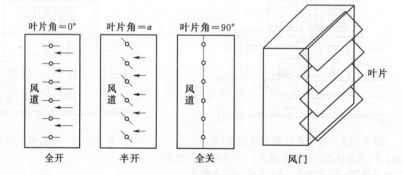

图 3-15 风门的结构原理

四、风门

在空调通风系统中,用得最多的执行器是电动风门,用来控制风的流量,其结构原理如图 3-15 所示。

风门由若干叶片组成。当叶片转动时改变流道的等效截面积,即改变风门的阻力系数,其流过的风量也就相应地改变,从而达到了调节风流量的目的。

叶片的形状决定风门的流量特性。同调节阀一样,风门也有多种流量特性供选择。风门的驱动器可以是电动的,也可以是气动的。在建筑物中一般采用电动式风门,其结构如图 3-16 所示。

图 3-16 电动式风门

第四节 空调通风设备监控系统

空调系统是现代建筑的重要组成部分,是楼宇自动化系统的主要监控对象,也是建筑智能化系统主要的管理内容之一。现代建筑中的空调从其自动控制系统的重要性体现在以下几个方面:首先,智能建筑的重要功能之一就是为人们提供一个舒适的生活与工作环境，而这一功能主要是通过空调及控制系统来实现的；其次，空调系统又是整个建筑最主要的耗能系统之一，有统计资料表明，空调系统的耗能已占到建筑总耗能的40%左右，通过楼宇自动化系统来实现空调系统的节能运行，对降低费用、提高效益是非常重要的，另外由于在空调系统运行过程中，控制系统必须进行时时调节控制，所以空调控制系统的配置与功能相对而言是整个楼宇自动化系统要求比较高的部分。

影响室内空气参数的变化，主要是由两个方面原因造成的：一是外部原因，如太阳辐射和外界气候条件的变化；二是室内设置，当室内空气参数偏离设定值时，采取相应的空气调节技术使其恢复到规定值。完成空气调节技术的设备称空气处理设备或空调机组，多组空气处理设备或空调机组组合在一起，构成空气调节系统，简称空调系统。

一、空调系统的基本概念

（一）空调系统的分类

1. 按空气处理设备的设置情况分类

（1）集中式空气调节系统。它是将所有空气处理设备（包括冷却器、加热器、加湿器、过滤器和风机等）设置在一个集中的空调机房内，经集中设备处理后的空气，用风道分送到各空调房间，因而系统便于集中管理、维护，如图3-17所示。集中式空气调节系统又可分为单风管空调系统、双风管空调系统和变风量空调系统。

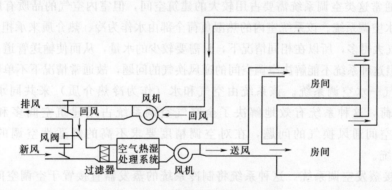

图3-17 典型的集中式空调系统

在智能建筑中，一般采用集中式空调系统，通常称之为中央空调系统，对空气的处理集中在专用的机房里，对处理空气用的冷源和热源，也有专门的冷冻站和锅炉房。

按照所处理空气的来源，集中式空调系统可分为循环式系统、直流式系统和混合式系统。循环式系统的新风量为零，全部使用回风，其冷、热消耗量最省，但空气品质差。直流式系统的回风量为零，全部采用新风，其冷、热消耗量大，但空气品质好。

对于绝大多数场合，采用适当比例的新风和回风相混合，这种混合系统既能满足空气品质要求，又能节约能源，因此是应用最广的一类集中式空调系统。

（2）半集中空调系统。除了集中空调机房外，还设有分散在被调节房间的二次设备（又称末端装置），如图3-18所示。其功能主要是在空气进入被调节房间前，对来自集中处理设备的空气做进一步的补充处理。半集中式空气调节系统按末端装置的形式，又可分为末端再热式系统、风机盘管系统和诱导器系统。

（3）全分散系统。也称局部空调机组。这种机组通常把冷、热源和空气处理、输送设备（风机）集中设置在一个箱体内，形成一个紧凑的空调系统。常用的局部空调机组有普通的空调器，包括窗式空调、分体式空调、柜式空调、恒温和恒湿机组，它能自动调节空气的温、湿度，维持室内温、湿度恒定。它们都不需要集中的机房，安装方便，使用灵活。

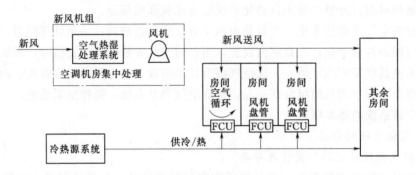

图 3-18 半集中式空调系统

2. 按负担室内空调负荷所用的介质分类

（1）全空气空调系统。它全部由集中处理的空气来承担室内的热湿负荷。由于空气的比热容小，通常这类空调系统需要占用较大的建筑空间，但室内空气的品质有所改善。

（2）全水空调系统。该系统室内的热湿负荷全部由水作为冷、热介质来承担。由于水的比热容比空气大得多，所以在相同情况下，只需要较少的水量，从而使输送管道占用的建筑空间较少。但这种系统不能解决空调空间的通风换气的问题，故通常情况下不单独使用。

（3）空气—水空调系统。该系统由空气和水（作为冷热介质）来共同承担空调空间的热湿负荷，这种系统有效地解决了全空气空调系统占用建筑空间多和全水空调系统中空调空间通风换气的问题，在对空调精度要求不高的舒适性空调的场合广泛地使用该系统。

（4）直接蒸发空调系统。这种系统将制冷系统的蒸发器直接置于空调空间内来承担全部的热湿负荷。

空调系统通常用水和通风来完成热湿处理，因此，一般空调系统通常分为空调的风系统和空调的水系统。空调的风系统通常把经过热、湿处理过的空气按系统的要求分送到各个空调房间去，空调的水系统通常以水为媒介为系统提供热源或冷源。

（二）空调的风系统

1. 空调的风系统分类

（1）按所处理空气的性质分类。

1）直流式系统。经过机组的空气全部为室外新鲜空气而无回风的空调系统（因而有时也称其为全新风空调系统）。直流式空调系统如图 3-19 所示。

2）循环式系统。无任何室外新风，所有空气均为室内空气，这些空气在室内、风管及机组中进行循环，如风机盘管的使用就是一个典型例子。

3）混合式系统。具有新风系统的循环式系统称混合式系统，如图 3-20、图 3-21 所示。在混合式系统中，又分为定新风比系统和变新风比系统两种形式。定新风比系统是始

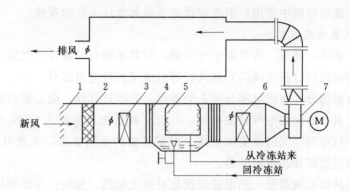

图3-19 直流式空调系统

1—百叶栅；2—空气过滤器；3—预加热器；4—前挡水板；
5—喷水排管及喷嘴；6—再加热器；7—风机

终维持恒定的新、回风混合比的系统；变新风比系统是新、回风混合比在运行过程中是随某些参数（室内、外温度和湿度等）变化而变化的。

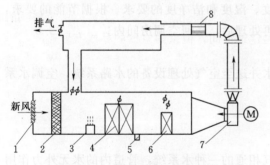

图3-20 一次回风式空调系统

1—新风口；2—空气过滤器；3—电极式加湿器；
4—表面式冷却器；5—排水口；6—再加热器；
7—风机；8—精加热器

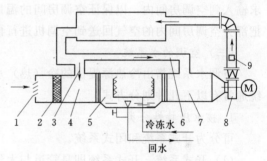

图3-21 二次回风式空调系统

1—新风口；2—过滤器；3——次回风管；4——次混合室；5—喷水室；6—二次回风管；7—二次混合室；
8—风机；9—电加热器

（2）按空气流量状态分类。

1）定风量系统。系统在运行过程中，风量始终保持恒定。

2）变风量系统。系统在运行过程中的风量均按一定的控制要求不断调整，以满足不同的需求。

3）按风道内的风速分类。

a. 低速系统。低速系统是与消声器密切相关的，目前空调通风系统中常用的几种消声器最大适用风速一般在8～10m/s，当风速超过此值过多时，消声器的附加噪声有显著提高的趋势，导致其消声量的明显下降，而在高层民用建筑中，噪声也是一个极为重要的控制参数，因此目前大部分建筑空调主送风管的风速都在10m/s以下，也即是低速送风系统。

b. 高速系统。在保证一定的风量下，风道尺寸的减少意味着管内风速的提高，这就产生了高速空调系统（相对于低速而言），通常其主管内风速在12～15m/s以上，风速提高，意味着噪声处理困难加大，因此，高速系统只用在对噪声要求较低的房间，如果要在正常标准或高标准的房间中使用，消声设计必须引起设计人员的重视。

2. 空调的风系统组成部分

（1）进风（新风）部分。为提高空气质量，空调系统有一部分空气取自室外，常称新风。它由新风的进风口（新风风门）和风管等组成了新风进风部分。

（2）空气过滤部分。由进风部分引入的新风，先经过过滤，除去颗粒较大的尘埃。根据不同的需求，具有不同的空气过滤系统，一般空调系统都装有 1～2 级过滤装置，在一些食品、制药等行业对空气过滤要求更高。根据过滤的不同要求，大致可以分为初（粗）效过滤器、中效过滤器和高效过滤器。

（3）空气的热湿处理部分。热湿处理就是对空气加热、加湿、冷却和减湿等不同的处理方式的统称。热湿处理设备主要有两大类型：直接接触式和表面式，直接接触式是指与空气进行热湿交换的介质直接和被处理的空气接触，如喷水、蒸汽加湿器，以及使用固体吸湿剂的设备均属于这一类。表面式是指与空气进行热湿交换的介质不和空气直接接触，热湿交换是通过处理设备的表面进行的，表面式换热器（表冷器）属于这一类。

（4）空气的输送和分配部分。它由不同形式的风机和管道组成，将调节好的空气按要求输入到空调房间内，以保证空调房间的温度、湿度和洁净度的要求。根据节能的要求，把部分空调房间内的空气回送到空调机进行再处理后，送回空调房间内。

（三）空调的水系统

空调水系统指由冷热源提供的冷（热）水并送至空气处理设备的水路系统，空调水系统通常有以下几种划分方式。

1. 按水压特性分类

可分为开式系统和闭式系统。

（1）开式系统。开式系统即是管道与大气相通的一种水系统，管道内的水无外力作用时（水泵不工作时）管网水压等于大气压力，高于水池的水管内无水存在，管道容易腐蚀，开式水系统如图 3 - 22（a）所示。

（2）闭式系统。闭式系统管道内没有任何部分与大气相通，无论是水泵运行或停止期间，管内都应始终充满水，以防止管道的腐蚀，闭式水系统如图 3 - 22（b）所示。

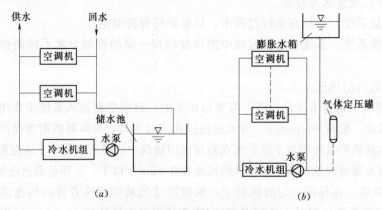

图 3 - 22 开式系统与闭式系统
(a) 开式系统；(b) 闭式系统

2. 按冷、热水管道的设置方式分类

可分为双管制系统、三管制系统和四管制系统，如图 3-23 所示。

（1）双管制系统。进行热湿处理的表面换热器，它的供、回水管在供热水或冷水时共用，即这套供、回水管内，冬天供的是热水，夏天供的是冷水，管网内有冬/夏转换阀门。

（2）三管制系统。进行热湿处理的表面换热器，它的供、回水管按冷、热水管分别设置，分别为热水供水管、回水管，冷水供水管和回水管，但回水管合用，共三根管。

（3）四管制系统。进行热湿处理的表面换热器，它的供、回水管按冷、热水管分别设置，分别为热水供水管、回水管，冷水供水管和回水管，共四根管。

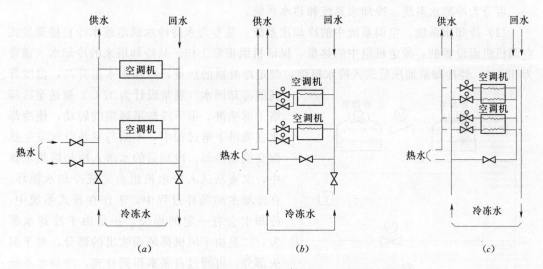

图 3-23　双管制系统、三管制系统及四管制系统
（a）双管制系统；（b）三管制系统；（c）四管制系统

3. 按水量特性分类

可分为定水量系统和变水量系统，如图 3-24 所示。

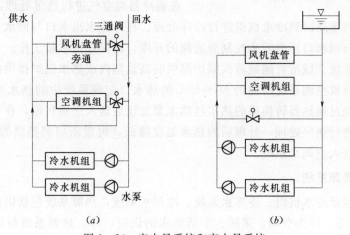

图 3-24　定水量系统和变水量系统
（a）定水量系统；（b）变水量系统

（1）定水量系统。在空调水系统中，没有任何控制水量的措施，系统水量基本不变，系统水量由水泵的运行台数决定。如冷水机组希望工作在恒水量状态下，它输出的冷水量保持恒定，不因冷、热负荷的变化而变化。

（2）变水量系统。在空调水系统中，终端设备常用电动二通阀，而电动二通阀的开度又是经常变化的，则系统的水量也一定是变化的，为使这变化的水量系统能适应恒水量工作冷水机组，常用方法是在供、回水总管上设置压差旁通阀，根据供、回水总管的水压差，来调节电动旁通阀的开度，以保持冷水机组的恒水量工作。

4. 按水的性质分类

可分为冷冻水系统、冷却水系统和热水系统。

（1）冷却水系统。空调系统中的冷却水系统，是专为水冷冷水机组或水冷直接蒸发式空调机组而设置的，带走机组中的热量，保证机组正常工作。从冷却塔来的冷却水（通常为 32℃），经冷却泵加压后送入冷水机组，带走冷凝器的热量，冷却水水温升高，温度升高的冷却回水（通常设计为 37℃）被送至冷却塔上部喷淋。由于冷却塔风扇的转动，使冷却水在喷淋下落过程中，不断与室外空气发生热湿交换而冷却，冷却后的水落入冷却塔集水盘中，又重新送入冷水机组而完成冷却水循环。在冷却水的循环过程中，工作在开式系统中，冷却水会有一定的损失，一是由于冷却水蒸发，二是由于风机排风而吹出的部分，对于损失部分，可通过自来水得到补充，冷却水系统如图 3－25 所示。

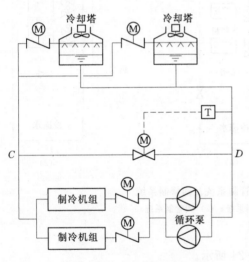

图 3－25 冷却水系统

（2）冷冻水系统。空调系统中的冷冻水系统是一个封闭的水系统，由冷水机组提供的 7℃ 的冷冻水，经水泵加压后送入终端机组，在表冷器与空气进行热湿处理，处理后的冷冻水温度升高，再重新回到冷水机组进行冷冻处理。在冷冻水出水口与回水口加装电动旁通阀，用出水口与回水口压力差来控制旁通阀的开度，以保证恒水量工作。

（3）热水系统。城市管网或蒸汽锅炉提供的高温蒸汽或热水锅炉提供的高温热水，需经过换热器转换成空调系统所需的 60～65℃ 的热水。空调系统中的热水系统也是一个封闭的水系统，经过换热器转换后的热水经热水泵加压后送入终端机组，在表面换热器（表冷器）与空气进行热湿处理，处理后的热水温度降低，再重新回到换热器进行加热处理，温度升高，再送入空调水系统。

二、冷、热源系统

冷源系统包括冷水机组、冷冻水系统、冷却水系统，热源系统包括锅炉机组（城市热网）、热交换器等。作为空调、采暖、生活热水的供应，冷、热源系统投资与耗能大，故应强调设计合理及运行节能。

(一) 冷源装置

空调系统的冷源通常为冷冻水，它由制冷机（冷水机）提供。空调系统中应用最广泛的制冷机有压缩式（活塞式、离心式、螺杆式、涡旋式等）和吸收式两种。制冷机的选择应根据建筑物用途，负荷大小和变化情况，制冷机的特性，电源、热源和水源情况，初投资和运行费、维护保养、环保和安全等因素综合考虑。

1. 制冷方式

（1）压缩式制冷。制冷剂蒸汽在压缩机内被压缩为高压蒸汽后进入冷凝器，制冷剂和冷却水在冷凝器中进行热交换，制冷剂放热后变为高压液体，通过热力膨胀阀后，液态制冷剂压力急剧下降，变为低压液态制冷剂后进入蒸发器，在蒸发器中，低压液态制冷剂通过与冷冻水的热交换而发生汽化，吸收冷冻水的热量而成为低压蒸汽，再经过回气管重新吸入压缩机，开始新一轮的制冷循环。很显然，在此过程中，制冷量即是制冷剂在蒸发器中进行相变时所吸收的汽化潜热。压缩式制冷原理如图 3-26 所示。

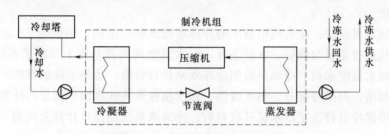

图 3-26　压缩式制冷原理图

（2）吸收式制冷。吸收式制冷与压缩式制冷一样，都是利用低压制冷剂的蒸发产生的汽化潜热进行制冷。两者的区别是：压缩式制冷以电为能源，而吸收式制冷则是以热为能源。在高层民用建筑空调制冷中，吸收式制冷所采用的制冷剂通常是溴化锂水溶液，其中水为制冷剂，溴化锂为吸收剂，因此，通常溴化锂制冷机组的蒸发温度不可能低于 0℃，在这一点上，可以看出溴化锂制冷的适用范围不如压缩式制冷，但在高层民用建筑空调系统中，由于要求空调冷水的温度通常为 6~7℃，因此还是比较容易满足的。溴化锂吸收式制冷循环基本原理如图 3-27 所示。

（3）风冷热泵式。风冷热泵冷热水机组又称空气热源热泵（ASHP），它通过制冷剂管路四通阀的转换，夏季可以供冷，冬季则可以供热，利用一台机组就可解决全年的空调用能。

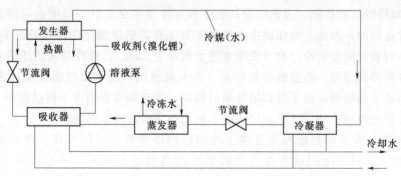

图 3-27　溴化锂吸收式制冷循环基本原理示意图

2. 冷水机组的监测与控制

冷冻站一般有一台或多台冷水机组及其辅助设备组成，它给空调系统提供所需的冷源。冷水机组的正常工作通常分为两个分系统，即冷冻水系统和冷却水系统，两个分系统共同工作才完成冷冻水的供应。

冷冻水系统：把冷水机组所制冷冻水经冷冻水泵送入分水器，由分水器向各空调分区的风机盘管、新风机组或空调机组供水后返回到集水器，经冷水机组循环制冷的冷冻水环路，称为冷冻水系统。

冷却水系统：冷却水是指制冷机的冷凝器和压缩机的冷却用水。冷却水由冷却水泵送入冷冻机进行热交换，水温提高，然后循环进入冷却塔，再对冷却水进行冷却处理，这个冷却水环路称为冷却水系统。

（1）控制原理和要求。

1）冷水机组的节能控制。冷水机组的节能控制方式通常有两种：冷冻水回水温度法和冷量控制法。

冷冻水回水温度法：冷水机组输出的冷冻水温度是一定的，一般为 7℃ 左右，冷冻水经过终端负载进行能量交换后，水温上升，回水温度的高低基本上反映了系统的冷负荷，所以可以用回水温度来调节冷水机组和冷冻水泵运行台数，达到节能的目的。

冷量控制法：根据测量分、集水器供、回水温度及冷冻水回水流量，计算空调实际所需冷负荷，根据冷负荷决定冷水机开启台数。冷冻水系统的冷量计算公式为

$$Q = 41.868L(C_{t1}T_1 - C_{t2}T_2)$$

式中　Q——空调所需要的冷负荷，kW/h；

　　　L——冷水机组回水流量，m^3/h；

　　　T_1——冷水机组供水管温度，℃；

　　　T_2——冷水机组回水管温度，℃；

　　　C_{t1}——对应于 T_1 时水的比热容，kJ/（kg·℃）；

　　　C_{t2}——对应于 T_2 时水的比热容，kJ/（kg·℃）。

由上式知道，当空调所需冷负荷增加，回水温度 T_2 上升，温差 ΔT（$T_1 - T_2$）就会加大，因此 Q 值上升。当空调所需冷负荷减少，T_2 下降，ΔT 下降，此时 Q 值也下降。系统实时进行冷负荷计算，根据冷负荷情况自动控制冷水机组、冷冻水泵的运行台数，从而达到节能的目的。

2）冷却塔的节能控制。过低的冷却水进水（冷却水泵进口）温度也同样是不利于冷水机组正常运行的，因此，为保证冷水机组正常工作，必须满足冷却水进水的设计温度。从冷却塔来的较低温度的冷却水（冷却水进水通常为 32℃），经冷却泵加压后送入冷水机组，带走冷凝器的热量，高温的冷却回水（冷水机组出口出水温度通常设计为 37℃）重新送至冷却塔上部喷淋，由于冷却塔风扇的转动，使冷却水在喷淋下落过程中，不断与室外空气发生热交换而冷却，又重新送入冷水机组而完成冷却水循环。

冷却水进水温度的高低基本反映了冷却塔的冷却效果，用冷却水进水温度来控制冷却塔的效果。利用冷却进水温度来控制冷却塔风机的运行，不受冷水机组运行状态的限制，是一个独立的控制回路。如室外温度较低时，仅靠水从冷却塔流出后的

自然冷却而不用风机强制冷却即可满足水温要求。系统能自动关闭风机，达到节能的效果。

3）冷水机组恒水流状态控制。末端采用两通阀的空调水系统，两通阀的调节过程中，系统负荷侧水量将发生变化，这些变化将引起冷冻水泵和冷水机组的水流量改变，而对于冷水机组来说，是不宜做变水量运行的，大多数冷水机组内部都设有自动保护元件，当水量过小（通过测量机组进、出水压差）时，自动停止运行，保护冷水机组。因此，冷冻水供、回水总管之间必须设置压差控制装置，通常它由旁通电动两通阀及压差控制器组成。

通过测量冷冻水供水、回水之间压力差来控制冷冻水供水、回水之间电动二通阀的开度，使冷水机组工作在恒水流状态。

压差传感器的两端接管应尽可能靠近旁通阀，并设于水系统中压力较稳定的地点，提高控制的精确性。

4）设备累计运行时间控制。在多台设备运行的系统中，总有几台设备是备用的，当一台设备损坏时，备用设备能投入使用，以降低损失，为了延长各设备的使用寿命，通常要求设备累计运行时间数尽可能相同，因此，每次启动系统时，都应优先启动累计运行小时数最少的设备，控制系统应有自动记录设备运行时间的功能。

5）设备的开/关控制。系统应有对设备远程的开/关控制。也就是说，在控制中心能实现对现场设备的控制，实现对冷水机组、冷却塔风机、冷冻和冷却水泵的开关控制。

（2）冷水机组运行参数及状态的检测。

1）冷水机组出口冷冻水温度测量：用水管式温度传感器测量。

2）分水器供水温度测量：用水管式温度传感器测量（一般情况下与冷水机组出口冷冻水温度相同）。

3）集水器回水温度测量：用水管式温度传感器测量。

4）冷冻水回水流量测量：用流量计测量冷冻水回水流量。

5）分、集水器压力测量：用压力传感器分别测量分水器进水口、集水器出水口的压力，或用压差传感器测量分水器进水口、集水器出水口的压力差。

6）冷却水泵进口水温度测量：用水管式温度传感器测量。

7）冷水机组冷却水出口温度测量：用水管式温度传感器测量。

8）冷水机组、冷却塔风机的运行检测：状态信号取自冷水机组，冷却塔风机主电路接触器的辅助接点。

9）冷冻水泵、冷却水泵的运行状态检测：用安装在水泵出水管上的水流指示器监测。当水泵处于运行状态时，其出口管内即有水流，在水流作用下水流开关迅速闭合，显示水泵进入工作状态。利用水流指示器监测水泵的工作状态，要比采用主电路接触器的辅助接点可靠得多。

10）冷水机组、冷冻（却）水泵、冷却塔风机故障检测：报警信号取自冷水机组、冷冻（却）水泵、冷却塔风机主电路热继电器的辅助接点。

（3）冷水机组的连锁控制。为了保证机组的安全运行，对冷水机组及辅机实施启、停连锁控制。

启动顺序控制：冷却塔→冷却水泵→冷冻水泵→冷水机组。

冷却塔与冷水机组通常是电气连锁的，但这一连锁并非要求冷却塔风机必须随冷水机组同时运行，而只是要求冷却塔的控制系统投入工作。一旦冷却回水温度不能保证时，则自动启动风机（风机工作台数控制或变速控制）或控制冷却水泵的运行台数。

停机顺序控制：冷水机组→冷冻水泵→冷却水泵→冷却塔。

（4）冷水机组的监测与自动控制原理。如图3-28所示。

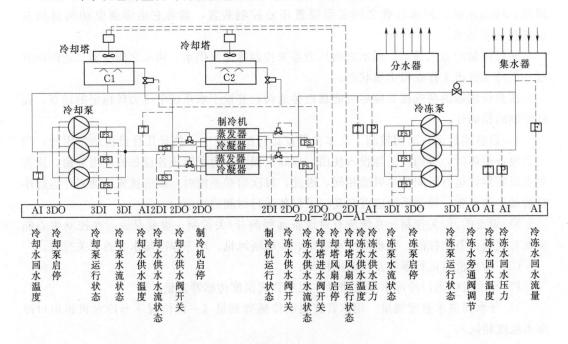

图3-28　冷水机组的监测与自动控制原理

（5）检测点、控制点描述。根据上述描述归纳统计检测、控制点，并按数字、模拟信号加以区分。

1）检测点中的数字量与模拟量。

数字量：冷水机组运行状态、冷水机组故障状态、冷水机组手动/自动状态；冷冻水泵运行状态、冷冻水泵故障状态、冷冻水泵手动/自动状态；冷却水泵运行状态、冷却水泵故障状态、冷却水泵手动/自动状态；冷却塔风机运行状态、冷却塔风机故障状态、冷却塔风机手动/自动状态。

模拟量：冷冻水供水温度、冷冻水回水温度、冷冻水总回水流量、冷冻水供水/回水压差、冷冻水泵出口水压；冷却水泵出口水压、冷却塔进水温度、冷却塔回水温度。

2）控制点中的数字量与模拟量。

数字量：冷水机组开/关控制、冷冻水泵开/关控制、冷却水泵开/关控制、冷却塔风机开关控制、冷却塔进水电动阀控制、冷却塔进水阀开关控制。

模拟量：冷冻水压差旁通阀开度控制。

（6）列表。为工程统计方便需要，列表显示，如表3-1所示。

表 3 - 1　　　　　　　　　　　冷水机组检测、控制点安排表

控制点描述	AI	AO	DI	DO	接　口　位　置
冷水机组开／关控制				√	DDC 数字量输出接口
冷水机组运行状态			√		动力箱主电路接触器的辅助接点
冷水机组故障状态			√		动力箱主电路热继电器的辅助接点
冷水机组手动／自动状态			√		动力箱控制回路（可省略）
冷冻水泵开／关控制				√	DDC 数字量输出接口
冷冻水泵运行状态			√		冷冻水泵出水口的水流指示器
冷冻水泵故障状态			√		动力箱主电路热继电器的辅助接点
冷冻水泵手动／自动状态			√		动力箱控制回路（可省略）
冷冻水压差旁通阀		√			DDC 模拟量输出接口
冷冻水供水温度	√				分水器进水口水管温度传感器
冷冻水供水／回水压差	√				分水器进水口与集水器之间压差传感器
冷冻水回水温度	√				集水器出水口水管温度传感器
冷冻水总回水流量	√				集水器出水口电磁流量计
冷却水泵开／关控制				√	DDC 数字量输出接口
冷却水泵运行状态			√		冷却水泵出水口的水流指示器
冷却水泵故障状态			√		动力箱主电路热继电器的辅助接点
冷却水泵手动／自动状态			√		动力箱控制回路（可省略）
冷却水泵出口水压	√				冷却水泵出水口压力（可省略）
冷却塔风机开关控制				√	DDC 数字量输出接口
冷却塔风机运行状态			√		动力箱主电路接触器的辅助接点
冷却塔风机故障状态			√		动力箱主电路热继电器的辅助接点
冷却塔风机手动／自动状态			√		动力箱控制回路（可省略）
冷却塔进水温度	√				冷却塔进水管温度传感器
冷却塔回水温度	√				冷却塔回水管温度传感器

注　"√"表示选定的检测、控制点。

（二）热源装置

空调系统的热源通常为蒸汽或热水，它由城市热网或锅炉提供。

1. 供热方式

（1）蒸汽。在采用蒸汽作为空调热源的系统中，通常由城市热网或工厂、小区和单位自建的蒸汽锅炉提供高温蒸汽，通常提供 0.2MPa 压力以下的蒸汽。当蒸汽进入换热器，放出潜热后的蒸汽冷凝成同温度的凝结水，凝结回水回流到中间水箱，通过水泵送回蒸汽锅炉再加热。

按照供汽压力的大小，将蒸汽供暖分为三类：压力高于 70kPa 时称为高压蒸汽供暖；压力不高于 70kPa 时称为低压蒸汽供暖；当系统中的压力低于大气压时，称为真空蒸汽供暖。

（2）热水。在采用热水作为空调热源的系统中，通常由城市热网或工厂、小区和单位自建的蒸汽锅炉提供高温蒸汽，经换热器换热后，变成空调热水。使用热水比使用蒸汽安全，传热比较稳定。在空调机组中，可以采用冷、热盘管合用的方式（即两管制系统），以减少空调机组系统的造价，而蒸汽盘管通常不能与冷水盘管合用，因而采用热水作为空调热源的系统得到广泛的应用。

2. 热源装置

（1）锅炉。锅炉是供热之源，它是将燃料的化学能转换成热能，并将热能传递给冷水，进而产生热水或蒸汽的加热设备。锅炉种类型号繁多。

根据其用途有动力锅炉和供热锅炉之分。动力锅炉用于动力、发电方面；供热锅炉用于工业生产和生活供热方面。供热锅炉按工作介质不同，有热水锅炉和蒸汽锅炉两种；按容量的大小不同，有大、中和小型锅炉之分；按压力高低，有高、中和低压锅炉之分；按水循环动力来源不同，有自然循环锅炉和机械循环锅炉之分；按形状不同，有立式、卧式锅炉之分；按所用燃料种类不同，有燃油、燃煤和燃气锅炉之分。

锅炉类型及台数的选择，取决于锅炉的供热负荷和产热量、供热介质和当地燃料供应情况等因素，锅炉的数目一般不宜少于两台。

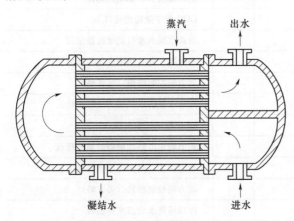

图 3-29　汽—水换热器结构示意图

（2）热交换器。空调系统终端热媒通常是 65～70℃ 热水，而锅炉提供的经常是高温蒸汽，在空调系统中要完成高温蒸汽与空调热水的转换。也有提供高温热水的热水锅炉，提供 90～95℃ 高温热水，同样需要把高温热水转换成空调热水，这种转换装置称为热交换器或换热器。图 3-29 所示为汽—水换热器结构示意图。

空调系统中的热源如高温蒸汽或高温热水先经过热交换器变成空调热水，经热水泵（有的系统与冷冻水泵合用）加压后经分水器送到各终端负载中，在各负载中进行热湿处理后，水温下降，水温下降后的空调水回流，经集水器进入热交换器再加热，如此循环。

3. 锅炉机组的监测与自动控制

采用锅炉机组供热是在没有外来热源（城市热网）的情况下的一种供热方式，下面讨论锅炉（电锅炉）机组的监测与控制，与其他燃料作为能源的锅炉监测与控制方法类似。

（1）控制原理和要求。

1）锅炉供水系统的节能控制。锅炉供水系统的节能控制方式与冷水机组的节能控制方式一样，通常有两种，即热水回水温度法和热负荷控制法。回水温度法：锅炉输出的热水（蒸汽）温度是一定的，一般为 90～95℃，经交换后输出 60～65℃ 热水，热水经过终端负载进行能量交换后，水温下降，回水温度的高低基本上反映了系统的热负荷，回水温度高，说明系统热负荷小，回水温度低，说明系统热负荷大，因此可以用回水温度来调节锅炉机组的启、停和热水泵运行台数，达到节能的目的。热负荷控制法：根据分水器、集水器的供、回水温度及回水干管的流量测量值，实时计算空调房间所需热负荷，按实际热负荷自动启、停锅炉（一般为电锅炉）及热水给水泵的台数。

2）补水泵启/停控制。热水系统在运行过程中，由于泄漏、蒸发，会损失部分热水，需及时补充。通常通过对锅炉回水干管压力测量，作为补水泵启/停的控制信号，当回水压力低于设定值，自动启动补水泵进行补水，当回水压力上升到限定值，补水泵自动停泵，当工作泵出现故障，备用泵自动投入。

3）设备累计运行时间控制。在多台设备运行的系统中，总有几台设备是备用的，当一台设备损坏时，备用设备能投入使用，以降低损失。为了延长各设备的使用寿命，通常要求设备累计运行时间数尽可能相同，因此，每次启动系统时，都应优先启动累计运行小时数最少的设备，控制系统应有自动记录设备运行时间的功能。

4）设备的开/关控制。系统应有对设备远程的开/关控制，也就是说，在控制中心能实现对现场设备的控制，实现对锅炉机组、热水给水泵和补水泵的开关控制。

（2）锅炉（电锅炉）机组运行参数及状态的检测。

1）锅炉出口热水温度测量：用水管式温度传感器测量。

2）锅炉出口热水压力测量：用水管式压力传感器测量。

3）锅炉热水流量测量：用水管流量传感器测量。

4）分水器进口热水温度测量：用水管式温度传感器测量（与锅炉出口热水温度基本相同）。

5）集水器出口热水温度测量：用水管式温度传感器测量。

6）锅炉回水干管热水压力测量：用水管式压力传感器测量。

7）电锅炉运行状态：动力箱主电路接触器的辅助接点。

8）给水泵运行状态：给水泵出水口的水流指示器。

9）电锅炉故障状态：动力箱主电路热继电器的辅助接点。

10）给水泵故障状态：动力箱主电路热继电器的辅助接点。

（3）锅炉的连锁控制。

启动顺序控制：给水泵→电锅炉。

停车顺序控制：电锅炉→给水泵。

（4）锅炉机组的监测和自动控制原理，如图3-30所示。

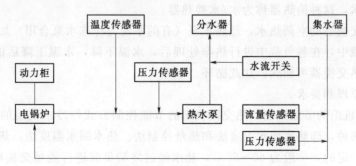

图3-30 锅炉机组的监测和自动控制的原理框图

（5）检测点、控制点描述。根据上述描述归纳统计检测、控制点，并按数字、模拟信号加以区分。

1）检测点。

数字量：电锅炉运行状态、电锅炉故障状态、热水泵运行状态和热水泵故障状态。

模拟量：锅炉出口热水温度测量、锅炉出口热水压力测量和锅炉热水流量测量。

2）控制点。

数字量：热水泵开/关控制、电锅炉开/关控制和补水泵开/关控制。

模拟量：无。

（6）列表。为工程统计方便需要，列表显示，见表 3-2。

表 3-2　　　　　　　　　　　锅炉机组的检测、控制点安排表

控制点描述	AI	AO	DI	DO	接 口 位 置
锅炉出口热水温度测量	√				分水器进口温度传感器
锅炉出口热水压力测量	√				分水器进口压力传感器
锅炉热水流量测量	√				集水器出口流量传感器
锅炉回水干管压力测量	√				集水器出口压力传感器
电锅炉运行状态			√		动力柜主电路继电器辅助触点
电锅炉故障状态			√		动力柜主电路热继电器辅助触点
电锅炉开/关控制				√	DDC 数字输出接口
热水泵故障状态			√		动力柜主电路热继电器辅助触点
热水泵开关控制				√	DDC 数字输出接口
热水泵运行状态			√		动力柜主电路继电器辅助触点
热水泵手动/自动状态			√		动力柜控制电路
补水泵开关控制				√	DDC 数字输出接口

注　"√"表示选定的检测、控制点。

4. 热交换器的监测与自动控制

空调系统终端热媒通常是 65～70℃热水，而锅炉或市政管网提供的经常是高温蒸汽，在空调系统中常用热交换器完成高温蒸汽与空调热水的转换，这种换热器称汽/水换热器。也有提供高温热水的热水锅炉，提供 90～95℃高温热水，同样需要热交换器把高温热水转换成空调热水，这种换热器称为水/水换热器。

热交换器交换后的空调热水，经热水泵（有的系统与冷冻水泵合用）加压后经分水器送到各终端负载中，在各负载中进行热湿处理后，水温下降，水温下降后的空调水回流，经集水器进入热交换器再加热，如此循环。

（1）控制原理和要求。

1）热交换机组的节能控制。热交换机组的节能控制方式与冷水机组的节能控制方式一样，通常有两种，即热水回水温度法和热量控制法。热水回水温度法：热交换机组输出的热水温度是一定的，一般为 60～65℃，热水经过终端负载进行能量交换后，水温下降，回水温度的高低基本上反映了系统的热负荷，回水温度高，说明系统热负荷小，回水温度

低，说明系统热负荷大，因此可以用回水温度来调节热交换机组的启、停和热水泵运行台数，以达到节能的目的。热量控制法：根据分水器、集水器的供、回水温度及回水干管的流量测量值，实时计算空调房间所需热负荷，按实际热负荷自动启、停热交换机组及热水给水泵的台数。

2）热交换器的自动控制。当一次热媒为热水时，用温度传感器测量热交换器二次水出口温度，送入控制器与给定值进行比较，根据温度偏差由控制器调节一次回水电动阀，使二次出口温度保持设定值，电动阀调节性能应采用等百分比型。当一次热媒的水系统为变水量系统时，控制其流量可采用电动两通阀，若一次热媒不允许变水量，则应采用电动三通阀。当一次热媒为蒸汽时，用温度传感器测量热交换器二次水出口温度，送入控制器与给定值进行比较，根据温度偏差由控制器调节一次蒸汽电动阀，使二次出口温度保持设定值，电动阀应采用直线阀。当系统内有多台热交换器并联使用时，应在每台热交换器二次热水进口处加电动碟阀，把不使用的热交换器水路切断，保证系统要求的供水温度。

3）膨胀水箱的补水控制。热水系统在运行过程中，由于泄漏、蒸发，会损失部分热水，需及时补充。在空调系统中，由于水温的变化，必然引起水体积的变化，因此在系统中设置膨胀水箱。系统在运行过程中损失的部分热水，从膨胀水箱中补充，膨胀水箱设液位开关，当水位降到下限值时，液位开关下限接点闭合，控制器发出启动补水泵的指令，补水泵启动，当水箱水位回升至上限时，液位开关上限接点闭合，控制器发出停机指令，补水泵停机。

4）设备的开/关控制。系统应有对设备远程的开/关控制，也就是说，在控制中心能实现对现场设备的控制，实现对热水给水泵、补水泵的开关控制。

（2）热交换器运行参数及状态的监测。

1）分水器供水温度测量：用水管式温度传感器测量。

2）集水器回水温度测量：用水管式温度传感器测量。

3）集水器回水流量测量：采用流量计测量集水器回水流量。

4）膨胀水箱水位监测：用液位开关测量。

5）二次水循环泵运行状态：采用水管式流量开关。

6）补水泵运行状态：采用水管式流量开关。

7）二次水循环泵故障状态：动力柜主电路热继电器辅助触点。

8）补水泵故障状态：动力柜主电路热继电器辅助触点。

（3）热交换站的连锁控制。

机组的启动控制顺序：二次水循环泵启动→换热器回水管电动阀开启。

机组的停机控制顺序：二次水循环泵停机→一次回水调节阀全关。

（4）热交换器监测与控制原理。如图 3-31 所示。

（5）检测点、控制点描述。根据上述描述归纳统计检测、控制点，并按数字、模拟信号加以区分。

1）检测点。

数字量：二次水循环泵运行状态、二次水循环泵故障状态、二次水循环泵手动/自动状态、膨胀水箱水位监测、补水泵的运行状态、补水泵的故障状态和补水泵手动/自动状态。

模拟量：热交换器二次水出口温度测量、分水器供水温度测量、集水器回水温度测量

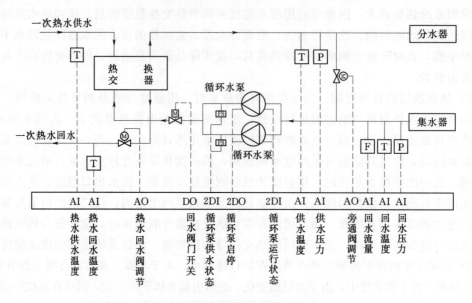

图 3-31 热交换器监测与控制原理

和集水器回水流量测量。

2）控制点。

数字量：二次水循环泵开/关控制、补水泵开/关控制和二次供水电动阀开关控制。

模拟量：一次供汽（回水）电动阀开度控制。

（6）列表。为工程统计方便需要，列于表 3-3。

表 3-3   换热器机组的检测、控制点安排表

控制点描述	AI	AO	DI	DO	接 口 位 置
二次水循环泵运行状态			√		二次水循环泵出口水流开关
二次水循环泵故障状态			√		动力柜主电路热继电器辅助触点
二次水循环泵手/自动状态			√		动力柜控制电路
膨胀水箱水位监测			√		膨胀水箱内液位开关
补水泵的运行状态			√		补水泵出口水流开关
补水泵的故障状态			√		动力柜主电路热继电器辅助触点
补水泵手动/自动状态			√		动力柜控制电路
二次水出口温度测量	√				二次水出口温度传感器
分水器供水温度测量	√				分水器进口温度传感器
集水器回水温度测量	√				集水器出口温度传感器
集水器回水流量测量	√				集水器出口流量传感器
二次水循环泵开/关控制				√	DDC 数字输出接口
补水泵开/关控制				√	DDC 数字输出接口
二次供水电动阀开关控制				√	DDC 数字输出接口
一次供汽（回水）电动阀控制		√			DDC 模拟输出接口

注   "√" 表示选定的检测、控制点。

三、空调机组

人们在生活或生产中对空气温度、湿度、洁净度和风速都有一定的要求，空气调节过程就是为满足这种要求，空调机组是完成这种空气调节的设备。空调机组长期运行，耗能巨大，对整个系统的优化管理、控制，不但是保证系统性能的要求，也是节约人力、节约能源的需要。

为了创造一个温度适宜、湿度恰当、空气洁净的舒适环境，空气调节系统的控制通常包含以下内容。

（1）温度控制。按照人类生理要求和生活习惯，根据生产工艺的要求，不同的场合则会有不同的要求。空气调节系统的控制就是建立一个满足上述要求的环境。

（2）湿度调节。空气过于潮湿或过于干燥都会使人感到不舒适，而且随着气温的变化，人们对空气湿度的要求也不尽相同。而在一些工艺生产房间的空调，对湿度的要求更为严格。因此，相对不同的季节、不同的场合则会有不同的湿度要求。空气调节系统的控制同样是建立一个满足上述要求的环境。

（3）气流速度调节。人生活在以低流速流动的空气环境中，比在静止的空气环境中会感到舒适，而处于变流速的空气环境中比恒流速更舒服。平时监控气流时，通常选距地面1.2m，冷风源时，水平流速以0.3m/s为宜，热风源时0.5m/s为合适，过高或过低的流速也会给人带来不适。

（4）空气质量调节。空气中含氧浓度的高低，直接影响人们的生活质量，空气中悬浮污物的含量，直接影响人们的身体健康。在空调房间中如忽略了新鲜空气的输入量，空气中含氧浓度下降，使人感到胸闷憋气，长期在这种环境下工作，会危害人的健康。空调房间中合适的温、湿度也是细菌繁殖、悬浮污物聚合的好环境，聚合后的悬浮污物携带各种细菌进入空调通风系统中，最终被人吸入体内，给人体带来危害。因此在空调系统中，加强对这些悬浮颗粒的过滤是非常必要的。

空气调节技术的任务就是当室内、外的空气参数（温度、湿度等）发生变化时，要求保持被调控的工作区内的空气参数不变或不超出给定的变化范围。通常采取对空气进行加热或冷却达到温度调节的目的，通过加湿和减湿达到湿度调节的目的，通过过滤和调节新风量来达到空气质量调节的目的。

1. 定风量空调机组的监测与控制

最简单的风管配送网络及末端不设任何其他装置，经空调机组处理后的空气直接由风管配送网络按比例送至各送风口。由于各送风口不具备任何调节能力，如果送风机为非变频的，则送至各送风口的风量基本不变（忽略室内气压变化对送风量的影响）。工程中常将这种系统称为定风量空调系统。

对于定风量空调系统而言，一般仅适合应用在大空间区域，如会议厅、餐厅、大堂等。这些区域各送风口的控制范围内占用情况及温、湿度设定值相同，可以由一台或多台空调机组统一控制。但对于独立、分割空间，如办公区域等，往往无法满足各区域的个性化需求。对于一些仅存在占用情况不同，一旦处于占用状态，温、湿度设定值相同的独立、分割空调区域，如一些病房区域、仓库区域等，可以在送风口末端安装开关风阀。

当空调区域处于占用状态时，打开开关风阀进行控制，当空调区域空闲时关闭开关风阀以节约能源。送风机运行频率根据各末端风阀的开关状态进行确定，保证各末端送风量基本恒定。这种系统仍然属于定风量空调系统。

（1）控制原理和要求。

1）定风量空调机组的节能控制。定风量空调系统的节能是以回风温度为调节参数的，回风温度自动调节系统是一个定值调节系统，把回风温度传感器测量的回风温度送入 DDC 控制器与给定值比较，产生偏差，由 DDC 按 PID 规律调节表冷器回水调节阀开度以控制冷冻（加热）水量，使夏天房间温度保持在低于 $28℃$，冬季则高于 $16℃$。

在定风量空调系统中新风温度是个变量，这个变量对上述调节系统是一个扰动量，为了提高系统的控制性能，把新风温度作为被调信号加入回风温度调节系统，如室外新风温度增高，新风温度测量值增大，这个温度增量经 DDC 运算后输出一个相应的控制电信号，使回水阀开度增大即冷量增大，补偿了新风温度增高对室温的影响。如室外新风温度降低，新风温度测量值减小，这个温度负增量经 DDC 运算后输出一个相应的控制电信号，使回水阀开度减小即冷量减小。空调机的回水阀始终保持在最佳开度，最好地满足了冷负荷的需求，达到了系统节能的目的。

2）空调机组回风湿度调节。空调机组回风湿度调节与回风温度的调节过程基本相同，把回风湿度传感器测量的回风湿度送入 DDC 控制器与给定值相比较，产生偏差，由 DDC 按 PI 规律调节加湿电动阀开度，以保持空调房间的相对湿度的要求。

3）新风电动阀、回风电动阀及排风电动阀的比例调节。根据新风的温湿度、回风的温湿度在 DDC 中进行回风及新风焓值计算，按回风和新风的焓值比例控制新风阀和回风阀的开度比例，使系统在最佳的新风/回风比状态下运行，以便达到节能的目的。

4）过滤器堵塞、防冻保护。采用压差开关测量过滤器两端压差，当压差超限时，压差开关闭合报警；采用防霜冻开关监测表冷器前温度，当温度低于 $5℃$ 时报警。

5）空气质量保证。为保证空调房间的空气质量，选用空气质量传感器，当房间中 CO_2、CO 浓度升高时输出控制信号，控制新风风门开度以增加新风量。

6）设备的开/关控制。系统应有对设备远程的开/关控制，也就是说，在控制中心能实现对现场设备的控制，实现对空调机组的开/关控制。

（2）定风量空调机组运行参数及状态的检测。

1）空调机新风温、湿度测量：用风管式温/湿度传感器测量。

2）空调机回风温、湿度测量：用风管式温/湿度传感器测量。

3）空调机出口温、湿度测量：用风管式温/湿度传感器测量。

4）过滤器两端压差测量：采用压差开关测量过滤器两端压差。

5）防冻保护：采用防霜冻开关监测表冷器前温度。

6）空气质量检测：用风管式空气质量传感器检测。

7）送风机、回风机运行状态显示、故障报警：送风机的工作状态是采用压差开关监测的，风机启动，风道内产生风压，送风机的送、回风压差增大，压差开关闭合，表明送风机处于运行状态。回风机的工作状态也是采用压差开关监测的，原理与送风机监测原理一样。送风机、回风机的故障报警信号分别取自动力箱主电路热继电器的辅助触点。

（3）连锁控制。空调机组启动顺序控制：

送风机启动→新风阀开启→回风机启动→排风阀开启→回水调节阀开启→加湿阀开启。

空调机组停机顺序控制：

送风机停机→关加湿阀→关回水阀→停回风机→新风阀、排风阀全关→回风阀全关。

（4）定风量空调系统的监控原理。如图3-32所示。

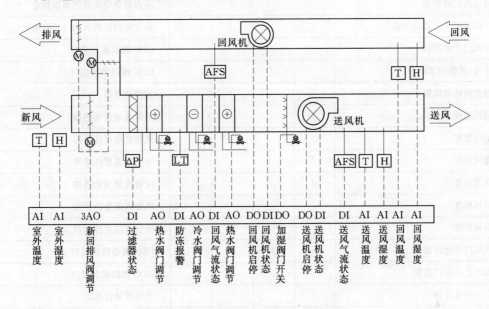

图3-32 定风量空调系统的监控原理

（5）检测点、控制点描述。根据上述描述归纳统计检测、控制点，并按数字、模拟信号加以区分。

1）检测点。

数字量：空调机组运行状态、空调机组故障状态、空调机组手/自动状态、过滤网堵塞报警和防冻报警。

模拟量：回风温度、回风湿度、送风温度、送风湿度、新风温度、新风湿度和空气质量监测。

2）控制点。

数字量：空调机组开关控制。

模拟量：新风门开度控制、冷冻/供热回水阀控制、回风门开度控制和加湿电动阀门控制。

（6）列表。为了方便统计，列于表3-4。

2. 变风量空调机组的监测与控制

由于建筑物内空调系统耗电很大，因在全年空调的建筑物里，大部分时间，空调系统都不在满负荷状态下工作，如采用末端变风量系统，控制系统根据热负荷调节风机总的送风量，则风机耗能将大大减少。变风量系统的主要特点是节能，节能运行在建筑物自动化系统中显得格外重要，采用变风量系统节电率可达 50%，因此，近几年国内外逐渐采用变风量空调系统。

表 3－4　　　　　　　　　　　空调机组检测、控制点安排表

控制点描述	AI	AO	DI	DO	接　口　位　置
回风机运行状态			√		回风机进出口压差开关
回风机故障状态			√		动力箱热继电器的辅助触电
空调机组手／自动状态			√		动力箱的控制回路（可省略）
新风门开度控制		√			DDC 模拟输出接口
冷冻/供热回水阀控制		√			DDC 模拟输出接口
过滤网堵塞报警			√		压差传感器
回风温度	√				风管式温度传感器
回风湿度	√				风管式湿度传感器
送风温度	√				风管式温度传感器
送风湿度	√				风管式湿度传感器
新风温度	√				风管式温度传感器
新风湿度	√				风管式湿度传感器
回风门开度控制		√			DDC 模拟输出接口
加湿电动阀门控制		√			DDC 模拟输出接口
空气质量监测	√				空气质量传感器
室外温度	√				室外温度传感器
防冻保护			√		防霜冻开关

注　"√"表示选定的检测、控制点。

变风量空调系统属于全空气送风方式，系统的特点是送风温度不变，而改变送风量来满足房间对冷热负荷的需要，就是说表冷器回水调节阀开度恒定不变，用改变送风机的转速来改变送风量，通常采用变频调速来调节电机的转速。

变风量系统由变风量空调机组和变风量系统末端两部分组成。变风量系统末端根据控制区域的热负荷，通过调节风门的开启比例控制末端的送风量。变风量空调机组则根据各个变风量系统末端的需求，通过风机变频控制总的送风量。图 3－33 所示为变风量系统示意图。

在变风量系统中每个控制区域都有一个变风量系统末端装置（VAV Box），该末端装置实际上是一个风阀。通过改变变风量系统末端风阀的开度可以控制送入各区域的风量，从而满足不同区域的负荷需求。同时，由于变风量系统根据各控制区域的负荷需求决定总负荷输出，在低负荷状态下送风能源、冷热量消耗都获得节省（与定风量系统相比），尤其在各控制区域负荷差别较大的情况下，节能效果尤为明显。与新风机组加风机盘管相比，变风量系统属于全空气系统，舒适性更高，同时避免了风机盘管的结露和霉变问题。

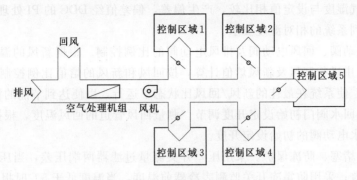

图 3-33 变风量系统示意图

除此之外,变风量系统末端都有隔离噪声的作用。

由于其舒适性和节能性,变风量系统在近几年获得广泛应用,特别适合于高档办公楼等应用场合。但是变风量空调系统一次性投资比较大,工艺设备加控制系统的总价大约是新风机组加风机盘管系统的两倍以上,并且系统控制相对复杂,对管理水平要求较高。

(1)控制原理和要求。

1)变风量空调机组的节能控制。变风量空调机组的节能控制是通过空调房末端的静压来实现的。在变风量空调系统中末端空调房间的热负荷是通过风量来调整的,要稳定空调房间末端的温度,只要稳定空调房间末端的风量就行了。

测量送风主干管末端的风道静压(或主干管末端与末端空调房的压差)作为主调节参数,根据主参数的变化来调节被调风机转速,以稳定末端静压。当房间负荷需要风量增加(减少)时,管道静压降低(升高),传感器把静压变化量 $\pm A_p$ 检出,回馈给 DDC,经 PI 运算后输出控制信号至变频器,变频器根据此信号调速,当风量逐步与所需负荷平衡时,静压恢复到原来状态,系统在新的平衡点工作。

如果系统是多区系统(即空调机出口有两根以上主干风道为两个以上的区域输送冷/热负荷的系统),则将每根主干管末端的风道静压取出输入到 DDC 进行最小值选择,把最小静压作为变频调速器的给定信号,变频调速器根据此信号调节送风机的转速以稳定系统静压。

2)回风机自动调节。在变风量系统中,系统的调节是靠风量完成的,为了保证系统良好运行,除了对送风机进行变频控制以外,还必须对回风(回风机)进行相应连锁的控制,以保证送、回风的平衡运行。在实际工程中回风量应小于送风量,根据不同系统的不同要求,确定送、回风量的差值,再根据风管末端静压信号,来调节回风机的风量。

另外,也可以取送风机前后风道压差、回风机前后风道压差信号送到 DDC 中比较,产生偏差,偏差大于(小于)设定值时,控制回风机转速以维持给定的风量差。

3)变风量末端装置的自动调节(多用户系统中辅助调节用)。末端装置是由一个空气阀和套装式送风口(散流器)及 24V 电动执行器组成,通过测量被调房间温度(用房间温度探测器)送入 DDC 与设定值相比较,差值经控制器 PID 处理后控制末端装置的空气阀开度,以满足房间的温度要求。

4)相对湿度的自动控制。室内的相对湿度的调整是通过改变送风含湿量来实现,将送风管中的空气湿度与设定值相比较，产生偏差，偏差值经 DDC 的 PI 处理后控制加湿阀的开度，以达到系统的相对湿度要求。

5）新风电动阀、回风电动阀及排风电动阀的比例控制。根据新风的温湿度、回风的温湿度在 DDC 中进行回风及新风焓值计算，按回风和新风的焓值比例控制新风阀和回风阀的开度比例，使系统在最佳的新风/回风比状态下运行，以便达到节能的目的。

6）表冷器回水阀门初始设定开度调节。测量回风管道的回风温度，根据回风的温度，调整表冷器回水电动阀的初始设定开度。

7）过滤器堵塞、防冻保护。采用压差开关测量过滤器两端压差，当压差超限时，压差开关闭合报警；采用防霜冻开关监测表冷器前温度，当温度低于 5℃时报警。

8）空气质量保证。为保证空调房间的空气质量，选用空气质量传感器，当房间中 CO_2、CO 浓度升高时，传感器输出信号到 DDC，经计算，输出控制信号，控制新风风门开度以增加新风量。

9）设备的开/关控制。系统应有对设备远程的开/关控制，也就是说，在控制中心能实现对现场设备的控制。

（2）变风量空调机组的运行参数及状态的检测。

1）送风主干风管末端静压检测：采用风管式压力传感器检测或压差传感器检测。

2）送、回风机前后风管压差检测：采用风管式压力传感器检测。

3）回风管的温、湿度检测：采用风管温、湿度传感器测量。

4）送风口温、湿度测量：采用风管式温、湿度传感器测量。

5）新风口温、湿度测量：采用风管式温、湿度传感器测量。

6）空气过滤器两端压差：采用风管式压差传感器测量。

7）新风管流量测量：采用流量传感器测量。

8）送风机、回风机运行状态，故障状态：送风机送风口与回风口之间的压差开关作为送风机开机、停机状态检测。回风机送风口与回风口之间的压差开关作为回风机开机、停机状态检测。取送、回风机主回路热继电器触点作为故障报警信号。

9）防冻保护：采用防霜冻开关监测表冷器前温度。

10）空调房间温度监测：房间式温度传感器检测。

11）过滤器两端压差测量：采用压差开关测量过滤器两端压差。

12）空气质量检测：用风管式空气质量传感器检测。

（3）变风量系统的连锁控制。新风电动风阀、排风电动风阀与风机连锁：风机开则新风阀、排风阀开，风机关则相应阀关。当新风管设有一次加热器时，风机停机连锁切断加热器电源。

空调机组启动顺序控制：送风机启动→新风阀开启→回风机启动→排风阀开启→回水调节阀开启→加湿阀开启。

空调机组停机顺序控制：送风机停机→关加湿阀→关回水阀→停回风机→新风阀、排风阀全关→回风阀全关。

（4）变风量空调机组的监控原理。如图 3-34 所示。

（5）检测点、控制点描述。根据上述描述归纳统计检测、控制点，并按数字、模拟信

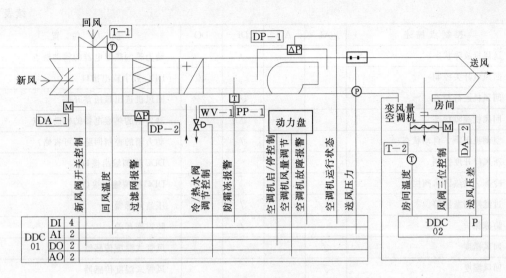

图 3-34　变风量空调机组的监控原理

号加以区分。

1）检测点。

数字量：送、回风机运行状态，送、回风机故障状态，送、回风机手/自动状态，过滤网堵塞报警和防冻报警。

模拟量：回风温度、回风湿度、送风温度、送风湿度、新风温度、新风湿度、空气质量检测、空调房间温度、新风管流量测量、送/回风机前后风管压差和主干风管末端静压检测。

2）控制点。

数字量：空调机组开关（送、回风机）控制。

模拟量：新风门开度控制、回风门开度控制、冷冻/供热回水阀控制、加湿电动阀门控制、送风机风速控制和回风机风速控制。

（6）列表。为了方便统计，列于表 3-5。

表 3-5　　　　　　　　　变风量空调机组的检测、控制点安排表

控制点描述	AI	AO	DI	DO	接 口 位 置
空调房间温度	√				房间温度传感器
新风管流量	√				风管流量传感器
主干风管末端静压	√				风管压力传感器
送风机进出口压差	√				风管压力传感器
送风机风速控制		√			DDC 模拟输出接口
回风机进出口压差	√				风管压力传感器
回风机风速控制		√			DDC 模拟输出接口
送风机开关控制				√	DDC 数字输出接口
送风机运行状态			√		送风机进出口压差开关

103

续表

控制点描述	AI	AO	DI	DO	接口位置
送风机故障状态			√		动力箱的热继电器的辅助触点
回风机开关控制				√	DDC数字输出接口
回风机运行状态			√		回风机进出口压差开关
回风机故障状态			√		动力箱的热继电器的辅助触点
空调机组手/自动状态			√		动力箱的控制回路（可省略）
新风门开度控制		√			DDC模拟输出接口
冷冻/供热回水阀控制		√			DDC模拟输出接口
过滤网堵塞报警			√		压差传感器
防冻保护			√		防霜冻开关
回风温度	√				风管式温度传感器
回风湿度	√				风管式湿度传感器
送风温度	√				风管式温度传感器
送风湿度	√				风管式湿度传感器
新风温度	√				风管式温度传感器
新风湿度	√				风管式湿度传感器
回风门开度控制		√			DDC模拟输出接口
加湿电动阀门控制		√			DDC模拟输出接口
空气质量监测	√				空气质量传感器
室外温度	√				室外温度传感器
末端风门调节		√			DDC模拟输出接口

注 "√"表示选定的检测、控制点。

3. 新风机组的控制

新风机组是一种没有回风装置的空调机组，其检测与控制与空调机组相同。

（1）控制原理和要求。

1）新风机组的节能控制。新风机组的节能控制通常以出风口温度或房间温度为调节参数，全年使用的新风机组常以出风口温度和房间温度同为调节参数的控制系统。把出风口温度或房间温度传感器测量的温度送入DDC控制器与给定值相比较，产生偏差，由DDC按PID规律调节表冷器回水调节阀开度以达到控制冷冻（加热）水量，使夏天房间温度保持在低于28℃，冬季则高于16℃。同样室外温度在这里也是个变量，这个变量对上述调节系统也是一个扰动量，为了提高系统的控制性能，把新风温度作为被调信号加入调节系统中，如室外新风温度增高，新风温度测量值增大，这个温度增量经DDC运算后输出一个相应的控制电信号，使回水阀开度增大即冷量增大，补偿了新风温度增高对室温的影响，如室外新风温度降低，新风温度测量值减小，这个温度负增量经DDC运算后输出一个相应的控制电信号，使回水阀开度减小，即冷量减小。空调机的回水阀始终保持在最佳开度，最好地满足了冷负荷的需求，达到了系统节能的目的。

2）湿度调节。新风机组湿度调节与空调系统的湿度调节过程基本相同，把出风口（房间）湿度传感器测量的湿度信号送入 DDC 控制器与给定值相比较，产生偏差，由 DDC 按 PI 规律调节加湿电动阀开度，以保持空调房间的相对湿度的要求。

3）新风阀的调节。根据新风的温湿度、房间的温湿度及焓值计算，以及空气质量的要求，控制新风阀的开度，使系统在最佳的新风风量的状态下运行，以便达到节能的目的。

4）过滤器堵塞、防冻保护。采用压差开关测量过滤器两端压差，当压差超限时，压差开关闭合报警；采用防霜冻开关监测表冷器前温度，当温度低于 5℃时报警。

5）空气质量保证。为保证空调房间的空气质量，选用空气质量传感器，当房间中 CO_2、CO 浓度升高时，传感器输出信号到 DDC，经计算，输出控制信号，控制新风风门开度以增加新风量。

6）设备的开/关控制。系统应有对设备远程的开/关控制，也就是说，在控制中心能实现对现场设备的控制，实现对空调机组的开/关控制。

（2）新风机组运行参数及状态的检测。

1）新风温、湿度测量：用风管式温/湿度传感器测量。

2）新风出口温、湿度测量：用风管式温/湿度传感器测量。

3）过滤器两端压差测量：采用压差开关测量过滤器两端压差。

4）防冻保护：采用防霜冻开关检测表冷器前温度。

5）新风机运行状态、故障报警状态：新风机的工作状态是采用压差开关检测的，风机启动，风道内产生风压，送风机的送、回风口压差增大，压差开关闭合，表明新风机处于运行状态。新风机故障报警信号取自动力箱主电路热继电器的辅助触点。

6）空气质量检测：用风管式空气质量传感器测量。

（3）连锁控制。

新风机组启动控制顺序：送风机启动→新风阀开启→回水调节阀开启→加湿阀开启。

新风机组停机控制顺序：送风机停机→关加湿阀→关回水阀→新风阀全关。

（4）新风机组的监控原理。如图 3-35 所示。

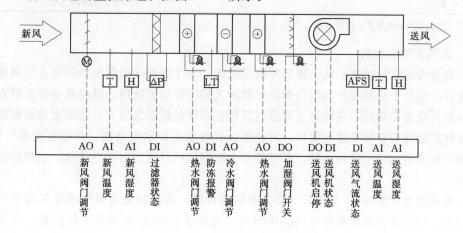

图 3-35　新风机组的监控原理

（5）检测点、控制点描述。根据上述描述归纳统计检测、控制点，并按数字和模拟信号加以区分。

1）检测点。

数字量：新风机组运行状态、新风机组故障状态、新风机组手/自动状态、过滤网堵塞报警和防冻报警。

模拟量：送风温度、送风湿度、新风温度、新风湿度和空气质量检测。

2）控制点。

数字量：空调机组开关控制。

模拟量：新风门开度控制、冷冻/供热回水阀控制和加湿电动阀门控制。

（6）列表。为了方便统计，列于表3-6。

表3-6　　　　　　　　　　　新风机组检测、控制点安排表

控制点描述	AI	AO	DI	DO	接　口　位　置
新风机开/关控制				√	DDC 数字输出接口
新风机运行状态			√		压差开关输入接口
新风机故障状态			√		动力柜主电路热继电器辅助触点
新风机手/自动转换状态			√		动力柜控制电路
新风阀门开度控制		√			DDC 模拟输出接口
加湿电动阀控制		√			DDC 模拟输出接口
新风温度	√				风管温度传感器
新风湿度	√				风管湿度传感器
冷冻/供热回水电动阀控制		√			DDC 模拟输出接口
送风温度	√				风管温度传感器
送风湿度	√				风管湿度传感器
过滤网堵塞报警			√		压差传感器
防霜冻报警			√		防霜冻开关
空气质量	√				空气质量传感器

注　"√"表示选定的检测、控制点。

4. 风机盘管的控制

风机盘管的控制通常不纳入楼宇控制系统内，而作为独立的现场控制器去控制现场的风机盘管，也有个别系统把风机盘管的控制纳入楼宇控制系统内，供应商也提供带有通信接口的风机盘管控制器，只要把这种控制器接在系统的控制总线上，就能完成远程联网控制，这种控制器带有数字输出接口，可控制风机盘管的回水电动阀，并带有温度传感器，检测现场温度后与设定值相比较，产生偏差去控制风机盘管的回水电动阀，达到控制室温的目的。

一般风机盘管如图3-9所示（没有通信接口的）的控制是由带三速开关的室内温控器来完成，温控器安装在需要空调的房间内，温控器上有通/断两个工作位置，当温控器拨到通的工作位置，风机盘管的回水电动阀全开，为房间提供经过冷热处理的空气，当温

度达到设定值时，复位弹簧会使阀门关闭。

当拨动温控器上三速开关"高、中、低"挡的任意键，风机盘管内的风机按"高、中、低"挡的风速向房间送风，使室内温度保持在所需的范围。另外在温控器上设有冷、热运行选择开关，降温运行时将选择开关拨在冷挡，加温运行选择热挡。当选择开关拨在关挡时，电动阀因失电而关闭，风机电源亦同时被切断，风机盘管停机，图3-36所示为风机盘管控制原理。

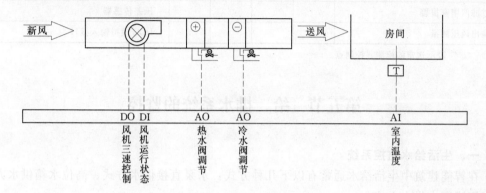

图3-36　风机盘管控制原理

四、通、排风监控系统

在智能建筑中，还有一些对温、湿度无严格要求的地方，如卫生间、厨房、设备机房、地下车库和仓库等，对通、排风有相应的要求，设置了一些机械通风系统，根据不同的要求进行不同的监控。

对送、排风系统的控制一般比较简单，通常根据需要设定每小时几次，每次多长时间，通、排风方式，或者用空气质量传感器监测，一旦空气质量变坏，自动启动通、排风系统改善空气质量。

1. 通、排风系统监控原理图

通、排风系统控制原理如图3-37所示。

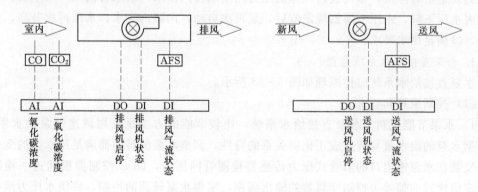

图3-37　通、排风机控制原理

2. 列表

为了方便统计，列于表3-7。

表 3 - 7 通、排风机检测、控制点安排表

控制点描述	AI	AO	DI	DO	接 口 位 置
通风机开/关控制				√	DDC 数字输出接口
通风机运行状态			√		压差开关输出接口
通风机故障状态			√		动力柜主电路热继电器辅助触点
通风机手/自动转换状态			√		动力柜控制电路
过滤网堵塞报警			√		压差传感器
输出风压测量	√				DDC 模拟输入接口

注 "√"表示选定的检测、控制点。

第五节 给、排水系统的监控

一、生活给水监控系统

在智能建筑中生活给水通常有以下几种方式：水泵直接供水方式、高位水箱供水方式和气压罐压力供水方式。

水泵直接供水方式是用水泵直接向终端用户提供一定水压的供水方式。通常在水泵前也需有个储存水箱，以防水泵大水量供水时对城市管网的影响。这种供水通常选用变频供水方式，即根据终端用户的用水量调整水泵的转速来满足用户用水量的需要，而水泵转速的调整是依靠变化水泵供电的供电频率来完成的。

高位水箱供水方式是在大楼的最高楼层设置供水水箱，以满足大楼生活和消防用水的需要。用水泵将水打入水箱，再送向给水管网。

气压罐供水方式的给水系统是以气压罐代替高位水箱，而气压罐集中于水泵房内。气压罐的外层为金属罐体，内有一个密封式橡胶气囊，气囊内充有一定压力的氮气，水泵向罐体和气囊间注水，水压升高，压迫气囊，气囊内氮气体积缩小，当罐体和气囊间的水压力达到规定值时停泵，靠气囊内气体的压力向给水管网供水，给水管网用户用水后，管网和罐内水压下降，水压下降到规定值后，泵再次启动，向罐内注水，水压再次升高，如此循环，以满足供水要求。

1. 水泵直接给水系统监控

水泵直接给水系统监控原理如图 3 - 38 所示。

（1）控制原理和要求。

1）水泵节能控制。水泵直接给水系统，比较节能的方法是采用调速水泵供水系统，即根据水泵的出水量与转速成正比例关系的特性，调整水泵的转速而满足用水量的变化。

安装在水泵输出口的水管式压力传感器检测管网压力，DDC 控制器根据这一检测值与设定值比较的偏差去控制变频器的输出频率，实现水泵转速的控制，将供水压力维持在设计范围内。当给水管网用户用水量增加时，管网压力减小，控制器控制变频器输出频率增加，水泵转速随之增加，供水量增加，以满足用户的需求；反之亦然。系统运行时，调速泵首先工作，当调速泵不能满足用户用水量要求时，自动启动恒速泵；反之，压力过高

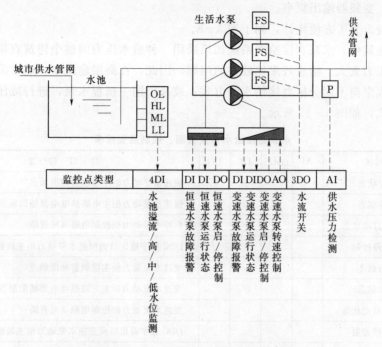

图 3-38　水泵直接给水系统监控原理

时，先调低调速泵的转速，然后再减少恒速泵的运行台数。

2）设备累计运行时间控制。在多台水泵运行的系统中，总有几台水泵是备用的，当一台水泵损坏时，备用水泵能投入使用，以降低损失。为了延长各水泵的使用寿命，通常要求水泵累计运行时间数尽可能相同。因此，每次初启动系统时，都应优先启动累计运行小时数最少的水泵，控制系统应有自动记录设备运行时间的功能。

3）设备的开/关控制。系统应有对设备远程的开/关控制，也就是说，在控制中心能实现对现场设备的控制，实现对水泵的开/关控制。

（2）水泵运行参数及状态的检测。

1）给水管网的压力检测：用水管式压力传感器检测。

2）给水泵运行状态检测：用水流开关检测。

3）给水泵故障状态检测：主电路交流接触器的辅助触点。

4）变频器输出频率检测：用频率计检测。

5）地下水池高/低水位检测：用液位传感器检测。

（3）检测点、控制点描述。根据上述描述归纳统计检测、控制点，并按数字、模拟信号加以区分。

1）检测点。

数字量：给水泵运行状态、给水泵故障状态。

模拟量：给水管网的压力检测。

2）控制点。

数字量：给水泵开/关状态控制。

模拟量：变频器输出频率。

（4）列表。为了方便统计，列于表 3-8。

在高层建筑中，水泵直接给水系统如果采用一种给水压力向整个建筑直接给水，存在低层生活水压力太大、给水效果比较差的问题。因此，在高层建筑中，通常采用分区配置不同扬程的水泵向不同分区直接给水的方式；或采用同一扬程水泵，进行减压后向不同分区给水的方式，如图 3-39 所示。

表 3-8　　　　　　　　　　　　水泵直接给水系统检测、控制点安排表

控制点描述	AI	AO	DI	DO	接　口　位　置
恒速水泵运行状态			√		恒速水泵动力柜主接触器辅助触点
恒速水泵故障状态			√		恒速水泵动力柜主电路热继电器辅助触点
恒速水泵手/自动状态			√		恒速水泵动力柜控制电路（可省略）
恒速水泵启/停控制				√	DDC 数字输出口到恒速水泵动力柜主接触器控制电路
变速水泵运行状态			√		变速水泵动力柜主接触器辅助触点
变速水泵故障状态			√		变速水泵动力柜主电路热继电器辅助触点
变速水泵手/自动状态			√		变速水泵动力柜控制电路（可省略）
变速水泵启/停控制				√	DDC 数字输出口到变速水泵动力柜主接触器控制电路
变速水泵转速控制		√			DDC 模拟输出口到变速水泵变频控制口
水流开关状态			√		水流开关状态输出
水池水位监测			√		水池液位开关状态
管网给水压力监测	√				管式液压传感器

注　"√"表示选定的检测、控制点。

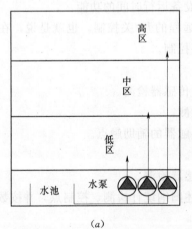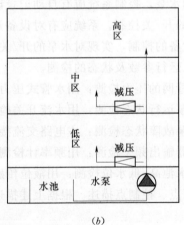

图 3-39　水泵分区给水系统

(a) 分区水泵给水；(b) 单一水泵分区减压给水

2. 高位水箱给水系统监控

高位水箱给水系统监控原理如图 3-40 所示。

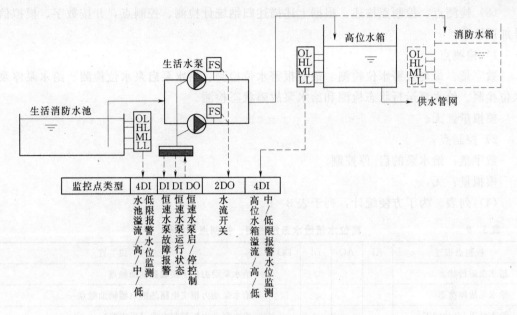

图3-40 高位水箱给水系统监控原理

（1）控制原理和要求。

1）水泵节能控制。在高位水箱中，设置四个液位开关，分别为检测溢流水位、停泵水位、启泵水位和低限报警水位。DDC根据液位开关送入信号来控制生活水泵的启/停。当高位水箱液面低于启泵水位时，DDC送出信号自动启动生活水泵，向高位水箱供水。当高位水箱液面高于启泵水位而到达停泵水位时，DDC送出信号自动停止生活水泵。如果高位水箱液面到达停泵水位而生活水泵继续供水，液面继续上升达到溢流报警水位时，控制器发出声光报警信号，提醒工作人员及时处理。如果高位水箱液面低于启泵水位而生活水泵没有及时启动，用户继续用水，当液位达到低限报警水位时，控制器发出声光报警信号，提醒工作人员及时处理。当工作泵发生故障时，备用泵能自动投入运行。

2）设备累计运行时间控制。在多台水泵运行的系统中，总有几台水泵是备用的，当一台水泵损坏时，备用水泵能投入使用，以降低损失。为了延长各水泵的使用寿命，通常要求水泵累计运行时间数尽可能相同，因此，每次初启动系统时，都应优先启动累计运行小时数最少的水泵，控制系统应有自动记录设备运行时间的功能。

3）设备的开/关控制。系统应有对设备远程的开/关控制，也就是说，在控制中心能实现对现场设备的控制，实现对水泵的开/关控制。

（2）水泵运行参数及状态的检测。

1）最高报警水位检测：液位传感器检测。

2）最低报警水位检测：液位传感器检测。

3）给水泵启泵水位检测：液位传感器检测。

4）给水泵停泵水位检测：液位传感器检测。

5）给水泵运行状态检测：用水流开关检测。

6）给水泵故障状态检测：主电路交流接触器的辅助触点。

（3）检测点、控制点描述。根据上述描述归纳统计检测、控制点，并按数字、模拟信号加以区分。

1）检测点。

数字量：最高报警水位检测、最低报警水位检测、给水泵启泵水位检测、给水泵停泵水位检测、给水泵运行状态检测和给水泵故障状态检测。

模拟量：无。

2）控制点。

数字量：给水泵的启/停控制。

模拟量：无。

（4）列表。为了方便统计，列于表3-9。

表3-9　　　　　　　　　高位水箱给水系统检测、控制点安排表

控制点描述	AI	AO	DI	DO	接 口 位 置
给水泵运行状态			√		给水泵动力柜主接触器辅助触点
给水泵故障状态			√		给水泵动力柜主电路热继电器辅助触点
给水泵手/自动状态			√		给水泵动力柜控制电路（可省略）
给水泵启/停控制				√	DDC数字输出口到给水泵动力柜主接触器控制电路
水流开关状态			√		水流开关状态输出
高位水箱水位监测			√		高位水箱水位开关状态，一般有溢流、停泵、启泵、低限报警四个液位开关
生活消防水池水位监测			√		地下水池水位开关状态，一般有溢流、高、中、低限报警四个液位开关

注　"√"表示选定的检测、控制点。

在高层建筑中，如果只用一个高位水箱向整个建筑直接给水，同样存在低层生活水压力太大、给水效果比较差的问题。因此，在高层建筑中，通常在不同高程的分区设置独立的高位水箱，对相应的分区供水；或对最高层的高位水箱进行减压后向不同分区给水的方式，如图3-41所示。

3. 气压给水系统监控

气压给水系统监控原理如图3-42所示。

（1）控制原理和要求。

1）水泵节能控制。通过水管式压力传感器检测给水管网输入口压力，DDC控制器根据检测值与设定值比较的偏差去控制给水泵的启/停，将供水压力维持在设计范围内。

在没有给水泵运行时，随着给水管网用户用水量的增多，气压罐内气囊体积增大，压出罐内的水供用户使用，囊内气体压力减少，管网压力减小。当囊内气体压力减少到工作压力下限时，给水管网压力也同时下降到设定值的下限，控制器自动启动给水泵，向气压罐内注水及向用户供水，罐内水压增大，气囊被压缩，囊内气体压力增大，当罐内管网压力增加到设定值上限时，给水泵停泵。这样往复循环，维持供水压力在设定值要求的范围内，保证给水系统正常给水。

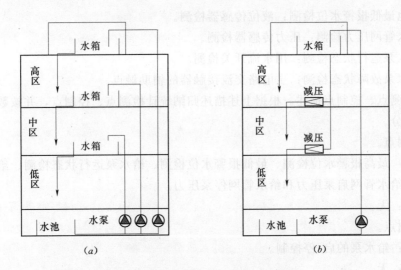

图 3-41 高位水箱分区给水系统

(a) 分区水箱给水；(b) 单一水箱分区减压给水

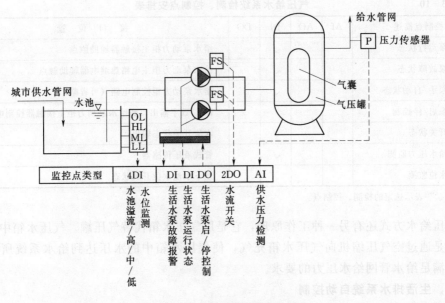

图 3-42 气压给水系统监控原理

2）设备累计运行时间控制。在多台水泵运行的系统中，总有几台水泵是备用的，当一台水泵损坏时，备用水泵能投入使用，以降低损失。为了延长各水泵的使用寿命，通常要求水泵累计运行时间数尽可能相同，因此，每次初启动系统时，都应优先启动累计运行小时数最少的水泵，控制系统应有自动记录设备运行时间的功能。

3）设备的开/关控制。系统应有对设备远程的开/关控制，也就是说，在控制中心能实现对现场设备的控制，实现对水泵的开/关控制。

（2）水泵运行参数及状态的检测。

1）水池最高报警水位检测：液位传感器检测。

2）水池最低报警水位检测：液位传感器检测。

3）给水管网压力检测：压力传感器检测。

4）给水泵运行状态检测：用水流开关检测。

5）给水泵故障状态检测：主电路交流接触器的辅助触点。

（3）检测点、控制点描述。根据上述描述归纳统计检测点、控制点，并按数字和模拟信号加以区分。

1）检测点。

数字量：最高报警水位检测、最低报警水位检测、给水泵运行状态检测、给水泵故障状态检测、给水管网启泵压力和给水管网停泵压力。

模拟量：无。

2）控制点。

数字量：给水泵的启/停控制。

模拟量：无。

（4）列表。为了方便统计，列表显示如表 3-10 所示。

表 3-10　　　　　　　　　　气压给水系统检测、控制点安排表

控制点描述	AI	AO	DI	DO	接 口 位 置
给水泵运行状态			√		给水泵动力柜主接触器辅助触点
给水泵故障状态			√		给水泵动力柜主电路热继电器辅助触点
给水泵手/自动状态			√		给水泵动力柜控制电路（可省略）
给水泵启/停控制				√	DDC 数字输出口到给水泵动力柜主接触器控制电路
水流开关状态			√		水流开关状态输出
管网给水压力监测			√		管式液压传感器
水池水位监测			√		地下水池水位开关状态

注　"√"表示选定的检测、控制点。

气压给水方式还有另一种工作原理，它是用气压水箱代替气压罐。气压水箱中没有气囊，而是通过空气压缩机向气压水箱充气，使气压水箱中的水压达到给水系统所需的压力，以满足给水管网给水压力的要求。

二、生活排水系统自动控制

智能化建筑的卫生条件要求较高，必须保证排水系统通畅。智能化建筑一般都建有地下室，有的深入地面下两三层或更深些，往往在地面下几米甚至十几米，地下室的污水常不能以重力排除，在此情况下，污水集中于污水集水井（池），然后以排水泵将污水提升至室外排水管中。

污水泵应为自动控制，保证排水的及时性和安全性。建筑排水监控系统的监控对象为集水井（池）和排水泵。排水监控系统的监控功能包括：

1）污水集水井（池）水位监测及超限报警。

2）根据污水集水井（池）的水位，控制排水泵的启/停，当集水井（池）的水位达到高限时，联锁启动相应的水泵，当水位达到超高限时，联锁启动相应的备用泵，直到水位

降至低限时联锁停泵。

3）排水泵运行状态的检测以及发生故障时报警。

排水监控系统通常由水位开关、直接数字控制器组成，如图3-43所示。

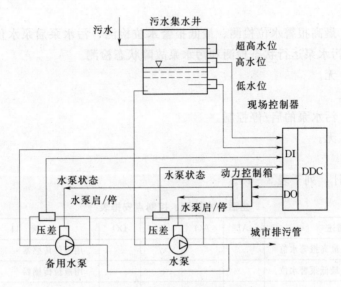

图3-43 排水系统监控原理

1. 污水泵控制原理和要求

（1）水泵节能控制。在污水集水井（池）中，设置液位传感器，分别检测停泵水位（低）和启泵（高）水位及最高/最低报警水位。DDC根据液位传感器送入信号来控制污水泵的启/停，当污水集水井（池）液面达到启泵（高）水位时，DDC送出信号自动启动污水泵投入运行，将污水提升至室外污水井中，污水集水井（池）液面下降，当污水集水井（池）液面降到停泵（低）水位时，DDC送出信号自动停止污水泵运行。如果污水集水井（池）液面达到启泵（高）水位时，水泵没有及时启动，污水继续升高，水位达到最高报警水位时，控制器发出声光报警信号，提醒工作人员及时处理。同理，当水位达到最低报警水位时，控制器发出声光报警信号，提醒工作人员及时处理，以免损坏水泵。当工作泵发生故障时，备用泵能自动投入运行。

（2）设备累计运行时间控制。在多台水泵运行的系统中，总有几台水泵是备用的，当一台水泵损坏时，备用水泵能投入使用，以降低损失。为了延长各水泵的使用寿命，通常要求水泵累计运行时间数尽可能相同，因此，每次初启动系统时，都应优先启动累计运行小时数最少的水泵，控制系统应有自动记录设备运行时间的功能。

（3）设备的开/关控制。系统应有对设备远程的开/关控制，也就是说，在控制中心能实现对现场设备的控制，实现对水泵的开/关控制。

2. 污水泵运行参数及状态的检测

（1）污水集水井（池）最高与最低报警水位检测。液位传感器检测。

（2）启泵水位与停泵水位检测。液位传感器检测。

（3）污水泵运行状态检测。用水流开关检测。

（4）污水泵故障状态检测。主电路热继电器的辅助触点。

3. 检测点、控制点描述

根据上述描述归纳统计检测、控制点，并按数字、模拟信号加以区分。

（1）检测点。

1）数字量：最高报警水位检测、最低报警水位检测、污水泵启泵水位检测、污水泵停泵水位检测、污水泵运行状态检测和污水泵故障状态检测。

2）模拟量：无。

（2）控制点。

1）数字量：污水泵的启/停控制。

2）模拟量：无。

4. 列表

为了方便统计，列于表 3 - 11。

表 3 - 11　　　　　　　　生活排水检测、控制点安排表

控制点描述	AI	AO	DI	DO	接 口 位 置
污水集水井（池）最高报警水位			√		用液位传感器
污水集水井（池）最低报警水位			√		用液位传感器
污水泵启泵压力			√		用水管式压力传感器
生活水泵停泵压力			√		用水管式压力传感器
生活水泵运行状态			√		水流指示器
生活水泵故障报警			√		动力柜主电路接触器辅助触点
生活水泵手动/自动状态			√		动力柜控制电路（可省略）
生活水泵开/关控制				√	DDC 的数字输出接口

注　"√"表示选定的检测、控制点。

第六节　供配电及照明系统的检测与控制

一、供配电系统自动监控

供配电系统是为建筑物提供能源的最主要的系统，对电能起着接收、变换和分配的作用，向建筑物内的各种用电设备提供电能。供配电设备是建筑物不可缺少的最基本的建筑设备。为确保用电设备的正常运行，必须保证供配电的可靠性。就设置 BA 系统的核心目的之———节约能源来讲，电力供应管理和设备节电运行也离不开供配电设备的监控管理。因此，供配电系统也是 BA 系统最基本的监控对象之一。

1. 建筑供配电系统的基本构成

（1）智能建筑用电设备的特点。由于智能化设备的不断应用和发展，给智能建筑的供配电提出了许多新的要求，供配电的可靠性、安全性摆到了更为重要的位置。智能建筑具有建筑面积大、高度高、功能复杂、建筑电气设备多、能耗大、管理要求高等特点。因而，其用电设备具有以下特点。

1）用电设备种类多。智能建筑，如高级宾馆、写字楼、商住楼、综合楼等，必须具备比较完善的、能够满足各种功能要求的设施，如电力系统、照明系统、电梯系统、给水与排水系统、制冷系统、供热系统、空调系统、消防系统、通信系统、计算机网络系统等。因此用电设备种类繁多。

2）用电量大且负荷密度高。智能建筑的用电负荷比较集中，一般情况下，空调负荷约占总用电量的 45％，照明负荷占总用电量的 20％～30％，电梯、水泵以及其他动力设备占总用电量的 25％～35％。通常，像高层旅游宾馆和酒店、高层商住楼、高层办公楼、高层综合楼等智能建筑的负荷密度都在 $60W/m^2$ 以上，有的高达 $150W/m^2$。

3）供电可靠性要求高。智能建筑中的较大部分电力负荷属二级负荷，如建筑物内的客梯、生活水泵、宾馆客房照明等。也有相当数量的负荷属一级负荷，如计算机系统电源、电话站电源、一类防火建筑的消防用电等。所以，智能建筑供电可靠性要求高，一般均要求有两个及两个以上的高压供电电源。为满足一级负荷的供电可靠性要求，很多情况下还需要设置自备发电机组作为备用电源。智能化设备属于连续不间断工作的重要负荷，供电可靠性和电源质量是保证智能化设备及其网络稳定工作的重要因素。

4）自动化程度高。由于智能建筑功能复杂、设备多、用电量大、能耗多，为了降低能耗、减少设备的维修和更新费用、延长设备的使用寿命、提高管理水平，要求对智能建筑的设备进行自动化管理，对各类设备的运行、安全状况、能源使用状况及节能等实行综合自动监测、控制与管理，以实现对设备的最优控制和最佳管理。

（2）供配电系统基本构成。建筑供配电系统是接收、转换、分配和输送电能的系统。它主要由变配电设备和线路组成。变配电设备用于接收、转换和分配电能，由变电站或配电站（只接收和分配电能）实现；线路用于输送电能。表示变配电站中各电气元件之间电气连接关系的电气图叫做主接线图，表示电源点向用电点的电能输送路径的接线图叫做供配电方式接线图。

1）变配电站常用主接线。建筑供配电系统的变配电站通常由高压系统和低压系统两部分组成，如图 3-44 所示。

高、低压系统的常用主接线形式有单母线不分段接线和单母线分段接线，图 3-44 所示高压系统为单母线不分段主接线，低压系统为单母线分段主接线。

为满足供电可靠性要求，高压侧进线可以是一个回路或多个回路，较为普遍的是两个回路进线的情况，正常时一用一备，当正常工作电源因故停电时，备用电源自动投入运行；低压侧设自备柴油发电机组，当电力系统中断供电时，由自备柴油发电机向重要负荷供电。

2）常用供配电方式。对于低压系统来说，常用的供配电方式主要有放射式、干线式，如图 3-45 所示。两种方式都可以是单回路或双回路形式。

对于重要设备或者单台大功率设备，通常采用供电可靠性好的放射式供电方式；对于不太重要且分散的较小功率设备，通常采用干线式供电方式。双回路放射式和干线式供电方式都具有较好的可靠性，可以为重要设备供电。

（3）对供配电系统的基本要求。

1）满足供电可靠性要求。供电可靠性是指系统用电设备供电的连续性。根据建筑物内用电负荷的性质和大小、外部电源情况、负荷与电源之间的距离，确定电源的回路数，

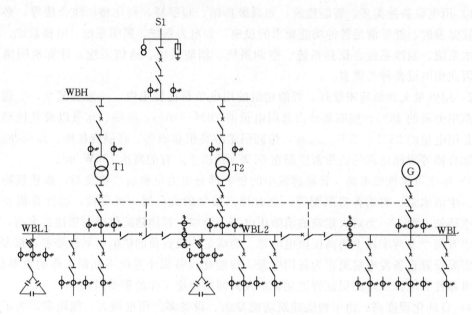

图 3-44 常用主接线形式

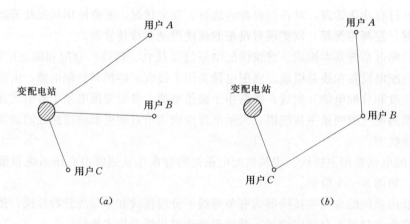

（a）　　　　　　　　　　　　　（b）

图 3-45 常用供配电方式

（a）放射式供电方式；（b）干线式供电方式

以保证供电可靠。

建筑物供配电系统的可靠性由两方面来满足：一方面是要求有可靠的外部电源；另一方面是要求内部供配电系统的主接线和供配电方式要满足要求，在系统发生部分故障时，仍能满足连续供电的要求。

2）满足电能质量要求。稳定的电源质量是用电设备正常工作的根本保证，电源电压的波动、波形的畸变、谐波的产生都会使智能建筑的用电设备性能受到影响，对计算机及其网络系统产生干扰，导致降低使用寿命，使控制过程中断或造成失误等。所以，应该采取措施，减少电压损失，防止电压偏移，抑制高次谐波，为智能建筑提供稳定、可靠的高质量电源。

电能质量主要有频率和电压两大指标，其中，频率指标主要由电力系统调控，电压指标则需由电力系统和用户供配电系统一起来调控。电压质量指标主要有电压偏移、电压波动、谐波及电压的三相不平衡度。

2. 供配电系统监控

（1）监控管理功能。BA 系统对供配电系统的监控管理功能包括以下几个方面。

1）检测运行参数，如电压、电流、功率、功率因数、频率、变压器温度等，为正常运行时的计量管理、事故发生时的故障原因分析提供数据。

2）监视电气设备运行状态，如高低压进线断路器、母线联络断路器等各种类型开关当前的分合闸状态、是否正常运行，并提供电气运行状态的画面，如发现故障，则自动报警，并显示故障位置、相关电压、电流数值等。

3）对建筑物内所有用电设备的用电量进行统计及电费计算与管理，包括空调、电梯、给排水、消防、喷淋等动力用电和照明用电；进行用电量的时间与区域分析，为能源管理和经济运行提供支持；绘制用电负荷曲线，如日负荷、年负荷曲线；并且实现自动抄表、输出用户电费单据等。

4）对各种电气设备的检修、保养维护进行管理，如建立设备档案，包括设备配置、参数档案，设备运行、事故、检修档案，生成定期维修操作单并存档，避免维修操作时引起误报警等。

另外，供配电系统除了实现上述保证安全、正常供配电的控制外，还能根据监控装置中计算机软件设定的功能，以满足电能质量要求和节约电能为目标，对系统中的电力设备进行管理，主要包括变压器运行台数的控制、合约用电量经济值监控、功率因数补偿控制、谐波滤波及停电复电的节能控制。

对于模拟量的检测，必须加装各种电量变送器，如电流变送器、电压变送器等。

（2）高压配电子系统监控。该子系统采用双回路供电和柴油发电机组成，如图 3 - 46 所示。在供电系统正常情况下，两个进线柜断路器合闸，母联保护开关断开（闭锁）；如果双路供电的任何一路断电，母联保护开关合闸，保证整个系统正常供电。如果双路供电

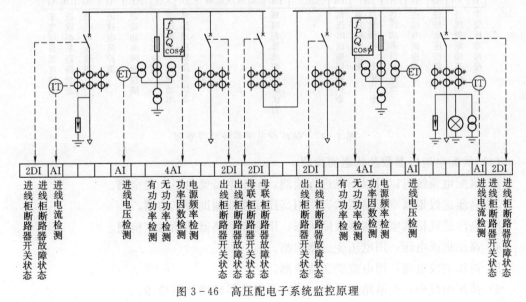

图 3 - 46 高压配电子系统监控原理

都停电，则由柴油发电机发电来保障供电系统的正常供电。

主要监测点有：

1）双路高压供电的进线开关状态、故障状态，为开关量 DI。

2）母联柜与出线柜开关状态、故障状态，为开关量 DI。

3）主供电电源的电流、电压、有功功率、无功功率、功率因数、频率监测，为模拟量 AI。

（3）低压配电系统监控。低压配电系统用于向建筑物内用电设备和各楼层配电箱供电，如图 3-47 所示，其主要监控功能如下。

1）参数检测、设备状态监视与故障报警。DDC 通过温度传感器/变送器、电压变送器、电流变送器、功率因数变送器自动检测变压器线圈温度、电压、电流和功率因数等参数，与额定值比较。发现故障报警，并显示相应的电压、电流数值和故障位置。经由数字量输入通道可以自动监视各个断路器、负荷开关、隔离开关等的当前分、合状态。

2）电量计量。DDC 根据检测到的电压、电流、功率因数计算有功功率、无功功率、累计用电量，为绘制负荷曲线、无功补偿及电费计算提供依据。

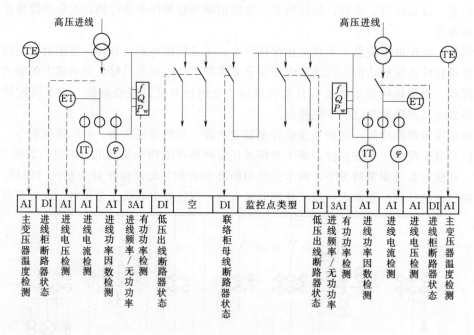

图 3-47　低压配电子系统监控原理

（4）供配电运行参数及状态的检测。

1）供配电系统可以对以下点进行检测，但根据需要也不一定全测。

2）高压进线柜真空断路器状态：用高压断路器辅助触点检测。

3）高压进线柜真空断路器故障状态：用高压断路器辅助触点检测。

4）高压进线电压：用电压变送器检测。

5）高压进线电流：用电流变送器检测。

6）高压出线柜真空断路器状态：用高压断路器辅助触点检测。

7) 直流操作柜断路器状态：用断路器辅助触点检测。

8) 直流操作柜电压：用电压变送器检测。

9) 直流操作柜电流：用电流变送器检测。

10) 高压联络柜母线断路器状态：用断路器辅助触点检测。

11) 高压联络柜母线断路器故障状态：用断路器辅助触点检测。

12) 变压器温度：用温度传感器检测。

13) 低压进线柜断路器状态：用断路器辅助触点检测。

14) 低压进线电压：用电压变送器检测。

15) 低压进线电流：用电流变送器检测。

16) 低压进线有功功率：用有功功率变送器检测。

17) 低压进线无功功率：用无功功率变送器检测。

18) 低压进线功率因数：用功率因数变送器检测。

19) 低压联络柜母线断路器状态：用断路器辅助触点检测。

20) 低压联络柜母线断路器故障：用断路器辅助触点检测。

21) 低压配电柜断路器状态：用断路器辅助触点检测。

22) 低压配电柜断路器故障：用断路器辅助触点检测。

23) 市电/发电转换柜断路器状态：用断路器辅助触点检测。

24) 市电/发电转换柜断路器故障：用断路器辅助触点检测。

25) 低压进线电量：用电量变送器检测。

(5) 供配电系统监测、控制点配置。见表3－12。

表3－12 供配电系统检测、控制点安排表

控制点描述	AI	AO	DI	DO	接口位置
高压进线柜断路器状态			√		高压进线柜断路器辅助触点
高压进线柜断路器故障			√		高压进线柜断路器辅助触点
高压进线电压	√				电压变送器
高压进线电流	√				电流变送器
高压出线柜断路器状态			√		高压出线柜断路器辅助触点
高压出线柜断路器故障			√		高压出线柜断路器辅助触点
直流操作柜电压	√				电压变送器
直流操作柜电流	√				电流变送器
高压母线联络柜断路器状态			√		高压母线联络柜断路器辅助触点
高压母线联络柜断路器故障			√		高压母线联络柜断路器辅助触点
变压器温度	√				温度传感器
低压进线柜断路器状态			√		低压进线柜断路器辅助触点
低压进线电压	√				电压变送器
低压进线电流	√				电流变送器
低压进线有功功率	√				有功功率变送器

续表

控 制 点 描 述	AI	AO	DI	DO	接 口 位 置
低压进线无功功率	√				无功功率变送器
低压进线功率因数	√				功率因数变送器
低压进线电量	√				电量变送器
低压母线联络柜断路器状态			√		低压母线联络柜断路器辅助触点
低压母线联络柜断路器故障			√		低压母线联络柜断路器辅助触点
低压配电柜断路器状态			√		低压配电柜断路器辅助触点
低压配电柜断路器故障			√		低压配电柜断路器辅助触点
市电/发电转换柜断路器状态			√		市电/发电转换柜断路器辅助触点
市电/发电转换柜断路器故障			√		市电/发电转换柜断路器辅助触点

注 "√"表示选定的检测、控制点。

二、动力柜

1. 动力柜运行参数及状态的检测

对低压动力柜的运行参数及状态的检测通常用在自动化程度较高的或无人值守场所，又能作为楼宇设备运行状态的辅助监测手段，另外还能对终端设备的用电量进行单独计量。

(1) 动力柜进线电流。用电流变送器检测。

(2) 动力柜进线电压。用电压变送器检测。

(3) 动力柜断路器故障。用断路器辅助触点检测。

(4) 动力柜断路器状态。用断路器辅助触点检测。

(5) 动力进线有功功率。用有功功率变送器检测。

(6) 动力进线无功功率。用无功功率变送器检测。

(7) 动力进线功率因数。用功率因数变送器检测。

(8) 动力进线电量。用电量变送器检测。

2. 列表

为了方便统计，列于表 3-13。

表 3-13　　　　　　　　　　　动力柜检测、控制点安排表

控 制 点 描 述	AI	AO	DI	DO	接 口 位 置
动力柜进线电流	√				电流变送器
动力柜进线电压	√				电压变送器
动力柜断路器故障			√		动力柜断路器辅助触点
动力柜断路器状态			√		动力柜断路器辅助触点
动力进线有功功率	√				有功功率变送器
动力进线无功功率	√				无功功率变送器
动力进线功率因数	√				功率因数变送器
动力进线电量	√				电量变送器

注 "√"表示选定的检测、控制点。

三、应急柴油发电机组与蓄电池组监控

为保证消防泵、消防电梯、紧急疏散照明、防排烟设施、电动防火卷帘门等消防用电，必须设置自备应急柴油发电机组，按一级负荷对消防设施供电。柴油发电机应启动迅速、自启动控制方便，市网停电后能在 10～15s 接通应急负荷，适合做应急电源。对柴油发电机组的监控包括电压、电流等参数检测、机组运行状态监视、故障报警和日用油箱液位监测等，如图 3-48 所示。

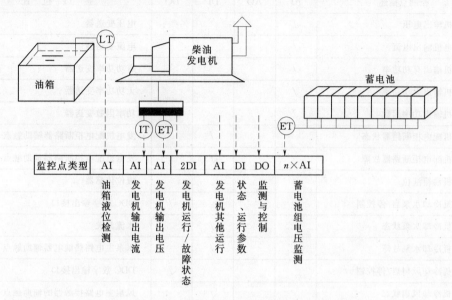

图 3-48　应急柴油发电机组与蓄电池组监控原理

1. 发电机组运行参数及状态的检测

（1）发电机输出电压。用电压变送器检测。

（2）发电机输出电流。用电流变送器检测。

（3）发电机输出有功功率。用有功功率变送器检测。

（4）发电机输出无功功率。用无功功率变送器检测。

（5）发电机输出功率因数。用功率因数变送器检测。

（6）发电机配电屏断路器状态。用断路器辅助触点检测。

（7）发电机配电屏断路器故障。用断路器辅助触点检测。

（8）发电机日用油箱高/低油位。用液位开关检测。

（9）发电机冷却水泵开/关控制。用 DDC 数字输出接口。

（10）发电机冷却水泵运行状态。用水流开关检测。

（11）发电机冷却水泵故障。用水泵主电路热继电器的辅助接口。

（12）发电机冷却风扇开关控制。用 DDC 数字输出接口。

（13）发电机冷却风扇运行状态。用风扇主电路接触器的辅助接口。

（14）发电机冷却风扇故障。用风扇主电路热继电器的辅助接口。

智能建筑中的高压配电室对继电保护要求严格，一般的纯交流或整流操作难以满足要求，必须设置蓄电池组，以提供控制、保护、自动装置及应急照明等所需的直流电源。镉

镍电池以其体积小、质量轻、不产生腐蚀性气体、无爆炸危险、对设备和人体健康无影响而获得广泛应用。对镉镍电池组的监控包括电压监视、过电流过电压保护及报警等。

2. 应急柴油发电机组与蓄电池组监测、控制点配置

应急柴油发电机组与蓄电池组监测、控制点配置见表3-14。

表3-14　　　　应急柴油发电机组与蓄电池组检测、控制点安排表

控制点描述	AI	AO	DI	DO	接 口 位 置
发电机输出电压	√				电压变送器
低发电机输出电流	√				电流变送器
发电机输出有功功率	√				有功功率变送器
发电机输出无功功率	√				无功功率变送器
发电机输出功率因数	√				功率因数变送器
发电机配电柜断路器状态			√		发电机配电柜断路器辅助触点
发电机配电柜断路器故障			√		发电机配电柜断路器辅助触点
发电机油箱液位	√				液位传感器
发电机冷却水泵启/停控制				√	DDC 数字输出接口
发电机冷却水泵状态			√		水流开关
发电机冷却水泵故障			√		水泵主电路热继电器辅助触点
发电机冷却风扇启/停控制				√	DDC 数字输出接口
发电机冷却风扇状态			√		风扇主电路接触器的辅助触点
发电机冷却风扇故障			√		风扇主电路热继电器辅助触点
蓄电池电压	√				直流电压传感器

注　"√"表示选定的检测、控制点。

四、照明系统自动监控

现代智能建筑中的照明不仅要求能为人们的工作、学习生活提供良好的视觉条件，而且应能够利用灯具造型和光色协调营造出具有一定风格和美感的室内环境，以满足人们的心理和生理要求。然而，一个真正设计合理的现代照明系统，除能满足以上条件外，还必须做到充分利用和节约能源。现代办公大楼巨型化，工作时间弹性化，人类物质文化生活多样化和老龄化，都需要营造快乐、便捷、安全、高效的照明环境和气氛，因而照明控制系统向高效节能和智能化的方向的发展得到了有力促进。

照明的基本功能是创造一个良好的人工视觉环境。在一般情况下是以"明视照明"为主的功能性照明；在一些需要突出建筑艺术的厅堂，照明就是以装饰为主的艺术性照明。

智能建筑通常功能较多，不同用途的区域对照明有不同的要求。因此应根据使用的性质及特点，对照明设施进行不同的控制。

（一）智能建筑对照明的要求

根据智能建筑的定义和其应该达到的目的（即安全、高效、节能、舒适等），对智能建筑中的照明系统来说，应满足以下要求。

1. 舒适

光不但可以通过神经系统影响人体的整个内部环境，而且还可以通过皮肤对人的健康产生影响。实际上，光对人们健康的影响既有生理方面的作用，又有心理方面的作用。

光对人的大脑皮层有很大影响，使人们的心理活动发生变化，如在明亮的环境下可使人们心情开朗、愉快、精神振奋。

色彩可使人们产生物理效应、生理效应和心理效应：物理效应表现在温度感、大小感、远近感和轻重感，即影响人的主观感觉；生理效应表现在辨认性、色对比、色适应等，即对视觉器官本身产生影响；色彩的心理效应主要表现在悦目性和情感性。

研究表明，照明光源的紫外线、光谱组成、光色、色温和光的闪烁等均与人的健康密切相关。因此，照明的舒适性是照明是否良好的重要标准。

2. 节能

在智能建筑中，照明用电量很大，往往仅次于空调用电量。如何做到既保证照明质量又节约能源，是照明控制的重要内容。

3. 环保

在制造电光源时使用了一些有毒物，如白炽灯芯柱中的铅成分和灯头及焊料中的铅，以及荧光灯中的汞等均会污染环境。

目前的城市夜景照明，在照亮建筑立面的同时，也把夜空照射得像白昼一样明亮，这不但影响人们的休息和睡眠，打乱生物节律，造成休息不好，白天精力不充沛；而且影响天文观测和打乱昆虫等小动物的生物规律。

总之，照明对环境产生了直接或间接的影响，照明与环境密切相关。

4. 安全

随着高效、长寿命的气体放电光源的大量使用，带来了谐波污染问题。气体放电光源是一个非线性电路元件，它工作在下降的伏安特性的弧光放电区，所以，必然产生弛张振荡，成为了一个谐波源，同时为提高其功率因数而使用的并联电容器又使谐波被放大了。

高次谐波会干扰电子计算机等电气设备的正常工作，甚至会产生误动作；还使中性线上的电流超过相线电流，造成中性线过热而引发火灾，危及人们的生命和财产安全。因此，安全照明也是照明工程的主要问题之一。

20 世纪 90 年代初，国际上由荷兰、瑞士等国率先对能够以节约电能和资源、保护环境和生态为目的的照明系统，提出了一个形象的名词，叫做绿色照明。按科学定义来讲，绿色照明是指通过科学的照明设计，采用效率高、寿命长、安全和性能稳定的照明电器产品，包括电光源、灯用电器附件、照明器、配线器材以及调光控制设备和控光器件，最终达到既高效、舒适、安全、经济、有益环境，又能改善、提高人们工作、学习的生活条件和质量以及有益人们身心健康的目的。

（二）照明系统的基本组成

照明系统由照明器、照明配电部分和照明控制部分组成。照明装置由照明器和光源组成，照明配电部分包括照明配电装置和照明线路，照明控制部分包括照明控制开关和控制器。

1. 常用照明光源及特点

常用照明光源有以下几大类。

（1）热辐射光源。热辐射光源是指利用热辐射原理发光的光源，如白炽灯、卤钨灯。热辐射光源结构简单，不需要其他附件就能独立地工作，使用方便，显色性好，但光效较低。

（2）气体放电光源。气体放电光源是指利用气体放电原理工作的光源，如荧光灯、高压汞灯、高压钠灯、金属卤化物灯等。气体放电光源光效高、寿命长，但由于其负阻特性，需要专门的镇流装置的配合才能稳定工作。其中荧光灯显色性较好，是目前应用最为广泛的室内照明光源，其他的气体放电灯主要用于高大空间建筑物和室外照明。

（3）LED光源。LED（Light Emiting Diode）是一种将电能转变成光能的半导体固体装置。LED半导体照明光源，是当今世界发达国家和发展中国家都在积极研制攻关的一项节能高效、寿命长、应用广泛的装饰和照明光源。白光LED的诞生，将在人类照明工程领域中发挥历史性的较大贡献。

LED半导体照明光源具有广泛的优越性，主要表现在：使用寿命长，可达1×10^5h；发光效率高，理论上LED光效可达200lm/W；功率小，其节能效果极佳，可用0.01W来计算；发热量低，环保、安全、可靠；体积小，质量轻，其发光面积仅为$0.8mm^2$左右；点灯（启动）快捷，因其驱动电压低，更适用于应急照明；坚固耐用，防振动，防碰撞；可配置任意形状的照明器，并有灵活性，方便设计组合，为理想的室内外装饰造型灯；色彩丰富、纯真，可按灯光的设计效果制成所需的各种颜色，达到给人以亮而美的视觉感受；应用领域范围广阔。

2. 常用照明控制方式

正确的控制方式是实现舒适照明的有效手段，也是节能的有效措施。常用的控制方式有跷板开关控制方式、断路器控制方式、定时控制方式、光电感应开关控制方式、智能控制器控制方式等。

（1）跷板开关控制方式。这是采用最多的控制方式，该方式以跷板开关控制一套或几套照明器的开关。单控开关用于在一处启闭照明；双控及多程开关用于楼梯及过道等场所，可以在上、下层或两端多处启闭照明，其接线如图3-49所示。该控制方式线路繁琐、维护量大。

（2）断路器控制方式。该方式是以断路器（空气开关、交流接触器等）控制一组照明器的控制方式。此方式控制简单，投资小，线路简单，但由于控制的照明器较多，造成大量照明器同时开关，在节能方面效果很差，又很难满足特定环境下的照明要求，只适合在大面积照明时采用。

（3）定时控制方式。该方式就是以定时来控制照明器的控制方式。该方式可利用BA系统的接口，通过控制中心来实现，但该方式太机械，遇到天气变化或临时更改作息时间，就比较难以适应，一定要通过改变设定值才能实现，比较麻烦。

还有一类延时开关，特别适合用在一些短暂使用照明或人们容易忘记关灯的场所，使用照明后经过预定的延时时间即自动熄灭。

（4）光电感应开关控制方式。光电感应开关通过测定工作面的照度与设定值比较，来

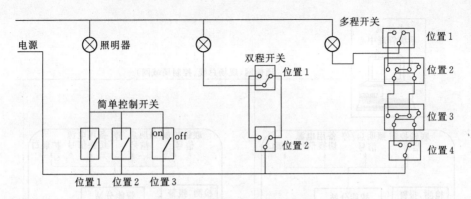

图3-49 跷板开关控制方式原理

控制照明开关,这样可以最大限度地利用自然光,达到更节能的目的;也可提供一个较不受季节与外部气候影响的相对稳定的视觉环境。此方式特别适合一些采光条件好的场所,当检测的照度低于设定值的极限值时开灯,高于极限值时关灯。这种方式需要若干光传感器的配合。

(5)集中控制方式。在智能化建筑中,照明控制系统将对整个楼宇的照明系统进行集中控制和管理,主要完成以下功能。

1)照明设备组的时间程序控制。将楼宇内的照明设备分为若干组别,通过时间区域程序设置菜单,来设定这些照明设备的启/闭程序。如营业厅在早晨和晚上定时开启/关闭,装饰照明晚上定时开启/关闭。这样,每天照明系统按计算机预先编制好的时间程序,自动地控制各楼层的办公室照明、走廊照明、广告霓虹灯等,并可自动生成文件存档,或打印数据报表。

2)照明设备的联动功能。当楼宇内有事件发生时,需要照明各组做出相应的联动配合。例如,当有火警时,联动正常照明系统关闭,事故照明打开;当有保安报警时,联动相应区域的照明灯开启。

照明区域控制系统功能如图3-50所示,照明区域控制系统的核心是DDC分站,一个DDC分站所控制的规模可能是一个楼层的照明或是整座楼宇的装饰照明,区域可以按照地域来划分,也可以按照功能来划分。各照明区域控制系统通过通信系统连成一个整体,成为BA系统的一个子系统。

3. 照明种类

按照明的功能,照明可分成下面五类。

(1)工作照明。即正常工作时使用的室内、外照明。它一般可单独使用,也可与应急照明、值班照明同时使用,但控制线路必须分开。

(2)应急照明。即因正常照明的电源失效而启用的照明,包括疏散照明、安全照明、备用照明。正常照明因故障熄灭后,需确保人员安全疏散的出口和通道,应设置疏散照明;正常照明因故障熄灭后,需确保处于潜在危险之中的人员安全的场所,应设置安全照明;正常照明因故障熄灭后,需确保正常工作或活动继续进行的场所,应设置备用照明。

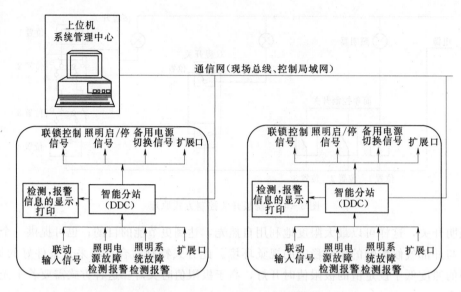

图 3-50　照明集中控制系统框图

（3）值班照明。即在非工作时间内供值班人员使用的照明。例如，对于三班制生产的重要车间、有重要设备的车间及重要仓库，通常宜设置值班照明。可利用常用照明中能单独控制的一部分，或利用事故照明的一部分或全部作为值班照明。

（4）警卫照明。即用于警卫地区周边附近的照明。

（5）障碍照明。即在有可能危及航行安全的建筑物或构筑物上安装的标志灯。在飞机场周围较高的建筑上，或有船舶通行的航道两侧的建筑上，应按民航和交通部门的有关规定装设障碍照明。

（三）智能照明控制系统的功能

智能照明控制系统仅仅是智能楼宇控制系统中的一个部分。如果要将各个控制系统都集中到控制中心去控制，那么各个控制系统就必须具备标准的通信接口和协议文本。虽然这样的系统集成在理论上可行，真正实行起来却十分困难。因而，在工程中，楼宇设备自动化系统采用了分布式、集散型控制方式，即各个控制子系统相对独立，自成一体，实施具体的控制，楼宇管理信息系统对各控制子系统只是起一个信号收集和监测的作用。

目前，智能照明控制系统按网络的拓扑结构分，大致有以下两种形式，即总线式和以星状结构为主的混合式。这两种形式各有特色，总线式灵活性较强一些，易于扩充，控制相对独立，成本较低；混合式可靠性较高一些，故障的诊断和排除简单，存取协议简单，传输速率较高。

1. 基本结构

智能照明控制主系统应是一个由集中管理器、主干线和信息接口等组件构成，对各区域实施相同的控制和信号采样的网络；其子系统应是一个由各类调光模块、控制面板、照度动态检测器及动静探测器等组件构成的，对各区域分别实施不同的具体控制的网络。主系统和子系统之间通过信息接口等来连接，实现数据的传输，如图 3-51 所示。

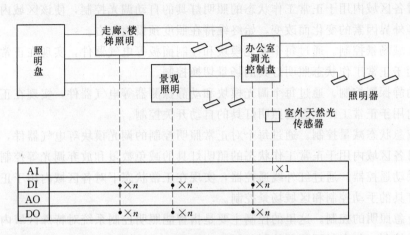

图 3-51　智能照明系统组成结构

2. 照明控制系统的性能

（1）以单回路的照明控制为基本性能，不同地方的控制终端均可控制同一单元的灯。

（2）单个开关可同时控制多路照明回路的点灯、熄灯、调光状态，并根据设定的场面选择相应开关。在任何一个地方的控制终端均可控制不同单元的灯。

（3）根据工作（作息）时间的前后、休息、打扫等时间段，执行按时间程序的照明控制，还可设定日间、周间、月间、年间的时间程序来控制照明。在每个控制面板上，均可观察到所有单元灯的亮灭状态。

（4）适当的照度控制。照明器具的使用寿命随着燃点灯亮度的提高而下降，其照度随器具污染而逐步降低。在设计照明照度时，应预先估计出保养率；新器具开始使用时，其亮度会高出设计照度的 20%～30%，应通过减光调节到设计照度。以后随着使用时间进行调光，使其维持在设计的照度水平，以达到节电的目的。若停电，来电后所有的灯保持熄灭状态。

（5）利用昼光的窗际照明控制。充分利用来自门窗的自然光（日光）来节约人工照明，根据日光的强弱进行连续多段调光控制，一般使用电子调光器时可采用 0～100% 或 25%～100% 两种方式的调光，预先在操作盘内记忆检知的昼光量，根据记忆的数据进行相适应的调光控制。

（6）人体传感器的控制。厕所、电话亭等小的空间，不特定的短时间利用的区域，应配有人体传感器，以检知人的有无，来自动控制通、断，减少了因忘记关灯造成的浪费。

（7）路灯控制。对一般的智能楼宇，有一定的绿化空间，草坪、道路的照明均要定点、定时控制。

（8）泛光照明控制。智能楼宇是城市的标志性建筑，晚间艺术照明会给城市增添几分亮丽。但是还要考虑节能，因此，应在时间上、亮度变化上进行控制。

（四）照明控制系统的主要控制内容

（1）时钟控制。通过时钟管理器等电气器件，实现对各区域内用于正常工作状态的照明灯具时间上的不同控制。

（2）照度自动调节控制。通过每个调光模块和照度动态检测器等电气器件，实现在正常状态下对各区域内用于正常工作状态的照明灯具的自动调光控制，使该区域内的照度不会随日照等外界因素的变化而改变，始终维持在照度预设值左右。

（3）区域场景控制。通过每个调光模块和控制面板等电气器件，实现在正常状态下对各区域内用于正常工作状态照明灯具的场景切换控制。

（4）动静探测控制。通过每个调光模块和动静探测器等电气器件，实现在正常状态下对各区域内用于正常工作状态的照明灯具的自动开关控制。

（5）应急状态减量控制。通过每个对正常照明控制的调光模块等电气器件，实现在应急状态下对各区域内用于正常工作状态的照明灯具的减免数量和放弃调光等控制。

（6）手动遥控器。通过红外线遥控器，实现在正常状态下对各区域内用于正常工作状态的照明灯具的手动控制和区域场景控制。

（7）应急照明的控制。这里的控制主要是指智能照明控制系统对特殊区域内的应急照明所执行的控制，包含以下两项控制：

1）正常状态下的照度自动调节和区域场景控制，同调节正常工作照明灯具的控制方式相同。

2）应急状态下的自动解除调光控制，实现在应急状态下对各区域内用于应急工作状态的照明灯具放弃调光等控制，使处于事故状态的应急照明达到100％。

（五）照明系统监控

照明系统的监控包括建筑物各层的照明配电箱、应急照明配电箱及动力配电箱。下面以一个办公建筑为例，说明其监控功能。

（1）根据季节的变化，按时间程序对不同区域的照明设备分别进行开/关控制。

（2）正常照明供电出现故障时，该区域的应急照明立即投入运行。

（3）发生火灾时，按事件控制程序关闭有关的照明设备，打开应急照明。

（4）有保安报警时，将相应区域的照明灯打开。

照明监控系统的任务主要有两个方面：一是为了保证建筑物内各区域的照度及视觉环境而对灯光进行控制，称为环境照度控制，通常采用定时控制、合成照度控制等方法来实现；二是以节能为目的对照明设备进行的控制，简称照明节能控制，有区域控制、定时控制、室内监测控制三种控制方式。

1. 照明系统运行参数及状态的检测与控制

对大楼的照明系统的检测控制通常只是开关量的，即用只有开关量输入、输出的控制器就能完成全部功能。

（1）楼层照明电源开关控制。用DDC数字输出接口。

（2）楼层照明电源运行状态。用主电路接触器的辅助触点。

（3）楼层照明电源故障。用主电路接触器的辅助触点。

（4）楼层照明电源手/自动状态。照明箱控制回路。

（5）航空障碍灯电源开/关控制。用DDC数字输出接口。

（6）航空障碍灯电源运行状态。主电路接触器的辅助触点。

（7）航空障碍灯电源故障。主电路接触器的辅助触点。

（8）航空障碍灯电源手/自动状态。照明箱控制回路。

（9）装饰灯电源开关控制。用 DDC 数字输出接口。

（10）装饰灯电源运行状态。主电路接触器的辅助触点。

（11）装饰灯电源故障。主电路接触器的辅助触点。

（12）装饰灯电源手/自动状态。照明箱控制回路。

（13）各楼层事故照明电源开关控制。用 DDC 数字输出接口。

（14）各楼层事故照明电源运行状态。主电路接触器的辅助触点。

（15）各楼层事故照明电源故障。主电路接触器的辅助触点。

（16）各楼层事故照明电源手/自动状态。照明箱控制回路。

2. 照明系统监控内容

（1）走廊、楼梯照明监控。走廊、楼梯照明除保留部分值班照明外，其余的灯在下班后及夜间可以及时关掉，以节约能源。因此可按预先设定的时间，编制程序进行开/关控制，并监视开/关状态。例如，自然采光的走道，白天、夜间可以断开照明电源，但在清晨和傍晚，以及上、下班前后应接通。

（2）办公室照明监控。办公室照明应为办公人员创造一个良好舒适的视觉环境，以提高工作效率。办公室宜采用自动控制的白天室内人工照明，这是一种质量高、经济效果好的人工照明系统，是照明设计的发展趋势之一。它由辐射入室内的天然光和人工照明协调配合而成。不论晴天、阴天、清晨或傍晚的天然光如何变化（夜间照明也可看作其中的一个特例），也不论房间朝向、进深尺寸有多大，始终能有效地保持良好的照明环境，减轻人们的视觉疲劳。它的调光原理是，当天然光较弱时，自动增强人工照明；当天然光较强时，自动减弱人工照明。亦即人工照明的照度与天然光照度成反比例变化，以使二者始终能够动态地补偿。调光方法可分为照度平衡型和亮度平衡型两大类，前者可使近窗处工作面与房间深部工作面上的照度达到平衡，尽可能均匀一致；后者可使室内人工照明亮度与窗的亮度比例达到平衡，消除人与物的黑相，多用于对照明质量要求高的场所。在实际工程中，应根据对照明空间的照明质量要求，以及实测的室内天然光照度分布曲线选择调光方式和控制方案。调光时，根据工作面上的照度标准和天然光传感器检测的天然光亮度变化信号自动控制照明器。根据白天工作区与夜间工作区的使用特点，分别编制控制程序。如办公室一般在白天工作，其中又分工作、休息、午餐等不同时间区，应能按程序自动进行控制。

（3）障碍照明。建筑物立面照明监控。航空障碍灯根据当地航空部门要求设定，一般装设在建筑物顶端，属于一级负荷，应接入应急照明回路；可根据预先设定的时间程序控制，并进行闪烁；或根据室外自然环境的照度来控制光电器件的动作达到开启/断开。

对智能建筑进行立面照明可采用投光灯，当光线配合协调、明暗搭配适当时，建筑物犹如一座玲珑剔透的雕塑品耸立于夜幕之中，给人以美的享受。投光灯的照度计算必须考虑建筑物的位置、背景亮度、建筑物表面材料的反射系数及照明器技术特性。对投光灯的开启/断开可编制时间程序进行定时控制，同时监视开/关状态。

（4）应急照明的应急启/停控制、状态显示。这是为了保证市电停电后的事故照明、疏散照明。

照明系统监控原理如图 3-52 所示。

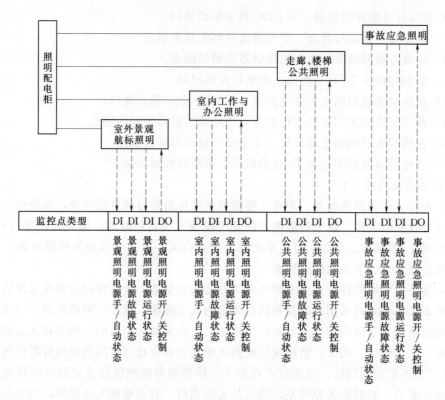

图 3-52　照明系统监控原理

3. 照明系统监测、控制点安排

见表 3-15。

表 3-15　　　　　　　　　　　　照明检测、控制点安排表

控 制 点 描 述	AI	AO	DI	DO	接 口 位 置
室外自然光照度测量	√				自然光（照度）传感器
分区（楼层）照明电源开/关控制				√	DDC 数字输出接口
分区（楼层）照明电源状态			√		分区（楼层）照明电源接触器辅助触点
分区（楼层）照明电源故障			√		分区（楼层）照明电源接触器辅助触点
分区（楼层）照明电源手/自动状态			√		分区（楼层）照明电源控制回路（可省略）
航标灯电源开/关控制				√	DDC 数字输出接口
航标灯电源状态			√		航标灯电源接触器辅助触点
航标灯电源故障			√		航标灯电源接触器辅助触点
航标灯电源手/自动状态			√		航标灯电源控制回路（可省略）
景观照明电源开/关控制				√	DDC 数字输出接口
景观照明电源状态			√		景观照明电源接触器辅助触点
景观照明电源故障			√		景观照明电源接触器辅助触点
景观照明电源手/自动状态			√		景观照明电源控制回路（可省略）

控制点描述	AI	AO	DI	DO	接口位置
分区（楼层）事故照明电源开/关控制				√	DDC 数字输出接口
分区（楼层）事故照明电源状态			√		分区（楼层）事故照明电源接触器辅助触点
分区（楼层）事故照明电源故障			√		分区（楼层）事故照明电源接触器辅助触点
分区（楼层）事故照明电源手/自动状态			√		分区（楼层）事故照明电源控制回路（可省略）

注 "√"表示选定的检测、控制点。

上面讨论的照明系统监控是通过 BA 系统的 DDC 控制器实现的。还有另一种设计思路，就是利用专用的照明智能控制系统实现照明的控制。现在市场上已有多种品牌的照明控制产品可供选用。

五、电梯系统

1. 概述

电梯是高层建筑内唯一安全、迅速、舒适和方便的运输交通工具。按其用途可分为客梯、货梯、观光梯、医梯及自动扶梯；按驱动方式可分为交流电梯和直流电梯。电梯的好坏，不仅取决于电梯本身的性能，更重要的是取决于电梯的控制系统性能。过去电梯控制采用继电接触控制或半导体控制，其性能远不如计算机控制。控制系统的控制有两部分，一部分是对拖动系统的控制，目前由于计算机发展迅速，变频装置价格下降，采用变频调速装置控制电梯的运行速度可使调速平滑，因此越来越多的交流电动机取代了结构复杂、成本高、维护困难的直流电动机；第二部分是对运行状态的控制、监测、保护与综合管理。

常见的电梯拖动系统的控制方式如下。

（1）交流调压调频拖动方式（又称 VVVF 方式）。这种控制方式利用微型计算机控制技术和脉宽调制技术，通过改变拽引电动机电源的频率及电源电压使电梯运行速度按需要平滑调节，调速范围广、精度高、动态响应好，可使电梯具有高效、节能、舒适等优点，是目前高层建筑电梯拖动的理想形式。VVVF 方式自动化程度高，一般选择自带计算机系统，强电部分包括整流器、逆变半导体及接触器等执行器件，弱电部分通常为微型计算机控制或为 PLC，并且留有与楼宇设备自动化系统的接口，可与分布在各处的控制装置和上位管理计算机进行数据通信，组成分布式电梯控制系统和集中管理系统。

（2）交流调压调速拖动方式。用晶闸管控制电动机的电源电压，从而改变电动机的速度，用于满足电梯的升、降、启、停所要求的速度，因而，这种拖动方式结构简单、方便、舒适，但晶闸管调压结果会使电压波形发生畸变，影响供电质量，故不适合高速电梯。

2. 电梯系统的监控

（1）电梯系统运行参数及状态的检测与控制。

1）电梯运行状态：用主电路接触器的辅助触点。

2）电梯运行方向：用主电路接触器的辅助触点。

3）电梯运行的开/关控制：用 DDC 数字输出接口。

4）与消防系统的联动：消防联动控制器的输出模块。

（2）电梯系统的监控内容。

1）按时间程序设定的运行时间表启/停电梯、监视电梯运行状态、故障及紧急状况报警。运行状态监视包括启/停状态、运行方向、所处楼层位置等，通过自动检测并将结果送入直接数字控制器，动态地显示各台电梯的实时状态；故障报警包括电动机、电磁制动器等各种装置出现故障后的自动报警，并显示故障电梯的地点、发生故障时间、故障状态等；紧急状况报警通常包括火灾、地震状况检测及发生故障时电梯内是否有人等，一旦发现，立即报警。

2）多台电梯群控管理。以办公大楼中的电梯为例，在上、下班及午餐时间电梯客流量十分集中，其他时间又比较空闲。如何在不同客流时期，自动进行调度控制，达到既能减少候梯时间，最大限度地利用现有交通能力，又能避免数台电梯同时响应同一召唤造成空载运行、电力浪费，这就需要不断地对各厅的召唤信号和轿厢内选层信号进行循环扫描，根据轿厢所在位置、上下方向停站数、轿厢内人数等因素来实时分析客流变化情况，自动选择最适合于客流情况的输送方式。群控系统能对运行区域进行自动分配，自动调配电梯至运行区域的各个不同服务区段。服务区域可以随时变化，它的位置与范围均由各台电梯通报的实际工作情况确定，并随时监视，以便随时满足大楼各处的不同厅站的召唤。

电梯运行状态监视原理如图3-53所示。

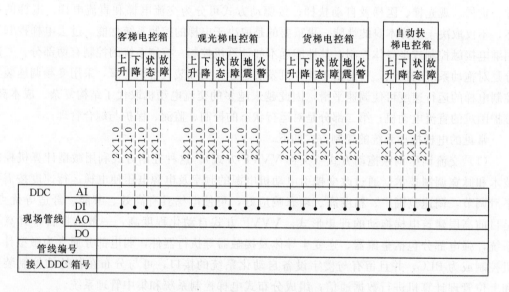

图3-53 电梯运行状态监视原理

（3）电梯系统监测、控制点安排见表3-16。

表3-16 **电梯系统检测、控制点安排表**

控制点描述	AI	AO	DI	DO	接口位置
电梯运行状态			√		用主电路接触器的辅助触点
电梯运行方向			√		用主电路接触器的辅助触点
电梯运行的开/关控制				√	用DDC数字输出接口
消防控制				√	消防联动控制器的输出模块

注 "√"表示选定的检测、控制点。

第七节　某项目公共设备监控系统投标实例

1. 系统配置

某大楼作为重要的政府工作基地，其室内环境的舒适性及安全性极其重要，而公共设备监控系统作为机电设备管理的核心，其设备选型的好坏直接影响到系统性能的优劣。

根据要求本系统选用具有集成功能及开放的 Lon Works 总线和 BACnet 总线标准，可靠的点对点通信，同时要满足管理和技术发展的需要，具备可扩充性及易维护性和极好的不同厂商之间设备的互换性。

本次方案设计选用了能充分体现集成及开放性，成熟及可靠性、可扩展性的国际知名品牌施耐德公司的楼宇控制产品。

施耐德公司的 I/A - Niagara 系统就是针对这种需求而设计的集成系统，且是目前世界上已经将 BA、SA、FA 集成的系统之一，可完全满足建筑物的需要，且为很多工程应用的成熟、可靠的系统。

系统网络采用标准网络协议，符合远程通信管理以及符合计算机发展技术趋势的要求。系统软件能提供多种标准通信协议，便于实现系统集成，它同时支持 BACnet 和 ModBus 协议。

网络控制器 UNC520 具有 Web 服务器功能，I/A - Niagara 生成的控制界面直接下载到 UNC520 中储存，在以后的使用中完全不依赖任何专用软件，只需使用标准的 Microsoft IE 浏览器即可对 UNC520 直接访问，操控整个空调自控系统，这样将大大提高系统的可靠性。

所有的图形化的控制界面、历史趋势图、报警和事件信息、时间表和节假日控制全部被储存在 UNC520 中，在任何时候关闭计算机都不影响系统的工作和数据的记录。

2. 设计依据

(1)《智能建筑设计标准》(GB/T 50314—2000)。

(2)《民用建筑电气设计规范》(JBJ/T 16—92)。

(3)《建筑设计防火规范》(GBJ 16—87)。

(4)《电气装置安装工程施工及验收规范》(GBJ 232—90、92)。

(5)《中国采暖、通风与空气调节设计规范》(GBJ 19—87)。

(6)《中国室内给水排水热水供应设计规范》(GBJ 15—74)。

(7) 本工程招标文件及相关图纸。

3. 方案设计

(1) 设计原则。本次公共设备监控系统方案设计中遵循以下设计原则。

1) 先进性。采用国际上先进的"集散型控制系统"，通过中央监控系统的计算机网络将各层的控制器、现场传感器、执行器及远程通信设备进行联网，实现集中管理和分散控制的综合监控及管理功能，系统支持目前业界先进的主流技术。

2) 安全性。系统的构成能保证系统和信息的高度安全性，采取必要的防范措施，使整个系统受到非法入侵或意外故障时，对系统破坏限制在最小程度。同时在系统控制方案的设计中，充分考虑安保、消防等方面的要求，采取切实可行的联动措施，保障建筑内人员的健康和安全，以及建筑设备的安全运行。

3）可靠性和容错性。分散控制、集中管理的特点，保证每个子系统都能独立控制，同时在中央工作站上又能做到集中管理，使得整个系统的结构完善、性能可靠。

4）可扩展性。系统方案中的总线能力、软件资源、DDC 及 I/O 点均应留有一定的余量，以便根据业主要求灵活增加少量控制点而无需增加额外的费用。另外，选用的 BAS 系统，允许在统一的集成监控平台下，扩展新的控制网络总线，所以系统规模可以成倍增加。

5）可集成性。系统具有充分的开放性能，具有与其他建筑设备和系统产品进行数据通信的能力，以便建立以 BAS 为基础的建筑设备集成管理系统（BMS），同时 BAS 系统应能向集成系统提供通信接口，具有和第三方作数据交换和信息共享的能力，以便日后根据业主要求实现管理信息系统集成。

6）开放性和互操作性。系统允许不同厂家的产品组成一个完整的建筑设备自动化系统，并允许不同厂家的标准产品相互替换，以便系统今后的维护、扩展、更新。

7）经济性。以切合大楼的实际情况为出发点，对各设备的监控方案进行优化，充分考虑实际需求，杜绝重复投资，使系统具有较高的性能价格比。

8）易操作性。方案推荐一套完整的具有良好人机界面的软件系统，包括操作系统及应用软件，以支持 BAS 系统的正常工作，系统的操作界面为中文图形界面。

（2）系统控制内容。根据招标文件及相关图纸要求，本次公共设备监控系统需监控的内容如下。

1）空调系统监控：①新风系统空气处理设备监控；②送、排风系统的监测。

2）给排水系统的监控，生活水系统设备监控。

3）照明系统的监控。

根据项目的实际情况，经统计本系统共设计有监控点 204 个，其中 AI 点 0 个，AO 点 0 个，DI 点 151 个，DO 点 53 个。

具体点数见表 3-17～表 3-20。

（3）空调系统的监测。

1）新风系统空气处理设备监控。楼宇自控系统对新风机组完成以下监控功能：

a. 监测新风机运行状态、手/自动状态、故障状态（DI）。

b. 控制风机的启停（DO）。

本工程主要对 A、B、C 楼共 32 台新风机组进行监控。

2）送、排风系统的监控。本工程在 C 楼地下层对 4 台排风机进行监控。

a. 监控内容。

控制：启停控制。

监测：设备运行状态、故障状态、手自动状态。

b. 连锁控制功能：编制时间程序自动控制风机启/停，并累计运行时间；送、排风机和相关空调机组、新风机组的连锁启/停控制。

（4）给排水系统的监测。本工程对 C 楼地下层 7 个集水坑及其内 9 台排污泵进行监控，设备监控内容如下。

表3－17

A楼空调通风监控系统点数表

公共设备监控系统点数表

空调通风系统	设备数量	模拟输入（AI）							数字输入（DI）							模拟输出（AO）				数字输出（DO）				
		回风温度	送风温度	回风湿度	送风湿度	回水温度	室内CO_2	室外温湿度	自/手动	运行状态	故障报警	防冻开关	风机压差	回风过滤	初效过滤	电动水阀	新风风阀	回风风阀	变频	设备开关	送风风阀	加湿器控制		
		1	2	3	4	5	6	7	8	9	10	11	12	13	14	15	16	17	18	19	20	21	22	23
A楼																								
1F 新风机	3								3	3	3									3				
2F 新风机	3								3	3	3									3				
3F 新风机	3								3	3	3									3				
4F 新风机	4								4	4	4									4				
屋顶层 新风机	1								1	1	1									1				
卫生间排风机	3								3	3	3									3				
小计					0				17	17	17	51					0			17		17		
总计																								

表3-18 B楼空调通风监控系统点数表

公共设备监控系统点数表

空调通风系统	设备数量	模拟输入（AI）							数字输入（DI）							模拟输出（AO）				数字输出（DO）				
		回风温度	送风温度	回风湿度	送风湿度	回水温度	室内CO_2	室外温湿度	自/手动	运行状态	故障报警	防冻开关	风机压差	回风过滤	初效过滤	电动水阀	新风阀	回风阀	变频	设备开关	送风风阀	加湿器控制		
		1	2	3	4	5	6	7	8	9	10	11	12	13	14	15	16	17	18	19	20	21	22	23
B楼																								
1F																								
新风机	1								1	1	1									1				
2F																								
新风机	1								1	1	1									1				
3F																								
新风机	1								1	1	1									1				
4F																								
新风机	1								1	1	1									1				
5F																								
新风机	1								1	1	1									1				
小计									5	5	5									5				
总计					0							15						0				5		
C楼																								
B1F																								
风机	4								4	4	4									4				
1F																								
新风机	3								3	3	3									3				
2F																								
新风机	4								4	4	4									4				
3F																								
新风机	3								3	3	3									3				
小计									14	14	14									14				
总计					0							42						0				14		

表 3 – 19　**C楼给排水监控系统点数表**

公共设备监控系统点数表

给排水系统	设备数量	模拟输入 (AI)							数字输入 (DI)							模拟输出 (AO)				数字输出 (DO)				
		流量	回水温度	供水温度	回水压力	供水压力	压力		自/手动状态	运行状态	故障报警	高低水位	报警水流状态	水位状态	阀位状态	水阀	蒸汽阀门	风阀	变频控制	设备开关	新风风阀			
		1	2	3	4	5	6	7	8	9	10	11	12	13	14	15	16	17	18	19	20	21	22	23
C楼																								
B1F																								
集水坑(单泵)	5																							
排污泵	5								5	5	5	10								5				
集水坑(双泵)	2																							
排污泵	4								4	4	4	4								4				
小计							0		9	9	9	14					0			9				
总计							0					41					0			9				

表 3 – 20　**C楼照明监控系统点数表**

公共设备监控系统点数表

照明系统	设备数量	模拟输入 (AI)							数字输入 (DI)							模拟输出 (AO)				数字输出 (DO)				
		电流	电压	有功功率	频率	功率因数	光照度		自/手动动	运行状态	故障状态	上行	下行	合闸状态	跳闸状态	水阀	蒸汽阀门	风阀	变频调速	设备开关	新风风阀			
		1	2	3	4	5	6	7	8	9	10	11	12	13	14	15	16	17	18	19	20	21	22	23
C楼																								
B1F																								
照明	5								1											5				
照明	3								1											3				
小计							0		2			151					0			8				
总计							0					151					0			8				
分类总计																				53				
系统总点数												204												

1) 系统可按正常/假日时间程序及事故程序自动启/停各水泵。

2) 监视集/污水井的高/低液位状态，通过水泵控制柜实施控制，如液位高于设定的规定水位时，排（潜）水泵开启排水，水位到达低水位时，排（潜）水泵停止。BAS 监测水泵的运行状态及故障状态，同时进行高液位报警。

系统软件可实现以下监控要求。

1) 统计各种水泵的工作情况，并打印成报表，以供物业管理部门利用。

2) 累计各水泵的运行时间。

3) 液位到达设定点进行水泵启/停控制和报警。

4) 中央监控站用彩色图形显示上述各参数，记录各参数、状态、报警、启/停时间、累计时间和其历史记录，且可通过打印机输出。

（5）照明系统的监测。本方案设计在 BA 系统中预留 8 路照明的接口，同时对重要区域通过 DDC 作监控，实现远程开关控制，并可显示运行、手/自动状态。

系统软件可实现以下监控要求。

1) 按照管理部门要求设置，定时开关各种照明设备，达到最佳节能效果。

2) 统计各种照明的工作情况，并打印成报表，以供物业管理部门利用。

3) 根据用户需要和调度计划，可任意修改各照明回路的运行时间。

4) 累计各控制开关的闭合工作时间。

5) 中央站用彩色图形显示上述各参数，记录各参数、状态、报警、启/停时间、累计时间和其历史参数，且可通过打印机输出。

（6）产品性能及功能特点。

图 3-54 UNC520 系列
通用控制器

1) UNC520 系列通用控制器（图 3-54）：

a. 自带 200MHz 处理器。

b. 128MB RAM。

c. 40MB 内存。

d. 内置 LON 端口和以太网端口（10/100MB）。

e. 2 个 RS232 端口，2 个 RS485 端口，电隔离。

f. Lon 驱动和 Lon 网络服务，BACnet 驱动程序。

g. WindRiver VxWorks 操作系统。

h. Insignia Jeode Java 虚拟机。

i. 多协议集成平台支持 BACnetIP、BACnetMS/TP、LonWorks、Modbus，设备通过授权直接与 Honeywell、Jonhson、Siemens 等二十多家厂商进行通信。

j. 可支持 64 个现场控制器（视网络资源）。

k. 包括网络服务器。

l. 支持 IE 浏览器（数量不限）。

2) MNB-1000 控制器（图 3-55）：

a. 点对点设备控制器。

b. 标准设计。

c. 变光开关可寻址。

d. 灵活点数配置。

e. 面板安装或挂墙安装。

f. 可通信总线 BACnet 协议转换成 TCP/IP 信号。

g. 支持 S-Link 传感器（每个控制器带 2 个）。

h. MS/TP 接线拓扑。

i. 总线上可挂 127 台设备。

j. 通过测试的应用程序。

k. 热泵、风机盘管。

l. 单元通风机、屋顶机组。

m. 完全可编程。

n. E^2PROM 程序保留。

图 3-55　MNB-1000 控制器

图 3-56　MNB-300 控制器

3) MNB-300 控制器（图 3-56）：

a. 点对点设备控制器。

b. 标准设计。

c. 变光开关可寻址。

d. 灵活点数配置。

e. 面板安装或挂墙安装。

f. 支持 S-Link 传感器（每个控制器带 2 个）。

g. MS/TP 接线拓扑。

h. 总线上可挂 127 台设备。

i. 通过测试的应用程序。

j. 热泵、风机盘管。

k. 单元通风机、屋顶机组。

l. 完全可编程。

m. E^2PROM 程序保留。

4) 系统管理概要。除对标准及以往的设备的网络管理功能外，NiagaraFrameWork 还提供：

a. 完整的图形化用户界面。

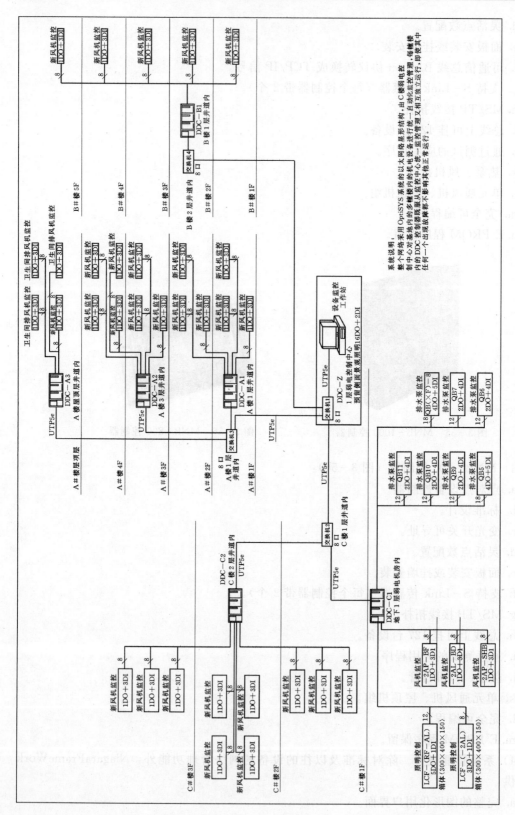

图 3-57　BA 自动化控制系统

表 3-21　公共设备监控系统预算

序号	项目编码	项目名称	计量单位	数量	综合单价（元）	合价（元）	其中		备注
							人工费（元）	机械费（元）	
1		D.1 公共设备监控系统设备				192408.27	678.6	19.58	
2		D.1.1 中央控制中心				45023.4	520	11.27	
3	0312010007013	以太网交换机：8口，10M/100M交换机	个	4	722.78	2891.12	416	0	
4	0312010007014	监控软件包：中控楼宇自动化监控软件 V6.0	个	1	42132.28	42132.28	104	11.27	
5		D.1.2 现场控制器				142730.75	113.1	7.26	
6	0312010007015	电源模块：输入 AC 220V±15%，输出 DC 24V±5% 20W	台	7	958.31	6708.17	45.5	1.54	
7	0312010007016	CPU 模块：32 位 RISC 处理器，45MIPS；512KRAM＋128KFLASH，1个 RS232，1个 RS485，1个以太网；可扩展 32 个 I/O 模块	台	7	4504.33	31530.31	18.2	1.54	
8	0312010007017	数字量输入模块：8 通道数字量输入，DC 24V，光电隔离	个	3	3704.33	11112.99	7.8	0.66	
9	0312010007018	数字量输入模块：16 通道数字量输入，DC 24V，光电隔离	个	8	7194.33	57554.64	20.8	1.76	
10	0312010007019	数字量输出模块：8 通道继电器常开输出，DC 24V/AC 220V	个	5	2402.33	12011.65	13	1.1	
11	0312010007020	数字量输出模块：16 通道继电器常开输出，DC 24V/AC 220V	个	3	6724.33	20172.99	7.8	0.66	
12	0312010007021	控制箱体：600mm×450mm×200mm（高×宽×深）	个	7	520	3640	0	0	
13		D.1.3 现场传感器				4654.12	45.5	1.05	
14	0312010007022	液位开关：水位开关，3m 线	个	7	379.16	2654.12	45.5	1.05	
15	补 006	电源设备及附件	批	1	2000	2000	0	0	

b. 同步、保存和备份控制器的数据库。

c. 密码保护。

d. 数据收集并提供企业级的信息交换及打印。

e. 全局时间及中央时间表的同步功能。

f. 报警的处理、传递及打印。

g. 对所有的标准能量管理功能的广泛支持。

h. 自定义对非标准控制程序的支持。

i. 支持通过 IP 地址网络与正在运行的工作站之间的在线通信。

j. 支持通过直接读取工作站的数据库而达到离线通信。

k. 基于磁碟的程序库，支持网络及本地浏览，包含建立工作站数据库的结点、图像、复杂控制程序等资源。

l. 拥有基于 HTML 格式的帮助系统，包含一整套在线系统文件。

（7）系统图。BA 自动化控制系统如图 3-57 所示。

（8）公共设备监控系统预算见表 3-21。

思 考 题 与 习 题

3-1 什么是全空气空调系统？

3-2 简述风机盘管加新风空调系统的系统形式。

3-3 简述水泵直接加压供水系统中变频器的作用及对其的控制要求。

3-4 热继电器的输出是数字信号还是模拟信号？

3-5 电梯自动控制系统需控制电梯的哪些部件？

3-6 给排水自动控制的主要内容是什么？

3-7 如何实现楼宇变电站的自动化智能控制？

3-8 空调定风量控制的原理及其控制框图是什么？

第四章 安全防范系统

第一节 概 述

安全防范是指以维护社会公共安全为目的，防入侵、防被盗、防破坏、防暴和安全检查等措施。为了达到上述目的采用了以电子技术、传感器技术和计算机技术为基础的安全防范技术的器材设备，并将其构成一个系统，由此应运而生的安全防范技术正逐步发展成为一项专门的公共安全技术学科。

现代化大厦的安全防范系统包括防盗报警、电视监控、出入口控制、访客对讲和电子巡更等。

一、防盗报警系统

防盗报警系统就是用探测器对建筑内①外重要地点和区域进行布防，它可以及时探测非法入侵，并且在探测到有非法入侵时，及时向有关人员示警。例如门磁开关、玻璃破碎报警器等可有效探测外来的入侵，红外探测器可感知人员在楼内的活动等，一旦发生入侵行为，能及时记录入侵的时间、地点，同时通过视频控制系统录下现场情况。

二、闭路电视监视系统

闭路电视监视系统在重要的场所安装摄像机，保安人员在控制中心便可以监视整个大楼内、外的情况，从而大大加强了保安的效果。另外，监视系统在接到报警系统和出入口控制系统的示警信号后，能自动进行实时录像，录下报警时的现场情况，以供事后重放分析。先进的视频报警系统可以根据监视区域图像的移动，发出报警信号，并录下现场情况。

三、出、入口控制系统

出、入口控制就是对建筑内、外正常的出入进行管理。该系统主要控制人员的出入及在楼内相关区域的行动，通常在大楼的入口处、金库门、档案室门和电梯等处安装出入控制装置，比如磁卡IC卡识别器或者密码键盘等，用户要想进入，必须拿出自己的磁卡/IC卡或输入正确的密码，或两者兼备，控制器识别有效才被允许通过。

四、访客对讲系统

在住宅楼（高层商住楼）或居住小区，设立来访客人与居室中的人们双向可视/非可视通话，经住户确认可遥控入口大门的电磁门锁，允许来访客人进入，同时住户又能通过对讲系统向物业中心发出求助或报警信号。

五、电子巡更系统

电子巡更系统是在规定的巡查路线上设置巡更开关或读卡器，要求保安人员在规定时间里在规定的路线进行巡逻，保障保安人员的安全及大楼的安全。

随着计算机技术、通信技术的不断发展，安全防范技术也得到飞速发展，随着现场总线技术的成熟，大规模、大容量、高度智能化和集成化安全防范系统出现，为维护社会公共安全提供了根本保证。

第二节 防盗报警系统

一、系统组成

防盗报警是指用来探测入侵者的移动或其他行动的报警系统。当系统运行时，只要有入侵行为的出现，就能发出报警信号。

防盗报警系统的组成如图4-1所示。

图4-1 防盗报警系统组成

1. 探测器

探测器是用来探测入侵者移动或其他动作的电子和机械部件所组成的装置。探测器通常由传感器和信号处理器组成，有的探测器只有传感器而没有信号处理器，探测器的核心部分是传感器。

入侵探测器应有防拆保护、防破坏保护。当入侵探测器受到破坏，拆开外壳或信号传输线短路、断路及并接其他负载时，探测器应能发出报警信号。入侵探测器应有抗小动物干扰的能力。在探测范围内，如有直径30mm，长度为150mm的具有与小动物类似的红外辐射特性的圆筒大小的物体，探测器不应产生报警。入侵探测器应有抗外界干扰的能力，探测器对与射束轴线成15°或更大一点的任何界外光源的辐射干扰信号，应不产生误报和漏报。探测器应有承受常温气流和电铃的干扰，不产生误报。探测器应能承受电火花干扰的能力。探测器应有步行试验显示器，并有关断或遮挡该显示器的装置。探测器应有对准指示，便于安装调整。探测器宜在下列条件下工作：室内，−10~55℃，相对湿度不大于95%；室外，−2~75℃，相对湿度不大于95%。

2. 信道

信道是探测电信号传送的通道。信道的种类较多，通常分有线信道和无线信道，有线信道是指探测电信号通过双绞线、电话线、电缆或光缆向控制器或控制中心传输；无线信道则是对探测电信号先调制到专用的无线电频道由发送天线发出，控制器或控制中心的无线接收机将空中的无线电波接收下来后，解调还原出控制报警信号。

3. 控制器

报警控制器由信号处理器和报警装置组成。报警信号处理器是对信号中传来的探测电信号进行处理，判断出电信号中"有"或"无"的情况，并输出相应的判断信号。若探测电信号中含有入侵者入侵信号时，则信号处理器发出告警信号，报警装置发出声或光报警，引起防范工作人员的警觉。反之，若探测电信号中无入侵者的入侵信号，则信号处理器送出"无情况"的信号，则报警器不发出声、光报警信号。智能型的控制器还能判断系统出现的故障，及时报告故障性质、位置等。

4. 控制中心（报警中心）

通常为了实现区域性的防范，即把几个需要防范的小区，联网到一个警戒中心，一旦出现危险情况，可以集中力量打击犯罪分子。而各个区域的报警控制器的电信号，通过电话线、电缆、光缆，或用无线电波传到控制中心，同样控制中心的命令或指令也能回送到各区域的报警值班室，以加强防范的力度。

二、传感器

探测器通常由传感器和信号处理器组成，传感器是探测器的核心部分。

传感器是一种物理量的转化装置，在入侵探测器中，传感器通常把压力、振动、声响和光强等物理量，转换成易于处理的电量（电压、电流和电阻等）。信号处理器的作用是把传感器转化成的电量进行放大、滤波和整形处理，使它成为一种合适的信号，能在系统的传输信道中顺利地传送，通常把这种信号称为探测电信号。

如传感器的输入量为 x，输出量为 y，那么 $y=f(x)$ 称为转换函数，它表示了传感器的输入/输出特性，而传感器在实际运行时，除了输入量 x 以外，还会有环境的干扰，如气压、温度、振动和噪声等的影响，因此实际上转换函数应是一个多元的函数 $y=f(x, Q, A, \cdots)$，在设计和选用传感器时，应把干扰传感器输出量 y 的 Q、A 等因素降低到最低限度。

传感器输出的电量通常是一种连续变化的物理量，这种物理量在电子技术中称为模拟量，由这种传感器组成的探测器称为模拟量探测器，如光电二极管输出的电流随光照强度的变化而变化就是一种连续变化的电流量，热敏电阻随温度变化而电阻值发生的变化也是一种连续变化的量。

由于报警信号控制器只能识别两个信号，即"有"或"无"，有信号就发出声光报警信号，若无则不发出信号，所以就需将连续变化的模拟量转换成只有"有"和"无"两种状态的物理量，只有"有"和"无"两种状态的电量在电子技术中称数字量，通常用"1"表示有信号，用"0"表示无信号。把模拟信号转换成数字信号通常在探测器中完成，也可以在报警控制器中完成。通常是将模拟传感器中输出的模拟量经放大（也有不需放大），然后与基准信号相比较，在基准信号以下判定为"无"危险情况，超过基准信号，判定为"有"危险情况，即将模拟量转换成"有"和"无"两种数字信号。

也有少数传感器输出的信号只有两种状态，如干簧管继电器，"通"或"断"两个状态就能直接送到报警控制器中，来控制声光报警器的开或关。

1. 开关传感器

开关传感器是一种简单、可靠的传感器，也是一种最廉价的传感器，广泛应用在安防技术中。它将压力、磁场或位移等物理量转化成电压或电流。

（1）微动开关、簧片型接触开关。开关在压力作用下，开关接通；无压力作用的情况下，开关断开。开关与报警电路接在一起，从而发出报警信号，此类开关通常用在某些点入侵探测器中，以监视门、窗、柜台等特殊部位。

（2）舌簧继电器。亦称干簧管继电器，是一种将磁场力转化成电量的传感器，其结构如图 4-2 所示。

图 4-2 干簧管继电器构造

干簧管的干簧触点通常做成动合、动断或转换三种不同形式。开关簧片通常烧结在与簧片热膨胀相适应的玻璃管上，管内充以惰性气体（如氮气）以避免触点氧化和腐蚀。由于触点密封在充有氮气的玻璃管中，有效地防止了空气中尘埃与水气的污染，大大提高了触点工作的可靠性和寿命，可靠通断达 10^8 次以上。触点间距离短、质量小、吸合功率小、实效度高和动作时间短，释放和吸合时间在 1ms 左右，满足电子电路中对动作速度的要求，因此广泛应用在通信、检测电路中，无需调整、维修，使用方便、价格便宜又是干簧管继电器的重要优点，使其得到广泛的应用。

干簧管中的簧片用铁镍合金做成，具有很好的导磁性能，与线圈或磁块配合，构成了干簧管继电器状态的变换控制器。簧片上触点常镀金、银、铑等金属，以保证通断能力，因此簧片又是继电器的执行机构。

动合舌簧继电器的簧片固定在玻璃管的两端，它在外磁场（线圈或永久磁铁）的作用下，其自由端产生的磁极极性正好相反，两触点相互吸合，使外电路闭合，外磁场不作用时，触点断开，故称动合式舌簧继电器。

动断舌簧管则将簧片固定在玻璃管的同一端，触点簧片在外磁场的作用下，其自由端产生的磁极极性正好相同，两触点相互排斥而断开。常态下，无外磁场作用，两触点闭合，故称动断式开关舌簧管。

在动合的舌簧片上再加一组动断的触点，就构成转换型干簧管，有些干簧管带有多组动合、动断触点。

2. 压力传感器

压力传感器把传感器上受到的压力变化转换成相应的电量，进行放大处理成探测电信号。

3. 声传感器

把声音信号（如说话、走动、打碎玻璃、锯钢筋等）转换成一定电量的传感器，称为声传感器。

声音是一种机械波，声音的传播是机械波在媒质中传播的过程。频率在 20～20000Hz 之间的声波，人耳能接收到，称可闻声波，频率低于 20Hz、人耳听不到的声波称次声波，频率高于 20000Hz 的声波称超声波。

（1）驻极体传感器。驻极体是一种永久性带电的介电材料，它能把声能或机械能转换成电能，或者将电能转换成机械能或声能。

驻极体传感器的核心是驻极体箔，它由一张绝缘薄膜构成，薄膜上带有电荷，通常由聚四氟乙烯等碳卤聚合物制成，具有极高的绝缘电阻，通过外电场对绝缘薄膜两侧充电，则膜上电荷能长时间保存，若在常温和相对干燥的环境下保存，聚四氟乙烯上的电荷能保存近百年，在常温和相对湿度为 95% 的潮湿环境下，电荷的衰减时间也能达到近十年。

通常把一片驻极体膜紧贴在一块金属板上，另一片驻极体膜相对安放，中间间隔一个 $10\mu m$ 的薄空气层，构成一驻极体传感器，两片相对而立的驻极体膜形成了一个电容器，根据静电感应的原理，与驻极体相对应的金属板上会感应出大小相等、方向相反的电荷，那么驻极体上的电荷在空隙中形成静电场，在声波作用下，驻极体箔会有一个位移，在驻极体膜开路的条件下，膜片两端感应静电场静电压。

驻极体箔的位移与所加声强成正比，因此传感器输出的电压仅与声强有关，而与频率无关。驻极体传感器能保证在声频范围内具有恒定的灵敏度，这是极大的优点。

（2）磁电传感器。磁电式声传感器是由一个固定磁场和在这磁场中可做垂直轴向运动的线圈组成。线圈安装在一个振动膜上，振动膜在声强的作用下运动，带动线圈在固定的磁场中作切割磁力线的运动，此时在线圈两端的感应电动势 E 的大小为

$$E = Blv$$

式中　B——磁感应强度；

　　　l——线圈的长度；

　　　v——线圈的运动速度。

线圈运动的速度与声强的大小有关，于是线圈的输出电压就与声强的大小联系在一起了。

4. 光电传感器

光电传感器通常是指将可见光转换成某种电量的传感器，光敏二极管是最常见的光传感器，光敏二极管的外形与一般二极管一样，只是它的管壳上开有一个嵌着玻璃的窗口，以便于光线射入，为增加受光面积，PN 结的面积做得较大，光敏二极管工作在反向偏置的工作状态下，并与负载电阻相串联。当无光照时，它与普通二极管一样，反向电流很小（小于 $0.1\mu A$），称为光敏二极管的暗电流，当有光照时，少数载流子被激发，产生电子—空穴，称为光电载流子，在外电场的作用下，光电载流子参与导电，形成比暗电流大得多的反向电流，该反向电流称为光电流。光电流的大小与光照强度成正比，于是在负载电阻上就能得到随光照强度变化而变化的电信号。

光敏三极管除了具有光敏二极管能将光信号转换成电信号的功能外，还有对电信号放大的功能。

光敏三极管的外形与一般三极管相差不大，一般光敏三极管只引出两个极（发射极和集电极），基极不引出，管壳同样开窗口，以便光线射入，为增大光照，基区面积做得很大，发射区较小，入射光主要被基区吸收。工作时集电极反偏，发射极正偏，在无光照时管子流过的电流为暗电流 $I_{CEO} = (1+\beta) I_{CEO}$（很小），比一般三极管的穿透电流还小，当有光照时，激发大量的电子—空穴对，使得基极产生的电流 I_b 增大，此刻流过管子的电流称为光电流，集电极电流 $I_C = (1+\beta) I_b$。可见，光敏三极管要比光敏二极管具有更高的灵敏度。

5. 热电传感器

热电传感器是一种将热量变化转换成电量变化的一种能量转换器件。热释电红外线元件是一种典型的热量传感器。

6. 电磁感应传感器

电磁场也是物质存在的一种形式。电磁场的运动规律由麦克斯韦方程组来表示，根据麦克斯韦理论，当入侵者入侵防范区域，使原先防范区域内电磁场的分布发生变化，这种变化可能引起空间电场的变化，电场畸变传感器就是利用此特性，同时，入侵者的入侵也

可能使空间电容发生变化，电容变化传感器就是利用此特性。

三、常用入侵探测器及其工作原理

入侵报警系统需要各种不同类型的探测器配合并合理布防，以适应不同场所、不同环境、不同功能的探测要求。根据传感器的原理，探测器可分为以下几种类型。

1. 开关探测器

开关探测器是防盗系统中最基本、简单而经济有效的探测器。它可以把防范现场传感器的位置或工作状态的变化转换为控制电路通断的变化，并以此来触发报警电路。这类探测器的传感器工作状态类似于电路开关，因此称为"开关探测器"。它作为典型入侵探测器，又有以下三种类型。

（1）微动开关型。微动开关是一种依靠外部机械力的推动实现电路通断的电路开关，其结构如图4-3所示。工作过程为外力通过按钮作用于动簧片上，使其产生瞬时动作，簧片末端的动触点a与静触点b快速接通，同时断开触点c。当外力移去后，动作簧片在压簧的作用下，迅速弹回原位，电路又恢复a、c两点接通，a、b两点断开。

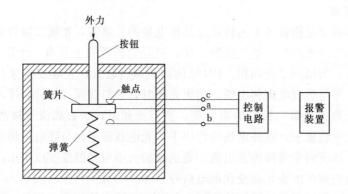

图4-3　微动开关探测器结构示意图

在使用微动开关作为开关报警传感器时，需要将它固定在被保护物之下。一旦被保护物品被意外移动或抬起时，按钮弹出，控制电路发生通断变化，引起报警装置发出声光报警信号。

（2）压力开关型。压力垫也是一种开关探测器，压力垫由固定在地毯背面的两条长条形金属带组成，两条金属带之间有绝缘材料支撑，使两条金属带相互隔离。当入侵者踏上地毯时，两条金属带就接触上，相当于开关点闭合发出报警信号。

（3）磁控开关型。磁控开关由带金属触点的两个簧片封装在充有惰性气体的玻璃管（也称干簧管）和一块磁铁组成，如图4-4所示。当磁铁靠近干簧管时，管中带金属触点的两个簧片在磁场作用下被吸合，a、b两点接通；当磁铁远离干簧管达到一定距离时，

图4-4　磁控开关探测器结构示意图

干簧管附近磁场消失或减弱，簧片靠自身弹性作用恢复到原位置，则a、b两点断开。使用时，一般把磁铁安装在被防范物体的活动部位（如门扇、窗扇），把干簧管装在固定部位（如门框、窗框），磁铁与干簧管的位置需保持适当距离，以保证门、窗关闭时干簧管触点闭合，门、窗打开时干簧管触点断开，控制器产生断路报警信号，如图4-5所示。

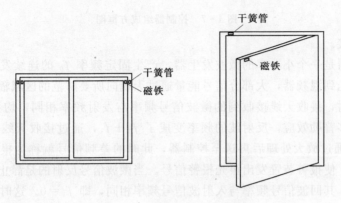

图4-5 干簧继电器安装示意图

2. 玻璃破碎探测器

玻璃破碎探测器一般应用于玻璃门窗的防护。它是贴在玻璃或玻璃附近位置上的压电式拾音器，由于拾音器只对10～15kHz的玻璃破碎高频声音进行有效的检测，因此对行驶车辆或风吹门窗时产生的振动信号不会产生响应。如入侵者用玻璃刀刻划玻璃，虽然刻划时玻璃的振动幅度小，但频率高，而且频率固定，通常将此高频声音信号经高通放大器放大后送到信号处理电路，经处理后也能发出报警信号。

为了最大限度地降低误报，目前玻璃破碎报警采用了双探测技术。其特点是需要同时探测到破裂时产生的振荡和音频声响，才会产生报警信号，因而不会受室内移动物体的影响而产生误报，增加了报警系统的可靠性，适合于昼夜24h防范。

3. 微波探测器

利用微波能量辐射及探测技术构成的探测器称为微波探测器。这类探测器既能警戒空间，也可以警戒周界，按工作原理可以划分为移动式探测器和遮挡式探测器。

（1）微波移动式探测器。微波移动式探测器是利用运动物体产生的超高频无线电波的多普勒频移进行探测，一般由微波探测器和控制器两部分组成。

微波探测器一般由微波振荡器、混频器、放大器、信号处理电路等组成，集中安装在位于保护现场的探头内，其方框图如图4-6所示。控制器包括控制电路、振荡电路、声光报警显示装置等。其方框图如图4-7所示。控制器设置在值班室，微波探测器与控制器

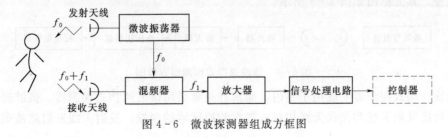

图4-6 微波探测器组成方框图

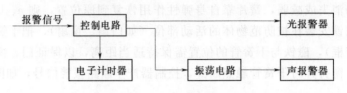

图 4-7 控制器组成方框图

之间用导线连接。

微波振荡器是一个小功率的微波发生器，产生固定频率 f_0 的连续发射信号，其中少部分信号能量送到混频器，大部分信号能量通过天线向所要防范的区域辐射。当防范区域内无移动目标时，接收天线接收到的微波信号频率与发射频率相同，均为 f_0。当有移动目标时，由于多普勒效应，反射波的频率变成了 f_0+f_1，通过接收天线送入混频器产生差频信号 f_1，通过放大处理后再送至控制器，此时的差频信号就称为报警信号。它触发控制电路动作，使报警装置发出声光报警信号。当微波信号反射的是静止目标时，则不产生多普勒效应。其回波信号频率与入射波信号频率相同，即 $f_1=0$。这时探测器接收电路没有报警信号输出，即不产生报警信号。

微波信号的波长取决于无线电波的传输速度和信号频率，其计算式为

$$\lambda = \frac{300}{f}$$

式中　λ——波长，m；

　　　f——频率，MHz。

入侵信号的频率取决于入侵者的运动速度以及探测器的工作频率，计算式为

$$f_i = \frac{2f_s S_i}{300}$$

式中　f_i——入侵者产生的信号频率，Hz；

　　　f_s——报警系统工作频率，MHz；

　　　S_i——入侵者运动速度，m/s。

公式中驻波的波长是报警系统信号波长的 1/2，因此方程中需乘一个系数 2。由于入侵信号频率与报警装置频率成正比，当报警装置使用的频率越高时，对于较慢的入侵速度越敏感。微波移动式探测器属于空间型探测器，用于警戒立体空间，一般用于监视室内目标。

（2）微波遮挡式探测器。这种探测器由微波发射机、微波接收机和信号处理器组成。它不是利用多普勒效应工作的，而是分析接收机、发射机之间微波能量的变化，从而实现探测报警。其方框图如图 4-8 所示。

图 4-8 微波遮挡式探测器方框图

微波移动式探测器一般用于室内，而室外通常采用微波遮挡式探测器。微波遮挡式探测器必须将发射天线和接收天线相对放置在监控区域的两端。发射天线发射微波束直接送

达接收天线，当有运动目标遮挡微波波束时，接收天线接收到的微波能量减弱甚至消失了，此减弱的信号经检波、放大及比较，即可产生报警信号。

4. 声控探测器

声控探测器用微音器做传感器，用来监测入侵者在防范区域内走动或作案活动发出的声响（如启、闭门窗，拆卸、搬运物品及撬锁时的声响），并将此声响转换为电信号经传输线送入报警控制器。此类报警电信号既可供值班人员对防范区进行直接监听或录音，也可同时送入报警电路，在现场声响强度达到一定电平时启动报警装置发出声光报警，见图4-9。

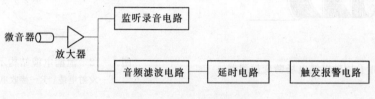

图4-9 声控探测器方框图

图4-9中报警部分使用了音频滤波电路，通过对它进行调节可使系统鉴别出保护区内所发的正常声音；另外还设有延时电路，延时的时间可以调节，以使系统只有在不正常的声音持续一段时间进行判别后才能发报警。通过以上措施有助于避免外界干扰（雷电、车辆的噪声）而引起的误报。为了更有效地防止外界干扰，音响报警系统还使用了抵消声音电路，使得建筑物外面所发出的声音不会触发报警，如图4-10所示。这种系统装有两个微音器，一个设在保护区内，另一个设在建筑物外面（即保护区外面），从建筑物外发出的声音（如行进中的车辆）

图4-10 声控鉴别探测器方框图

都可被两个微音器收到。但电路的调整应使得当两个微音器都敏感到同一声音，而外部的微音器输出信号大于内部微音器的输出信号时，探测器不触发，这就进一步降低了误报率。

作为视频报警复核装置以外的另一种报警复核装置，声控探测器与其他类型的报警装置配合使用，可以大大降低误报及漏报率。因为任何类型探测器都存在误报或漏报现象，在配有声控探测器的情况下，当其他类型探测器报警时，值班员可以监听防范现场有无相应的声响，若听不到异常的声响，就可以认为是误报。但是从声控探测器听到防范现场有异常响声时，虽然其他探测器未报警，也可以认为现场已有入侵者，而其他探测器是漏报，应采取相应措施进行巡检。

5. 周界探测器

周界探测器是较特殊的一类探测器。它由若干种能感知周界被入侵的探测器组合而成，常称之为"电子篱笆"。探测器可以固定安装在围墙或栅栏上及地层下，当入侵者接近或越过周界时产生报警信号，常用的有以下几种类型。

（1）泄漏电缆传感器。这种传感器是同轴电缆结构，但屏蔽层处留有空隙，电缆在传输时就会向周围泄漏电磁场。把平行安装的两根泄漏电缆分别接到高频信号发生器和接收器上，就组成了泄漏电缆探测器。当有入侵者进入埋有泄漏电缆的探测区时，使空间电磁场的分布状态发生变化，从而使接收机收到的电磁能量产生变化，此能量的变化即可作为报警信号触发探测器工作。图4-11是带孔同轴电缆电场畸变探测器结构。

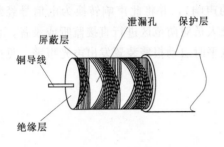

图4-11 带孔同轴电缆电场畸变探测器

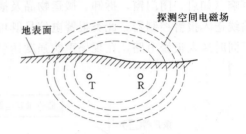

图4-12 泄漏电缆结构示意图
T—发射电缆；R—接收电缆

图4-12是一对平行架设的带孔同轴电缆探测器的截面，电缆之间的狭长区为探测区。发射机通过T向外发送探测信号，而这高频探测信号通过漏孔向外传布，在两根电缆之间形成一稳定交变电场，一部分能量传入R接收电缆，经放大处理后存入接收机存储器，一旦有人或物入侵探测区，对电场产生干扰，凡接收到变化的电场，与原存储信号比较，发生差异，就能有效地探出入侵者的入侵行为，发出报警信号，并能根据发射脉冲和反射信号之间的时间延迟来测出入侵者的位置。

带孔同轴电缆探测器的探测是定向制导，它在任何形态的区域或通路上都适用，没有盲区，特别适合于长线场合使用。

带孔同轴电缆探测器探测率高，在探测区域内无论入侵者采用什么路线、方式（直立行走或爬行）、移动速度快慢，都能探测到，不会漏报。

带孔同轴电缆探测器的抗干扰能力强，适合于做户外周界防范，对探测区以外的人、车辆、动物活动及各种恶劣气候、振动、声音和电磁场干扰都不会产生误报。

（2）光纤传感器。随着光纤技术的发展，传输损耗不断降低，传输距离不断加长。可以把光纤固定在长距离的围栏上，当入侵者跨越光缆时压迫光缆，使光纤中的光传输模式发生变化，探测出入侵者的侵入，探测器发出报警信号。

（3）平行线周界传感器。这种周界传感器由多条平行导线构成。在多条平行导线中有一部分平行导线与振荡频率为1~40kHz的信号发生器连接，称为场线，工作时场线向周围空间辐射电磁场；另一部分平行导线与报警信号处理器连接，称为感应线。场线辐射的电磁场在感应线中产生感应电流。当入侵者靠近或穿越平行导线时，就会改变周围电磁场的分布状态，相应地使感应线中的感应电流发生变化，报警信号处理器测出此电流变化量后作为报警信号发出。

除以上几种类型的周界探测器以外，光束遮断式红外线探测器也是一种常用的周界探测器。

6. 超声波探测器

超声波探测器是探测室内运动物体的空间入侵探测器，由于工作方式的不同，可以分为两种类型。

（1）多普勒式探测器。探测器由超声波发射器、超声波接收器和报警装置组成。工作时，发射机发射一定分布模式的超声波充满室内空间，接收机接收从墙壁、天花板、地板及室内其他物体反射回来的超声波，并与发射波频率进行分析比较。室内没有移动物体时，收发频率不变，不产生报警。当有入侵者在探测区移动时，反射波产生多普勒频移，探测器即可检测出收、发波的频率变化，并以此作为报警信号输出。

（2）脉动回波式探测器。脉动回波式探测器的工作原理与多普勒式探测器不同之处在于，它的发射机向空间发射的超声波能量较大，在室内产生多次反射后，使所防范空间的各个层次、各个角落都充满了密度较高的超声波能量。在入射波和多次反射波的共同作用下，室内空间超声波能量密度立体分布是不均匀的。当室内没有运动物体时，能量密度分布处于某一相对稳定状态。如果室内有运动物体时，就会使空间波腹点和波节点的立体分布状态随着物体的运动而连续变化。接收机就会接收到幅度连续变化的超声波信号，幅度变化频率与超声波频率、物体运动速度成正比。

这种超声波探测器的探测灵敏度与物体的运动方向无关，并且与室内物体多少、位置、角度也无关，还能探测出金属物体后面的入侵者。由于室外的运动物体不影响室内超声波的能量分布状态，因而对室外的运动物体不产生报警。

7. 红外线探测器

利用红外线能量的辐射及接收技术构成的报警装置称为红外线探测器。依工作原理的不同，红外线探测器可分为热感红外线探测器和光束遮断式红外线探测器两种类型。

（1）热感红外线探测器。红外光是波长介于微波与可见光之间，具有向外辐射能力的电磁波，红外光的波长范围是 $(0.78\sim1)\times10^{3}\mu m$。不同的物体，其所辐射的红外光波长是有差异的，人体所辐射的红外线的波长主要在 $10\mu m$ 左右，热感式红外线探测器即据此来侦测人体。

执行红外光能量侦检的感知器，依原理的不同，分量子型及热能型两种。由于热能型感知器的灵敏度与波长没有依存关系，可在室温下使用，目前作为人体感知器及自动灯控探测器是使用最多的。它具有 $7\sim15\mu m$ 的带通特性光学滤波器，能对接近人体温度的红外辐射产生反应。

（2）光束遮断式红外线探测器。目前使用最多的为红外线对照式，它由一个红外线发射器与一个接收器以相对方式布置组成。当有人横跨过门窗或其他监视防护区时，遮断不可见的红外线光束而引发警报。为了防止来人可能利用另一个红外光束来瞒过警报器，侦测用的红外线必须先调整至特定的频率，再发送出去，而接收器也必须装有频率与相位鉴别电路，来判别光束的真伪或是防止日光等光源的干扰。较为先进的光束遮断式探测器采用激光为光束。由于激光有直射而不发散的特性，可通过布置许多折射镜，来回交织构成一个防护圈或形成一个防护网，比单纯一道光束的红外线更为有效。但该类装置较为昂贵。

8. 双鉴探测器

鉴于单一类型的探测器误报率较高，可将两种不同探测原理（红外、微波、超声波等）的探头组合起来，构成互补探测的复合报警器，称为双鉴探测器，如图 4-13 所示。

(a)　　　　　　　(b)

图 4-13 双鉴探测器

(a) 壁挂式；(b) 吸顶式

组合中的两个探测器应满足两个条件：其一是两个探测器有不同的误报机理；其二是两个探头对目标的探测灵敏度又必须相同。当上述条件不能满足时，应选择对警戒环境产生误报率最低的两种类型探测器。如果两种探测器对警戒环境误报率都很高，组合起来，误报率也不会显著下降，没有实际意义。

选择的探测器应对外界经常或连续发生的干扰不同时敏感，而对要监测的信号必须同时敏感，也就是要求复合成的探测器双方互相做鉴证，经鉴别同时有效后才能发出报警信号，从而降低误报率，提高可信度。几种双鉴探测器的性能比较见表 4-1。

表 4-1　　　　　　　　　　　　　探测器误报率比较

类　型	探测器类型	误报率（％）	可信度
单技术探测器	微波探测器	421	低
	红外探测器	421	低
	超声波探测器	421	低
	声音探测器	421	低
双鉴式探测器	微波/超声波探测器	270	中
	遮断式红外/遮断式红外探测器	270	中
	超声波/遮断式红外探测器	270	中
	微波/遮断式红外探测器	1	高

由两个遮断式红外探测器组合的双鉴探测器完全是两个同种探测器的组合，对环境干扰引起的假报警没有抑制作用。

微波和超声波探测器都是应用多普勒效应，属于相同工作原理的探测器，两者互相抑制探测器本身的误报有一定效果，但对于环境干扰引起的误报抑制作用较差。

超声波和遮断式红外探测器组成的双鉴探测器，由两种不同类型的探测器组成，对本身误报和环境干扰引起的假报警都有一定的相互抑制作用，但由于超声波的传播方式不同于电磁波，是利用空气做媒介进行传播的，而环境湿度对超声波探测器的灵敏度有较大影响。

微波和遮断式红外探测器组合的双鉴探测器，相互抑制本身误报和由环境干扰引起的假报警的效果最好，并采用了温度补偿技术，弥补了单技术遮断式红外探测器灵敏度随温度变化的不足，使微波/遮断式红外双鉴探测器的灵敏度不受环境温度的影响。从表 4-1 中可以看出微波/遮断式红外探测器的误报率最低，可信度最高，因此得到广泛应用。

四、探测器的选择和布防

目前可供选择的入侵探测器类型很多，但无论选择什么样的探测器都必须能保证入侵报警系统工作的安全性和可靠性。其安全性是指在警戒状态下报警系统要保证正常的工作，不受或少受外界因素的干扰；其可靠性是指报警系统正常工作时，入侵者无论以何种方式、何种途径进入预定的防范区域，都应及时报警，并减少误报和漏报。

1. 探测器的选择

各种入侵探测器由于工作原理和技术性能的不同，往往仅适用于某种类型的防范场所和防范部位，因此需按适用的防范场所和防范部位的不同对入侵探测器进行分类，见表 4-2和表 4-3。

表 4-2 入侵探测器按防护场所分类

防护场所	适用探测器的类型
点型	压力垫、平衡磁开关、微动开关
线型	微波、红外及激光遮挡式周界探测器
面型	红外、电视探测器、玻璃破碎探测器
空间型	微波、遮断式红外、声控、超声波、双鉴探测器

表 4-3 入侵探测器按防护部位分类

防护部位	适用探测器的类型
室内	微波、声控、超声波、红外、双鉴探测器
门、窗	电视、红外、玻璃破碎探测器，各类开关探测器
通道	电视、微波、红外、开关式探测器
周界	微波、红外、周界探测器

2. 布防准备工作

入侵报警系统工作的安全性和可靠性除了正确地选择了入侵探测器之外，正确合理地对探测器进行布防规划也是满足防范要求的重要保证。

布防准备工作包括室内防范现场勘察和室外防范现场勘察。

（1）室内现场勘察应调查了解的内容。

1）建筑物结构：建筑物内部面积、形状，顶板高度，一切可能的入口（门、窗、天窗、通风口、地沟等）。

2）建筑材料：门窗的材料结构，密闭性能，大小尺寸及方向。

3）环境因素：温度变化，阳光入射方向，附近有无热源、超声源（空调机、空压机、风扇、暖气装置等）及电磁场干扰源。

4）工作条件及室内布局：是否靠近公路、铁路、强振动源，有无窗帘、门帘等易摆动或转动物，室内有无较大的金属物，人工光源的照度及投光方向，室内物品的种类、摆放等。

（2）室外现场勘察应调查了解的有关因素。

1）防范区域的地形、地貌（平地、丘陵、山地、河流、湖泊），防范周界状况（是平地还是丘陵或是山地），植被情况（是否有草、树等植物），气候情况（包括气温、风、雪、雷、雨、雾、冰雹等）和土质情况。

2）还应注意周围有无小动物及鸟类的活动，有无电磁干扰（广播发射机及各种高频设备）等。

3. 入侵报警系统布防模式

通过现场勘察的实际情况及入侵探测器工作特性的分析，就可以确定布防模式。入侵探测器的工作特性见表4-4。

表4-4 入侵探测器的工作特性

探测器名称		警戒功能	工作场所	主要特点	适于工作的环境及条件	不适于工作的环境及条件
微波探测器	多普勒式		室内	隐蔽、功耗小穿透力强	在热源、光源、流动空气的环境中	机械振动、有抖动摇摆物、电磁反射物、电磁干扰
	阻挡式	点线	室内、室外	与运动物体速度无关	室外全天候工作，适于直线周界警戒	收、发之间视线内不得有障碍物或运动、摆动物体
红外探测器	阻挡式	点线	室内、室外	隐蔽、便于伪装、寿命长	在室外与围栏配合使用，做周界报警	收、发视线内不得有障碍物，地形起伏、周界不规则、大雾、大雪等恶劣气候
	被动式	空间线	室内	隐蔽、昼夜可用、功耗低	静态背景	背景有红外辐射变化及有热源、振动、冷热气流、阳光直射、背景与目标温度接近、有强电磁干扰场所
超声波探测器		空间	室内	无死角、不受电磁干扰	隔声性能好的密闭空间	振动、热源、噪声源多的空间，及温度、湿度、气流变化大的场合
电视探测器		空间面	室内、室外	报警与摄像复核相结合	静态景物及照度缓慢变化的场合	背景有动态景物及照度快速变化的场合
声控探测器		空间	室内	有自我复校能力	无噪声干扰场合，配合其他探测器复核	有噪声干扰的热闹场合
激光探测器		线	室内、室外	隐蔽性调整困难	大距离直线周界警戒	同阻挡式红外探测器
双鉴探测器		空间	室内	两种类型探测器相互鉴证报警	其他类型探测器不适用的环境	强电磁干扰

根据防范场所、防范对象及防范要求的不同，现场布防可分为周界防护、空间防护和复合防护三种模式。

（1）周界防护模式。采用各种探测报警手段对整个防范场所的周界进行封锁，如对大型建筑物采用室外周界布防，选用主动红外、遮挡式微波、泄漏电缆式探测器等。

对大型建筑物也可采用室内周界布防，使用探测器封锁出入口、门窗等可能受到入侵的部位。对于面积不大的门窗可以用磁控开关，对于大型玻璃门窗可采用玻璃破碎报警器。

（2）空间防护模式。空间防护时的探测器所防范的范围是一个特定的空间，当探测到防范空间内有入侵者的侵入时就发出报警信号。

在室内封锁主入口及入侵者可能活动的部位。对于小房间仅用一个探测器，若空间较大则需要采用几个探测器交叉布防，以减少探测盲区。

（3）复合防护模式。它是在防范区域采用不同类型的探测器进行布防，使用多种探测器对重点部位作综合性警戒，当防范区内有入侵者的进入或活动，就会引起两个以上的探测器陆续报警。例如，对重点厅堂的复合防护可在窗外设周界报警器，门窗安装磁控开关，通道出入口设有压力垫，室内设双鉴探测器，构成一个立体防范区域。

复合防护有以下特点：

1）当在防范区有入侵者进入或活动时，就会使邻近的探测器先后报警，这样在控制台上即可显示入侵的地点，也可显示入侵者的路径及行踪。

2）在防范区多种探测器先后产生报警信号时，它们互相之间起到报警复核作用，提高了报警系统的可靠性和安全性。

五、系统信号的传输

系统信号的传输就是把探测器中的探测电信号送到控制器去进行处理、判别，确认有、无入侵行为。探测电信号的传输通常有两种方法：有线传输和无线传输。

1．有线传输

有线传输是将探测器探测到的信号通过导线传送给控制器。

（1）有线传输的线制。根据控制器与探测器之间采用并行传输还是串行传输的方式不同而选用不同的线制。所谓线制是指探测器和控制器之间的传输线的线数。一般有多线制、总线制和混合式三种方式。

1）多线制。所谓多线制是指每个防盗报警探测器与控制器之间都有独立的信号回路，探测器之间是相对独立的，所有探测信号对于控制器都是并行输入的，这种方法又称点对点连接。多线制又分为 $n+4$ 线制与 $n+1$ 线制两种，n 为 n 个探测器中每个探测器都要独立设置的一条线，共 n 条；而4或1是指探测器的公用线。$n+4$ 线制如图 4-14 所示。

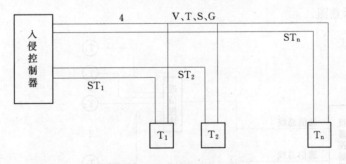

图 4-14　$n+4$ 线制连接示意图

图中4线分别为 V、T、S、G，其中 V 为电源线（24V），T 为自诊断线，S 为信号线，G 为地线。$ST_1 \sim ST_n$ 分别为各探测器的选通线。$n+1$ 线制的方式无 V、T、S 线，ST_i 线则承担供电、选通、信号和自检功能。

多线制的优点是探测器的电路比较简单；缺点是线多，配管直径大，穿线复杂，线路一旦出故障不好查找。显然，这种多线制方式只适用于小型报警系统。

2）总线制。总线制是指采用2～4条导线构成总线回路，所有的探测器都并接在总线上，每只探测器都有自己的独立地址码，防盗报警控制器采用串行通信的方式按不同的地址信号访问每只探测器。总线制用线量少，设计施工方便，因此被广泛使用。

图 4-15 所示为四总线连接方式。P 线给出探测器的电源、地址编码信号；T 为自检信号线，以判断探测部位或传输线是否有故障；S 线为信号线，S 线上的信号对探测部位而言是分时的；G 线为公共地线。

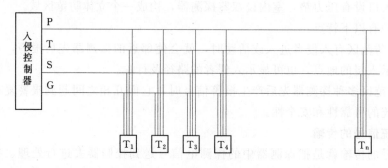

图 4-15 四总线连接示意图

二总线制则只保留了 P、G 两条线，其中 P 线完成供电、选址、自检、获取信息等功能。

3）混合式。有些防盗报警探测器的传感器结构很简单，如开关式防盗报警探测器，如果采用总线制则会使探测器的电路变得复杂起来，势必增加成本。但多线制又使控制器与各探测器之间的连线太多，不利于设计与施工。混合式则是将两种线制方式相结合的一种方法。一般在某一防范范围内（如某个房间）设一通信模块（或称为扩展模块），在该范围内的所有探测器与模块之间采用多线制连接，而模块与控制器之间则采用总线制连接。由于房间内各探测器到模块路径较短，探测器数量又有限，故多线制可行，由模块到报警器路径较长，采用总线制合适，将各探测器的状态经通信模块传给控制器。图 4-16 所示为混合式示意图。

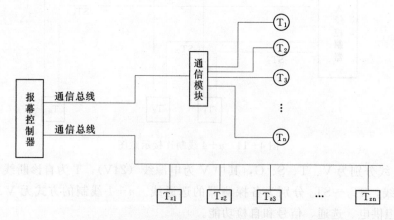

图 4-16 混合式示意图

T_1—多线制报警探测器；T_{z1}—总线制报警探测器

（2）有线信道传输部分。信道是传输探测电信号的通道，即传输介质。根据信道的范围有狭义和广义之分，把仅指传输信号的传输介质称为狭义信道；把除包括传输媒介外，还包括从探测器输出端到报警控制器输入端之间的所有转换器（如发送设备、编码发射机、接收设备等）在内的扩大范围的信道称为广义信道，如图4-17所示。在广义信道中，不管中间过程如何，它们只不过是把探测电信号进行了某种处理而已。应用时只需关心最终传输的结果，而无需关心形成这个最终结果的详细过程。

图4-17 广义信道方框图

在报警器中常用的有线信道有专用线和借用线两种。

1）专用线。专用线专用于连接每个探测器和报警接收中心的线路，只作为传输该系统的探测信号用，不作它用。一般常用双绞线、电话线、电缆、通信电缆。

在小型防范区域内，往往把探测器的电信号直接用双绞线送到入侵报警控制器，双绞线经常用来传送低频模拟信号和频率不高的开关信号。

在小型报警控制器与区域报警中心进行联网时，常借用公用交换电话网，通过电话线传输探测电信号。首先对报警系统的各探测器进行编码，当探测器出现报警信号后，小型报警控制器按原先输入的报警电话号码，发出相应的拨号脉冲，接通与报警中心的电话，然后小型报警控制器通过接通的电话线向报警中心发出探测电信号和相应的探测器识别码，报警中心即能马上发现哪个探测器，在哪个部位发出报警信号。在采用这种方式传输信号时，探测电信号较正常通话优先，即在传输探测电信号时线路不能通话，而当正常通话时，如果传入探测电信号，则通话立即中断，送出探测电信号。

当传输声音和图像复合信号时常用音频屏蔽线和同轴电缆，音频线和同轴电缆传输时具有传输图像好、保密性好、抗干扰能力强的优点，在用同轴电缆传输图像和音频信号时通常有两种方式：一种是一根电缆传送一路信号，这种方式电路简单、价格便宜，一般可用于较短距离的信号传输。另一种是一根电缆传送多路信号。在远距离的传输中（如几千米至几十千米），一般采用第二种方式，如用400MHz可送24路信号，前端的探测信号在传输前先进行调制，调制到80～400MHz的载频上，到达终端后再解调还原出原先的探测电信号，经信号处理后，发出报警信号，或通过录像机进行记录。视频图像也可通过光缆进行传输，其特点是传输距离远、传输图像质量好、抗干扰、保密、体积小、重量轻、抗腐蚀和容易敷设，但造价较高。

另外，在发送端先将视频信号转换成平衡信号，并进行适当的预加重，就可用电话线来传输图像信号，在终端把电话线送来的平衡信号再转换成不平衡信号，然后对信号进行补偿，还原出传输图像。

2）借用线。在一些已建好的建筑物内，已有了各种传输线网络，如220V的照明线路、电话及电视共用的天线线路等，借此来传输报警系统的探测信号，人们已根据实际需要研制了能利用已有的线路传输报警探测信号的相关设备，如电话报警器，平时作电话用，有情况时作报警用。自动交换台在自动控制的范围内都可以用作报警器，在手动交换台控制的范围内不能用，这是因为，在需要报警的时刻，电缆不一定能保证接通。其他还有利用照明线路、电视共用天线来传输报警探测电信号等。

2.无线传输

无线传输是探测器输出的探测信号经过调制，用一定频率的无线电波向空间发送，由报警中心的控制器接收。而控制中心将接收信号处理后发出报警信号和判断出报警部位。

全国无线电管理委员会分配给报警系统的无线电频率为：

1）36.050MHz、36.075MHz、36.125MHz。

2）36.350MHz、36.375MHz、36.425MHz。

3）36.650MHz、36.675MHz、36.725MHz。

在无线传输方式下，前端防盗报警探测器发出的报警信号的声音和图像复核信号也可以用无线方法传输。首先在对应防盗报警探测器的前端位置，将采集到的声音与图像复合信号变频，把各路信号分别调制在不同的频道上，然后在控制中心将高频信号解调，还原出相应的图像信号和声音信号，并经多路选择开关选择需要的声音和图像信号，或通过相关设备自动选择报警区域的声音和图像信号，进行监控或记录。

目前我国采用较多的是在无线信道中传送模拟信号。一般都是探测器在正常状态下不发射无线电波，而在报警状态下发射无线电波的模式。常用的有调幅、调频两种方式。

（1）调幅方式。当某个探测器 A 产生报警电信号时，发射机发出某个调幅波，其调制信号可以是该探测器特有的低频信号 f_A，即显示探测器 A 处出现了危险情况。

这种传输方式较易受到外界干扰，引起误报警。有的尽管采取了抗电火花干扰措施，但效果仍不理想。

（2）调频方式。当某个探测器 B 产生报警电信号时，发射机发出某个调频波，其调制信号可以是该探测器特有的两个音频信号 f_B、f'_B（采用音叉振荡器频率较精确）。在报警接收中心收到调频波后，调频得到双音频信号 f_B、f'_B，即显示探测器 B 处出现了危险情况。这种传输方式与调幅方式相比较，抗干扰性能较好。

随着科学技术的不断进步，人们将会更多地采用在无线信道中传送数字信号的传输方式。这是因为数字传输系统与模拟传输系统相比较，它更能适应对传输技术越来越高的要求。数字传输的抗干扰能力强，传输中的差错可以设法检测和纠正，便于使用计算机对信号进行处理，便于计算机联网使用。

无线防盗系统如图 4－18 所示。

六、防盗报警控制器

防盗报警控制器的作用是对探测器传来的信号进行分析、判断和处理。当入侵报警发生时，它将接通声光报警信号震慑犯罪分子，避免其采取进一步的侵入破坏；显示入侵部位以通知保安值班人员去作紧急处理；自动关闭和封锁相应通道；启动电视监视系统中入侵部位和相关部位的摄像机，对入侵现场监视并进行录像，以便事后进行备查与分析。除简单系统外，一般报警控制系统均由计算机及其附属设备构成。

1.防盗报警控制器的性能

（1）防盗报警控制器应能直接或间接接收来自入侵探测器发出的报警信号，发出声光报警并能指示入侵发生的部位。声光报警信号应能保持到手动复位，复位后，如果再有入侵报警信号输入时，应能重新发出声光报警信号。另外，入侵报警控制器还能向与该机接

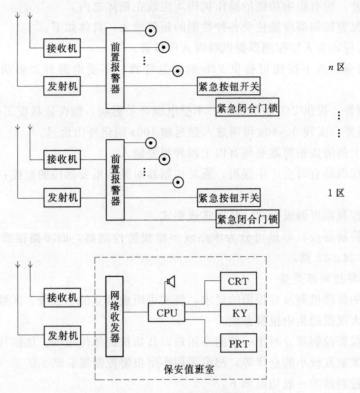

图 4-18 无线防盗系统

口的全部探测器提供直流工作电压。

（2）防盗报警控制器应有防破坏功能，当连接入侵探测器和控制器的传输线发生断路、短路或并接其他负载时应能发出声光报警信号，报警信号应能保持到引起报警的原因排除后，才能复位，而在该报警信号存在期间，如有其他入侵信号输入，仍能发生相应的报警信号。

（3）防盗报警控制器能对控制的系统进行自检，检查系统各个部分的工作状态是否处于正常工作状态。

（4）防盗报警控制器应有较宽的电源适应范围，当主电源电压变化±15%时，不需调整仍能正常工作。主电源的容量应保证在最大负载条件下连续工作 24h 以上。

（5）防盗报警控制器应有备用电源。当主电源断电时能自动转换到备用电源上，而当主电源恢复后又能自动转换到主电源上。转换时控制器仍能正常工作，不产生误报，备用电源应能满足系统要求，并连续工作 24h。

（6）防盗报警控制器应有较高的稳定性，在正常大气条件下连续工作 7 天，不出现误报、漏报，入侵报警控制器应在额定电压和额定负载电流下进行警戒、报警、复位，循环6000 次，而不允许出现电的或机械的故障，也不应有器件的损坏和触点黏连。

（7）防盗报警控制器平均无故障工作时间分为三个等级：A 级，5000h；B 级，20000h；C 级，60000h。

（8）防盗报警控制器的机壳应有门锁或锁控装置（两路以下例外），机壳上除密码按键及灯光指示外，所有影响功能的操作机构均应放在箱体之内。

（9）防盗报警控制器应能接受各种性能的报警输入，具体如下：

1）瞬时入侵，为入侵探测器提供瞬时入侵报警。

2）紧急报警，按下按钮可提供 24h 的紧急呼救，不受电源开关影响，能保证昼夜工作。

3）防拆报警，提供 24h 防拆保护，不受电源开关影响，能保证昼夜工作。

4）延时报警，实现 0～40s 可调进入延迟和 100s 固定外出延迟。

凡四路以上的防盗报警器必须有以上四种报警输入。

由于入侵探测器有时会产生误报，通常控制器对某些重要部位的监控，采用声控和电视复核。

防盗报警控制器可做成盒式、挂壁式或柜式。

防盗报警控制器按其容量可分为单路或多路报警控制器，而多路报警控制器则多为 2、4、8、16、24、32 路。

2. 防盗报警控制器类型

根据用户的管理机制及对报警的要求，警戒可组成独立的小系统、区域互联互防的区域报警系统和大规模的集中报警系统。

（1）小型报警控制器。对于一般的小用户，其防护的部位很少，如银行的储蓄所、学校的财会、档案室及较小的仓库等，都可采用小型报警控制器。

小型报警控制器的一般功能如下：

1）能提供 4～8 路报警信号、4～8 路声控复核信号，功能扩展后，能从接收天线接收无线传输的报警信号。

2）能在任何一路信号报警时，发出声光报警信号，并能显示报警部位、时间。

3）有自动/手动声音复核和电视、录像复核。

4）系统有自查能力。

5）市电正常供电时能对备用电源充电正常工作，另外还有欠压报警功能。

6）具有 5～10min 延迟报警功能。

7）能向区域报警中心发出报警信号。

8）能存入 2～4 个紧急报警电话号码，发出报警信号，断电时能自动切换到备用电源上，以保证系统发生报警情况时，能自动依次向紧急电话报警。

（2）区域报警控制器。对于一些相对较大的工程系统，要求防范的区域较大，防范的点也较多，如高层写字楼、高级的住宅小区、大型的仓库、货场等。此时可选用区域性的入侵报警控制器。区域入侵报警控制器具有小型控制器的所有功能，而且有更多的输入端，如有 16 路、24 路及 32 路的报警输入、24 路的声控复核输入、8～16 路电视摄像复核输入，并具有良好的并网能力。为了输入更多报警信号，要适当缩小控制器的体积。现在区域入侵报警控制器更多地利用了计算机技术，实现了输入信号的总线制。所有的探测器根据安置的地点，实现统一编码，探测器的地址码、信号及供电由总线完成，大大简化了工程安装。每路输入总线上可挂接 128 个探测器，而且每路总线上有短路保护，当某路电路发生故障时，控制中心能自动判断故障部位，而不影响其他各路的工作状态。当任何部位发出报警信号后，能直接送到控制中心的 CPU，在报警显示板上，电发光二极管显示报警部位，同时，驱动声光报警电路，及时把报警信号送到外设通信接口，按原先存储的报警电话，向更高一级的报警中心或有关主管单位报警。

在接收信号的同时，CPU 向声音复查电路和电视复核电路发出选通信号，通过声音和图像进行核查。核查无误后，启动录像机记录下图像。

（3）集中入侵控制器。在大型和特大型的报警系统中，由集中入侵控制器把多个区域控制器联系在一起。集中入侵控制器能接收各个区域控制器送来的信息，同时也能向各区域控制器送去控制指令，直接监控各区域控制器监控的防范区域。集中入侵控制器又能直接切换出任何一个区域控制器送来的声音和图像复核信号，并根据需要，用录像记录下来。由于集中入侵控制器能和多个区域控制器联网，因此具有更大的存储容量和更先进的联网功能。

第三节 闭路监控系统

闭路监控系统是采用摄像机对被控现场进行实时监视的系统，是安全技术防范系统中的一个重要组成部分，尤其是近年来计算机、多媒体技术的发展使得这种防范技术更加先进。

一、闭路监控系统的组成及特点

闭路监控电视系统根据其使用环境、使用部门和系统的功能而具有不同的组成方式，无论系统规模的大小和功能的多少，一般监控电视系统由摄像、传输、控制、图像处理和显示等四个部分组成，如图 4-19 所示。

图 4-19 监控电视系统的组成

1. 摄像部分

摄像部分的作用是把系统所监视的目标，即把被摄物体的光、声信号变成电信号，然后送入系统的传输分配部分进行传送。摄像部分的核心是电视摄像机，它是光电信号转换的主体设备，是整个系统的眼睛。摄像机的种类很多，不同的系统可以根据不同的使用目的选择不同的摄像机以及镜头、滤色片等。

2. 传输部分

传输部分的作用是将摄像机输出的视频（有时包括音频）信号馈送到中心机房或其他监视点。

控制中心的控制信号同样通过传输部分送到现场，以控制现场的云台和摄像机工作。传输方式有两种：有线传输和无线传输。

近距离系统的传输一般采用以视频信号本身的所谓基带传输，有时也采用调制成载波传送，采用光缆为传输介质的系统为光通信方式传送，传输分配部分主要有以下几种。

（1）馈线。传输馈线有同轴电缆（以及多芯电缆）、平衡式电缆、光缆。

（2）视频电缆补偿器。在长距离传输中，对长距离传输造成的视频信号损耗进行补偿放大，以保证信号的长距离传输而不影响图像质量。

（3）视频放大器。视频放大器用于系统的干线上，当传输距离较远时，对视频信号进行放大，以补偿传输过程中的信号衰减，具有双向传输功能的系统，必须采用双向放大器，这种双向放大器可以同时对下行和上行信号给予补偿放大。根据需要，视频（有时包括音频）信号和控制信号也可调制成微波，开路发送。

3. 控制部分

控制部分的作用是在中心机房通过有关设备对系统的现场设备（摄像机、云台、灯光、防护罩等）进行远距离遥控，控制部分的主要设备有以下两种。

（1）集中控制器。集中控制器一般装在中心机房、调度室或某些监视点上。使用控制器再配合一些辅助设备，可以对摄像机工作状态，如电源的接通、关断、光圈大小、远距离、近距离（广角）变焦等进行遥控。对云台控制，输出交流电压至云台，以此驱动云台内电机转动，从而完成云台水平旋转、垂直俯仰旋转。

（2）微机控制器。微机控制器是一种较先进的多功能控制器，它采用微处理机技术，其稳定性和可靠性好。微机控制器与相应的解码器、云台控制器、视频切换器等设备配套使用，可以较方便地组成一级或二级控制，并留有功能扩展接口。微机控制系统如图4-20所示。

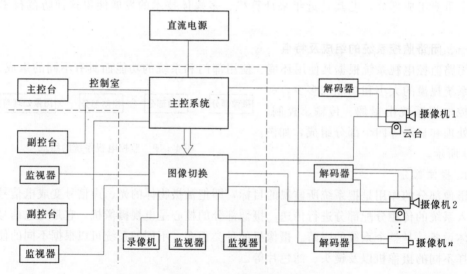

图4-20 微机控制系统

4. 图像处理与显示部分

图像处理是指对系统传输的图像信号进行切换、记录、重放、加工和复制等功能。显示部分则是使用监视器进行图像重放，有时还采用投影电视来显示其图像信号，图像处理和显示部分的主要设备如下。

（1）视频切换器。它能对多路视频信号进行自动或手动切换，输出相应的视频信号，使一个监视器能监视多台摄像机信号，根据需要，在输出的视频信号上添加字符、时间等。

（2）监视器和录像机。监视器的作用是把送来的摄像机信号重现成图像。在系统中，一般需配备录像机，尤其在大型的保安系统中，录像系统还应具备以下功能。

1）在进行监视的同时，可以根据需要定时记录监视目标的图像或数据，以便存档。

2）根据对视频信号的分析或在其他指令控制下，能自动启动录像机，如设有伴音系统时，应能同时启动。系统应设有时标装置，以便在录像带上打上相应时标，将事故情况或预先选定的情况准确无误地录制下来，以备分析处理。

随着计算机技术的发展，图像处理、控制和记录多由计算机完成，计算机的硬盘代替了录像机，完成对图像的记录。

二、闭路监控电视系统的形式

闭路监控电视系统的形式一般有以下几种。

1. 单头单尾方式

这是最简单的组成方式，如图 4-21（a）所示。头指摄像机，尾指监视器。这种由一台摄像机和一台监视器组成的方式用在一处连续监视一个固定目标的场合。

图 4-21（b）增加了一些功能，比如摄像镜头焦距的长短、光圈的大小、远近聚焦都可以遥控调整，还可以遥控电动云台的左、右、上、下运动和接通摄像机的电源。摄像机加上专用外罩就可以在特殊的环境条件下工作，这些功能的调节都是靠控制器完成的。

2. 单头多尾方式

如图 4-21（c）所示，它是由一台摄像机向许多监视点输送图像信号，由各个点上的监视器同时观看图像。这种方式用在多处监视同一个固定目标的场合。

3. 多头单尾方式

如图 4-21（d）所示，用在一处集中监视多个目标的场合。它除了控制功能外，还具有切换信号的功能。如果系统中没有动作控制的要求，那么它就是一个视频信号选

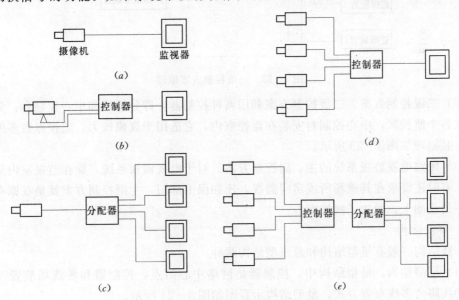

图 4-21 闭路监控电视系统组成形式

（a）简单单头单尾方式；（b）带控制器单头单尾方式；（c）单头多尾方式；
（d）多头单尾方式；（e）多头多尾方式

切器。

4.多头多尾方式

图 4-21 (e) 是多头多尾任意切换方式的系统，用于多处监视多个目标的场合。此时宜结合对摄像机功能遥控的要求，设置多个视频分配切换装置或矩阵网络。每个监视器都可以选切各自需要的图像。

这几种配置关系可以根据实际的应用环境自由选择。

三、闭路监控系统的控制方案与布线结构

1.控制方案

系统控制方案是指对各种现场传感器（探测器）进行功能控制的方式，它直接决定了系统布线结构形式。

（1）一级控制方案。一级控制方案只有一种控制器，该控制器直接面对现场设备，适用于规模较小的应用环境，如图 4-22 所示。

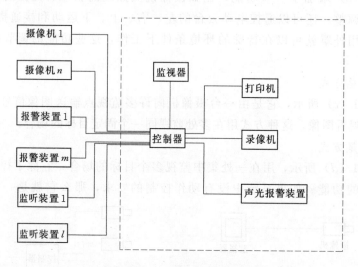

图 4-22 一级控制方案原理

（2）二级控制方案。二级控制方案利用两种控制器，即分控器和中心控制台，分控器安装在各个监控区，中心控制台安装在监控室内，它适用于规模较大、监控点数多的应用环境。其原理如图 4-23 所示。

（3）闭路电视监视系统的主、副控制方案。对于电视监视系统，除在监视室内集中监视外，有时还要求在其他场所或房间监视，比如保卫部门，主副控制方案就是在原有中心监控室的基础上，增加了副控室。

2.布线结构

布线结构一般有星型结构和总线型结构两种。

（1）星型结构。星型结构中，控制器是网络中心结点，控制器和各现场装置（传感器）的线路为多线布置方式。星型结构示意图如图 4-24 所示。

（2）总线型结构。总线型结构主要体现在二级控制方案中分控器和中心控制台间，分控器和传感器间的布线上，如图 4-25 所示。

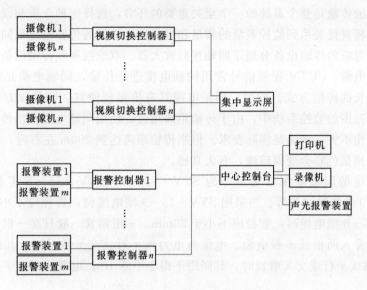

图 4-23 二级控制方案原理

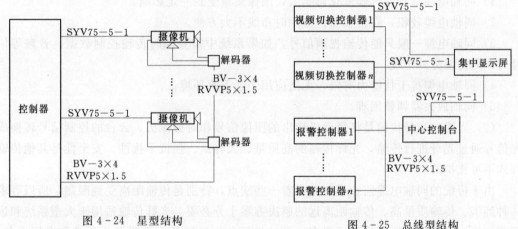

图 4-24 星型结构　　　　　　　　　　　　图 4-25 总线型结构

四、闭路监控系统信号的传输

监视现场和控制中心需要有信号传输，一方面摄像机得到的图像要传到控制中心；另一方面控制中心的控制信号要传到现场，所以传输系统包括视频信号和控制信号的传输。

1. 视频信号的传输

在监控系统中，CCTV 系统中视频信号的传输可分为两大类：一类是用电缆、光缆等进行传输的有线方式；另一类是用微波等进行传输的无线方式。我国 CCTV 视频信号的传输一般都采用有线方式。有线传输方式也有多种类型，按导线的结构分类，分为同轴电缆（不平衡电缆）、平衡对电缆（电话电缆）和光纤传输等类型；按传输频率分类，分为视频基带传输、低载波残留边带调频（EM）或调幅（AM）传输、共用天线电视频道方式传输、光强调制传输等四种类型。对于宾馆、酒店等一般都采用同轴电缆传输视频基带信号的视频传输方式。

监控图像的传输是整个系统的一个至关重要的环节，选择何种介质和设备传送图像和其他控制信号将直接关系到监控系统的质量和可靠性。常用的传输电缆是同轴电缆、电话电缆和光纤。对应的传输设备分别是同轴视频放大器、双绞线视频传输设备和光端机。

（1）同轴电缆。CCTV 视频信号常用同轴电缆进行传输，同轴电缆是较早使用，也是使用时间最长的传输方式。同时，同轴电缆具有价格较便宜、铺设较方便的优点，所以，一般在小范围的监控系统中，由于传输距离很近，使用同轴电缆直接传送监控图像对图像质量的损伤不大，能满足实际要求。但当传输距离达到 200m 左右时，图像质量将会明显下降，特别是色彩会变得暗淡，有失真感。

CCTV 系统的同轴电缆常用型号为 SYV-75-9、SYV-75-5 实心聚乙烯型和SBYEV-75-9 泡沫绝缘型等。当采用 SYV-75-9 型电缆时，管径应不小于 25mm；当采用 SYV-75-5 型电缆时，管径应不小于 20mm。一根钢管一般只穿一根电缆，如果管径较大可同时穿入两根或多根电缆。电缆与电力线平行或交叉敷设时，其间距不得小于 0.3m；与通信线平行或交叉敷设时，其间距不得小于 0.1m。电缆的弯曲半径应大于电缆外径的 15 倍。

同轴电缆在 CCTV 系统中传输图像信号还存在以下一些缺点：

1）同轴电缆本身受气候变化影响大，图像质量受到一定影响。

2）同轴电缆较粗，在密集监控应用时布线不太方便。

3）同轴电缆一般只能传输视频信号，如果系统中需要同时传输控制数据、音频等信号时，则需要另外布线。

4）同轴电缆抗干扰能力有限，无法应用于强干扰环境。

5）同轴放大器调整困难。

（2）光缆。光纤传输是将摄像机输出的图像信号和对摄像机、云台的控制信号转换成光信号通过光纤进行传输，光纤传输的高质量、大容量、强抗干扰性、安全性是其他传输方式不可比拟的。

由于传统的同轴电缆监控系统存在着一些缺点，特别是传输距离受到限制，所以寻求一种经济、传输质量高、传输距离远的解决方案十分必要。光纤传输适用于大型系统和远距离传输。但是系统造价增加了很多，并且光纤的施工复杂，需要专业人员和专用设备。所以，对这种距离不是太远的监控系统而言，使用光纤和光端机还是显得不够经济。

（3）双绞线。目前，有一种双绞线视频传输设备，通过使用此种设备，可以将双绞线应用于监控图像传输，它很好地解决了上面的难题，在今后的监控系统中将被大量使用。它具有抗干扰能力强、传输距离远、布线容易、价格低廉等许多优点。所以，监控系统中用双绞线进行传输具有明显的优势。

1）传输距离远、传输质量高。由于在双绞线收发器中采用了先进的处理技术，极好地补偿了双绞线对视频信号幅度的衰减以及不同频率间的衰减差，在传输距离达到 1km 或更远时，图像信号基本无失真。

2）布线方便、线缆利用率高。一对普通电话线就可以用来传送视频信号。另外，楼宇大厦内广泛铺设的五类非屏蔽双绞线中任取一对就可以传送一路视频信号，无须另外布线，即使是重新布线，五类电缆也比同轴电缆容易。

3）抗干扰能力强。双绞线能有效抑制共模干扰，即使在强干扰环境下，双绞线也能传送极好的图像信号。而且，使用一根电缆内的几对双绞线分别传送不同的信号，相互之间不会发生干扰。

4）可靠性高、使用方便。利用双绞线传输视频信号，在前端要接入专用发射机，在控制中心要接入专用接收机。这种双绞线传输设备价格便宜，使用起来也很简单，一次安装，长期稳定工作。

5）价格便宜，取材方便。由于使用的是目前广泛使用的普通五类非屏蔽电缆或普通电话线，购买容易，而且价格也很便宜，给工程应用带来极大的方便。

2. 控制信号的传输

在闭路监控系统中监控现场的图像信号通过传输介质传向控制中心，而控制中心通过传输介质向监控现场送去对云台、摄像机和灯光等的控制信号。

（1）控制的种类。如图4-26所示，CCTV系统中所需控制的种类包括以下几种。

1）电动云台有上、下、左、右四种控制动作，有些还有自动巡视功能。

2）电动变焦镜头的控制需对光圈的大小、调焦距等动作进行控制。

3）防护罩的控制有刮水器控制、风扇控制、加热器控制等。

4）电源控制是指摄像端各设备的电源开关的控制，包括摄像机电源开关、照明设备电源及其他有关设备电源的开关。

（2）控制信号的传输。控制中心要对现场的设备进行控制，就需把控制信号传输到现场，在近距离的监视系统中，常用的控制方式有直接控制、间接控制、频率分隔、总线控制等方式。

1）直接控制方式。这种方式是控制中心直接

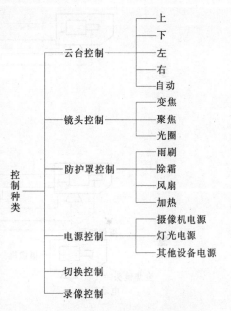

图4-26　CCTV系统中的控制种类

把控制量，如云台和变焦距镜头所需要的电源、电流等，直接送入被控设备，常用多芯控制电缆（KVV型），其基本结构如图4-27所示。它的特点是简单、直观，容易实现，没

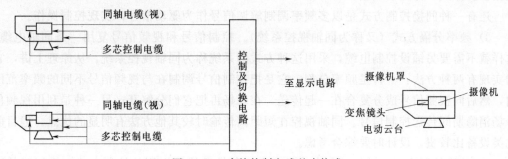

图4-27　直接控制方式基本构成

有中间环节，成本低廉。在现场设备比较少的情况下比较适用，但在所控制的云台、镜头数量很多时，需要大量的控制电缆，线路也复杂。所以大的系统中一般不采用这种方式。

直接控制方式的电流大，对传输线要求比较高，控制效果受传输电缆线路电压降的影响（一般允许电压降为 10％），由于电缆的芯线直径不能选得太大，所以这种方式控制距离较近，一般不超过 500m。

2）间接控制方式。当摄像端与监视端相距很远、控制电缆太长时，无法进行直接控制，这时可以用继电器作间接控制。间接控制是在摄像机附近处设置一个继电器控制箱，由监视端控制继电器的动作。因为继电器绕阻的阻抗很高，所以控制电流就很小，控制线的电压降很低，这样就可以大大增加控制距离。控制箱内有一个 220V/24V 变压器，220V 交流电源从摄像端处取得，变压器将其变为 24V 交流低压或再变成直流，供给被控设备，实现遥控。间接控制方式的基本构成如图 4-28 所示。

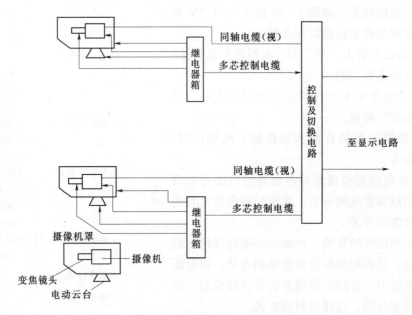

图 4-28　间接控制方式基本构成

间接控制的最长电缆长度由所使用的继电器吸动电流决定，一般从几百米到 1000m 左右。在工程实际中，间接控制方式使用较多，但这种间接控制方式，在控制线制方面与直接控制方式一样是多线制。

还有一种间接控制方式是以多频率调制解调信号作为驱动信号，实现控制操作。

3）频率分隔方式（又称为同轴视控系统）。控制信号和视频信号复用一条同轴电缆，这样就不需要另铺设控制电缆，采用这种方式的系统称为同轴视控系统。从原理上讲，它的实现有两种方法：一种是频率分割，它是把控制信号调制在与视频信号不同的频率范围内，然后同视频信号成分复合在一起传送，在现场再把它们分解开；另一种是利用视频信号场消隐期间传送控制信号。同轴视控在短距离传输时较其他方法有明显的优点，但目前此类设备比较贵，设计时要综合考虑。

4）总线控制方式。总线控制方式是对整个传输单线制组网的控制方式，适用于长距离传输控制，其基本构成如图 4-29 所示。监视端的微处理机将控制指令编码后变成串行数字信号送入传输总线，在摄像端的解码电路对其进行解码识别，然后通过驱动电路执行相应指令，这样，只需两条线就可实现对整个系统的控制，使控制线大大减少。

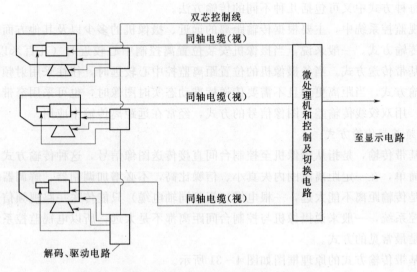

图 4-29　总线控制方式基本构成

　　总线控制方式与直接（间接）控制方式比较，在系统增容、控制项目扩展和实行计数分级控制等方面，具有很大的灵活性，实现起来非常容易，要做的工作主要是更改微处理机的软件，而控制线不需任何变动。因此总线控制方式得到越来越广泛的应用，特别是在远距离、大型系统中更是如此。

　　但在只有几台摄像机、控制距离较近的小型系统中，使用直接控制方式则比较实惠。

　　为了方便，一般将监视器、视频信号切换器、控制器等设备组装在一个监控台上，如图 4-30 所示。监控台放在监控室

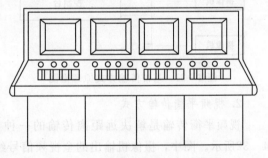

图 4-30　闭路电视监控台示意图

内，有的监控台还设有录像机、打印机、数码显示器、报警器等。

五、闭路监控系统信号的传输方式

　　传输系统将电视监控系统的前端设备和终端设备联系起来。使前端设备产生的图像视频信号、音频监听信号和各种报警信号送至中心控制室的终端设备，并把控制中心的控制指令送到前端设备。为保证监控系统的工作质量，传输系统应尽量减小失真地传送各种信息，并具有较好的抗干扰性。视频图像信号的传送应满足其 6MHz 的带宽要求（黑白图像至少也要达到 4MHz），在远距离传输过程中，应尽量保持原始信号良好的幅频和相位特性。传输系统在电视监控系统中将组成一个四通八达的传输网，工程量大而设计方案往往又不如前端和终端设备那样现成，因此传输系统的设计和选用将是电视监控系统设计中的一大难题；否则，尽管有良好的前端及终端设备，也会由于设计不良的传输系统而影响

整个监控系统的质量。

根据电视监控系统的规模大小、覆盖面积、信号传输距离、信息容量以及对系统的功能及质量指标和造价的要求，可采取不同的传输方式。主要分为有线传输和无线传输两种方式，而每种方式中又可包括几种不同的传输方法。

在电视监控系统中，主要根据传输距离的远近、摄像机的多少以及其他方面的有关要求来确定传输方式。一般来说，当摄像机安装位置离控制中心较近时（几百米以内），多采用视频基带传送方式。当各摄像机的位置距离监控中心较远时，往往采用射频有线传输或光纤传输方式。当距离更远且不需要传送标准动态实时图像时，也可采用窄带电视电话线路传输。用双绞线传输差分图像信号的方式，经常在远距离传输中应用。

1. 视频基带传输方式

视频基带传输，是指从摄像机至控制台间直接传送图像信号，这种传输方式的优点是传输系统简单，在一定距离范围内失真小、信噪比高，不必增加调制器、解调器等附加装置。缺点是传输距离不能太远，一根电缆（视频同轴电缆）只能传送一路视频信号。但由于电视监控系统，一般来说摄像机与控制台间距离都不是太远，所以电视监控系统中采用视频传输是最常见的方式。

视频基带传输方式的原理框图如图 4-31 所示。

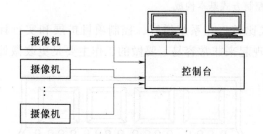

图 4-31　基带传输方式原理框图　　　　　图 4-32　视频平衡传输原理框图

2. 视频平衡传输方式

视频平衡传输是解决远距离传输的一种比较好的方式。这种传输的原理框图如图 4-32所示。图中，摄像机输出的全视频信号经发送机转换成一正一负的差分信号，该信号经普通双绞线（如电话线）传至监控中心接收机，由接收机重新合成为标准的全电视信号，再送入控制台中的视频切换或其他设备。图 4-32 中的中继器是为了更远距离传输使用的一种传输设备。当这种方式不加中继器时，黑白信号可传输 2000m，彩色信号可传输 1500m。加中继器最远可传输 20km 以上（传送黑白信号时）。

这种信号传输方式的原理是：由于把摄像机输出的全电视信号由发送机变为一正一反的差分信号，因而在传输过程中产生的幅频和相频失真，经远距离传输后再合成就会把失真抵消掉，在传输中产生的其他噪声和干扰也因一正一反的原因，在合成时被抵消掉。也正因为如此，传输线采用普通双绞线即可满足要求，减少了传输系统造价。

3. 图像信号射频传输方式

在电视监控系统中，当传输距离很远又同时传送多路图像信号时，也有采用射频传输方式，将视频图像信号经调制器调制到某一频道上传送，如图 4-33 所示，射频传输的优

点是传输距离远、失真小，适合远距离传送彩色图像信号。一条传输线（特性阻抗 75Ω
同轴电缆）可以传送多路射频图像信号。但射频传输也有明显的缺点，如需增加调制器、
混合器、线路宽带放大器、解调器等传输部件，而这些传输部件会带来不同程度的信号失
真，并且会产生交扰调制与相互调制等干扰信号，同时，当远端摄像机不在同一方向时
（即相对分散时），也需多条传输线路将各路射频信号传到某一相对集中地点，再经混合器
混合后用一条电缆传到控制中心，因而使传输系统造价升高。另外，在某些广播电视信号
较强的地区，还可能与广播电视信号或有线电视信号产生相互干扰。

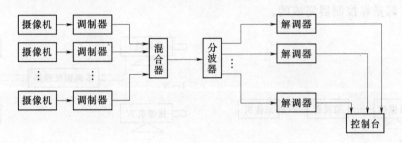

图 4-33　射频传输方式组成框图

4. 光缆传输系统

用光缆代替同轴电缆进行电视信号传输，给电视监控系统增加了高质量、远距离传输
的有利条件，其传输特性优越和多功能特性是同轴电缆所无法比拟的。稳定的性能、可靠
和多功能的信息交换网络为信息高速奠定良好的基础。光缆传输的主要优点有传输距离
长、容量大、质量高、保密性能好、敷设方便。但光缆电视系统也存在一些特有的问题，
如光缆、光端机成本高，施工连接技术复杂等。总之，用光缆作干线的系统容量大、能双
向传输、系统指标好、安全可靠性高、建网造价高、施工技术难度大，但能适应长距离的
大系统的干线使用。图 4-34 是光缆电视系统的典型应用。

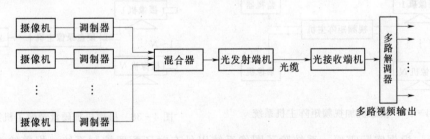

图 4-34　光缆模拟射频多路电视系统框图

5. 微波传输

微波传输是将摄像机输出的图像信号和对摄像机、云台的控制信号调制到微波段，以
无线发射的方式进行传输，微波传输常用在布线困难、传输距离远的场所。

6. 计算机局域网传输

采用计算机局域网传输的方式是将图像信号与控制信号作为一个数据包，在局域网
内的任何一台普通 PC 通过分控软件就能调看任何一台摄像机输出的图像并对其进行
控制。

六、闭路监控系统的监控形式

闭路监控电视系统的监控形式一般有以下几种方式。

1. 摄像机加监视器和录像机的简单系统

图4-35所示是最简单的组成方式，这种由一台摄像机和一台监视器组成的方式用在一处连续监视一个固定目标的场合。这种最简单的组成方式也增加一些功能，比如摄像镜头焦距的长短、光圈的大小，远近聚焦都可以调整，还可以遥控电动云台的左、右、上、下运动和接通摄像机的电源，摄像机加上专用外罩就可以在特殊的环境条件下工作，这些功能的调节都是靠控制器完成的。

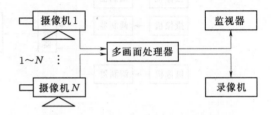

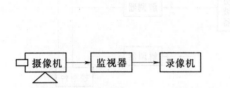

图4-35 摄像机加监视器和录像机的简单系统　　　　图4-36 摄像机加多画面处理器系统

2. 摄像机加多画面处理器监视录像系统

如果摄像机不是一台，而是多台，选择控制的功能不是单一的，而是复杂多样的，通常选用摄像机加多画面处理器监视录像系统，如图4-36所示。

3. 摄像机加视频矩阵主机监视录像系统

这种加视频矩阵主机的监视录像系统如图4-37所示。

4. 摄像机加硬盘录像监视录像系统

摄像机加硬盘录像监视录像系统如图4-38所示。

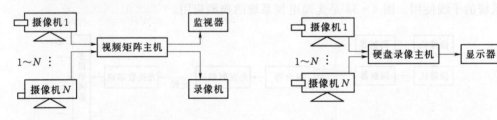

图4-37 摄像机加视频矩阵主机系统　　　　　　图4-38 摄像机加硬盘录像主机系统

此外，根据实际需要，系统除了图像系统以外有时还配置控制系统（报警输入、报警输出联动接口、语音复核系统等）。

七、闭路监控系统的现场设备

在系统中，摄像机处于系统的最前端，它将被摄物体的光图像转变为电信号——视频信号，为系统提供信号源，因此它是系统中最重要的设备之一。

1. 摄像机

严格来说，摄像机是摄像头和镜头的总称，而实际上，摄像头与镜头大部分是分开购买的，用户根据目标物体的大小和摄像头与物体的距离，通过计算得到镜头的焦距，所以每个用户需要的镜头都是依据实际情况而定的。

（1）摄像机分类。根据摄像机的性能、功能、使用环境、成像颜色等有以下分类。

1）按性能分类有：

a. 普通摄像机，工作于室内正常照明或室外白天。

b. 暗光摄像机，工作于室内无正常照明的环境里。

c. 微光摄像机，工作于室外月光或星光下。

d. 红外摄像机，工作于室内、外无照明的场所。

2）按功能分类，有：

a. 视频报警摄像机，在监视范围内如有目标在移动时，就能向控制器发出报警信号。

b. 广角摄像机，用于监视大范围的场所。

c. 针孔摄像机，用于隐蔽监视局部范围。

3）按使用环境分类，有：

a. 室内摄像机，摄像机外部无防护装置，对使用环境有要求。

b. 室外摄像机，在摄像机外安装有防护罩，内设降温风扇、遮阳罩、加热器、雨刷等，以适应室外环境温、湿度的变化。

4）按结构组成分类，有：

a. 固定式摄像机，监视固定目标，如图 4-39 所示。

b. 可旋转式，带旋转云台，可做上、下、左、右旋转。

c. 球形摄像机，可做 360°水平旋转，90°垂直旋转，可预置旋转位置，如图 4-40 所示。

d. 半球形摄像机，吸顶安装，可做上、下、左、右旋转，如图 4-41 所示。

图 4-39　固定式摄像机　　　图 4-40　球形摄像机　　　图 4-41　半球形摄像机

5）按图像颜色分类，有：

a. 黑白摄像机，灵敏度和清晰度高，但不能显示图像颜色。

b. 彩色摄像机，能显示图像颜色，灵敏度和清晰度在同种情况下比黑白摄像机低。

摄像机成像器的规格可分为 1/3 英寸、1/2 英寸和 2/3 英寸等，安装方式有固定和带云台两种。

6）按摄像器件的类型划分，有电真空摄像器件（即摄像管）和固体摄像器件（如 CCD 器件、MO 器件）两大类。固体摄像器件（如 CCD）是近年发展起来的一类新型摄像器件，目前使用范围正在迅速扩大，大有取代摄像管的发展趋势，固体摄像器件具有惰性小、灵敏度高、抗强光照射、几何失真小、均匀性好、抗冲振、没有微音效应、小而轻、长寿命等优点，电视监控系统中的摄像机通常选用 CCD 摄像器件。

（2）摄像机的性能指标。CCD摄像机的特点是体积小、灵敏度高、寿命长。从理论上讲，CCD器件本身寿命相当长而不会老化，这也是它对比以前的摄像管式摄像机具有的最大优点。

摄像机性能指标如下。

1）清晰度。一般都给出水平清晰度。电视监控系统使用的摄像机，要求彩色摄像机水平清晰度在300线以上，黑白摄像机在350线以上，这样的指标即可满足一般电视监控系统的要求。

2）照度（或称灵敏度）。照度是衡量摄像机在什么光照强度的情况下，可以输出正常图像信号的一个指标。在给出照度的这一指标时，往往是给出"正常照度"和"最低照度"两个指标，"正常照度"是指摄像机在这个照度下工作时能输出满意的图像信号，"最低照度"是指如果低于这个"最低照度"时，摄像机输出的图像信号就难以使用，或者说摄像机至少要工作在"最低照度"之上。照度或灵敏度一般用"勒克斯"（lx）表示，如某一摄像机的最低照度为0.01lx，或某一摄像机的灵敏度为0.01lx。

3）信噪比。这也是摄像机的一个重要技术指标。信噪比的定义是，摄像机的图像信号与它的噪声信号之比。这一指标往往用S/N表示，S表示摄像机在假设无噪声时的图像信号值，N表示摄像机本身产生的噪声值（比如热噪声等），两者之比称为信噪比，信噪比一般用分贝（dB）表示，信噪比越高（或称越好），表明这一指标越好，电视监控中使用的摄像机，一般要求其信噪比高于46dB。

4）供电电源。交流供电是220V，直流供电是12V、24V。

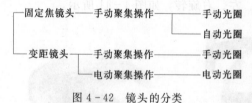

图4-42 镜头的分类

（3）摄像机镜头。摄像机光学镜头的作用是把被观察目标的光像聚焦于摄像管的靶面或CCD传感器件上，在传感器件上产生的图像将是物体的倒像，尽管用一个简单的凸透镜就可实现上述目的，但这时的图像质量不高，不能在中心和边缘都获得清晰的图像，为此往往附加若干透镜元件，组成一组复合透镜，方能得到满意的图像。

1）镜头的种类。摄像机镜头按照其功能和操作方法可分为常用镜头和特殊镜头两类。

a. 常用镜头。常用镜头又分为定焦距（固定）镜头和变焦距镜头两种，如图4-42、图4-43所示。

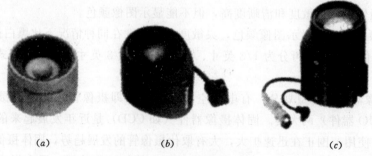

图4-43 不同镜头类型
(a) 普通镜头；(b) 自动光圈镜头；(c) 变焦镜头

定焦距（固定）镜头的焦距是固定的，采用手动聚焦操作，光圈调节有手动和自动两种，通常用于监视固定场所。变焦距镜头，其镜头焦距是可调的，既可以电动调焦，聚焦操作，也可以手动调焦，聚焦操作。变焦距镜头的光圈分电动和自动两种，自动光圈镜头也是常用的一种镜头，由于它的光圈是自动的（由摄像机输出的电信号去自动控制光圈的大小），所以适于光照度经常变化的场所，又由于它的焦距是电动可变的，因而可对所监视场所的视场角及目的物进行变焦距摄取图像，这种镜头用起来很方便、很灵活，适合远距离观察和摄取目标，常用在监视移动物体。

　　常用的电动变焦镜头有 6 倍、8 倍、10 倍几种，但给出的指标一般为焦距从多少毫米至多少毫米，如某变焦镜头的焦距为 8.8～88mm，即为 10 倍的变焦镜头。还有一种用电子方式变焦的镜头，焦距比可做到几百倍。

　　b. 特殊镜头。这种镜头是根据特殊的工作环境或特殊的用途专门设计的镜头，特殊镜头可分为以下几种。

　　广角镜头：又称为大视角镜头、短焦距镜头，安装这种镜头的摄像机可以摄取广阔的视野。

　　针孔镜头：这是有细长的圆管形镜筒，镜头的端部是直径只有几毫米的小孔，多用在炼钢炉内监视或隐蔽监视的环境进行装设。

　　2）镜头特性参数。镜头的特性参数很多，主要有焦距、光圈、视场角、镜头安装接口、景深等。

　　所有的镜头都是按照焦距和光圈来确定的，这两项参数不仅决定了镜头的聚光能力和放大倍数，而且决定了它的外形尺寸。

　　焦距一般用 mm 表示，它是从镜头中心到焦平面的距离。光圈即是光圈指数 F，它被定义为镜头的焦距 f 和镜头有效直径 D 的比值，即

$$F = f/D$$

式中　F——镜头的光圈指数；

　　　　f——镜头的焦距；

　　　　D——镜头的有效直径。

　　光圈 F 是相对孔径 D/f 的倒数，在使用时可以通过调整光圈口径的大小来改变相对孔径，F 值为 1，1.4，2，2.8，4，5.6，8，11…

　　光圈值决定了镜头的聚光质量，镜头的光通量与光圈的平方值成反比（$1/F^2$），具有自动可变光圈的镜头可依据景物的亮度来自动调节光圈，光圈 F 值越大，相对孔径越小。不过，在选择镜头时要结合工程的实际需要，一般不应选用相对孔径过大的镜头，因为相对孔径越大，由边缘光量造成的像差就大，如要去校正像差，就得加大镜头的重量和体积，成本也相应增加。

　　视场是指被摄物体的大小。视场的大小应根据镜头至被摄物体的距离、镜头焦距及所要求的成像大小来确定。

　　电视摄像机镜头的安装接口要严格按国际标准或国家标准设计和制造。镜头与摄像机大部分采用 C、CS 安装座连接，C 型接口的装座距离（安装靠面至像面的空气光程）为 17.52mm，CS 型接口的装座距离为 12.52mm，D 型接口的装座距离为 12.3mm，C 座镜

头通过接圈可以安装在 CS 座的摄像机上，反之则不行。

3）镜头的选择。合适镜头的选择由下列因素决定。

a. 再现景物的图像尺寸。

b. 处于焦距内的摄像机与被摄物体之间的距离。

c. 景物的亮度。

4）成像尺寸（$n \times b$）的选择。镜头的成像尺寸必须与摄像机靶面最佳尺寸一致，摄像管靶面越大，即摄像机所能摄取的光图像越大，则被摄物体最终摄取光图像的像素增加，其各项指标如清晰度、图像特性等指标也将大大提高，但摄像机的体积也将相应增大。

5）镜头焦距的选择。对于相同的成像尺寸，不同焦距长度的镜头的视场角也不同，焦距越短，视场角越大，所以短焦距镜头又称广角镜头。根据视场角的大小可以划分为以下五种焦距的镜头：长角镜头视场角小于 45°；标准镜头视场角为 45°～50°；广角镜头视场角在 50°以上；超广角镜头视场角可接近 180°；大于 180°的镜头称为鱼眼镜头。在系统中常用的是广角镜头、标准镜头、长角镜头。

长焦距镜头可以得到较大的目标图像，适合于展现近景和特写画面。而短焦距镜头适合于展现全景和远景画面。

2. 云台和防护罩

（1）云台。云台分手动云台和电动云台两种。

手动云台又称为支架或半固定支架。手动云台一般由螺栓固定在支撑物上，摄像机方向的调节有一定的范围，调整方向时可松开方向调节螺栓进行，水平方向可调 150°～30°，垂直方向可调 ±45°，调好后旋紧螺栓，摄像机的方向就固定下来，手动云台的安装如图 4-44 所示。

电动云台内装两个电动机，这两个电动机一个负责水平方向的转动，另一个负责垂直方向的转动，承载摄像机进行水平和垂直两个方向的转动。有的云台只能左右旋转称水平

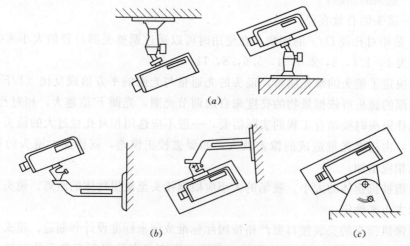

图 4-44 手动云台的安装
(a) 悬挂式手动云台；(b) 横臂式手动云台；(c) 半固定式手动云台

云台，有的云台既能左右旋转，又能上下旋转称全方位云台。

云台与摄像机配合使用能扩大监视范围，提高了摄像机的效率。云台的种类很多，从使用环境区分，有室内型云台、室外型云台、防爆云台、耐高温云台和水下云台等。

室内用云台承重小，没有防雨装置，室外用云台承重大，有防雨装置，有些高档的室外云台除有防雨装置外，还有防冻加温装置，摄像机云台如图4-45所示。

| (a) | (b) | (c) |

图4-45 摄像机云台

(a) 室内云台；(b) 室内云台；(c) 带云台的摄像机

在现代建筑的监视系统中，最常用的是室内和室外全方位普通云台，其选择主要有以下几项指标。

1) 回转范围。云台的回转范围分水平旋转角度和垂直旋转角度两个指标。水平旋转角度决定了云台的水平回旋范围，一般为0°～350°，垂直转动则有±35°、±45°、±75°等，水平及垂直转动的角度大小可通过限位开关进行调整。

2) 承重。云台的最大承载能力是，指摄像机（包括防护罩）的重心到云台工作面的距离为50mm，该重心必须通过云台的回转中心，而且与云台的工作面垂直，此时云台能承受的重力为云台的最大承载能力。云台对于这点的最大承载力是云台的标称值。一般的电动云台，控制线为五根，其中一根为电源的公共端，另外四根分为上、下、左、右控制。如果将电源的一端接在公共端上，电源的另一端接在"上"时，则云台带动摄像机头向上转，其余类推。

还有的云台内装继电器控制电路，这样的云台往往有六个控制输入端，一个是电源的公共端，另外四个是上、下、左、右端，还有一个则是自动转动端。当电源的一端接在公共端，电源另一端接在"自动"端，云台将带动摄像机头按一定的转动速度进行上、下、左、右的自动转动。

云台的安装位置距控制中心较近，且数量不多时，一般采用从控制台直接输出控制信号，用多芯控制电缆进行直接控制。而当云台的安装位置距离控制中心较远，且数量较多时，往往采用总线方式传送编码的控制信号，通过终端解码箱解出控制信号再去控制云台的转动。

3) 旋转速度。在对目标进行跟踪时，对云台的旋转速度有一定的要求。从经济上考虑，普通云台的转速是恒定的，水平旋转速度一般在3°～10°/s，垂直在4°/s左右。云台的转速越高，电机的功率就越大，价格也越高。有些应用场合需要在很短的时间内移动到指定的位置，一方面要求有位置控制，另一方面要有很高的转速。目前一些高速云台转速可以达到 $200°/s$ 以上，它们通常把摄像机、镜头、云台和防护罩统一设计，高速球形摄像机就是一例。

在选择云台时，除了上面的指标比较重要外，还要考虑云台所使用的电压，目前市场上出售的云台的电压一般是交流 $220V$、交流 $24V$，特殊的还有直流 $12V$ 的，选择时要结合控制器的类型和系统中其他设备统一考虑。

（2）防护罩。摄像机作为电子设备，其使用范围受元器件的使用环境条件的限制，为了使摄像机能在各种条件下应用，就要使用防护罩。防护罩的种类很多，这里按其使用的环境不同进行分类，如图 4-46 所示。

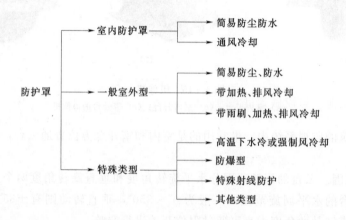

图 4-46 防护罩的类型

室内防护罩的要求比较简单，其主要功能是保护摄像机，能防尘，能通风，有防盗、防破坏功能，有时也考虑隐蔽作用，不易察觉。带有装饰性的隐蔽防护罩也经常被利用。例如，带有半球形玻璃防护罩的 CCD 摄像机，外形类似一般照明灯具，安装在室内天花板或墙上，摄像机防护罩如图 4-47 所示。

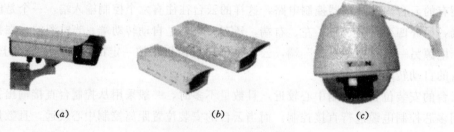

图 4-47 摄像机防护罩
(a) 室外防护罩；(b) 室内防护罩；(c) 球形罩

室外防护罩比室内防护罩要求高，其主要功能有防尘、防晒、防雨、防冻、防结露和防雪且能通风，室外防护罩一般配有温度继电器，在温度高时自动打开风扇冷却，低时自动加热，下雨时可以控制雨刷器刷雨。

3. 一体化摄像机

一体化摄像机现在专指可自动聚焦、镜头内建的摄像机，其技术从家用摄像机技术发展而来，与传统摄像机相比，一体化摄像机体积小巧、美观，安装、使用方便，监控范围广，性价比高。

（1）一体化摄像机的定义。对于一体化摄像机，一直以来有几种不同的理解，有指半球形一体机、快速球形一体机、结合云台的一体化摄像机和镜头内建的一体机。严格来说，快速球形摄像机、半球形摄像机与一般的一体机不是一个概念，但所用摄像机技术是一样的，因而一般也会将其归为一体化范畴。现在通常所说的一体化摄像机应专指镜头内建、可自动聚焦的一体化摄像机。

（2）一体化摄像机的特点。与传统摄像机相比，一体机体积小巧、美观，在安装方面具有优势，比较方便，其电源、视频、控制信号均有直接插口，不像传统摄像机有麻烦的连线。一体机成像系统（镜头）、CCD、DSP 技术专利均被国际知名大厂所掌握，相对传统摄像机来说，一体机质量可以得到较好的控制。同时，一体化摄像机监控范围广、性价比高。传统摄像机定位系统不够灵活，多需要手动对焦，而一体化摄像机最大的优点就是具有自动聚焦功能。可以做到良好的防水功能也是一体化摄像机的特色之一，一体化摄像机室外型都具有防水功能，而传统摄像机需和云台、防护罩配合使用才可以达到防水的功能。

（3）一体化摄像机的类型。一体化摄像机种类繁多，目前可分为彩色高清型和日夜转换型，以 16 倍、18 倍、20 倍、22 倍应用最多，其他 6 倍、10 倍应用较少。总体来说，一体机的趋势是照度越来越低，倍数越来越高。如 Samsung 最新推出的 SCC - C4203P 型一体化摄像机，具有日夜彩色自动转黑白功能，内置 22 倍光学变焦及 10 倍电子变焦镜头，彩色最低照度 0.02lx，黑白最低照度 0.002lx，Samsung 款机型可说代表了技术上的新潮流。

（4）一体化摄像机的发展及前景。一体化摄像机除具有成像技术好、像素数高及实用的优点外，还有日夜自动转换功能、图像遮盖效果、图像翻滚、图像报警等。与普通摄像机一样，一体化摄像机在数字化及网络功能上也有新的进展，主要是数字化处理技术，在一体机内部嵌入 IP 处理模块，具备网络功能。另外，就是目标锁定、自动跟踪功能，目前应用中在多目标跟踪时一体机只能自动选择最大的目标进行锁定，网络功能与自动跟踪功能是未来摄像机（包括一体化摄像机和普通摄像机）发展的方向。

一体化摄像机正在 CCTV 监控系统中得到广泛的应用。

4. 解码器

解码器完成对上述摄像机镜头、全方位云台的总线控制，如图 4-48 所示。

变焦镜头通常有光圈、聚焦、变焦三个电机，可正反向旋转，六个动作分别称为光圈大、光圈小、聚焦远、聚焦近、变倍长和变倍短。变焦镜头的电机大部分是直流电机，直流电机加反向电压后就会倒转，三个电机如果用一个公共接地端，共有四根控制线。

电动云台通常有水平旋转和俯仰两个电机，也可以进行正反向

图 4-48 解码器

旋转，四个动作分别称为上、下、左、右。电动云台的电机大部分是交流电机，这种电机有两个绕组，两个绕组有一个公共端，当一个绕组接交流电压时，另一绕组经移相电容接入交流电压，当交流电压分别从两个绕组接入时，电机正向、反向旋转。两个电机的公共端接在一起，共有五根控制线，当摄像机与控制台距离比较近时，可用直接控制方式来操作摄像机，这时可用多芯电缆将十个动作的控制电压从控制室传到摄像机处。变焦镜头的三个直流电压需要四芯控制线，电动云台两个交流电机需要五芯控制线，一共要九芯控制线。如果再加上电源控制、雨刷控制就须用 13 芯电缆。用多芯电缆传送电动云台和变焦镜头的控制电压原理简单，工作可靠，但其缺点是浪费线材，且有很多能量消耗在传输电缆上，因此只适于近距离使用，一般不超过 100m。

当摄像机与控制台之间的距离超过 100m 时，则采用总线编码方式来操作摄像机，一个摄像机的电动云台和镜头配备一个解码器，解码器主要是将控制器送来的串行数据控制代码转换成控制电压，从而能正确自如地操作摄像机的电动云台和镜头，目前控制距离较远的，电动云台和变焦镜头较多的场合，常用上述方式，控制电缆可由 13 芯改为两芯，电机的驱动电源就地供给，避免了电机驱动电源长途传送时的能量损失。

解码器除了对摄像机的电动云台和变焦镜头进行控制以外，有的还能对摄像机电源的通/断进行控制。

八、控制中心控制设备与监视设备

闭路电视监控系统的终端完成整个系统的控制与操作功能，可分成控制、显示与记录三部分。一个小型的 CCTV 系统组成如图 4-49 所示。

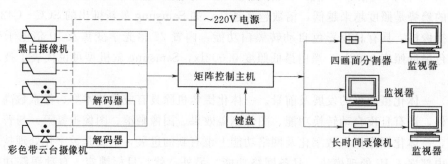

图 4-49　CCTV 系统组成

1. 视频信号分配器

视频信号分配，即将一路视频信号（或附加音频）分成多路信号，也就是说，它可将一台摄像机送出的视频信号供给多台监视器或其他终端设备使用，信号分配有以下几种方式。

（1）简易分配方式。它又称桥接分配方式，这种方式用多台监视器输入、输出端口串接而成，将一台摄像机送出的视频信号送入第一台监视器输入端，第一台监视器输出端接第二台监视器输入端，第二台监视器输出端再接后面的监视器或终端设备，监视器视频输入端的阻抗开关均拨到高阻挡，只有最后一个监视器或终端设备的输入阻抗开关才拨到 75Ω，用这种串联的监视器不能太多。

(2) 采用视频分配器的方式。当一路视频信号送到相距较远的多个监视器时，一般应使用视频分配器，分配出多路幅度为 $1V_{p-p}$、阻抗是 75Ω 的视频信号，接到多个监视器，各个监视器的输入阻抗开关均拨到 75Ω 上，如图 4-50 所示。

视频分配器（或附加音频）除了有信号分配功能外，还兼有电压放大功能，视频分配器如图 4-51 所示。

图 4-50 采用视频分配器方式　　　　图 4-51 四路一分二视频分配器

2. 视频切换器

为了使一个监视器能监视多台摄像机信号，需要采用视频切换器。切换器除了具有扩大监视范围、节省监视器的作用外，有时还可用来产生特技效果，如图像混合、分割画面、特技图案、叠加字幕等处理。

视频切换器相当于选择开关的作用，如图 4-52 所示。因此，可以采用机械开关形式，它虽然简单，但切换时干扰较大。也可以采用电子开关形式，其好处是干扰较少、可靠性高、切换速度快，因此现在 CATV 都采用电子开关进行切换。

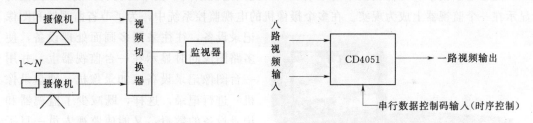

图 4-52 视频切换器　　　　　　　图 4-53 时序视频切换器

目前，许多系统都有一种自动顺序切换器，又称时序切换器，如图 4-53 所示，它不仅能手动选择所需摄取的画面，而且具有自动选择的能力，它可以任意切换视频信号，也可以按设定，自动从一台摄像机顺序切换到另一台摄像机进行监视。

3. 视频矩阵主机

视频矩阵主机是电视监控系统中的核心设备，对系统内各设备的控制均是从这里发出和控制的，如图 4-54 所示。视频矩阵主机功能主要有视频分配放大、视频切换、时间地

(a)　　　　　　　　(b)　　　　　　　　(c)

图 4-54 视频矩阵控制器

(a) 小型矩阵控制器；(b) 一体化中型矩阵控制器；(c) 分体式

址符号发生、专用电源等。有的视频矩阵主机，采用多媒体计算机作为主体控制设备。

在闭路监控系统中，视频矩阵切换主机的主要作用有：监视器能够任意显示多个摄像机摄取的图像信号；单个摄像机摄取的图像可同时送到多台监视器上显示；可通过主机发出的串行控制数据代码，去控制云台、摄像机镜头等现场设备。

有的视频矩阵主机还带有报警输入接口，可以接收报警探测器发出的报警信号，并通过报警输出接口去控制相关设备，可同时处理多路控制指令，供多个使用者同时使用系统。

小规模矩阵切换主机亦可称为固定容量矩阵切换主机，其矩阵规模已经固定，在以后的使用中不能随意扩展，如常见的32×16（32路视频输入、16路视频输出）、16×8（16路视频输入、8路视频输出）、8×4（8路视频输入、4路视频输出）矩阵切换主机，这类矩阵切换主机均属于小规模矩阵切换主机，其特点是产品体积较小、成本低廉。

大规模矩阵切换主机亦可称为可变容量矩阵切换主机，因为这类矩阵切换主机的规模一般都较大，且在产品设计时，充分考虑了其矩阵规模的可扩展性，在以后的使用中，用户根据不同时期的需要可随意扩展。如常见的128×32（128路视频输入、32路视频输出）、1024×64（1024路视频输入、64路视频输出）均属于大规模矩阵切换主机，其特点是产品体积较大、成本相对较贵、系统扩展非常方便。

4. 多画面处理器

随着电子技术、计算机技术的不断发展，尤其是视频同步技术的发展，使多画面同时显示在一个监视器上成为现实。在多个摄像机的电视监控系统中，为了节省监视器和图像

图4-55 多画面处理器

记录设备，往往采用多画面处理设备，使多路图像同时显示在一台监视器上，并用一台图像记录设备（如录像机、硬盘录像机）进行记录，这样，既减少了监视器和记录设备的数量，又能使监视人员一目了然地监视各个部位的情况，多画面处理器如图4-55所示。

多画面处理器有单工、双工和全双工类型之分，全双工多画面处理器是常用的画面处理器。在记录全部输入视频信号的同时，单工型只能显示一个单画面图像，不能观看到分割画面，但在放像时可看全画面及分割画面依录像状态下既可以监看单一画面，也可监看多画面分割图像，同样在放像时也可看全画面或分割画面的为双工型。全双工型性能更全，可以连接两台监视器和两台录像机，其中一台用于录像作业，另一台用于录像带回放，这样就同时具有录像和回放功能，等效于一机二用，适合于金融机构这类要求录像不能停止的场合。

画面处理器按输入的摄像机路数，并同时能在一台监视器上显示的特点，分为4画面处理器、9画面处理器、16画面处理器等。

画面处理器具有较强时基校正功能，因而不需要原来惯用的同步信号发生器来规范摄像机图形信号的切换、使各摄像机同步，及其他一些有同步要求的图像处理功能。这既简化了系统的构成，又使各信号在快速切换时是在同步状态下进行的，从而保证了记录和重

放画面的整体质量，一台先进的画面处理器一般都具有以下功能和主要特点。

(1) 具有时基校正功能。

(2) 屏幕菜单编程简单，面板控制键操作容易。

(3) 全双工操作（即监视现场录制和重放录像画面可同时/同步进行）。

(4) 同时录制一路（4路或9路、16路）摄像机的图像信号，并能同时显示在两个不同的监视器上。或采用场切换方式，对各路图像信号进行编码并合并记录在一台录像机上（或硬盘记录装置上），在监视器上则只显示一路全屏图像或能同时分割显示各路图像。

(5) 采用数字化处理技术，对输入的图像信号进行各种处理。

(6) 全部图像显示可分别使用现场监视和录像带重放两种工作方式。

(7) 现场监视和录像带重放可用的格式有全屏画面、两倍变焦、画中画（3×3、4×4）画面。

(8) 采用动态时间分割（TDT）技术，根据图像活动程度自动检测，动态地为每路图像分配不同的显示/录制时间。也就是说，这种技术将连续对所有图像中的移动目标范围（16H、12V）进行分析，然后按照图像活动越频繁显示/录像分配的时间越多的比例，动态地将图像交替扫描输出。

(9) 与标准的 SUPER – VHS 录像机兼容，可获得优质的录制和重放图像。

(10) 可编程跟踪图像的移动，移动目标编程范围为 16H×12V（192个检测点）。

(11) 采用场消隐技术（VIS）对图像信号编码，改善了场同步恢复性能，并能消除因录像机性能不佳所引起的图像恶化。

(12) 所摄入的图像可由用户在所有的显示格式内任意指定显示窗口。

(13) 屏幕显示包括时间/日期、报警状态、视频丢失指示和10个字符的摄像机编码名称。

(14) 收到报警信号后自动调用相对应的全屏画面，并可记录每路报警发生的次数（99次以内），报警指示可显示在主监视器上。

(15) 双监视器输出，4路（或9路、16路）报警输入和 RS232 通信接口。

(16) 可靠的程序存储器可在断电时保存全部编程内容。

(17) 能对全方位云台进行垂直/水平、变速/匀速的操作控制。

5. 长时间录像机

长时间录像机，也称为长延时录像机，还有叫做时滞录像机等名称的。这种录像机的主要功能和特点是可以用一盘 180min 的普通录像带，录制长达 12h、24h、48h 甚至更长时间的图像内容，这种功能和特点，减少图像记录所需录像带的数量、节省了重放时的观看时间，长时间录像机如图 4 – 56 所示。

长时间录像机每次记录图像时会有 0.02～0.2s 的时间间隔，也就是每秒钟记录图像的帧数不同，录像带每秒所走的距离（录像带运行速度）也不同，从 23.39～2.339mm/s 不等，因此在回放录像带时，影像有不连续感，给人以动画的效果，尽管如此，由于在电视监控系统中，在非报警的情况下，一般没有必要实时录像，每秒几帧的不连续图像也不妨碍对事件的分析，况且，长延时录像机一般都有报警时自

图 4 – 56 长时间录像机

动转换为正常速度的标准实时录像功能，所以长延时录像机基本上满足了闭路监控系统的需求，而成为常用的图像记录工具。典型产品有 3h、6h、12h 和 24h 四种时间记录方式，其水平分辨率在 3h 记录方式时黑白图像为 320 线、彩色图像 240 线或是 300 线，信噪比 46dB，有一路声音信号。

近期出现了 24h 高密度录像的机型，其带速为 3.9mm/s，每秒钟可记录 8.33 帧画面，提高了录像密度，这种长时间录像机也带有报警功能。另一种 24h 实时录像机回放时画面连续可观，它采用四磁头结构来抑制回放噪声，使用一盘 E - 240 录像带，它可以 16.7 帧/s 的速度进行 24h 连续录像，也可以 50 帧/s 的速度进行 8h 的连续录像，该录像机在与之相连的外部报警传感器触发时，会从 16.7 帧/s 方式自动换成 50 帧/s 记录方式，以完整地捕捉该报警事件。

长延时录像机一般都具有以下的功能和特点。

（1）几种时间的录像/重放设定。

（2）报警启动录像的功能。

（3）报警时自动转换为正常标准速度的实时录像。

（4）报警时间及报警次数的记录功能。

（5）可通过监视器的屏幕显示操作菜单对各种功能和时间进行设定。

（6）安全锁功能，可防止误转换、误操作。

（7）其他一些附加功能。如 4s 的录制检查功能、自动清洁磁头功能、声音的长时间正常录放功能等。

6. 硬盘录像机

（1）以视频矩阵、画面处理器、长时间录像机为代表的模拟闭路监控系统，采用录像带作为存储介质，以手动和自动相结合的方式实现现场监控，这种传统方法常有回放图像质量不能令人满意、远距离传输质量下降多、搜索（检索）不易、不便操作管理、影像不能进行处理等诸多缺陷。

（2）硬盘录像机用计算机取代了原来模拟式闭路监视系统的视频矩阵主机、画面处理器、长时间录像机等多种设备。

（3）硬盘录像机把模拟的图像转化成数字信号，因此也称数字录像机，它以 MPEG 图像压缩技术实时地储存于计算机硬盘中，存储容量大，安全可靠，检索图像方便快速，每个硬盘容量可达 80GB，可以通过扩展增加硬盘，增大系统存储容量，可以连续录像几十天以上。

（4）硬盘录像机图像质量高，分辨率可达 768×576，高于录像机系统的图像，重放图像质量高，画面不会闪烁、抖动。

（5）数字化图像抗干扰性能强，适合于远传，可以通过网络传输，系统共享。

（6）硬盘录像机根据输入图像的多少可以同步显示、录取一路、四路、九路或 16 路摄像机的图像。

（7）硬盘录像机操作简单方便，采用视窗操作界面，易学。

（8）硬盘录像机通过串行通信接口连接现场解码器，可以对云台、摄像机镜头及防护罩进行远距离控制。

（9）数字录像机可存储报警信号前后的画面，系统可以自动识别每帧图像的差别，利用这一点可以实现自动报警功能。在被监视的画面之中设立自动报警区域（如房间的某一区域、窗户、门等），当自动报警区域的画面发生变化时（如有人进入自动报警区域），数字监控录像机自动报警，拨通预先设置的电话号码，报警的时间将自动记录下来，报警区域的图像被自动保存到硬盘中。

7. 监视器

监视器是闭路监控系统的终端显示设备，它用来重现被摄体的图像，最直观地反映了系统质量的优劣，因此监视器也是系统的主要设备，如图 4－57 所示。

（1）监视器的分类。

1）按图像回放分有：黑白监视器与彩色监视器；专用监视器与收/监两用监视器（接收机）；有显像管式监视器与投影式监视器等。

图 4－57　监视器

2）从监视器的屏幕尺寸上分有 23cm、35cm、43cm、47cm、51cm、53cm、63cm、74cm、86cm 等显像管式监视器；还有 86cm、180cm 等投影式监视器；电视墙式组合监视器。

3）从性能及质量级别上分，有广播级监视器、专业级监视器、普通级监视器（收/监两用机）。

（2）黑白监视器。监视器与电视接收机相类似，不同的部分是监视器无高频头、中频通道和伴音部分，但监视器的视频通道带宽提高到 8MHz 以上，并设有钳位电路以恢复背景亮度的缓慢变化，监视器对扫描线性和几何失真的要求比较高，有时为改变扫描尺寸的需要，还加入了扫描幅度控制电路。

监视器对抗电磁干扰有更高的要求，所以监视器通常用金属做外壳，以增强抗干扰能力。

黑白监视器分通用型和广播级两类。广播级黑白监视器主要用于广播电视系统，其功能要求比较多，质量水平也较高。

通用型黑白监视器主要用于闭路监控系统，其质量水平和功能基本符合闭路监控系统要求，黑白监视器的主要性能是视频通道频响、水平分辨率和屏幕大小等。

1）通频带（通带宽度）。这是衡量监视器信号通道频率特性的技术指标。因为视频信号的频带范围是 6MHz，所以要求监视器的通频带应不小于 6MHz，视频通道频响决定了监视器重现图像的质量，频带宽度越宽，图像细节越清楚，亦即清晰度越高。为保证图像重现的清晰程度，通常业务级规定频响为 8MHz，高清晰度监视器频响在 10MHz 以上。

2）分辨率（清晰度）。分辨率（清晰度）是监视器的重要指标，它表征了监视器重现图像细节的能力。分辨率用线数表示，在电视监控系统中，根据《民用闭路监视电视系统工程技术规范》（GB 50198—94）的标准，对清晰度（分辨率）的最低要求是：黑白监视器水平清晰度应不小于 400 线，彩色监视器应不小于 270 线，通常业务级规定中心不小于 600 线，高清晰度监视器大于 800 线。

3）灰度等级。这是衡量监视器能分辨亮暗层次的一个技术指标，最高为9级，一般要求不小于8级。

（3）彩色监视器。彩色摄像机的图像呈现必须用彩色监视器，彩色监视器按照技术性能指标大致可分为四种类型。

1）广播级监视器。这种监视器彩色逼真，图像清晰度高，一般达600～800线以上，性能稳定，各项性能指标都很高，因此价格昂贵，主要用于电视台做主监视器用或测量用。

2）专业级监视器。它的技术指标比广播级监视器稍低，图像质量高，稳定性也较高，图像清晰度一般在370～500线之间，常用于要求较高的场合做图像监视、监测等用，如小型电视差转台、学校、厂矿电教中心等。

3）图像监视器。这类监视器大部分具备音频输入的功能，音像信号的输入/输出的转接功能比较齐全，清晰度稍高于普通彩色电视接收机，一般清晰度在300～370线，在CATV系统中被广泛使用。

4）收/监两用监视器。它是在普通电视接收机的基础上增加了音频和视频输入/输出接口，其性能与普通电视接收机相当，清晰度一般不超过300线，主要用于CATV系统、CATV系统及录像机等音像设备（包括卡拉OK）等。

第四节 其他楼宇安全防范与管理系统

一、出、入口控制系统

1. 系统的组成与原理

出、入口控制系统也称为门禁系统，它对智能楼宇正常的出入通道进行管理，控制人员出入，控制人员在楼内或相关区域的行动。它的基本功能是事先对出入人员允许的出入时间和出入区域等进行设置，之后根据预先设置的权限对出入门人员进行有效的管理，通过门的开启和关闭保证授权人员的自由出入，限制未授权人员的进入，对暴力强行出入门予以报警。同时，对出入门人员的代码和出入时间等信息进行实时登录与存储。

通常实现出入口控制的方式有以下三种。

（1）在需要了解其通行状态的门上安装门磁开关（如办公室门、通道门、营业大厅门等）。当通行门开/关时，安装在门上的门磁开关，会向系统控制中心发出该门开/关的状态信号，同时，系统控制中心将该门开/关的时间、状态、门地址，记录在计算机硬盘中。另外，也可以利用时间诱发程序命令，设定某一时间区间（如上班时间）内，被监视的门无需向系统管理中心报告其开关状态；而在其他的时间区间（如下班时间）内，被监视的门开/关时，向系统管理中心报警，同时记录。

（2）在需要监视和控制的门（如楼梯间通道门、防火门等）上，除了安装门磁开关以外，还要安装电动门锁。系统管理中心除了可以监视这些门的状态外，还可以直接控制这些门的开启和关闭。另外，也可以利用时间诱发程序命令，设某通道门在一个时间区间（如上班时间）内处于开启状态，在其他时间（如下班时间以后）处于闭锁状态。或利用事件诱发程序命令，在发生火警时，联动防火门立即关闭。

（3）在需要监视、控制和身份识别的门或有通道门要求较高的保安区（如金库门、主要设备控制中心机房、计算机房、配电房等），除了安装门磁开关、电控锁之外，还要安装磁卡识别器或密码键盘等出入口控制装置，由中心控制室监控，采用计算机多重任务处理，对

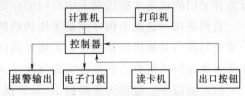

图 4-58　出入口控制系统组成框图

各通道的位置、通行对象及通行时间等进行实时控制或设定程序控制，并将所有的活动用打印机或计算机记录，为管理人员提供系统所有运转的详细记录。这种出入口控制系统的基本结构如图 4-58 所示。

2. 门禁系统检测方法

通常使用最多的门禁系统的钥匙是能提供电子可读密码的卡或标志。通过读密码来检测，并把密码与门禁系统存储器中的记录数据进行比较，且与门禁相联系。由于系统类型与尺寸的不同，检验过程可由现场站完成或在中心系统中进行。如果检验的结果是肯定的，门禁就会释放。有各种方法将密码印制在卡上，而每种方法各有利弊，下面举例说明。

（1）磁条卡。磁条卡是门禁系统中使用最多的一种类型。磁条卡上的密码是由一种特殊程序装置印制的，此装置的工作就像磁带录音机。在大量系统中，用户可自己制作程序。再加上每张卡的费用低，这对有几千个持卡人的大系统用户来说是非常重要的，而在这样的系统中情况变动是经常发生的。卡的尺寸、磁条的位置和数据的密度已在国际上形成了统一的标准。这种类型的卡也有其他方面的运用，如电子付款。有时一张卡可用在多种场合。由于标准化的结果，多种类型的读卡设备具有一个合理的价格。信息的密度是相当大的，而磁条卡可用实际的代码储存大量的信息。而门禁系统中需要储存较少的信息。每个制造商的编码系统都是标准化的。因此，制造商所生产的所有系统都采用相同的编码结构。为了区别各个用户所使用的不同系统，每个系统都有自己唯一的位置编码，而这只有制造商知道。但是，卡和密码由于自身原因很容易制造甚至伪造。密码的变动范围也相当广泛，可被用在一些普通的场合，如办公楼宇，就被认为是非常适合的。人们不仅能从卡中读取信息，而且也能将信息存储到卡中。这就使自动变更信息成为可能，如每隔一段特定的时间就变更一次。这种方法虽然可以减少伪造的可能性，但在现今大多数的门禁系统并没有广泛地应用。因为要使用这种方法的前提是要求有一个高层次的安全性。其中，读卡机通常组合一个键盘，使用者要输入附加的存储密码，才能进入特殊的区域。

（2）光学卡。这类卡的结构很简单，在其表面上有一定图案的孔洞组成。密码的检测是由穿过孔洞的光线完成的。与感应卡相同的密码是可见的，卡也比较容易伪造。但它的进步是使用了红外线技术。使用一支特殊的标记笔在特殊的金属薄片上作记号，能通过读卡机检测出相应的图案。

（3）集成电路块卡（IC 卡）。有时也称为智能卡，这一类的卡包含了一个集成电路微处理器以及一些存储单元。在存储区域中能记存大量的数据，可在多种场合使用。此外，卡上的信息也能被修改，这一点在电子付款系统中尤为重要。当卡片被插入读卡机中，电源可提供微处理器工作。因此，不使用专用的读卡设备，卡上的信息是不能被恢复的，只

有这种专用的设备才能读取卡中专门的存储区域。

直到现在，这类卡仍可说是无法伪造的。在门禁系统中使用此类卡，可在卡中只包含一个密码或与其他措施相结合，来确保高度的安全性，如声音辨认或指纹的数字信息。由于此卡可以写入信息，它就能实现每次进入读卡机后自动更改密码。

（4）感应卡。也称为非接触 IC 卡，这种卡不需要插入读卡机中，只要拿着接近读卡机就可以完成对密码的检测，能快速通过关卡。感应卡具有防水、防污、能用于多擦和潮湿的恶劣环境，使用时无需传统的刷卡动作，非常方便，且感应速度可节省识别时间，尤其在低安全性、大交通量的情况下较为适用。随着这类卡的性能价格比的提高，已逐渐成为智能楼宇门禁系统的主流。

（5）非出示系统。在该系统中的卡和门禁可反射由读卡机发射的高频信号，而读卡机同样也能接收反射回来的信号。信号的范围通常为几米，所以不需要为通过门禁而向读卡机出示卡片。非出示系统应用于需在通过门禁时携带设备或搬运物品的场合，如仓库、医院等。而在这样的情况下，安全性往往不是很重要，要求通道宽畅，并且要能保持一段相对长的时间来保证运输人员顺利地通过。

还有其他类型的开启门禁的方式，也有各种组合的可能。但是，它们只在特殊的场合适用，一般情况下不多见。

3. 门禁系统控制与管理工程实例

在智能楼宇中，重要部位与主要通道口一般均安装门磁开关、电子门锁与读卡器等装置，并由安保控制室对上述区域的出入对象与通行时间进行统一的实时监控。图 4-59 所

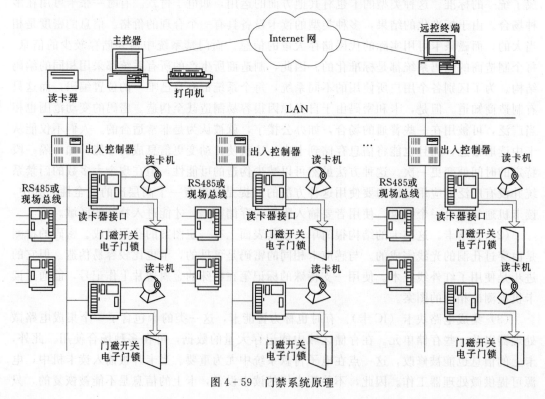

图 4-59　门禁系统原理

示的典型系统由中央管理机、出入控制器、读卡机、执行机构等四大部分组成，且系统的性能还将取决于微机的硬件及软件。

现代电子技术的发展使通道控制系统功能增强，使用更为方便。从系统构成可见，通道控制系统是一个微机控制系统，它允许在一定时间内让人进入指定的地方，而不许非授权人员进入。也就是说，所有人员的进入都受到监控。首先系统识别人员的身份，然后根据系统所存储的数据决定是否允许他进入。每一次出入都被作为一个事件存储起来，这些数据可以根据需要有选择地输出。如果需要更改人员的出入授权，通过键盘和显示器可以很容易地实现。编程操作在几秒钟内就可以完成，就地智能单元可以在授权更改后，立即收到所需的数据，使得新的授权立即生效，以确保安全。

门禁系统有以下功能。

（1）可以准确地记录，并可知谁，在何时，到何地，而机械锁是不可能的。

（2）如果有遗失，机械锁需要配钥匙；而电子锁系统主人可以清除遗失的密码片子，任何使用已被消除的密码卡、鉴、钥匙的人都会被拒绝出入。

（3）电子通道控制系统可方便地按门到门方式编程，这比机械锁方便。可用于大厦和住宅小区的门禁出入管理、专用贵重物品管理、考勤记录管理、库房出入管理等。

（4）电子出入控制系统也可以用来监视其他设备，并可和保安、消防系统联动。

二、楼宇保安对讲系统

楼宇保安对讲系统，亦称访客对讲系统，又称对讲机—电锁门保安系统。目前主要分为单对讲和可视对讲两种类型。从功能上看，又可分为基本功能型和多功能型，基本功能型只具有呼叫对讲和控制开门功能；多功能型具有通话保密、密码开门、区域联网、报警联网、内部对讲等功能。从系统线制上可大致分为多线制、总线多线制、总线制三种，如图4-60所示。任何形式的系统都有其自身的特点和适用性，各自满足不同的功能需求和

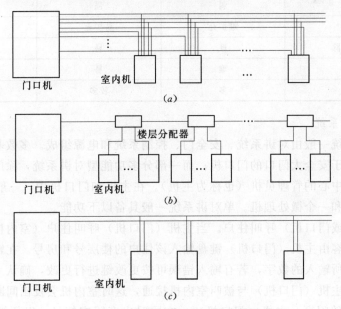

图4-60 楼宇对讲系统三种线制形式
(a) 多线制；(b) 总线多线制；(c) 总线制

价格定位。

多线制系统中，通话线、开门线、电源线、地线共用，每户再增加一条门铃线，系统的总线数为 $4+N$（N 为室内机数量）。多线制系统的容量受门口机按键面板和管线数量的限制。多线制系统通常采用单一按键的直通式，这种系统成本较低，在中、小型建筑中使用较普遍。

总线多线制系统中，采用了数字编码技术，一般每一楼层设有一个解码器（又称楼层分配器），解码器与解码器总线连接，解码器与用户室内机多线星型连接。因为采用了数字编码技术，系统配线数与系统户数无关，从而使安装施工大为简便，系统功能增强，但设备价格较高。解码器一般分为四用户、八用户等几种规格，这种系统在目前的大型建筑中应用较多。

总线制系统中，将解码电路设于用户室内机中，而把楼层解码器省去，整个系统完全是总线连接，其功能更强。因为无楼层解码器，在系统配置和连接上更灵活，适应范围更广，安装施工非常简便。由于这种系统具有很多优越性，目前在智能化楼宇及各种建筑中使用越来越多。

三种线制综合比较见表 4-5。

表 4-5 三种线制系统综合比较表

性　能	多线制	总线多线制	总线制
设备价格	低	高	较高
施工难易程度	难	较易	易
系统容量	小	大	大
系统灵活性	小	较大	大
系统功能	弱	强	强
系统扩充	难扩充	易扩充	易扩充
系统故障排除	难	易	较易
日常维护	难	易	易
线材耗用	多	较多	少

1. 单对讲型系统

单对讲型系统一般由对讲系统、安全门、控制系统和电源组成。多数基本功能型对讲系统只有一台设于安全大门口的门口机；而一部分多功能型对讲系统，除门口机外，还连有一台设于物管中心的管理员机（也称为主机）。在主机和门口机中，一般装有放大语音信号的放大电路和一个微处理机。单对讲系统一般具备以下功能。

（1）主机（或门口机）呼叫住户。当主机（门口机）呼叫住户（室内机一方）时，可由值守人员或访客由主机（门口机）键盘输入该住户的楼层号和房号。在输入的同时，其显示屏上将显示所输入的数字，若有输入错误可按更改键进行更改，确认无误后按下确认键，系统便会将主机（门口机）与被叫室内机接通，这时室内机会发出间断提示音，其上的提示灯也会跟随闪亮，主机（门口机）一方同时也有回应信号，以便知道室内机已接通。住户摘机即可进行对讲，对话结束后，住户挂机，则系统自动复位。

当住户同意访客进入时，可按动室内机上的按钮，电锁锁舌在电磁力的作用下缩回，电磁力消失后，锁舌被一个销钉绊住。当访客拉开门进入后，大门在弹簧弹力的作用下又恢复关闭，这时电锁舌会在一个机械机构的作用下，重新弹出。

（2）住户呼叫主机。当某一住户需要呼叫物管中心主机时，只要其摘机，主机显示屏上立即会显示出该住户的楼层及房号，并发出间断提示音。值守人员按下主机上的对讲键即可进行对讲通话，对讲结束后，住户挂机，主机一方再按动一下对讲键（即松开此键），则系统复位。

（3）几个住户同时呼叫主机。当几个住户同时呼叫物管中心主机时，主机将首先接通最先呼叫的住户，其余住户按呼叫时刻先后排队记忆，然后自动依次接通。或者当某一住户与主机讲话时，又有其他住户呼叫主机，这时主机同样按时间先后记忆呼叫住户，等讲完话后，再自动依次接通。待所有住户均接通完后，系统自动回到复位状态。

2. 单对讲型系统举例

（1）多线制直通式对讲系统。因其价格低廉，而深受中、低阶层住户青睐。图4-61就是某公司生产的JB-2200Ⅱ型多线制直通式对讲保安系统的连接及安装示意图。该系统较简单，由门口机、室内机、电源盒、电控锁四部分组成。每一住户室内机有一条单独的信号线，另外有三条公共线，即电源线、地线、开锁线，该系统线缆采用$1mm^2$多股铜芯线。

（2）总线多线制对讲系统。某公司生产的MD-D51型楼宇对讲保安系统是一个典型的总线多线制系统。该系统由管理员机、门口机、用户分配器、室内机、电源供应器组

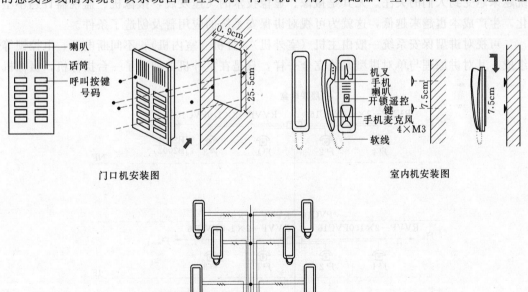

门口机安装图   室内机安装图

图4-61 JB-2200Ⅱ型多线制直通式系统及安装示意图

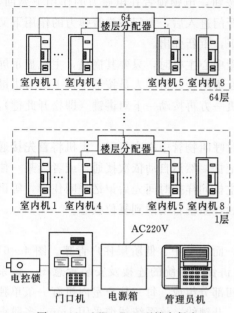

图4-62 MD-D51型楼宇保安
对讲系统示意图

成。用户分配器又称为楼层分配器,有四分配、八分配等几种规格,可根据情况一层用一个或两层用一个,或者一层用两个等。该系统最大容量可达1024户,若每层16户,则可接64层,其系统示意图如图4-62所示。

(3)总线制对讲系统。总线制有二总线制、三总线制、四总线制等,但目前用得最多的是二总线制,特别是在大型建筑中。例如,某公司生产的JB-2000型楼宇保安对讲系统就是一个二总线制系统。两条总线无极性,配接线很容易,所有室内机均并联于总线上。该系统主要由主机、室内机、电源、电控锁四部分组成,系统示意图如图4-63所示。其底层和标准层施工布线如图4-64所示。

3. 可视对讲型系统

楼宇可视对讲保安系统是对讲系统的发展趋势。随着人们生活水平的提高,住户已不满足于能和访客对话,还希望能同时看清访客的容貌和大门口的情景,所以可视对讲保安系统越来越受到人们的关注。尤其是摄像、显像技术的飞速发展,摄像机、监视器日趋小型化,生产成本也越来越低,这就为可视对讲保安系统的应用普及创造了条件。

可视对讲型保安系统一般由主机(室外机)、分机(室内机)、不间断电源、电控锁等组成。其对讲原理与单对讲型系统完全一样,只是在室外机上加装了一台摄像机,摄像机

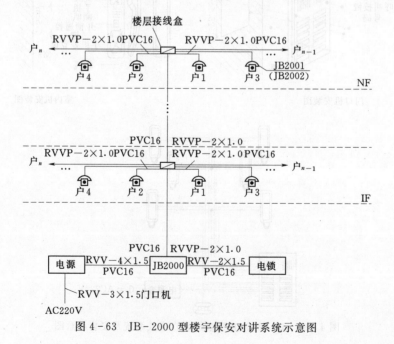

图4-63 JB-2000型楼宇保安对讲系统示意图

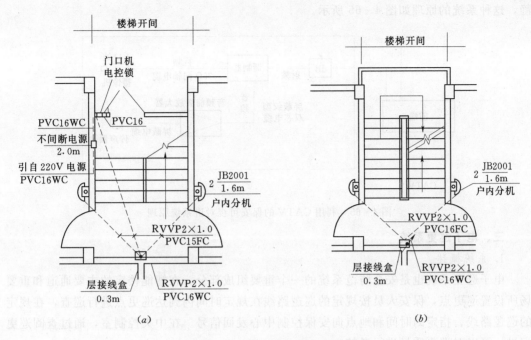

图 4 - 64　JB - 2000 型施工布线
(a) 底层防盗对讲布线；(b) 标准层防盗对讲布线

输出的视频信号由室外机内的视频信号放大器放大后，经视频传输线（一般是同轴电缆）送到各楼层接线盒内的视频分配器，再进入每一住户室内机中。室内机上有一个图像监视器，住户通过监视器可看见访客容貌及大门口情景。

有的系统的摄像机没有装在门口机上，而是单独设置在另一个地方。

可视对讲系统按其技术的发展可分为传统式和数位式。

目前正推广使用所谓的分散控制式系统，是按照新的思维模式而设计的一种系统。它考虑到在同一时间内，可能仅 1～2 个住户在使用室内分机，因此在系统配线时，并不将所有共同线连接在一起，只把正在使用的室内机与主系统连接。其系统架构如下：在各楼层的干线箱内设置一控制器，将控制器与控制器、室外机、管理员主机三者之间，以共同线相连接（含开锁线、指示灯线、送话线、收话线、串行信号传输线、共地线）构成主干线。控制器与室内机之间连接构成支线，支线与控制器之间均以继电器或电晶体元器件在控制器内连接。这种系统的配线、维修都较容易，并且其抗干扰性、稳定性和传输距离与传统式和数位式相比都有明显提高。

另外，还有一种利用 CATV 的可视对讲系统，其工作原理是：在大门口处的适当位置安装摄像机，摄像机的视频输出经同轴电缆接入调制器，由调制器输出的射频电视信号通过混合器进入建筑物 CATV 系统。调制器的输出电视频道调整在 CATV 系统的闲置频道上，并和住户约定。住户在通过对讲系统与访客通话时，可开启放在旁边的小型电视机的相应频道看到访客的容貌及大门口的情景。并且，还可在大门口附近隐蔽地安装一个传声器，其输出经过前级放大器，再接入调制器的音频输入端，前级放大器应安装在大门内尽量靠近传声器的位置上。这样，在对话的同时还能在较大范围内监听大门口处的声音动

197

静，这种系统的原理如图4-65所示。

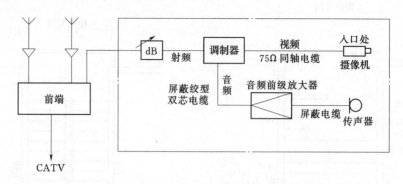

图4-65 利用CATV的保安可视对讲系统原理

三、电子巡更系统

1. 系统概述

电子巡更系统也是安全防范系统的一个重要组成部分，在智能楼宇的主要通道和重要场所设置巡更点，保安人员按规定的巡逻路线在规定时间内到达巡更点进行巡查，在规定的巡逻路线、指定的时间和地点向安保控制中心发回信号。在中央控制室，通过查阅巡更记录，可以对巡更质量进行考核。

正常情况时，应在规定的时间按顺序向安保控制中心发送正常信号。若巡更人员未能在规定时间与地点启动巡更信号开关时，则认为在相关路段发生了不正常情况或异常突发事件，则巡更系统应及时地作出响应，进行报警处理。如产生声光报警动作，自动显示相应区域的布防图、地点等，以便报案值班人员分析现场情况，并立即采取应急防范措施。

计算机对每次巡更过程均进行打印记录存档，遇有不正常情况或异常突发事件发生时，打印机实时打印事件发生的时间、地点及情况记录。巡更程序的编制应具有一定的灵活性，对巡更的路线和时间均可根据实际需要随时进行重新设置。目前巡更系统的巡更站有多种形式，如带锁钥匙开关、按钮、读卡器、密码键盘，也可以是磁卡、IC卡等。各种方式都有其不同的特点。

电子巡更系统既可以用计算机组成一个独立的系统，也可以纳入整个监控系统。但对于智能化的大厦或小区来说，电子巡更系统也可以与其他子系统合并在一起，以组成一个完整的楼宇自动化系统。

2. 系统类型

巡更系统分为在线巡更系统和离线巡更系统两种。

(1) 在线巡更系统。

1) 系统组成。该系统由感应式IC卡、门禁读卡器、门禁软件、巡更管理软件、通信转换器等组成。实施时，只需在使用门禁的基础上，增加一套巡更管理软件即可。保安员巡更的读卡数据在经过巡更管理软件筛选后，将作为巡更数据来处理。在线巡更系统组成如图4-66所示。

2) 系统功能。

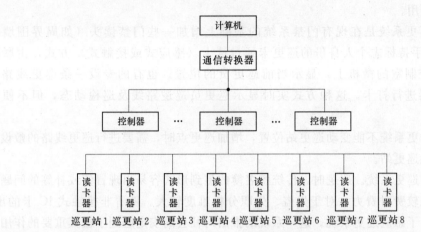

图 4-66 在线巡更系统组成

a. 在门禁系统的基础上，不需增加成本，只需一套软件。

b. 直接从门禁软件中读取数据。

c. 任意设置巡更点。

d. 任意设置班次、巡更路线。

e. 强大的报表功能，能生成各类报表，可根据时间、个人、部门、班次等信息来生成报表。

f. 完善的操作员管理程序，多种级别、多种权限。

g. 实时显示巡更情况，对未正常巡更则提示和报警。

使用方法是巡更人员在规定的时间内到达指定的巡更站，使用专门的钥匙开启巡更开关或按下巡更点信号箱上的按钮或在巡更站安装的读卡器上刷卡等手段，向系统监控中心发出"巡更到位"的信号，系统监控中心在收到信号的同时将记录巡更到位的时间、巡更站编号及巡更员等信息。

根据设定的要求，巡更点还可以同时作为紧急报警使用，如果在规定的时间内指定的巡更站未收到巡更人员"到位"信号，则该巡更站将向监控中心发出报警信号；如果巡更站没有按规定的顺序开启巡更站的开关，则未巡视的巡更站将发出未巡视信号，同时中断巡更程序并记录在系统监控中心，监控中心应对此立即作出处理。

3）在线式巡更系统的优点。

a. 实时掌握巡更人员的巡更情况。如巡更人员当前所在的位置，哪些巡更站已经巡查，下一站巡更位置是什么，以及相应的巡更时间。

b. 保证巡更人员的人身安全。在线式巡更系统能够实时了解巡更人员的巡更情况，一旦巡更人员没有按指定的时间到达巡更站，系统将报警提示，坐在计算机前面的管理人员可以马上通过对讲机与巡更人员联络，了解巡更人员目前的状况，防止意外情况发生。尤其在偏僻的地方巡更，该系统的优越性不言而喻。

c. 加强巡更人员的管理，实时监督巡更人员的工作情况。

d. 同门禁系统一起使用时，可以借助门禁系统已有的网络设施，如读卡器和控制器，节省投入的费用。

在线式巡更系统是在现有门禁系统的基础上增加一些门禁读头（如周界围墙等部位）。巡更员手持标志个人身份的巡更卡通过读卡（感应式或接触式）方式，由联网系统传到中央控制室的微机上，显示当前巡更员的位置。也有的专设一条巡更线路，布设若干读卡器进行打卡。这种方式实时显示巡更员巡逻路线及巡检动态，但不便于变更路线。

在线式巡更系统不能变动巡更站位置，增加巡更点时，需要进行巡更线路的敷设。不宜增加及修改巡更站。

（2）离线巡更系统。巡逻时，传统签名簿的签到形式容易出现冒签或补签的问题。在查核签到时比较费时费力，对于失盗、失职分析难度较大。随着非接触式 IC 卡的出现，便自然地产生了感应巡更系统。这一系统的推出对社会的安定起到了极其重要的作用。这种结构的巡更系统具有安装简单、使用方便、造价低廉、维护方便等特点，在实际应用中，有 90％的巡更工程采用这种方案。即在每个巡更点离地面 1.4m 高处安装一个巡更点信号器（感应 IC 卡），值班巡更人员手持巡更棒在规定的时间内到指定的巡更点采集该点的信号。巡更棒有很大的存储容量，几个巡更周期后，管理人员将该巡更棒连接到计算机，就能将所有的巡更信息下载，由计算机进行统计。从而，管理人员就能根据巡更数据知道各点巡更人员的检查情况，并能清晰地了解所有巡更路线的运行状况。且所有巡更信息的历史记录都在计算机里储存，以备事后统计和查询。

1）系统组成。离线巡更系统由主机、信息采集器（巡更棒）、传输器、信息钮等组成，如图 4-67 所示。

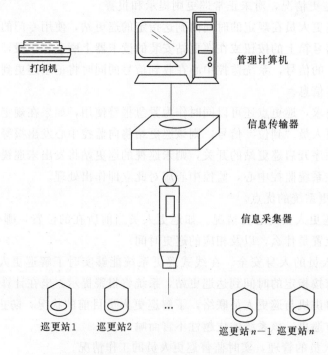

图 4-67　离线巡更系统结构

2）系统特点。

a. 不需布线，安装方便。

b. 非接触 IC 卡读感距离远，8cm，使用方便。

c. 巡更棒体积小，重量轻，携带方便。

d. 可记录巡更员、巡更点、巡更时间等信息，杜绝作弊。

e. 可任意设置巡更路线、巡更地点和时间。

f. 强大的报表功能，能生成各类报表，并提供多功能数据检索，查询方便。

g. 巡更棒自带液晶显示功能，可直接查询记录。

离线巡更系统可方便地设置巡更站及改变巡更站的位置。由于离线式巡更系统具有工作周期短、无须专门布线、无须专用计算机、扩容方便等优点，因而适应了现代保安工作便利、安全、高效的管理，并为越来越多的现代企业、智能小区等采用。

使用方法是在指定的路线和时间内，由巡更员用信息采集器在信息钮上读取信息，通过下载传输器将信息采集器采集到的信息传输到计算机，管理软件便会识别巡更员号，显示巡更员巡更的路线和时间，并进行分析处理及打印。

离线巡更系统在巡更路线上布设巡更点感应物，如玻管状感应卡、金属纽扣状感应卡等，巡更员使用手持巡更信息采集器依顺序逐点读取感应物内码，每次读卡自动加上当时时间（月、日、时、分、秒），回到机房在巡更管理计算机上一次写入微机硬盘（不可修改）并可列表打印。读卡有感应式及接触式两类，前者无磨损但夜间读取不易找到埋设位置。后者读取时需碰击接触一下，有声光提示读取成功，并且有较宽的温度适应性。

离线巡更系统的设计灵活，可方便物业管理公司设置巡更站及随时改变巡更站的位置，缺点是不能及时传送信息到监控中心。离线式无线电子巡更系统集安全巡视、员工工作考勤于一体，为管理者提供极大的方便。

3. 非接触式 IC 卡巡更系统的构成模式

非接触式 IC 卡巡更管理系统可以帮助掌握确实的行程时间和路线，以便追踪与考核。

非接触式 IC 卡巡更管理系统的实现有两种：独立式巡更管理系统和联网式巡更管理系统。

（1）独立式巡更管理系统。对于独立式巡更管理系统需要事先指定合理的巡更时间与路线，并设定合理的检测点，布置墙埋式非接触式 IC 卡，以手持式 POS 机作为巡更签到器。保安巡更人员刷卡签到，并在下班后将手持 POS 机记录交回管理人员，以便将所有的信息下载到后台计算机管理中心，进行下一步的信息统计、汇总和分析工作。该系统可检测到保安巡更人员是否按指定的时间、线路、次数巡更，可有效避免保安巡更人员的失职。

（2）联网式巡更管理系统。采用联网式的巡更管理系统可将读感器安装在巡检点附近的墙面上，在计算机管理中心设立一个工作站，通过计算机网络实现联网，巡更人员持巡更卡巡更。

在巡更点，巡更人员只需在读感器的有效读感区内轻晃一下非接触 IC 卡，即可将巡检员的姓名、巡更时间、巡检的地点等信息实时送入系统，系统实时监控巡更人员的巡更情况，并通过对当班所有巡检数据信息的分析，作出当班巡更报表。

4. 电子巡更系统巡更站点设置

设计巡更路线时，巡更站宜设置于楼梯口、楼梯间、电梯前室、门厅、走廊、拐弯处、地下停车场、重点保护房间附近及室外重点部位。巡更站设备安装高度为底边距地1.4m，在主体施工时配合预埋穿线管及接线盒。巡更站点设置如图 4-68 所示。

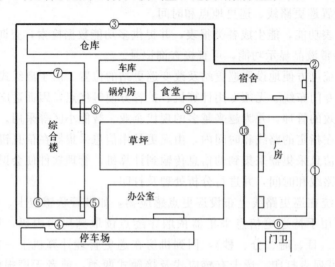

图 4-68 巡更站点设置
①~⑩分别表示巡更站点

在巡更站点位置安装巡更感应器，对于新建的智能大厦，可根据实际情况选用有线或无线巡更系统。对于智能化住宅小区，宜选用无线巡更系统。对于已建的建筑物宜选用无线巡更系统。

四、车库管理系统

在智能楼宇中都有大型停车场，设置停车场车辆自动管理系统主要有两个作用：一是防盗，所有在停车场的车辆均需"验明正身"才能放行；二是实施自动收费。合理的停车场设施与管理系统不仅能解决城市的市容、交通及管理收费问题，而且是智能楼宇或智能住宅小区正常运营和加强安全的必要设施。

1. 车库管理系统的主要功能

停车场的主要功能分为停车与收费（即泊车与管理）两大部分。

（1）泊车。要全面达到安全、迅速停车的目的，首先必须解决车辆进出与泊车的控制。并在车场内，有车位引导设施，使入场的车辆尽快找到合适的停泊车位，保证停车全过程的安全。最后，必须解决停车场出口的控制，使被允许驶出的车辆能方便、迅速地驶离。

（2）管理。为实现停车场的科学管理和获得更好的经济利益，车库管理应同时有利于停车者与管理者。因此，必须创造停车出入与交费迅速、简便的管理系统。使停车者使用方便；并能使管理者实时了解车库管理系统整体组成部分的运转情况，能随时读取、打印各组成部分数据情况或进行整个停车场的经济分析。

2. 车库管理系统的构成

车库管理及收费系统主要由入口控制、出口控制、管理中心与通信管理四大部分组成。由入口控制、出口控制装置的验票机，感应线圈与栅栏机，通道管理的引导系统及管理中心的收费机，中央管理主机与内部电话主机等部分，实现智能楼宇的停车场控制与管理系统。

停车场管理及收费系统如图 4-69 所示。

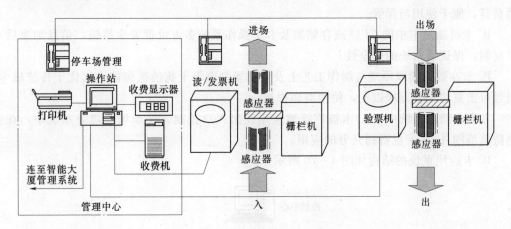

图 4-69　车库管理及收费系统

五、智能卡系统

在安全防范系统中，如出入口的控制系统、巡更系统、停车场的管理系统经常存在身份确认的问题，智能卡技术正越来越广泛地被应用到这些系统中。

在安全防范系统中身份确认方式常用以下三类。

（1）人体生理特性识别。用人体特有的生物特征（如指纹、掌纹、视网膜）进行识别。

（2）代码。用代码来识别，如身份证号码、学生证号码、开锁密码等。

（3）卡片。用磁卡、射频卡、IC 卡、光卡中数据代码来识别。

早期的确认、识别系统采用磁卡、标签卡，此类卡存储容量小，存储区域少，功能单一，防伪能力差。现在采用的 IC 卡（带计费功能）存储容量大，存储区域多达 8～16 个，每个区域相互独立，可自带密码，多重双向的认证保证了系统的安全性。

IC 卡正以其大容量、多功能、安全可靠的性能，成为识别控制系统的首选。

智能卡的英文名称有"Smart Card"与"Integrated Circuit Card"，后者的含义是集成电路卡，简称为 IC 卡。它把集成电路芯片封装入塑料基片中，外形与普通磁卡做成的信用卡相似，卡片尺寸为 54mm×85.6mm，厚度为 0.76～0.8mm。

IC 卡有八个按国际标准定位的触点，六个触点与芯片相连，提供电源、时钟、复位和数据通信，另外二个触点作为备用，IC 卡上按磁卡标准封装磁条，可以与磁卡兼容。

从对 IC 卡上进行信息存储和处理的方式来看，可以将其分为接触卡和感应卡。前者由读写设备的接触点和卡片上的触点相接触接通电路进行信息读、写，后者则由读写设备通过非接触式的技术进行信息读、写。

IC 卡芯片可以写入数据与存储数据，根据芯片功能的差别，可以将其分为三类。

（1）存储型。卡内集成电路为电可擦的可编程只读存储器（E²PROM）。

（2）逻辑加密型。卡内集成电路具有加密逻辑和 E²PROM。

（3）CPU 型。卡内集成电路包括 CPU、EPROM、随机存储器（RAM），以及固化在只读存储器（ROM）中的卡内操作系统 COS（Chip Operating System）。

IC 卡内含 CPU，存储容量大，IC 卡内有 RAM、ROM、EPROM、E²PROM 等，存储器存储容量大，而且存储器可以分为多个应用区以实现一卡多用，如用作门禁、考勤、消费等，便于使用与保管。

IC 卡可通过卡中的 CPU 或存储器及卡上操作系统多方设置安全措施，信息加密后不可复制，保证了系统的安全性。

IC 卡在数据读取原理与制作工艺上及对磁场静电等干扰的抗御能力远优于传统磁卡，而且可重复读写十万次以上，使用寿命很长。

在安全防范系统中，IC 卡被广泛地应用在出入口控制、停车场管理等系统中，在安全防范范围外 IC 卡也得到充分的应用。

IC 卡应用系统的结构如图 4-70 所示。

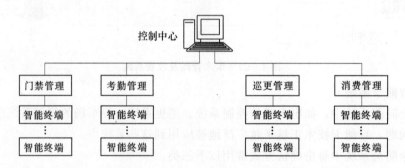

图 4-70 IC 卡应用系统的结构

智能终端由 IC 卡读写器、现场控制器及与主机通信的接口电路组成，IC 卡读写器是 IC 卡与现场控制器及系统主机之间的信息交换的界面，现场控制器负责对 IC 卡读卡机送来的应用信息进行处理、存储，同时送往后台主机存储、显示、打印用，有的智能终端配备了键盘和显示器，以供用户与系统进行信息交互，如输入密码、查询 IC 卡上的信息等或对系统设置进行修改。现场控制器可根据程序设计对现场设备进行有效控制，如开/关门等。IC 卡的智能终端用双绞线与后台主机相连，组成一个完整的管理系统，该系统可以实现门禁、考勤、巡更、消费等多功能管理。

IC 卡的智能终端也可以与控制主机脱网，独立运行工作。

系统主机有极强的多系统管理功能（门禁、考勤、巡更、消费）。系统软件是基于 WindowsNT 的多用户、多任务管理软件，"客户机—服务器"的应用允许主程序在母计算机上运行，这相应就是服务器，同时各用户在自己的 PC 上通过网络访问该服务器，每个 PC 就是客户机，需要时客户机和服务器可在同一台 PC 上。

系统软件可控制大楼通道出入，监视大楼内发生的一切事情，软件中包含视频图像识别应用程序，系统软件可以给不同的操作人员指定不同的权限，操作人员的权限决定观察雇员记录、现场图像、事件检查、处理权力。

系统软件具有动态现场地图功能，能动态地以图形方式实时显示门、电锁、控制主机的工作状态，同时可直接对图形操作，实现开门、关门和锁门。

系统软件可实时记录各区域内的所有人员进出时间表，方便值班人员进行监视。

全部执行情况和数据库内容均可通过报告调出，并筛选出所需要的信息，报告可在屏幕上浏览，或直接送到打印机。

系统的巡更功能可以在智能终端上实现。在规定巡更路线上的智能终端作为巡更点来利用，巡更员用代表其身份的 IC 卡，定时、定点、定路线在智能终端的读卡器上读卡，读卡器就能把巡更人员的巡更信息读取并记录下来，供管理分析用。

工作人员在上班、下班、外出时，用代表其身份的 IC 卡在智能终端的读卡器上读卡，读卡器就能把工作人员上班、下班、外出时间记录下来，作为员工考勤考核用。

智能终端作为消费终端可以用在缴费、收费系统中。消费人员用 IC 卡在智能终端的读卡器上读卡，智能终端能显示 IC 卡存储的余额，管理人员通过智能终端的输入键盘，输入消费金额，确认后，就完成了缴费程序。

智能终端用在停车场，则能完成对停车场的管理。车主不用下车，车主的 IC 卡通过远距离的读卡器识别无误后，挡车栏杆自动升起，允许车辆进入。车主定期向 IC 卡注入停车管理费，在缴纳管理费后，IC 卡读卡有效，否则无效。

第五节　某项目闭路监控及报警系统投标实例

1. 系统理解

随着计算机技术日新月异地发展，报警和视频监控的设备和系统构成也在发生变化，目前报警和视频监控系统正从模拟系统向模数结合演变，一旦计算机技术进一步发展，电视监控就可能全面走向全数字化、智能化和网络化。

报警和视频监控系统正逐渐在各行各业得到广泛的应用，为社会治安发挥了非常大的作用，产生了一批具有较高知名度的优秀产品和成功的应用案例。但是，随着技术的发展，纯模拟报警和视频监控系统与数字化监控在传输、存储、检索、互联等方面相比，存在着较大的劣势，系统越大，劣势就越明显，模拟系统往往显得力不从心、相形见拙，而且系统构成比较繁杂。

网络化技术的引进，打破了模拟报警和视频监控系统相对封闭的形式及与其他系统连接较为困难的情况。从理论上说，只要网络可以到达的地方，就可以接收视频监控信号，并可进行相应的控制，网络化、模数结合的视频监控系统特别适合监控点多及地域比较分散的场合。

2. 系统配置

根据某智能化项目招标文件的具体功能需求，以及国内外监控技术的发展现状，对产品的选型作了以下设计。

本次工程闭路监控系统前端摄像机选用三星公司的系列摄像机。三星公司是一家集设计、开发、生产于一体的闭路电视监控系统的生产厂商，在业内长期拥有高水准的产品质量和售后服务，作为在中国领先的数码监控产品供应商，三星公司一直致力于不断提升视频编/解码技术和视频处理技术，提供满足市场需求的、可靠的高性能视/音频数码产品。选用的前端摄像机包括彩色半球摄像机、彩转黑固定摄像机、室内/外高清快球、电梯专用摄像机等。

网络监控设备选用了天地伟业公司的产品，天津天地伟业数码科技有限公司是在天津市华苑新技术产业园区注册的高科技企业，公司成立于1994年，具有稳定的产品研发、生产、销售、服务队伍，天地伟业公司向社会各行业提供全线高科技、高品质的数字音/视频传输控制产品。

报警系统中探测器及红外对射等设备选用了艾礼富公司的设备。

系统清单报价见表 4-6。

3. 设计依据

(1)《公安综合信息化标准汇编》公安部。

(2)《安全防范工程技术规范》(GB 50348—2004)。

(3)《安全防范系统验收规则》(GA 308—2001)。

(4)《视频安防监控系统技术要求》(GA/T 367—2001)。

(5)《警用专题地理信息属性结构》公安部。

(6)《警用地理信息图形符号和图例符号》公安部。

(7)《电子计算机场地通用规范》(GB 2887—2000)。

(8)《计算机软件需求说明书编制指南》(GB 9385—1988)。

(9)《计算机软件开发规范》(GB 8566—1988)。

(10)《计算机站场地安全要求》(GB 9361—1988)。

(11)《信息技术互连国际标准》(ISO/IEC 118 D1—1995)。

(12)《信息技术 软件包 质量要求和测试》(GB/T 17544—1998)。

(13)《软件维护指南》(GB/T 14079—1993)。

(14)《民用闭路电视监控系统工程技术规范》(GB 50198—1994)。

(15)《音频、视频及类似电子设备安全要求》(GB 8898—2001)。

(16)《主动红外入侵探测器》(GB 10408.4)。

(17)《被动红外入侵探测器》(GB 10408.5)。

(18)《入侵探测器通用技术条件》(GB 10408.1)。

4. 方案设计

(1) 设计原则。

1) 技术的先进性。整个系统选型、软硬件设备的配置均要符合高新技术的潮流，关键的视频数字化，压缩、解压、码流、传输均采用国内外工程建设中被广泛采用的技术与产品，在满足功能的前提下，系统设计具有先进性，并且在今后一段时间内保持一定的先进性。

2) 架构合理性。采用先进成熟的技术来架构各个子系统，组成稳定、可靠的大系统，使其能安全平稳地运行，有效地消除各子系统可能产生的瓶颈，选用合适的设备来保证各子系统具有良好的可扩展性。稳定性和安全性是人们最关心的问题，只有稳定可靠的系统才能确保各设备的正常运行，只有良好的数据共享、实时的故障修复、实时备份等才能形

表4-6

闭路监控及报警系统清单报价

序号	项目编码	项目名称	计量单位	数量	综合单价（元）	合价（元）	其中		备注
							人工费（元）	机械费（元）	
1	031208001002	壁式探测器支架	只	17	25	425	0	0	
2	031208001003	室外摄像机立杆及基础（2.5~3m立杆）	个	4	350	1400	0	0	
3	031208001004	红外对射探测器：主动红外；室外探测距离30m	对	7	449.03	3143.21	273	10.36	
4	031208001005	红外对射探测器：主动红外；室外探测距离60m	对	5	613.03	3065.15	195	7.4	
5	031208001006	对射探测器支架	对	12	35	420	0	0	
6	031208001007	电源设备及附件	套	1	500	500	0	0	
7	031208008001	彩色/黑白转换枪式摄像机	台	46	1812.1	83356.6	1794	868.94	
8	031208008002	自动光圈镜头：1/3in；焦距：2.7~12.5mm；自动光圈；F1.4~360；CS接口	只	46	329.96	15178.16	239.2	143.98	
9	031208008003	9in半球罩	只	33	221.4	7306.2	257.4	0	
10	031208008004	9in全球罩支架	套	13	145.5	1891.5	507	0	
11	031208008005	彩色微型摄像机：1/3inCCD	台	48	1512.1	72580.8	1872	906.72	
12	031208008006	针孔镜头：1/3in；焦距：4mm；手动光圈；F2.0~C；CS接口	台	48	482.41	23155.68	2496	362.88	
13	031208008007	支架	只	48	12	576	0	0	
14	031208008008	室外高速球机	台	5	9762.07	48810.35	195	94.45	
15	031208008009	室外高速球机支架	只	5	50.5	252.5	195	0	
16	031208008010	室内高速球机	台	16	8562.07	13693.12	624	302.24	
18	031208008011	彩色半球摄像机	台	41	2232.1	91516.1	1599	774.49	
19	031208008012	电梯用彩色半球摄像机	台	6	1912.07	11472.42	234	113.34	
20	补007	电源设备及附件	套	1	2000	2000			
21		D.2.2网络监控设备				1064556.5	12620.4	2361.24	

续表

序号	项目编码	项目名称	计量单位	数量	综合单价（元）	合价（元）	其中		备注
							人工费（元）	机械费（元）	
22	031202001007	中心管理平台主机：支持1500路前端视频接入，7个从机的接入管理。主机同时可承载的业务能力：120×2Mbps或100×1Mbps或140×512kbps	台	1	17.2	17.2	15.6	0	
23	031202001008	中心管理从机：从机可承载的业务能力：120×2Mbps或200×1Mbps或280×512kbps	台	1	32917.2	32917.2	15.6	0	
24	031202001009	ServiceManager 业务管理软件	套	1	12027.45	12027.45	15.6	0	
25	031202001010	VisionViewer 客户图像浏览软件	套	1	9027.45	9027.45	15.6	0	
26	031202001011	硬盘：应用于嵌入式设备的硬盘，1000GB/SATAII/7200RPM/32M	套	60	3207.65	192459	156	0	
27	031202001012	视频接入许可：视频接入许可证	套	162	270	43740	0	0	
28	031202006007	主网络交换机：1000M	台	1	24815.24	24815.24	39	66.17	
29	031202006008	从网络交换机：1000M	台	1	24815.24	24815.24	39	66.17	
30	031202006009	8口网络交换机：10/100M 带光口	台	1	3815.24	3815.24	39	66.17	
31	031202006010	16口网络交换机：10/100M 带光口	台	4	5315.24	21260.96	156	264.68	
32	031202006011	24口网络交换机：10/100M 带光口	台	7	6915.24	48406.68	273	463.19	
34	031208013001	视频编码器	台	162	2176.48	352589.76	10108.8	1193.94	
35	031208013002	电视墙视频解码器：视频解码器，H.264/MPEG—4，分辨率：1路D1或者4路CIF（四画面合成），1~25帧/s，PAL制式	台	25	2376.48	59412	1560	184.25	
36	031208014001	存储配套设备：4U机架式IP网络存储系统：16个SATA盘（支持热插拔，单机最大裸容量：12TB，2+1冗余电源集成）；IP SAN和NAS两种存储结构，支持iSCSI/NFS/CIFS/FTP/HTTP等协议，支持RAID 0, 1, 5, 10, 50, JBOD管理方式。2个千兆网口，支持网口绑定	套	4	58000	232000	0	0	
37	补008	电源设备及附件	批	1	7000	7000	0	0	
38	031207004004	监控管理中心设备调试	系统	1	253.07	253.07	187.2	56.67	

成完整的管理体系。

3）经济性。在满足系统功能及性能要求的前提下，尽量降低系统建设成本，采用经济实用的技术和设备，利用现有设备和资源，综合考虑系统的建设、升级和维护费用，不盲目投入。建设经费不足的地区，应先重点、后一般，分期投入，分期建设。

4）实用性。在设备选型时，主要依据本地区的实际情况，在目前我国市场上占有率高的各类产品中选择具有最优性能价格比和扩充能力的产品。

5）规范性。控制协议、编/解码协议、接口协议、视频文件格式、传输协议等应符合相关国家标准、行业标准和公安部颁布的技术规范。

6）可维护性。所设计的系统和采用的产品应该是简单、实用、易操作、易维护。系统的易操作和易维护是保证非计算机专业人员使用好本系统的条件，并且系统应具备自检、故障诊断及故障弱化功能，在出现故障时，应能得到及时、快速的维护。

7）可管理性。前端现场设备，各分系统集中于中心统一控制，实施对所有远端设备的控制、设置，以保证系统的高效、有序、可靠的发挥其管理职能。

8）安全性。对系统采取必要的安全保护措施，防止病毒感染、黑客攻击，防雷击、过载、断电和人为破坏，具有高度的安全性和保密性。

全新"基于 IP 的视频技术"，为本系统的扩展提供了无与伦比的扩展性，只要 IP 资源足够，系统的扩展就不会受到限制，可根据需要任意增、减监控系统前端的数量，同时，全面的网络接入技术，使得用户可以在任何地方，通过互联网访问大厦的监控情况。

（2）系统组成框架。模拟摄像机＋视频编码器＋网络（保密监控网）＋监控管理平台。

1）监控接入层。前端监控设备经视频编码后通过屏蔽网线将视频源接入承载交换层。

2）承载交换层。采用开放式的 TCP/IP 协议的 IP 承载网，并利用组播/单播协议把不同的数据码流传送到实际目的地址。

3）控制管理层。IP 智能监控系统采用信令控制与码流交换分离的体系，控制管理层主要负责整个系统的信令控制。控制管理层是 IP 智能监控系统的核心部件，系统中所有的设备都是通过控制管理层来实现相互的通信和管理，主要控制管理设备是视频管理服务器和数据管理服务器。

4）视频应用层。视频应用层主要由视频客户端负责把监控图像进行实时查看，并把历史数据进行回放，同时 IP 智能监控系统可以提供相应的 API 接口，提供第三方做深层次的应用开发。

（3）闭路监控及报警系统点位布置，见表 4-7。

表 4-7 闭路监控及报警系统点位布置

项目	楼层	功能区域	彩转黑枪机	彩色半球	针孔摄像机	室内球机	电梯摄像机	探测器
综合楼 A	一层							2
		入口门厅×2	2					
		登记处		1				
		楼梯口×2	2					
		走廊		6				
		对象间×4			12	4		

续表

项目	楼层	功能区域	彩转黑枪机	彩色半球	针孔摄像机	室内球机	电梯摄像机	探测器
综合楼 A	二层							2
		走廊		8				
		对象间×6			18	6		
	三层							2
		走廊		7				
		对象间×6			18	6		
	四层							2
		走廊		7				
	顶层							
		楼梯口×2	2					
		走廊		2				
		电梯机房					3	
综合楼 B	一层							2
		走廊		2				
		门厅	1					
		楼梯口	2					
	二层							
		走廊		2				
	三层							
		走廊		2				
	四层							
		走廊		2				
	五层							
		走廊		2				
	顶层							
		楼梯口	1					
		电梯机房					1	
综合楼 C	地下一层							3
		通道	10					
	一层							4
		门厅×2	2					
		楼梯口×4	4					
		走廊	3					
		厨房（加工间）	1					
	二层							2
		通道口（A楼）	1					
		通道口（B楼）	1					
		厨房	1					
	三层							
		电梯间×2					2	
	顶层							
		楼梯口	1					
	室外		12					
		合计	46	41	48	16	6	17

系统共设计彩转黑固定摄像机 46 个，彩色半球 41 个，针孔摄像机 48 个，室内球机 16 台，室外球机 5 台，电梯用摄像机 6 个，红外双鉴探测器 17 个，在室外考虑红外对射探测器 12 对，其具体控制系统如图 4-71 所示。

5. 系统前端设计

监控前端（视频采集现场）主要由摄像机、视频编码等设备组成。

视频编码器的选择：编码设备主要采用单路编码器，在楼层统一编码接入网络，其图像解析度支持单路 D1 或四路 CIF 格式，以达到高清图像质量，提供 RJ45 网络接口、RS485 控制和报警接口等，支持远程控制和管理。

监控摄像机的选择：系统在各对象间设置三台针孔摄像机（其中房间两台，卫生间一台，要求覆盖全房间，无死角），一台小型彩色摄像机和两套高清晰拾音装置（以上设备均需隐蔽安装），走廊（包括楼梯间等）设置红外彩转黑半球摄像机，电梯桥厢设置彩色专用摄像机，大厅、室外等开放区域均统一采用高清一体化快球，所有音/视频信号经编码器压缩编码后，经由标准网络接口，通过网络以 TCP/IP 协议集中到监控中心，存储统一采用 IP—SAN 存储网络，具体存储方式可由投标人提出优化方案。

所有视频监控均采用摄像头加编码器方式实现，其中编码设备为嵌入式系统安装，办案区域按照视频无死角、音/视频符合监控要求设计。

6. 系统传输设计

传输方式：模拟摄像机＋视频编码器方式。

前端设备的作用是根据要求实时采集监控点的视频图像，并将模拟视频信号转换成数字视频信号，将压缩后的流媒体文件以单播或组播方式通过宽带网络发送到某智能化项目视频监控系统平台，供有权限的人员实时查看或保存在存储设备中。

本方案设计，系统前端摄像机统一接入编码器，经六类屏蔽双绞线接入相应井道交换机（监控网络属涉密网，需要达到保密要求，采用屏蔽布线系统），通过以太网接入监控中心内，和 IP 网络摄像机相比，采用该方式减少成本的投入，同时对系统的扩容增加监控点也十分方便，只需增加前端设备。

根据实际图像质量的需求，前端网络视频服务器可通过码流调整来实现不同分辨率的图像，因此在网络中传输所占带宽如按标准 PAL 制式 25 帧/s，每路图像所占带宽为 1.5~2Mbps。对于某个区 1000M 的交换网络来说，所有网络视频同时工作传输，不会对网络资源造成很大的负担。

7. 监控中心设计

（1）控制部分。控制部分是整个系统的"心脏"和"大脑"，是整个系统的指挥中心，控制监控系统具有切换、录像、查找回放等功能，可进行数据的归纳、远传和集成。用户可以在主、副控制台上安装相应的客户端软件，根据授权具有对所属设备的控制功能，可以实现远程现场图像实时播放和历史播放控制，可以定格抓拍、打印输出。

分控中心设计：分监控中心设在 C 楼一层的消防监控中心，将 B 楼和室外及周界监控的视频及报警信号全部传输到该中心，实时对其进行监控。

在分控中心设置一台录像服务器和一台实时监控主机，所有这些服务器全部连入计算机网络，不需要安装任何压缩卡等其他硬件，录像服务器可以实现集中录像功能，单机可满足该区域的录像容量，充分满足用户现在和今后扩容问题。

分控中心前端的视频通过网络传输到中心后，通过解码器解码后上传至电视墙进行实时的视频查看。

总控中心设计：总监控中心设在 A 楼四层的监控中心，该中心将分控中心及 A 座楼层监控及对象间内的音/视频全部传输到该中心，实时对其进行监控。

总控中心的建设以满足以下系统功能为原则。

1）录像及存储功能：在总控中心设置录像服务器及存储服务器，负责所有监控点的录像及存储任务，实现集中录像及存储。

2）存储调用系统：总控中心应满足为用户提供远程查询、回放录像文件的功能。本地用户或者远程用户需要通过此系统轻松地完成录像的回放需求。

3）网络解码：总控中心负责纪委监控系统的视频显示、设备控制、视频参数设定、用户权限分配、设备分组管理、系统日志查询等功能。同时该系统还将信号输出给大屏幕，用户可以根据需要，选择自动切换或手动切换的方式来显示多个画面。

（2）显示部分。监视器是闭路电视监控系统的终端显示设备，它用来显示、监测被摄物体的图像，整个系统的状态都体现在监视器的屏幕上，最终反映系统的优劣，因此监视器的选择在闭路电视监控系统中显得尤为重要。

C 楼分控中心：系统电视墙采用 9 台 21 英寸彩色监视器。

A 楼总控中心：系统电视墙采用 12 台 21 英寸彩色监视器和四台 50 英寸液晶监视器，根据用户的需要可以设置多画面显示和单画面轮询显示。

视频监控点通过视频解码器输出到电视墙观察实时的监控图像，可以实现远程现场图像实时播放和历史播放控制，可以定格抓拍、海量图像文件的存储和备份、直接报警输入、摄像机与云台的网络远程控制等功能。

（3）系统存储设计。大规模的网络视频监控的存储设计至关重要，不仅关系到视频及报警数据是否能够按照设计要求可靠地进行存储和调用，同时，不同的存储架构设计和技术选择也会影响整个监控系统的效率和存储数据的稳定性和可用性。

存储计算：用 25 帧/s 在 D1 格式时的码流约为 1024bit/s，由于本项目采取的是 24h 不间断录像方式，码流按 1024bit/s 来计算。

每小时容量$=3600s\times1024bit/s\div8bit=460MB/h$

1 天容量$=24h\times460MB/h/1024=10.5GB/d$

7 天容量$=7d\times10.5GB/d=73.5GB$

90 天容量$=90d\times10.5GB/d=945GB$

根据招标文件要求，办案录音录像资料要求连续储存时间为 90d×24h。涉及本次办案录音录像的摄像点位为 64 个，具体储存容量计算如下：

64 路摄像头 D1 格式图像的存储容量约为 $64\times945GB/1024=60TB$。

系统其余 98 路摄像机储存时间按 7d 考虑，所需储存容量如下：

98 路摄像机 D1 格式图像的存储容量约为 $98\times73.5GB/1024=7TB$。

根据工程量清单，系统只考虑了办案录音录像资料的 90d 储存容量，我方建议增加 10TB 的容量来储存系统其余 98 路摄像机 D1 格式图像的存储容量，同时满足日后数据备份、校验信息及系统扩容等所需。

8. 系统联动说明

安全防范系统不仅有了网络视频监控系统，还有门禁系统、防盗报警系统等。网络视频监控系统的视频管理软件具有开放的通信接口，可与门禁系统、报警系统进行无缝集成。当门禁系统或报警系统触发非法刷卡、非法闯入或者防盗报警时，门禁管理主机或报警主机可以将报警信息传输至视频管理工作站，视频管理工作站可以根据解析的信息，调出相应的视频或录像，实现集成联动。

子系统的联动如下：

（1）防盗报警信号可以联动报警区域的摄像机，将图像切换到控制室的监视器上，并进行录像。

（2）多个报警信号出现时，报警信号可以顺序切换到不同的监视器上，报警解除后图像自动取消，防止漏报。

（3）有人在防盗系统设防期间进入安装探测器的办公室或开启安装门磁感应器的房门时，CATV 系统可在控制室内自动切换到相应区域图像信号。

（4）智能卡与消防报警系统的联动：根据消防报警信息控制门的开启和关闭（门在消防报警状态的开关根据消防要求确定，门禁系统在实施时已确定消防断电情况下为开或关），在报警信号解除后自动复位。

（5）黑名单报警时联动相应区域的摄像机。

（6）区域报警时控制相对应区的门禁系统（开启或关闭）。

同时，视频管理系统还预留应用软件接口与上层监控平台或业务平台进行集成，实现向上层平台的集成。

9. 系统功能特点

（1）系统具有对图像信号采集、传输、切换控制、显示、分配、记录和重放的基本功能。

（2）系统可预置图像移动监测报警，在图像上任意画出敏感方框，锁定目标区域，一旦监测到物体移动，即发出报警，开始录像。

（3）监控画面客户端浏览，能够实现 1、4、9、16、25 画面方式浏览，同时支持 $N+1$ 方式画面浏览。

（4）图像信号存储在中心磁盘阵列（IP SAN 或 FC SAN）内。

（5）用户需要掌握的动态现场信息可实时调用。

（6）能对图像的来源、记录的时间、日期和其他系统信息进行全部或有选择的记录。对于特别重要的固定区域的报警录像宜提供报警前的图像记录。

（7）系统能够正确回放记录的图像，系统能正确检索记录信息的时间、地点，录像和回放可同时进行。

（8）全汉字化菜单显示引导操作。

（9）系统能手动切换或编程自动切换，对所有的视频输入信号在指定的监视器上进行固定或时序显示。

（10）系统既可手动控制云台和镜头进行扫描，也可自动控制。

（11）采用汉字字符显示摄像机地址，并有时间、日期字符同步显示，字体可编辑。

（12）能对前端视频信号进行监测，并能给出视频信号丢失的报警信息。

（13）支持多主控服务的控制模式，图形分控允许对多个居于不同地址的主控系统进行控制，便于中心管理。

（14）图形分控允许用户在基于图形方式的情况下对视频进行切换、对云台与球机进行控制、对预制编程进行启动、对报警事件进行接收及处理。

（15）采用客户/服务器或浏览器/服务器网络结构设计，网络分控可以方便地通过网络（LAN）实现对服务器进行视频切换、云台、镜头控制、警情处理、继电器控制等各种操作。

（16）与入侵报警系统实现联动，报警发生时能切换出相应部位摄像机的图像，予以显示和记录。

（17）能够方便地在建筑结构图上定义监控点，支持放大缩小，报警时能够在建筑图相关位置显示报警，并且能够通过点击报警图标调看现场图像并进行 PTZ 控制。

（18）办案用房音/视频监控资料可能被本市纪检监察信息系统自动调用。

10. 产品性能及功能特点

（1）室内/外彩转黑高清快球 SCC—C6433P 产品特征如下。

◆ 扫描系统：PAL：625 行，25 帧/s。

◆ 摄像元件：1/4 英寸 Super HAD CCD 1/4 英寸宽动态彩色黑白转换型 Ex-view HAD CCD。

◆ 有效像素：752（H）×582（V）。

◆ 扫描频率：水平：15，625H（INT）/15，625Hz（L/L）垂直：50Hz（INT）/50Hz（L/L）。

◆ 扫描方式：隔行扫描。

◆ 水平分辨率：540 线。

◆ 信噪比：50dB（AGC OFF）。

◆ 隐私遮挡区域：16 区域（马赛克，可调区域大小位置）。

◆ 数码效果：镜像效果，负片效果，画中画功能。

◆ 白平衡：自动追踪白平衡，自动白平衡控制，手动。

◆ 背光补偿：自由范围。

◆ 镜头：焦距 3.55～113mm（非球面）。

◆ 光圈：F1.6（近镜），F4.2（远镜）。

◆ 视角：近景 4mm—47°9′（H）×36°9′（V）。

◆ 远景：88mm—2°3′（H）×1°7′（V）。

◆ 手控速度：水平：0.1°～180°/s（64 级），垂直：0.1°～90°/s。

◆ 预设速度：水平速度：最大 400°/s，垂直速度：最大 200°/s。

◆ 旋转：水平：360°连续旋转，垂直：0～180°自动反转。

◆ 误差：水平/垂直：±0.1°。

◆ 变焦：总变焦：512X。光学变焦：32X。数码变焦：16X。

◆ 预设位置：128 个。

◆ 预设巡航：3 组。

◆ 模式编排：30s×3（共 90s）路径自学习。

◆ 同步方式：电源同步，内同步。

◆ 视频输出接口：BNC。

◆ 远程控制：RS485/RS422 控制。

◆ 地址范围：0～255。

◆ 报警输入：8 路（工作电流 5mA）。

◆ 报警输出：3 路（2 路 open collector DC24V 40mA Max；1 路 Relay 30VDC 2A，125VAC 0.5A Max）。

（2）彩转黑固定摄像机 SCC—B2391P 产品特征如下。

◆ 扫描系统：PAL：625 行，25 帧/s。

◆ 摄像元件：1/3 英寸 Interline Transfer Super HAD CCD。

◆ 有效像素：752（H）×582（V）。

◆ 同步系统：内同步或电源同步。

◆ 扫描方式：隔行扫描。

◆ 水平分辨率：540 线，彩色 540 线，黑白 570 线。

◆ 视频输出：复合视频信号 $1.0V_{p-p}$（75Ω/BNC）。

◆ 信噪比（S/N）：大于 50dB（AGC OFF）。

◆ 最低照度：0.3Lux（F1.2）。

◆ 功能控制开关：（后面板）L/L 同步方式选择。

◆ ELC 电子自动快门（开：适用于 DC 和视频自动光圈镜头，关：适用于手动光圈镜头）。

◆ FL 闪烁消除。

◆ AWB 自动白平衡。

（3）日夜型彩色半球摄像机 SCC—B5311P 产品特征如下。

◆ 扫描系统：PAL：625 行，25 帧/s。

◆ 摄像元件：1/3 英寸 Interline Transfer Super HAD CDD。

◆ 有效像素：752×582。

◆ 同步系统：INT/电源同步（使用 INT/DEC 调整相位）。

◆ 扫描方式：水平：15.625Hz（INT）/15.625Hz（LL）。

◆ 垂直：50Hz（INT）/50Hz（LL）。

◆ 水平分辨率：540 线。

◆ 信号输出：复合视频信号 $1.0V_{p-p}$（75Ω/BNC）。

◆ 信噪比（S/N）：50dB。

◆ 日夜转换模式：电子式。

◆ 最低照度。

◆ 水平调节：范围为 0～340°（220°顺时针和 120°逆时针）。

◆ 垂直调节：范围为 0～90°。

（4）单路 D1 网络视频服务器 TC－NS621S 功能。见表 4－8。

表 4－8   **单路 D1 网络视频服务器 TC－NS621S 功能表**

功 能 项 目	TC－NS621S 系列网络视频服务器
处理器单元	DSP＋ARM＋硬件加速引擎
操作系统	嵌入式 Linux 操作系统
视频接口	BNC 接口：1 路复合视频输入
音频接口	RCA 接口：1 路音频输入；1 路音频输出
视频压缩	H.264
音频压缩	G.711/ADPCM
图像分辨率	720×576/720×288/352×288
图像调整	对比度、亮度、色度、饱和度可独立调整
传输帧率	25 帧/s（PAL 制式），30 帧/s（NTSC 制式）
OSD	支持字符叠加、时间叠加
网络接口	10BaseT/100BaseTX 以太网接口
网络协议	TCP/UDP/HTTP/MULTICAST
IP 地址	支持静态 IP 地址、动态 IP 解析
USB 接口	预留（TC－NS621S）；支持（TC－NS621S－USB）
传输带宽	64K～3Mbps
报警输入	2 路开关量报警输入
报警输出	1 路开关量报警输出
时钟	内置时钟，支持外同步
控制接口	RS485 接口：1 路透明通道；1 路 485 云镜控制
系统升级	支持网络远程升级
工作环境	温度：－10～50℃ 湿度：0～95％ RH
电源	DC 12V/3A 外接电源
功率	≤5W
尺寸	180mm×122mm×44mm（长×宽×高）

（5）网络视频解码器 TC－ND621S 功能。见表 4－9。

表 4－9   **网络视频解码器 TC－ND621S 功能表**

项 目	TC－ND621S 网络视频解码器
处理器单元	DSP＋ARM＋硬件加速引擎
视频压缩算法	H.264
音频压缩算法	G.711/ADPCM
解码分辨率	单画面 D1 或 4 画面 CIF
图像调整	对比度、亮度、色度、饱和度可独立调整
控制接口	RS485 反向控制接口
视频输出接口	1 个 BNC/1 个 VGA@50Hz 以上
音频接口	1 路音频输入，1 路音频输出

项　　目	TC-ND621S 网络视频解码器
报警端口	1路报警输出：接点容量 0.5A@125VAC / 1A@24VDC
网络接口	10BaseT/100BaseTX 以太网接口
网络协议	TCP/UDP/HTTP/MULTICAST
功率	直流电源输入 0.4A@12VDC，电源适配器输入 180～240VAC
外形尺寸	（长×宽×高）180mm×122mm×44mm
工作环境	温度：-10～50℃ 湿度：0～95% RH

（6）16盘位磁盘阵列功能。见表4-10。

表4-10 **16盘位磁盘阵列功能表**

型　　号	TC-RS1016
控　制　器	
处理器	64位双核处理器
高速缓存	标配 1GB、可扩充至 8GB
阵列通道	16
可连接磁盘数目	16
磁盘接口	SATA I，SATA II（可选支持 SAS）
热插拔磁盘	支持
RAID 级别	支持多种 RAID 级别
网络接口	标配 2 千兆口，可扩充至 6 个千兆口
冗余电源	2+1
操作系统	Windows 2000/XP/Server2003/NT，Linux，Solaris，HP-UX，AIX，MacOS
协议支持	iSCSI/NFS/CIFS/FTP/HTTP/AFP
系统 LUNs	最大 1024
客户端	最大 128
性　　能	
传输带宽	250～750MBps
IO 访问率	80000IOps
软　　件	
管理方式	基于 Web 的 GUI，串口 CLI
空间管理	RAID 管理，存储虚拟化，网络虚拟化，监视工具，系统日志，报错处理
软件模块（可选）	快照，克隆，WORM，数据同步，数据安全，备份，带宽预留
	行业定制模块（监控、IPTV、视频编辑）
用户管理	空间划分、分配
环　境　要　求	
温度	5～40℃
湿度	5%～95%
附件	处理器升级模块 缓存升级模块：1GB，2GB

11. 系统图

音/视频及报警集中控制系统如图4-71所示（见文后附页）。

思考题与习题

4-1 被动式红外探测器的探测原理是什么？

4-2 双鉴探测器的探测原理是什么？

4-3 摄像头的主要技术参数有哪些？

4-4 如何实现视频信号的传输？

4-5 视频矩阵的功能是什么？

4-6 楼宇安全防范系统分为哪五大部分？

4-7 闭路电视监控系统的主要内容是什么？

第五章 火灾报警控制系统

以传感器技术、计算机技术和电子通信技术等为基础的火灾报警控制系统，是现代消防自动化工程的核心内容之一。该系统既能对火灾发生进行早期探测和自动报警，又能根据火情位置及时输出联动控制信号，启动相应的消防设施进行灭火。对于各类高层建筑、宾馆、商场、医院、候机（车、船）楼、电影院、舞厅等人员密集的公共场所、银行、档案库、图书馆、博物馆、计算机房和通信机房以及变电站等重要部门，设置安装火灾报警控制系统更是必不可少的消防措施。

第一节 火灾报警控制系统的工作原理和运行机制

根据建筑消防规范，将火灾自动报警装置和自动灭火装置按实际需要有机地组合起来，配以先进的控制技术，便构成了建筑消防系统。火灾报警控制系统由探测、报警与控制三部分组成，它完成对火灾预防与控制的功能。

一、火灾报警控制系统的基本原理

1. 火灾报警控制系统的运行机制

如图 5-1 所示，火灾探测器通过对火灾发出燃烧气体、烟雾粒子、温升和火焰的探测，将探测到的火情信号转化为火警电信号，在现场的人员若发现火情后，也应立即直接按动手动报警按钮，发出火警电信号，火灾报警控制器接收到火警电信号，经确认后，一方面发出预警、火警声光报警信号，同时显示并记录火警地址和时间，告诉消防控制室（中心）的值班人员；另一方面将火警电信号传送至各楼层（防火分区）所设置的火灾显示盘，火灾显示盘经信号处理，发出预警和火警声光报警信号，并显示火警发生的地址，通知楼层（防火分区）值班人员立即查看火情并采取相应的扑灭措施，在消防控制室（中心）还可能通过火灾报警控制器的通信接口，将火警信号在微机彩显系统显示屏上更直观

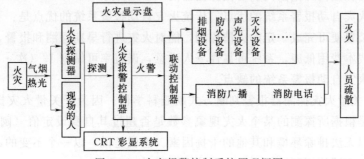

图 5-1 火灾报警控制系统原理框图

地显示出来。

　　联动控制器则从火灾报警控制器读取火警数据，经预先编程设置好的控制逻辑（"或"、"与"、"片"、"总报"等控制逻辑）处理后，向相应的控制点发出联动控制信号，并发出提示声光信号，经过执行器去控制相应的外控消防设备。例如，排烟阀、排烟风机等防烟排烟设备；防火阀、防火卷帘门等防火设备；警铃、警笛和声光报警器等警报设备；关闭空调、电梯迫降和打开人员疏散指示灯等；启动消防泵、喷淋泵等消防灭火设备等。外控消防设备的启/停状态应反馈给联动控制器主机并以光信号形式显示出来，使消防控制室（中心）值班人员了解外控设备的实际运行情况，消防内部电话、消防内部广播起到通信联络和对人员疏散、防火灭火的调度指挥作用。

　　2. 火灾报警控制系统的构成

　　火灾报警控制系统作为一个完整的系统由三部分组成，即火灾探测、报警和联动控制。

　　火灾探测部分主要由探测器组成，是火灾自动报警系统的检测元件，它将火灾发生初期所产生的烟、热、光转变成电信号，然后送入报警系统。

　　报警控制由各种类型报警器组成，它主要将收到的报警电信号显示和传递，并对自动消防装置发出控制信号。前两个部分可构成独立单纯的火灾自动报警系统。

　　联动控制由一系列控制系统组成，如报警、灭火、防烟排烟、广播和消防通信等。联动控制部分其自身是不能独立构成一个自动控制系统的，因为它必须根据来自火灾自动报警系统的火警数据，经过分析处理后，方能发出相应的联动控制信号。

二、火灾报警控制系统的发展

　　随着计算机技术和通信技术的不断发展，火灾自动报警和联动控制技术也相应得到飞速发展，智能探测器的推出，大大提高了系统的可靠性，降低了误报率，高性能、大容量的控制系统满足了现代建筑的需要。

　　1. 传统火灾自动报警系统

　　20世纪初，就出现了定温火灾探测器，它的造价比较低，误报率也低，但其灵敏度比较低，探测火灾的速度比较慢，尤其对阴燃火灾往往不响应，发生漏报。

　　20世纪40年代，瑞士Cerberus公司研制出世界上第一只离子感烟探测器，实现了火灾的早期报警，火灾自动报警技术才开始真正有意义地推广和发展。它对火灾响应速度比感温探测器快得多，自从问世以来，便一直在火灾自动报警系统中占统治地位，直到今天，这种探测器在全世界范围内仍占据探测器的90%左右。

　　（1）传统火灾自动报警系统的优点。传统火灾自动报警系统的优点是：不要很复杂的火灾信号探测装置便可完成一定的火情探测，能对火灾进行早期探测和报警，系统性能简单便于了解，成本费用低廉，系统可靠性令人满意，误报率可做到1/（次·年）。

　　（2）传统火灾自动报警系统的缺点。

　　1）传统开关量火灾探测器报警判断方式缺乏科学性。因为开关量火灾探测器的火灾判断依据仅仅是根据所探测的某个火灾现象参数是否超过其自身设定值（阈值），来确定是否报警，所以无法排除环境和其他的干扰因素。也就是说，以一个不变的灵敏度来面对不同使用场所、不同使用环境的变化，显然是不科学的。

2）传统火灾自动报警系统的功能少、性能差，不能满足发展的需要。比如，多制线报警系统费线费工，电源功耗大，缺乏故障自诊断、自排除能力和无法识别报警的探测器（地址编码）及报警类型，不具备现场编程能力，不能自动探测系统重要组件的真实状态，不能自动补偿探测器灵敏度的漂移，当线路短路或开路时，系统不能采用隔离器切断有故障的部分等。

2. 现代火灾自动报警系统

随着火灾自动探测报警技术的不断发展，从简单的机电式发展到用微处理机技术的智能化系统，而且智能化系统也由初级向高级发展。现代火灾自动报警系统有以下几种主要形式，即可寻址开关量报警系统、模拟量探测报警系统和多功能火灾智能报警系统等。

（1）可寻址开关量报警系统。可寻址开关量报警系统是智能型火灾报警系统的一种。它的每一个探测器有单独的地址码，并且采用总线制线路，在控制器上能读出每个探测器的输出状态。目前的可寻址系统在一条回路上可连接 0～256 个探测器，能在几秒内查询一次所有探测器的状态。

可寻址开关量报警系统最主要的特点是：能比传统火灾自动报警系统更准确地确定火情部位，增强了火灾探测或判断火灾发生的能力，比传统的多线制系统省线省工。在系统总线上，可连接报警探头、手动报警按钮、水流指示器及其他输出中继器等。增设可现场编程的键盘，完善了系统自检和复位功能、火警发生地址和时间的记忆与显示功能、系统故障显示功能、总线短路时隔离功能、探测点开路时隔离功能等。总之，这类系统在控制技术上有了较大的改进，缺点是对探测器的工作状况几乎没有改变，对火警的判断和发送仍由探测器决定。

（2）模拟量探测报警系统。模拟量探测报警系统不仅可以查询每个探测器的地址，而且可以报告传感器的输出量值，并逐一进行监视和分级报警，明显地改进了系统性能。

模拟量探测报警系统是一种较先进的火灾报警系统，通常包括可寻址模拟量火灾探测器、系统软件和算法。其最主要的特点是：在探测信号处理方法上做了彻底改进，即把探测器中的模拟信号不断地送到控制器去评估或判断，控制器用适当的算法辨别虚假或真实火灾及其发展程度，或探测器受污染的状态。可以把模拟量探测器看做一个传感器，通过一个串联通信装置，不仅能提供装置的位置信号，同时还将火灾敏感现象参数（如烟浓度、温度等）以模拟值（一个真实的模拟信号或者等效的数字编码信号）传送给控制器，由控制器完成对火警情况的判断，报警决定有分级报警、响应阈值自动浮动和多火灾参数复合等多种方式，采用模拟量探测（报警）技术可降低误报率，提高系统的可靠性。

（3）多功能火灾智能报警系统。多功能火灾智能报警系统是现代火灾自动报警系统中较高级的报警系统，探测、控制装置多由微处理器组成。系统采用集散控制技术，将集中的控制技术分解为分散的控制子系统，各种控制子系统完成其设定的工作，主站进行数据交换和协调工作。

多功能火灾智能报警系统的特点如下。

1）系统规模大，目前，有的火灾报警控制装置的最大地址数达到上万个。

2）探测对象多样化，除了火灾报警功能外，还可具有防盗报警、燃气泄漏报警功能等。

3）功能模块化，系统设置采用不同的功能模块，对制造、设计、维修有很大方便，便于系统功能设置与扩展。

4）系统集散化，一旦某一部分发生故障，不会对其他部分造成影响，并且联网功能强，应用网络技术，不但火灾自动报警控制装置可以相互连接，而且可以和建筑物自动控制系统联网，增强了综合防灾能力。

5）功能智能化，系统装置中采用模拟火灾探测器，具有灵敏度高和蓄积时间设定功能，探测器内置有微处理器，那就具有信号处理能力，形成分布式智能系统，可减少误报的可能性。

在火灾自动报警系统中采用人工智能、火灾数据库、知识发现技术、模糊逻辑理论和人工神经网络等技术。

第二节　火灾自动报警系统基本形式的选择

一、火灾自动报警系统的基本形式

随着电子技术的迅速发展和计算机软件技术在现代消防技术中的大量应用，火灾自动报警系统的结构、形式越来越灵活多样，很难精确划分成几种固定的模式。火灾自动报警技术的发展趋向于智能化系统，这种系统可组合成任何形式的火灾自动报警网络结构。它既可以是区域自动报警系统，也可以是集中报警系统和控制中心报警系统形式。它们无绝对明显的区别，设计人员可任意组合设计成自己需要的系统形式。根据火灾自动报警系统联动功能的复杂程度及报警系统保护范围的大小，将火灾自动报警系统分为区域火灾报警系统、集中火灾报警系统和控制中心报警系统三种基本形式。

1. 区域火灾报警系统

区域火灾报警系统通常由区域火灾报警控制器、火灾探测器、手动火灾报警按钮、火灾报警装置及电源等组成，其系统结构、形式如图5-2所示。

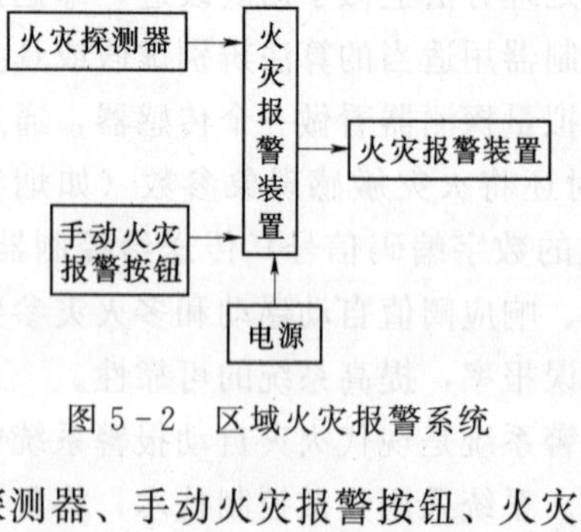

采用区域报警系统时，其区域报警控制器不应超过三台，因为未设集中报警控制器，当火灾报警区域过多而又分散时就不便于集中监控与管理。

2. 集中火灾报警系统

集中火灾报警系统通常由集中火灾报警控制器、至少两台区域火灾报警控制器（或区域显示器）、火灾探测器、手动火灾报警按钮、火灾报警装置及电源等组成，其系统结构、形式如图5-3所示。

图5-2　区域火灾报警系统

集中火灾报警系统应设置在由专人值班的房间或消防值班室内，若集中报警不设在消防控制室内，则应将它的输出信号引至消防控制室，这有助于建筑物内整体火灾自动报警系统的集中监控和统一管理。

3. 控制中心报警系统

控制中心报警系统通常由至少一台集中火灾报警控制器、一台消防联动控制设备、至

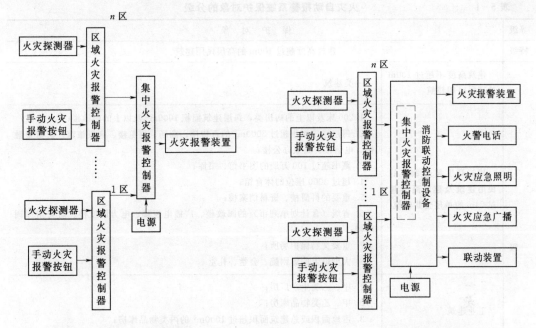

图 5-3　集中火灾报警系统　　　　图 5-4　控制中心报警系统

少两台区域火灾报警控制器（或区域显示器）、火灾探测器、手动火灾报警按钮、火灾报警装置、火警电话、火灾应急照明、火灾应急广播、联动装置及电源等组成，其系统结构、形式如图 5-4 所示。

集中火灾报警控制器设在消防控制室内，其他消防设备及联动控制设备，可采用分散控制和集中遥控两种方式。各消防设备工作状态的反馈信号，必须集中显示在消防控制室的监视或总控制台上，以便对建筑物内的防火安全设施进行全面控制与管理。控制中心报警系统探测区域可多达数百甚至上千个。

二、火灾自动报警系统的适用场所与选择

（一）火灾自动报警系统保护对象级别的确定

火灾自动报警系统保护对象的分级要根据不同情况和火灾自动报警系统设计的特点，结合保护对象的实际需要，有针对性地划分。《火灾自动报警系统设计规范》（GB 50116—1998）明确规定："火灾自动报警系统的保护对象应根据其使用性质、火灾危险性、疏散和扑救难度等分为特级、一级和二级"，具体划分见表 5-1。

（二）火灾自动报警系统的设置场所

国家标准《火灾自动报警系统设计规范》（GB 50116—1998）明确规定："本规范适用于工业与民用建筑和场所内设置的火灾自动报警系统，不适用于生产和储存火药、炸药、弹药、火工品等场所设置的火灾自动报警系统"。因此，除上述规范明确的特殊场所（如生产和储存火药、弹药、火工品等场所）外，其他工业与民用建筑，是火灾自动报警系统的基本保护对象，是火灾自动报警系统的设置场所。火灾自动报警系统的设计，除执行上述规范外，还应符合国家现行的有关标准、规范的规定。

表 5－1　　　　　　　　　　　火灾自动报警系统保护对象的分级

等级	保护对象	
特级	建筑高度超过 100m 的高层民用建筑	
一级	建筑高度不超过 100m 的高层民用建筑	一类建筑
	建筑高度超过 24m 的民用建筑及建筑高度超过 24m 的单层公共建筑	1.200 床及以上的病房类，每层建筑面积 1000m² 及以上的门诊楼； 2. 每层建筑面积超过 3000m² 的百货楼、商场、展览楼、高级旅馆、财贸金融楼、电信楼、高级办公楼； 3. 藏书超过 100 万册的图书馆、书库； 4. 超过 3000 座位的体育馆； 5. 重要的科研楼、资料档案楼； 6. 省级（含计划单列市）的邮政楼、广播电视楼、电力调度楼、防灾指挥调度楼； 7. 重要文物保护场所； 8. 大型以上的影剧院、会堂、礼堂
	工业建筑	1. 甲、乙类生产厂房； 2. 甲、乙类物品库房； 3. 占地面积或总建筑面积超过 1000m² 的丙类物品库房； 4. 总建筑面积超过 1000m² 的地下丙、丁类生产车间及物品库房
	地下民用建筑	1. 地下铁道、车站； 2. 地下电影院、礼堂； 3. 使用面积超过 1000m² 的地下商场、医院、旅馆、展览厅及其他商业或公共活动场所； 4. 重要的实验室，图书、资料、档案库
二级	建筑高度不超过 24m 的民用建筑	1. 设有空气调节系统的或每层建筑面积超过 2000m²、但不超过 3000m² 的商业楼、财贸金融楼、电信楼、展览楼、旅馆、办公楼、车站、海河客运站、航空港的公共建筑及其他商业或公共活动场所； 2. 市、县级的邮政楼、广播电视楼、电力调度楼、防灾指挥调度楼； 3. 中型以下的影剧院； 4. 高级住宅； 5. 图书馆、书库、档案楼
	工业建筑	1. 丙类生产厂房； 2. 建筑面积大于 50m² 但不超过 1000m² 的丙类物品库房； 3. 建筑面积大于 50m²，但不超过 1000m² 的地下丙、丁类生产车间及地下物品库房
	地下民用建筑	1. 长度超过 500m 的城市隧道； 2. 使用面积不超过 1000m² 的地下商场、医院、旅馆、展示厅及其他商业或公共活动场所

注　1. 一类建筑、二类建筑的划分，应符合现行国家标准《高层民用建筑设计防火规范》（GB 50045）的规定；工业厂房、仓库的火灾危险性分类，应符合现行《建筑设计防火规范》（GB J16）的规定。

　　2. 本表未列出的建筑的等级可按同类建筑的类比原则确定。

1.《高层民用建筑设计防火规范》（GB 50045—1995）的要求

（1）建筑高度超过 100m 的高层建筑，除面积小于 5m² 的厕所、卫生间外，均应设置火灾自动报警系统。

（2）除普通住宅外，建筑高度不超过 100m 的一类高层建筑的下列部位应设置火灾自动报警系统。

1）医院病房楼的病房、贵重医疗设备室、病历档案室、药品库。

2）高级旅馆的客房和公共活动用房。

3）商业楼、商住楼的营业厅，展览楼的展览厅。

4）电信楼、邮政楼的重要机房和重要房间。

5）财贸金融楼的办公室、营业厅、票证库。

6）广播电视楼的演播室、播音室、录音室、节目播出技术用房、道具布景。

7）电力调度楼、防灾指挥调度楼等的微波机房、计算机房、控制机房、动力机房。

8）图书馆的阅览室、办公室、书库。

9）档案楼的档案库、阅览室、办公室。

10）办公楼的办公室、会议室、档案室。

除上面的几种情况之外，走道、门厅、可燃物品库房、空调机房、配电房、自备发电机房；净高超过 2.6m 且可燃物较多的技术夹层；贵重设备间和火灾危险性较大的房间；经常有人停留或可燃物较多的地下室；电子计算机房的主机房、控制室、纸库、磁带库等场所也应设置火灾自动报警系统。

（3）二类高层建筑的下列部位应设火灾自动报警系统。

1）财贸金融楼的办公室、营业厅、票证厅。

2）电子计算机房的主机房、控制室、纸库、磁带库。

3）面积大于 $50m^2$ 的可燃物品库房。

4）面积大于 $500m^2$ 的营业厅。

5）经常有人停留或可燃物较多的地下室。

6）性质重要或有贵重物品的房间。

2.《建筑设计防火规范》（GBJ 16—87）的要求

（1）建筑物的下列部位应设火灾自动报警装置：

1）大、中型电子计算机房，特殊贵重的机器、仪表、仪器设备室、贵重物品库房、占地面积超过 $1000m^2$ 的棉、毛、丝、麻、化纤及其织物库房，设有卤代烷、二氧化碳等固定灭火装置的其他房间，广播、电信楼的重要机房，火灾危险性大的重要实验室。

2）图书、文物珍藏库，每座藏书超过 100 万册的书库，重要的档案、资料库，占地面积超过 $500m^2$ 或总建筑面积超过 $1000m^2$ 的卷烟厂库房。

3）超过 3000 个座位的体育馆观众厅，有可燃物的吊顶内及其电信设备室，每层建筑面积超过 $3000m^2$ 的百货楼、展览楼和高级旅馆等。

（2）散发可燃气体、可燃蒸气的甲类厂房和场所，应设置可燃气体浓度检漏报警装置。

3.《人民防空工程设计防火规范》（GB 50098—1998）的要求

（1）下列人防工程或房间应设置火灾自动报警装置。

1）使用面积超过 $1000m^2$ 的商场、医院、旅馆、展览厅等。

2）使用面积超过 $1000m^2$ 的丙、丁类生产车间和丙、丁类物品库房。

3）电影院和礼堂的舞台、放映室、观众厅、休息室等火灾危险性较大的部位。

4）大、中型计算机房、通信机房、变压器室、柴油发电机室及重要的实验室、图书、资料室、档案库等。

（2）火灾探测器的安装高度低于 2.4m 时，应选用半埋入式探测器或外加保护网。

4.《汽车库、修车库、停车场设计防火规范》（GB 50067—1997）的要求

除敞开式汽车库以外，Ⅰ类汽车库、Ⅱ类地下汽车库和高层汽车库以及机械式立体汽车库、复式汽车库、采用升降梯做汽车疏散出口的汽车库，应设置火灾自动报警系统。

（三）火灾自动报警系统的选择

火灾报警与消防联动控制系统设计应根据保护对象的分级规定、功能要求和消防管理体制等因素综合考虑确定。

火灾自动报警系统的基本形式有以下三种：区域报警系统，一般适用于二级保护对象；集中报警系统，一般适用于一、二级保护对象；控制中心报警系统，一般适用于特级、一级的保护对象。

为了规范设计，又不限制技术发展，国家规范对系统的基本形式制订了一些基本的原则。设计人员可在符合这些基本原则的条件下，根据工程大、中、小的规模和对联动控制的复杂程度，选用比较好的产品，组成可靠的火灾自动报警系统。

1. 区域报警系统

区域报警系统比较简单，但使用面很广。既可单独用在工矿企业的计算机机房等重要部位和民用建筑的塔楼公寓、写字楼等处，也可作为集中报警系统和控制中心系统中最基本的组成设备。

区域报警系统设计时，应符合下列几点规定。

（1）在一个区域系统中，宜选用一台通用报警控制器，最多不超过两台。

（2）区域报警控制器应设在有人值班的房间。

（3）该系统比较小，只能设置一些功能简单的联动控制设备。

（4）当用该系统警戒多个楼层时，应在每个楼层的楼梯口和消防电梯前室等明显部位设置识别报警楼层的灯光显示装置。

（5）当区域报警控制器安装在墙上时，其底边距地面或楼板的高度为 1.3～1.5m，靠近门轴的侧面距离不小于 0.5m，正面操作距离不小于 1.2m。

2. 集中报警系统

传统的集中报警控制系统是由集中报警控制器、区域报警控制器和火灾探测器等组成报警系统。近几年来，火灾报警采用总线制编码传输技术，现代集中报警系统成为与传统集中报警完全不同的新型系统。这种新型的集中报警系统是由火灾报警控制器、区域显示器（又称楼层显示器或复示盘）、声光警报装置及火灾探测器（带地址模块）、控制模块（控制消防联控设备）等组成总线制编码传输的集中报警系统。这两种系统在国内的实施工程中同时并存，各有其特点，设计者可根据工程的投资情况及控制要求进行选择。

按照《火灾自动报警系统设计规范》（GB 50116—1998）规定，集中报警控制系统应设有一台集中报警控制器（通用报警控制器）和两台以上的区域报警控制器（或楼层显示器、声光报警器）。

集中报警控制系统在一级中档宾馆、饭店用得比较多。根据宾馆、馆店的管理情况，集中报警控制器设在消防控制室；区域报警控制器（或楼层显示器）设在各楼层服务台，这样管理比较方便。

集中报警控制系统在设计时，应注意以下几点。

（1）集中报警控制系统中，应设置必要的消防联动控制输入接点和输出接点（输入、输出模块），可控制有关消防设备，并接收其反馈信号。

（2）在控制器上应能准确显示火灾报警具体部位，并能实现简单的联动控制。

（3）集中报警控制器的信号传输线（输入、输出信号线）应通过端子连接，且应有明显的标记编号。

（4）报警控制器应设在消防控制室或有人值班的专门房间。

（5）控制盘前后应按消防控制室的要求，留出便于操作、维修的空间。

（6）集中报警控制器所连接的区域报警控制器（或楼层显示器），应符合区域报警控制系统的技术要求。

3. 控制中心报警系统

控制中心报警系统是由设置在消防控制室的消防控制设备、集中报警控制器、区域报警控制器和火灾探测器组成的火灾报警系统。由于技术的发展，该系统也可能是由设在消防控制室的消防控制设备、火灾报警控制器、区域显示器（或灯光显示装置）和火灾探测器等组成的功能复杂的火灾报警系统。这里所指的消防控制设备主要是：火灾报警器的控制装置、火警电话、空调通风及防排烟、消防电梯等联动控制装置、火灾事故广播及固定灭火系统控制装置等。简而言之，集中报警系统加联动消防控制设备就构成了控制中心系统。

控制中心报警系统主要用于大型宾馆、饭店、商场、办公室等。此外，它还多用在大型建筑群和大型综合楼工程。控制中心报警系统在商场、宾馆、公寓、综合楼的应用也比较普遍。

在确定系统的构成方式时，还要结合所选用厂家的具体设备的性能和特点进行考虑。例如，有的厂家火灾报警控制器的一个回路允许 64 个编址单元，有的厂家一个回路可带 127 个编址单元，这就要求在进行回路分配时要考虑回路容量。再如，有的厂家报警控制器允许一定数量的控制模块进入报警总线回路，不用单独设置联动控制器，有的厂家则必须单设联动控制器。

第三节 火灾报警控制器

火灾报警控制器是火灾报警及联动控制系统的核心设备，它是给火灾探测器供电、接收、显示及传递火灾报警等信号，并能输出控制指令的一种自动报警装置。火灾报警控制器可单独作火灾自动报警用，也可与自动防灾及灭火系统联动，组成自动报警联动控制系统。

一、火灾报警控制器的种类及区别

1. 火灾报警控制器的种类

火灾自动报警控制器种类繁多，从不同角度有不同分类。

（1）按控制范围分类。

1）区域火灾报警控制器。它直接连接火灾探测器，处理各种报警信息。区域报警控制器种类日益增多，而且功能不断完善。区域报警控制器一般都是由火警部位记忆显示单元、自检单元、总火警和故障报警单元、电子钟、电源、充电电源以及与集中报警控制器相配合时需要的巡检单元等组成。区域报警控制器有总线制区域报警器和多线制区域报警器之分。外形有壁挂式、立柜式和台式三种。区域报警控制器可以在一定区域内组成独立的火灾报警系统，也可以与集中报警控制器连接起来，组成大型火灾报警系统，并作为集中报警控制器的一个子系统。总之，能直接接收保护空间的火灾探测器或中继器发来的报警信号的单路或多路火灾报警控制器称为区域报警控制器。

2）集中火灾报警控制器。它一般不与火灾探测器相连，而与区域火灾报警控制器相连，处理区域级火灾报警控制器送来的报警信号，常使用在较大型的系统中。集中报警控制器能接收区域报警控制器（包括相当于区域报警控制器的其他装置）或火灾探测器发来的报警信号，并能发出某些控制信号使区域报警控制器工作。集中报警控制器的接线形式根据不同的产品有不同的线制，如三线制、四线制、两线制、全总线制及二总线制等。

3）通用火灾报警控制器。它兼有区域、集中两级火灾报警控制器的双重特点。通过设置或修改某些参数（可以是硬件或者是软件方面），既可作区域级使用，连接控制器，又可作集中级使用，连接区域火灾报警控制器。

（2）按结构形式分类。

1）壁挂式火灾报警控制器。连接探测器回路相应少一些，控制功能较简单，区域报警控制器多采用这种形式。

2）台式火灾报警控制器。连接探测器回路数较多，联动控制较复杂，使用操作方便，集中报警控制器常采用这种形式。

3）立柜式火灾报警控制器。可实现多回路连接，具有复杂的联动控制，集中报警控制器属此类型。壁挂式、立柜式、台式报警控制器的外形如图5-5所示。

（3）按内部电路设计分类。

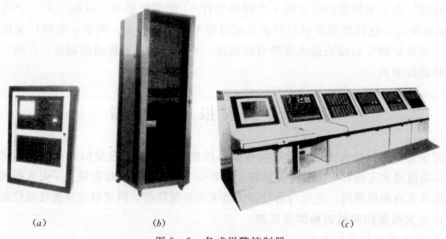

图5-5　各式报警控制器
（a）壁挂式；（b）立柜式；（c）台式

1）普通型火灾报警控制器。其内部电路设计采用逻辑组合形式，具有成本低廉、使用简单等特点。虽然其功能较简单，但可采用以标准单元的插板组合方式进行功能扩展。

2）微机型火灾报警控制器。其内部电路设计采用微机结构，对软件及硬件程序均有相应的要求，具有功能扩展方便、技术要求复杂、硬件可靠性高等特点，是火灾报警控制器的首选形式。

（4）按系统布线方式分类。

1）多线制火灾报警控制器。其探测器与控制器的连接采用一一对应的方式。每个探测器至少有一根线与控制器连接，有五线制、四线制、三线制、两线制等形式，但连线较多，仅适用于小型火灾自动报警系统。

2）总线制火灾报警控制器。控制器与探测器采用总线方式连接，所有探测器均并联或串联在总线上，一般总线有二总线、三总线、四总线。其连接导线大大减少，给安装、使用及调试带来较大方便，适用于大、中型火灾报警系统。

（5）按信号处理方式分类。

1）有阈值火灾报警控制器。该类探测器处理的探测信号为阶跃开关量信号，对火灾探测器发出的报警信号不能进一步处理，火灾报警取决于探测器。

2）无阈值模拟量火灾报警控制器。这类探测器处理的探测信号为连续的模拟量信号，其报警主动权掌握在控制器方面，可具有智能结构，是现代化报警的发展方向。

（6）按防爆性能分类。

1）防爆型火灾报警控制器。有防爆性能，常用于有防爆要求的场所，其性能指标应同时满足《火灾报警控制器通用技术条件》及《防爆产品技术性能要求》两个国家标准的要求。

2）非防爆型火灾报警控制器。无防爆性能，民用建筑中使用的绝大多数控制器为非防爆型。

（7）按容量分类。

1）单回路火灾报警控制器。控制器仅处理一个回路中探测器的火灾信号，一般仅用在某些特殊的联动控制系统。

2）多回路火灾报警控制器。能同时处理多个回路中探测器的火灾信号，并显示具体的着火部位。

（8）按使用环境分类。

1）陆用型火灾报警控制器。在建筑物内或其附近安装，是消防系统中通用的火灾报警控制器。

2）船用型火灾报警控制器。用于船舶、海上作业，其技术性能指标相应提高，如工作环境温度、湿度、耐腐蚀、抗颠簸等要求高于陆用型火灾报警控制器。

2. 区域报警控制器和集中报警控制器的区别

区域报警控制器和集中报警控制器在其组成和工作原理上基本相似，但选择上有以下几点区别。

（1）区域报警控制器控制范围小，可单独使用；而集中报警控制器负责整个系统，不能单独使用。

（2）区域报警控制器的信号来自各种各样的探测器，而集中报警控制器的输入一般来自区域报警控制器。

（3）区域报警控制器必须具备自检功能，而集中报警控制器应有自检及巡检两种功能。

由于上述区别，故使用时两者不能混同。当监测区域较小时可单独使用一台区域报警控制器组成火灾自动报警控制系统，而集中报警控制器不能代替区域报警控制器而单独使用。

二、火灾报警控制器的工作原理和基本功能

1. 火灾报警控制器的工作原理

火灾报警控制器主要包括电源和主机，其工作原理分别介绍如下。

（1）电源部分。电源部分承担主机和探测器供电的任务，是整个控制器的供电保证环节。输出功率要求较大，大多采用线性调节稳压电路，在输出部分增加相应的过压、过流保护。线性调节稳压电路具有稳压精度高、输出稳定的特点，但存在电源转换效率相对较低，电源部分热损耗较大，影响整机的热稳定性的缺点。目前，使用的开关型稳压电源，利用大规模微电子技术，将各种分立元器件进行集成及小型化处理，使得整个电源部分的体积大大缩小。同时，输出保护环节也日趋完善，电源部分除具有一般的过压、过流保护外，还增加了过热、欠压保护及软启动等功能。开关型稳压电源因主输出功率工作在高频开关状态，整个电源部分转换效率也大大提高，可达 80%～90%，并大大改善了电源部分的热稳定性，提高了整个控制器的技术性能。

（2）主机部分。主机部分承担着将火灾探测源传来的信号进行处理、报警并中继的作用。从原理上讲，无论是区域报警控制器，还是集中报警控制器，都遵循同一工作模式，即收集探测源信号→输入单元→自动监控单元→输出单元。同时，为了使用方便，增加功能，主机部分还增加了辅助人机接口——键盘、显示部分、输出联动控制部分、计算机通信部分、打印机部分等。火灾报警控制器主机部分的工作原理如图 5-6 所示。

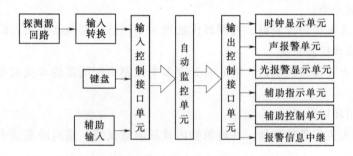

图 5-6 火灾报警控制器主机部分的工作原理

2. 火灾报警控制器的基本功能

（1）主、备电源。在控制器中备有充电电池，在控制器投入使用时，应将电源盒上方的主、备用电源开关全部打开。当主电网有电时，控制器自动利用主电网供电，同时对电池充电；当主电网断电时，控制器会自动切换改用电池供电，以保证系统的正常运行。在主电源供电时，面板主电源指示灯亮，时钟正常显示时分值。备用电源供电时，备用电源指示灯亮，时钟只有秒点闪烁，无时分显示。这是为了节省用电，其内部仍在正常走时，当有故障或火警时，时钟口重新显示时分值，且锁定首次报警时间。在备用电源供电期间，控制器报类型号为26和主电源故障。此外，当电池电压下降到一定数值时，控制器还要报类型号为24的故障。当备用电源低于20V时关机，以防止电池过放而损坏（这里以JB-TB/2A6351型微机通风火灾报警控制器为例）。

（2）火灾报警。当接收到探测器、手动报警开关、消火栓报警开关及输入模块所配接的设备发来的火警信号时，均可在报警器中报警。火灾指示灯亮并发出火灾变调音响，同时显示首次报警地址号及总数。

（3）故障报警。系统在正常运行时，主控单元能对现场所有的设备（如探测器、手动报警开关、消火栓报警开关等）、控制器内部的关键电路及电源进行监视，一有异常，立即报警。报警时，故障灯亮并发出长音故障音响，同时显示报警地址号及类型号（不同型号的产品报警地址编号不同）。

（4）时钟显示锁定。系统中时钟的走时是通过软件编程实现的，并显示年、月、日、时、分值。每次开机时，时分值从"00：00"开始，月日值从"01：01"开始，所以需要调校。当有火警或故障时，时钟显示锁定，但内部能正常走时；火警或故障一旦恢复，时钟将显示实际时间。

（5）火警优先。在系统存在故障的情况下出现火警，则报警器能由报故障自动转变为报火警，而当火警被清除后又自动恢复报原有故障。当系统存在某些故障而又未被修复时，会影响火警优先功能。电源故障、当本部位探测器损坏时本部位出现火警、总线部分故障（如信号线对地短路、总线开路与短路等）等情况均会影响火警优先功能。

（6）调显火警。当火灾报警时，数码管显示首次火警地址，通过键盘操作可以调显其他的火警地址。

（7）自动巡检。报警系统长期处于监控状态，为提高报警的可靠性，控制器设置了检查键，供用户定期或不定期进行电模拟火警检查。处于检查状态时，凡是运行正常的部位均能向控制器发回火警信号。只要控制器能收到现场发回来的信号并有反应而报警，则说明系统处于正常的运行状态。

（8）自动打印。当有火警、部位故障或有联动时，打印机将自动打印记录火警、故障或联动的地址号。此地址号同显示地址号一致，并打印出故障、火警、联动的时间（月、日、时、分值）。当对系统进行手动检查时，如果控制正常，则打印机自动打印正常。

（9）测试。控制器可以对现场设备信号电压、总线电压、内部电源电压进行测试。通过测量电压值，判断现场部件、总线、电源等的正常与否。

（10）部位的开放及关闭。部位的开放及关闭有以下几种情况。

1）子系统中空置不用的部位（不装现场部件），在控制器软件制作中即被永久关闭，如需开放新部位应与制造厂联系。

2）系统中暂时空置不用的部位，在控制器第一次开机时需要手动关闭。

3）系统运行过程中，已被开放的部位其发生损坏后，在更新部件之前应暂时关闭，在更新部件之后将其开放。部位的暂时关闭及开放有以下几种方法。

a. 逐点关闭及逐点开放。在控制器正常运行中，将要关闭（或开放）部位的报警地址显示号用操作键输入控制器，逐个地将其关闭或开放。被关闭的部位如果安装了现场部件则该部件不起作用，被开放的部位如果未安装现场部件则将报出该部位故障。对于多部件部位（指编码不同的部件具有相同的显示号），进行逐点关闭（或开放），是将该部位中的全部部件实现了关闭（或开放）。

b. 统一关闭及统一开放。统一关闭是在控制器报警（火警或故障）的情况下，通过操作键将当时存在的全部非正常部位进行关闭；统一开放是在控制器运行中，通过操作键将所有在运行中曾被关闭的部位进行开放。当部位是多部件部位时，统一关闭也只是关闭了该部位中的不正常部件。系统中只要有部位被关闭，面板上的"隔离"灯就被点亮。

（11）显示被关闭的部位。在系统运行过程中，已开放的部位在其部件出现故障后，为了维持整个系统的正常运行，应将该部位关闭。但应能显示出被关闭的部位，以便人工监视该部位的火情并及时更换部件。操作相应的功能键，控制器便顺序显示所有在运行中被关闭的部位。当部位是多部件的部位时，这些部件中只要有一个是关闭的，它的部位号就能被显示出来。

（12）输出。

1）控制器中有 VG 端子，VG 端子间输出 DC24V、2A。向本控制器所监视的某些现场部件和控制接口提供 24V 电源。

2）控制器有端子 L_1、L_2，可用双绞线将多台控制器连通以组成多区域集中报警系统，系统中有一台作为集中报警控制器，其他作为区域报警控制器。

3）控制器有 GTRC 端子，用来同 CRT 连机，其输出信号是标准 RS232 信号。

（13）联动控制。联动控制可分自动联动和手动启动两种方式，但都是总线联动控制方式。在自动联动方式时，先按"E"键与"自动"键，"自动"灯亮，使系统处于自动联动状态。当现场主动型设备（包括探测器）发生动作时，满足既定逻辑关系的被动型设备将自动被联动。联动逻辑因工程而异，出厂时已存储于控制器中。手动启动在"手动允许"时才能实施，手动启动操作应按操作顺序进行。

无论是自动联动还是手动启动，该动作的设备编号均应在控制面板上显示，同时"启动"灯亮。已经发生动作的设备的编号也在此显示，同时"回答"灯亮。启动与回答能交替显示。

（14）阈值设定。报警阈值（即提前设定的报警动作值）对于不同类型的探测器其大小不一，目前报警阈值是在控制器的软件中设定。这样，控制器不仅具有智能化，提供可靠的火灾报警，而且可以按各探测部位所在应用场所的实际情况，灵活、方便地设定其报警阈值，以便更加可靠地报警。

3. 智能火灾报警控制器

上述介绍的是火灾报警控制器的基本性能和原理，随着技术的不断革新，新一代的火灾报警控制器层出不穷，其功能更加强大、操作更加简便。

（1）火灾报警控制器的智能化。火灾报警控制器采用大屏幕汉字液晶显示，清晰直观。除可显示各种报警信息外，还可显示各类图形。报警控制器可直接接收火灾探测器传送的各类状态信号，通过控制器可将现场火灾探测器设置成信号传感器，并将传感器采集到的现场环境参数信号进行数据及曲线分析，为更准确地判断现场是否发生火灾提供了有利的工具。

（2）报警及联动控制一体化。控制器采用内部并行总线设计、积木式结构，容量扩充简单方便。系统可采用报警和联动共线式布线，也可采用报警和联动分线式布线，适用于目前各种报警系统的布线方式，彻底解决了变更产品设计带来的原设计图纸改动的问题。

（3）数字化总线技术。探测器与控制器采用无极性信号二总线技术，通过数字化总线通信，控制器可方便地设置探测器的灵敏度等工作参数，查阅探测器的运行状态。由于采用二总线，整个报警系统的布线极大简化，便于工程安装、线路维修，降低了工程造价。系统还设有总线故障报警功能，随时监测总线工作状态，保证系统可靠工作。

第四节 火 灾 探 测 器

火灾自动报警系统的主要外部设备是火灾探测器及模块，而火灾探测器是火灾自动报警系统重要的组成部分。

一、火灾探测器的定义及工作原理

（一）定义

火灾探测器是火灾自动探测系统的组成部分，它至少含有一个能连续或以一定频率周期监视与火灾有关的至少一个适宜的物理或化学现象的传感器，并且至少能向控制和指示设备提供一个适合的信号，是否报火警或操作自动消防设备可由探测器控制和指示设备作出判断。

火灾探测器是火灾报警系统中的关键元件，自火灾探测器发明至今的一个半世纪以来，人们认真分析研究了物质燃烧过程中所伴随的燃烧气体、烟雾、热、光等物理及化学变化的情况，研制了不同类型的探测器，并不断提高火灾探测器技术，使火灾探测器的灵敏度不断提高，预报早期火灾的能力不断增强。根据火灾探测器对不同火灾参量的响应，可分为感温、感烟、感光、复合和可燃气体式等五种。同时，根据探测器警戒范围不同，可分为点型和线型两种形式。

（二）工作原理

各种火灾探测器均对火灾发生时的至少一个适宜的物理或化学特征进行监测，并将信号传送至火灾自动探测器。由于所响应的火灾信号参量不同，其工作原理也各不相同。

1. 点型火灾探测器

（1）感烟火灾探测器。感烟火灾探测器是响应环境烟雾浓度的探测器。根据探测烟范围的不同，感烟探测器可分为点型感烟探测器和线型感烟探测器。其中点型感烟探测器可分为离子感烟探测器、光电感烟探测器，光电感烟探测器又可分为散光型和遮光型感烟探测器；线型感烟探测器可分为红外光束、激光等感烟探测器。

1）离子感烟火灾探测器。离子感烟火灾探测器是利用电离室离子流的变化基本正比于进入电离室的烟雾浓度来探测火灾的。电离室内的放射源（放射性元素"镅241"）将室内的纯净空气电离，形成正、负离子。当两个收集极板间加一电压后，在极板间形成电场，在电场的作用下，离子分别向正、负极板运动形成离子流。当烟雾粒子进入电离室后，由于烟雾粒子的直径大大超过被电离的空气粒子的直径。因此，烟雾粒子在电离室内对离子产生阻挡和俘获的双重作用，从而减少了离子流。

如图 5-7 所示，离子感烟火灾探测器有两个电离室：一个为烟雾粒子可以自由进入的外电离室（测量电离室）；另一个为烟雾不能进入的内电离室（平衡电离室），两个电离室串联并在两端外加电压，正常状态下，$U = U_1 + U_2$。当烟雾粒子进入外电离室时离子流减少，使两个电离室电压重新分配，U_1 变成 U_{11}，U_2 变成 U_{22}，当 $U_{11} < U_1$，$U_{22} > U_2$ 时，即第二结点的电位发生变化，从而输出火灾报警信号。

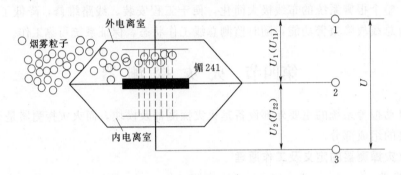

图 5-7 离子感烟火灾探测器的工作原理

2）光电感烟火灾探测器。光电感烟火灾探测器是利用烟雾能够改变光的传播特性这一基本性质而研制的。根据烟雾粒子对光线的吸收和散射作用，光电感烟火灾探测器又分为散光型和遮光型两种。

散光型光电感烟探测器的工作原理如图 5-8 所示，当烟雾粒子进入光电感烟探测器的烟雾室时，探测器内的光源发出的光线被烟雾粒子散射，其散射光被处于光路一侧的光敏元件感应。光敏元件的响应与散射光的大小有关，且由烟雾粒子的浓度所决定。如果探测器感受到的烟雾浓度超过一定限量时，光敏元件接收到的散射光的能量足以激发探测器动作，从而发出火灾报警信号。

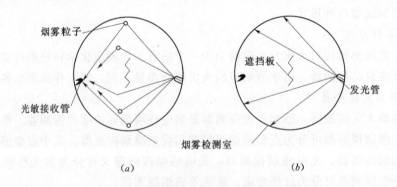

图 5-8 光电感烟火灾探测器的工作原理
（a）有烟雾状态；（b）无烟雾状态

遮光型感烟探测器的工作原理是：火灾探测器的烟雾检测室内装有发光元件和受光元件。在正常情况下，受光元件接收到发光元件发出的一定光量。发生火灾时，探测器的检测室进入大量烟雾，由于烟雾粒子对光源发出的光产生散射和吸收作用，使受光元件接收到的光亮减少，光电流降低，当烟雾粒子浓度上升到某一预定值时，探测器就发出火灾报警信号。

传统的光电感烟探测器采用前向散射光采集技术，但其存在一个很大的缺陷，就是对黑烟灵敏度较低，对白烟灵敏度较高。由于大部分火灾在早期发出的烟都是黑烟，所以大大地限制了这种探测器的使用范围。

（2）感温火灾探测器。感温火灾探测器是对警戒范围中的温度进行监测的一种探测器。物质在燃烧过程中释放出大量热，使环境温度升高，致使探测器中热敏元件发生物理变化，从而将温度转变为电信号，传输给控制器，由其发出火灾信号。感温火灾探测器根据其结构造型的不同，分为点型感温探测器和线型感温探测器两类；根据监测温度参数的特性不同，可分为定温式、差温式及差定温组合式三类。定温式火灾探测器用于响应环境的异常高温；差温式火灾探测器响应环境温度异常变化的升温速率；差定温组合式火灾探测器则是以上两种火灾探测器的组合。

1）定温火灾探测器。点型定温火灾探测器的工作原理是：当它的感温元件被加热到预定温度值时发出报警信号。它一般用于环境温度变化较大或环境温度较高的场所，用来监测火灾发生时温度的异常升高，常用的有双金属型、易熔合金型、水银接点型、热敏电阻型及半导体型几种。

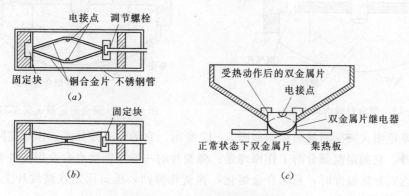

图 5-9 定温火灾探测器的结构

双金属定温火灾探测器是以具有不同热膨胀系数的双金属片为敏感元件的一种定温火灾探测器。常用的结构形式有圆筒状和圆盘状两种，圆筒状的结构如图 5-9（a）、图 5-9（b）所示，由不锈钢管、铜合金片及调节螺栓等组成。两个铜合金片上各装有一个电接点，其两端通过固定块分别固定在不锈钢管上和调节螺栓上。由于不锈钢管的膨胀系数大于铜合金片，当环境温度升高时，不锈钢外筒的伸长大于铜合金片，因此铜合金片被拉直。在图 5-9（a）中，两接点闭合时发出火灾报警信号；在图 5-9（b）中，两接点打开时发出火灾报警信号，双金属圆盘状定温火灾探测器的结构如图 5-9（c）所示。

热敏电阻及半导体 PN 结定温火灾探测器是分别以热敏电阻及半导体为敏感元件的一种定温火灾探测器。两者的原理大致相同，区别仅仅是火灾探测器所用的敏感元件不同。热敏电阻火灾探测器的工作原理如图 5-10 所示，当环境温度升高时，热敏电阻 R_T 随着环境温度的升高电阻值变

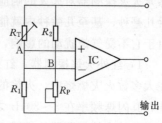

图 5-10 热敏电阻定温火灾
探测器电路原理

小，A 点电位升高；当环境温度达到或超过某一规定值时，A 点电位高于 B 点电位，电压比较器输出高电平，信号经处理后输出火灾报警信号。

2）差温火灾探测器。当火灾发生时，室内局部温度将以超过常温数倍的异常速率升高。差温火灾探测器就是利用对这种异常速率产生感应而研制的一种火灾探测器。当环境温度以不大于 1℃/min 的温升速率缓慢上升时，差温火灾探测器将不发出火灾报警信号，较为适用于发生火灾时温度快速变化的场所。点型差温火灾探测器主要有膜盒差温、双金属片差温、热敏电阻差温火灾探测器等几种类型。常见的膜盒差温火灾探测器，它由感温外壳、波纹片、漏气孔及定触点等几部分构成，其结构如图 5-11 所示。

3）差定温火灾探测器。差定温火灾探测器是将差温式、定温式两种感温探测器结合在一起，同时兼有两种火灾探测功能的一种火灾探测器。其中某一种功能失效，则另一种功能仍起作用，因而大大提高了可靠性，使用相当广泛。点型差定温火灾探测器主要有膜盒差定温、双金属差定温和热敏电阻差定温火灾探测器三种。

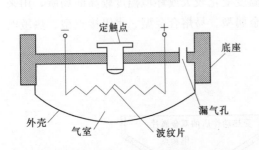

图 5-11　膜盒差温火灾探测器结构

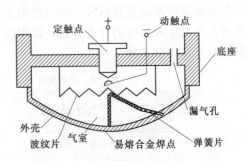

图 5-12　膜盒差定温火灾探测器结构

膜盒差定温火灾探测器的结构如图 5-12 所示。它的差温部分的工作原理同膜盒差温火灾探测器。它的定温部分的工作原理是：弹簧片的一端用低熔点合金焊在外壳内侧，当环境温度达到标定温度时，易熔合金熔化，弹簧片弹回，压迫固定在波纹片上的动触点，从而发出火灾报警信号。

（3）感光火灾探测器。物质在燃烧时除了产生大量的烟和热外，也产生波长为 400nm 以下的紫外光、波长为 400～700nm 的可见光和波长为 700nm 以上的红外光。由于火焰辐射的紫外光和红外光具有特定的峰值波长范围，因此，感光火灾探测器可以用来探测火焰辐射的红外光和紫外光。感光火灾探测器又称火焰探测器，它能响应火灾的光学特性即辐射光的波长和火焰的闪烁频率，可分为红外火焰探测器和紫外火焰探测器两种。感光火灾探测器对火灾的响应速度比感烟、感温火灾探测器快，其传感元件在接收辐射光后几毫秒，甚至几微秒内就能发出信号，特别适用于突然起火而无烟雾的易燃易爆场所。由于它不受气流扰动的影响，是唯一能在室外使用的火灾探测器。

1）红外火焰探测器。红外火焰探测器是对火焰辐射光中红外光敏感的一种探测器。在大多数火灾燃烧中，火焰的辐射光谱主要偏向红外波段，同时火焰本身具有一定的闪烁性，其闪烁频率在 3～30Hz 之间。红外火焰探测器内部电路的工作流程如图 5-13 所示。用于红外火焰探测器的敏感元件有硫化铅、热敏电阻、硅光电池等。

燃烧产生的辐射光经红外滤光片的过滤，只有红外光进入探测器内部，红外光经凸透

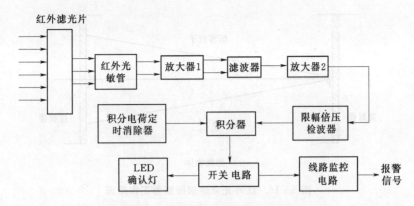

图 5-13 红外火焰探测器工作流程

镜聚焦在红外光敏元件上，将光信号转换成电信号，其放大电路根据火焰闪烁频率鉴别出火焰燃烧信号并进行放大。为防止现场其他红外光辐射源偶然波动可能引起的误动作，红外探测器还有一个延时电路，它给探测器一个相应的响应时间，用来排除其他红外源的偶然变化对探测器的干扰。延时时间的长短根据光场特性和设计要求选定，通常有 3s、5s、10s 和 30s 等几挡。当连续鉴别所出现信号的时间超过给定要求后，便触发报警装置，发出火灾报警信号。

2）紫外火焰探测器。紫外火焰探测器是对火焰辐射光中的紫外光敏感的一种探测器。其灵敏度高、响应速度快，对于爆燃火灾和无烟燃烧（如酒精）火灾尤为适用。

火灾发生时，大量的紫外光通过透紫玻璃片射入光敏管，光电子受到电场的作用而加速，由于管内充有一定的惰性气体，当光电子与气体分子碰撞时，惰性气体分子被电离成正离子和负离子（电子），而电离后产生的正、负离子又在强电场的作用

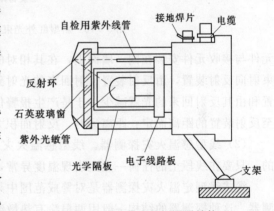

图 5-14 紫外火焰探测器结构

下被加速，从而使更多的气体分子电离。于是在极短的时间内，造成"雪崩"式放电过程，使紫外光敏管导通，产生报警信号，其结构如图 5-14 所示。

2. 线型火灾探测器

（1）红外光束感烟探测器。红外光束感烟探测器为线型火灾探测器，其工作原理和遮光型光电感烟探测器相同。它由发射器和接收器两个独立部分组成，如图 5-15 所示，作为测量用的光路暴露在被保护的空间，且加长了许多倍。如果有烟雾扩散到测量区，烟雾粒子对红外光束起到吸收和散射的作用，使到达受光元件的光信号减弱。当光信号减弱到一定程度时，探测器就发出火灾报警信号。

对射式红外光束感烟探测器最大的一个缺点是安装调试较为困难和复杂。现在有一种新型红外光束感烟探测器有效地解决了这一问题，其工作原理如图 5-16 所示。它将发光

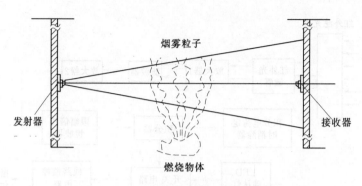

图 5-15　红外光束感烟探测器工作原理

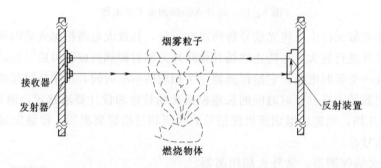

图 5-16　新型红外光束感烟探测器工作原理

元件与接收元件安装在同一墙面上，在其相对的一面安装反射装置。正常情况下，红外光束射向反射装置，由反射装置反射回来的光射到接收元件上，当火灾发生时，射向反射装置和由其反射回来的光就减少，于是产生报警信号。反射装置的大小视保护范围内发射器至反射装置的距离而定：距离远时，反射面积大；反之则小。

（2）线型感温火灾探测器。线型感温火灾探测器的热敏元件是沿一条线路连续分布的，只要在线段上的任何一点上出现温度异常，就能感应报警。

缆式线型定温火灾探测器是对警戒范围中某一线路周围温度升高而发生响应的火灾探测器。这种探测器的结构一般用两根涂有热敏绝缘材料的载流导线绞接在一起，或者是用同芯电缆中的两根载流芯线用热敏绝缘材料隔离起来。在正常工作状态下，两根载流导线间呈高阻状态，当环境温度升高到或超过规定值时，热敏绝缘材料熔化，造成导线短路，或使热敏材料阻抗发生变化，呈低阻状态，从而发出火灾报警信号。

二、火灾探测器的选择与布置

在火灾自动报警系统中，探测器的选择是否合理，关系到系统能否正常运行。另外，选好后的火灾探测器的合理布置也是保证探测质量的关键环节。为此，在选择及布置火灾探测器时应符合国家规范。

1. 防火和防烟分区

高层建筑内应采用防火墙等划分防火分区，每个防火分区的允许最大建筑面积不应超过表 5-2 的规定。

表 5 - 2　　　　　　　　　　　　每个防火分区的允许最大建筑面积

建筑类别	每个防火分区的允许最大建筑面积（m²）	建筑类别	每个防火分区的允许最大建筑面积（m²）
一类建筑	1000	地下室	500
二类建筑	1500		

注　1. 设有自动灭火系统的防火分区，其允许最大建筑面积可按本表增加 1 倍；当局部设置自动灭火系统时，增加面积可按该局部面积的 1 倍计算。

　　2. 一类建筑的电信楼，其防火分区的允许最大建筑面积可按本表增加 50%。

高层建筑内的商业营业厅、展览厅等，当设有火灾自动报警系统和自动灭火系统，且采用不燃烧或难燃烧材料装修时：地上部分防火分区的允许最大建筑面积为 4000m²；地下部分防火分区的允许最大建筑面积为 2000m²。

当高层建筑与其裙房之间设有防火墙等防火分隔设施时，其裙房的防火分区的允许最大建筑面积不应大于 2500m²；当设有自动喷水灭火系统时，防火分区的允许最大建筑面积可增加 1 倍。

高层建筑内设有上下层相连通的走廊、敞开楼梯、自动扶梯、传送带等开口部位时，应按上下连通层作为一个防火分区，其允许最大建筑面积之和不应超过建筑防火规范的规定。当上下开口部位设有耐火极限大于 3h 的防火卷帘或水幕等分隔设施时，其面积可不叠加计算。

高层建筑中庭防火分区面积应按上、下连通的面积叠加计算，当超过一个防火分区的允许最大建筑面积时，应符合下列规定。

1) 房间与中庭回廊相通的门、窗，应设自行关闭的乙级防火门、窗。

2) 与中庭相通的过厅、通道等，应设乙级防火门或耐火极限大于 3h 的防火卷帘分隔。

3) 中庭每层回廊应设有自动喷水灭火系统。

4) 中庭每层回廊应设火灾自动报警系统。

防烟分区的划分应符合下列规定。

1) 设置排烟设施的走道、净高不超过 6m 的房间，应采用挡烟垂壁、隔墙或从顶棚下突出不小于 0.5m 的梁来划分防烟分区。

2) 每个防烟分区的建筑面积不应超过 500m²，且防烟分区不应跨越防火分区。

2. 报警区域和探测区域的划分

报警区域应根据建筑防火分区或楼层划分，一个报警区域通常由一个或同层相邻的几个防火分区组成。

探测区域应按独立房（套）间划分。一个探测区域的面积通常不超过 500m²；如果从房间的主要入口能看清其内部且面积不超过 1000m² 的房间，也可以划分为一个探测区域；当相邻房间不超过五间，总面积不超过 400m²，并在门口设有灯光显示装置时，可将这几个房间划为一个探测区域；当相邻房间不超过 10 间，总面积不超过 1000m²，在每个房间的门口能看清其内部，并在门口设有灯光显示装置时，也可将这几个房间划为一个探测区域。红外光束线型感烟火灾探测器的探测区域长度一般不超过 100m；缆式感温火灾探测器的探测区域长度一般不超过 200m；空气管差温火灾探测器的探测区域长度通常在

20～100m 之间。对于某些特殊场所应分别单独划分探测区域，如敞开或封闭楼梯间、防烟楼梯间前室、消防电梯前室、消防电梯与防烟楼梯间合用前室、走道、坡道、管道井、电缆隧道、建筑物闷顶、夹层等。

　　3. 探测器种类的选择

　　探测器种类的选择应根据探测区域内的环境条件、火灾特点、房间高度、安装场所的气流状况等，选用与其相适宜的探测器或几种探测器的组合。

　　（1）根据火灾特点、环境条件及安装场所选择探测器。火灾受可燃物质的类别、着火的性质、可燃物质的分布、着火场所的条件、火灾荷载、新鲜空气的供给程度以及环境温度等因素的影响，一般把火灾的发生与发展分为下列四个阶段。

　　1）前期。火灾尚未形成，只出现一定量的烟，基本上未造成物质损失。

　　2）早期。火灾开始形成，烟量大增、温度上升，已开始出现火，造成较小的损失。

　　3）中期。火灾已经形成，温度很高，燃烧加速，造成了较大的物质损失。

　　4）晚期。火灾已经扩散。

　　根据以上对火灾特点的分析，对探测器选择方法如下。

　　感烟探测器作为前期、早期报警是非常有效的，凡是要求火灾损失小的重要地点，对火灾初期有阴燃阶段，即产生大量的烟和小量的热，很少或没有火焰辐射的火灾，如棉、麻织物的引燃等，都适合选用。不适合选用感烟探测器的场所有：正常情况下有烟的场所，经常有粉尘及水蒸气、液体微粒出现的场所，火灾发生迅速、生烟极少及爆炸性场合。

　　离子感烟与光电感烟探测器的适用场合基本相同，但应注意它们各有不同的特点。离子感烟探测器对人眼看不到的微小颗粒同样敏感，例如，人能嗅到的油漆味、烤焦味等都能引起探测器动作，甚至一些分子量大的气体分子，也会使探测器发生动作。在风速过大的场合（如风速大于 6m/s），将引起探测器不稳定，且其敏感元件的寿命较光电感烟探测器短。

　　对于有强烈的火焰辐射而仅有少量烟和热产生的火灾，如轻金属及其化合物的火灾，应选用感光探测器。但不宜在火焰出现前有浓烟扩散的场所，和探测器的镜头易被传染、遮挡以及存在电焊、X 射线等影响的场所中使用。

　　感温型探测器在火灾形成早期（初期、中期）报警非常有效，其工作稳定，不受非火灾性烟雾、汽尘等干扰。凡无法应用感烟探测器、允许产生一定的物质损失、非爆炸性的场合都可采用感温型探测器。它特别适用于经常存在大量粉尘、烟雾、水蒸气的场所及相对湿度经常高于 95% 的房间，但不宜用于有可能产生阴燃的场所。

　　定温感温型探测器允许温度有较大的变化，其工作比较稳定，但火灾造成的损失较大，在 0℃ 以下的场所不宜选用。差温感温型探测器适用于火灾早期报警，火灾造成损失较小，但如果火灾温度升高过慢则无反应而漏报。差定温感温型探测器具有差温型的优点而又比差温型更可靠，所以最好选用差定温探测器。

　　各种探测器都可配合使用，如感烟与感温探测器的组合，宜用于大、中型计算机房、洁净厂房及防火卷帘设施的部位等处。对于蔓延迅速、有大量的烟和热产生、有火焰辐射的火灾，如油品燃烧等，宜选用三种探测器的组合。

总之，离子感烟探测器具有稳定性好、误报率低、寿命长、结构紧凑等优点，因而得到广泛应用。其他类型的探测器，只在某些特殊场合作为补充时才用到。例如，在厨房、发电机房、地下车库及具有气体自动灭火装置时，需要提高灭火报警可靠性而与感烟探测器联合使用的地方才考虑用感温探测器。

　　点型探测器的适用场所见表 5-3。

表 5-3　　　　　　　　　　　　　　点型探测器的适用场所

序号	探测器类型 场所或情形	感 烟		感 温			感 光		说　　明
		离子	光电	定温	差温	差定温	红外	紫外	
1	饭店、宾馆、教学楼、办公楼的厅堂、卧室、办公室	○	○						厅堂、办公室、会议室、值班室、娱乐室、接待室等，灵敏度档次为中、低、可延时；卧室
2	电子计算机房、通信机房、电影电视放映室等	○	○						这些场所灵敏度要高或高、中档次联合使用
3	楼梯、走道、电梯、机房等	○	○						灵敏度档次为高、中
4	书库、档案库	○	○						灵敏度档次为高
5	有电器火灾危险	○	○						早期热解产物，气溶胶微粒小，可用离子型；气溶胶微粒大，可用光电型
6	气流速度大于 5m/s	×	○						
7	相对湿度经常高于 95%	×				○			根据不同要求也可选用定温或差温型
8	有大量粉尘、水雾滞留	×	×	○	○				
9	有可能发生无烟火灾	×	×	○	○				根据具体要求选用
10	在正常情况下有烟和蒸汽滞留	×	×	○	○				
11	有可能产生蒸汽和油雾		×						
12	厨房、锅炉房、发电机房、茶炉房、烘干车间等			○					在正常高温环境下，感温探测器的额定动作温度值可定得高些，或选用高温感温探测器
13	吸烟室、小会议室等			○	○				若选用感烟探测器则应选低灵敏档次
14	汽车库			○	○				
15	其他不宜安装感烟探测器的厅堂和公共场所	×	×	○	○				
16	可能产生阴燃火或者如发生火灾不及早报警将造成重大损失的场所	○	○	×	×	×			

续表

序号	探测器类型 场所或情形	感烟		感温			感光		说明
		离子	光电	定温	差温	差定温	红外	紫外	
17	温度在 0℃ 以下			×					
18	正常情况下，温度变化较大的场所	×							
19	可能产生腐蚀性气体	×							
20	产生醇类、醚类、酮类等有机物质		×						
21	可能产生黑烟		×						
22	存在高频电磁干扰		×						
23	银行、百货店、商场、仓库	○	○						
24	火灾时有强烈的火焰辐射						○	○	如：含有易燃材料的房间、飞机库、油库、海上石油钻井和开采平台；炼油裂化厂
25	需要对火焰作出快速反应						○	○	如：镁和金属粉末的生产，大型仓库、码头
26	无阴燃阶段的火灾						○	○	
27	博物馆、美术馆、图书馆	○	○				○	○	
28	电站、变压器间、配电室	○	○				○	○	
29	可能发生无焰火灾						×	×	
30	在火焰出现前有浓烟扩散						×	×	
31	探测器的镜头易被污染						×	×	
32	探测器的"视线"易被遮挡						×	×	
33	探测器易受阳光或其他光源直接或间接照射						×	×	
34	在正常情况下有明火作业以及 X 射线、弧光等影响						×	×	
35	电缆隧道、电缆竖井、电缆夹层							○	发电厂、发电站、化工厂、钢铁厂
36	原料堆垛							○	纸浆厂、造纸厂、卷烟厂及工业易燃堆垛

续表

序号	探测器类型 场所或情形	感烟		感温			感光		说明
		离子	光电	定温	差温	差定温	红外	紫外	
37	仓库堆垛							○	粮食、棉花仓库及易燃仓库堆垛
38	配电装置、开关设备、变压器、电控中心						○		
39	地铁、名胜古迹、市政设施					○			
40	耐碱、防潮、耐低温等恶劣环境					○			
41	带运输机生产流水线和滑道的易燃部位					○			
42	控制室、计算机室的闷顶内、地板下及重要设施隐蔽处等					○			
43	其他环境恶劣不适合点型感烟探测器安装的场所					○			

注　1. 符号说明：在表中，"○"表示适合的探测器，应优先选用；"×"表示不适合的探测器，不应选用；空白（无符号），表示需谨慎使用。

　　2. 在散发可燃性气体的场所宜选用可燃性气体探测器，实现早期报警。

　　3. 对可靠性要求高，需要有自动联动装置或安装自动灭火系统时，采用感烟、感温、火焰探测器（同类型或不同类型）的组合。这些场所通常都是重要性很高，火灾危险性很大的。

　　4. 在实际使用时，如果在所列项目中找不到时，可以参照类似场所，如果没有把握或很难判定是否合适时，最好做燃烧模拟试验最终确定。

　　5. 下列场所不设火灾探测器：

　　　（1）厕所、浴室等；

　　　（2）不能有效探测火灾者；

　　　（3）不便维修、使用（重点部位除外）的场所。

　　工程实际中，在危险性大又很重要的场所（即需设置自动灭火系统或联动装置的场所），均应采用感烟、感温、火焰探测器的组合。

　　线型探测器的适用场所如下。

　　下列场所宜选用缆式线型定温探测器：

　　a. 计算机室，控制室的闷顶内、地板下及重要设施隐蔽处等。

　　b. 开关设备、发电厂、变电站及配电装置等。

　　c. 各种带运输装置。

　　d. 电缆夹层、电缆竖井、电缆隧道等。

　　e. 其他环境恶劣不适合点型探测器安装的危险场所。

　　下列场所宜选用空气管线型差温探测器：

　　a. 不易安装点型探测器的夹层、闷顶。

b. 公路隧道工程。

c. 古建筑。

d. 可能产生油类火灾且环境恶劣的场所。

e. 大型室内停车场。

下列场所宜选用红外光束感烟探测器：

a. 隧道工程。

b. 古建筑、文物保护的厅堂馆所等。

c. 档案馆、博物馆、飞机库、无遮挡大空间的库房等。

d. 发电厂、变电站等。

下列场所宜选用可燃气体探测器：

a. 煤气表房，燃气站以及大量存储液化石油气罐的场所。

b. 使用管道煤气或燃气的房屋。

c. 其他散发或积聚可燃气体和可燃液体蒸气的场所。

d. 有可能产生大量一氧化碳气体的场所，宜选用一氧化碳气体探测器。

（2）根据房间高度选择探测器。由于各种探测器的特点各异，其适用的房间高度也不尽一致，为了使选择的探测器能更有效地达到保护的目的，表 5-4 列举了几种常用的探测器对房间高度的要求，供学习及设计参考。

表 5-4   **根据房间高度选择探测器**

房间高度 h（m）	感烟探测器	感温探测器			火焰探测器
		一级	二级	三级	
$1 < h \leqslant 20$	不适合	不适合	不适合	不适合	适合
$8 < h \leqslant 12$	适合	不适合	不适合	不适合	适合
$6 < h \leqslant 8$	适合	适合	不适合	不适合	适合
$4 < h \leqslant 6$	适合	适合	适合	不适合	适合
$h \leqslant 4$	适合	适合	适合	适合	适合

如果高出顶棚的面积小于整个顶棚面积的 10%，只要这一顶棚部分的面积不大于一只探测器的保护面积，则该较高的顶棚部分同整个顶棚面积一样看待；否则，较高的顶棚部分应如同分隔开的房间处理。

在按房间高度选用探测器时，应注意这仅仅是按房间高度对探测器选用的大致划分，具体选用时还需结合火灾的危险度和探测器本身的灵敏度档次来进行。如判断不准时，需作模拟试验后确定。

第五节　火灾自动报警系统的线制

一、火灾自动报警系统的线制

无论是火灾自动报警系统，还是探测器与报警控制器的连接方式，常常碰到的一个问题就是它们线制如何？因此有必要对其进行阐述。

随着火灾自动报警系统的发展，探测器与报警控制器的接线形式变化很快，即从多线向少线至总线发展，这给施工、调试和维护带来了极大的方便。我国采用的线制有四线、三线、两线制及四总线、二总线制等几种。对于不同厂家生产的不同型号的探测器，其接线形式也不一样，从探测器到区域报警器的线数也有很大差别。

（一）火灾自动报警系统的技术特点

火灾自动报警系统包括四部分：火灾探测器、配套设备（中继器、显示器、模块、总线隔离器、报警开关等）、报警控制器及长线，这就决定了系统本身的技术特点。

（1）系统必须保证长期不间断地运行，在运行期间不仅发生火情能报警到探测点，而且应具备判断系统设备传输线断路、短路、电源失电等状况的能力，并能给出有区别的声、光报警，以确保系统的高可靠性。

（2）探测部位之间的距离可以为几米至几十米。控制器到探测部位间距可以为几十米到几百米、上千米。一台区域报警控制器可带几十或上百只探测器，有的通用控制器做到了带 500 个探测点，甚至上千个。无论什么情况，都要求将探测点的信号准确无误地传输到控制器去。

（3）系统应具有低功耗运行性能。探测器对系统而言是无源的，它只是从控制器上获取正常运行的电源。探测器的有效空间是狭小有限的，要求系统中电子部分的设计必须是简练的。探测器必须低功耗，否则给控制器供电带来问题，也就是给控制探测点的容量带来限制。主电源失电时，应有备用电源可连续供电 8h，并在火警发生后，声光报警能长达 50min，这就要求控制器也应低功耗运行。

（二）火灾自动报警系统的线制

从上述技术特点可看出，线制对系统是相当重要的。这里说的线制是指探测器和控制器间的长线数量。更确切地说，线制是火灾自动报警系统运行机制的体现。按线制分，火灾自动报警系统有多线制和总线制之分。多线制目前基本不用，但已运行的工程有许多为多线制系统，因此以下分别叙述之。

1. 多线制系统

多线制系统结构形式与早期的火灾探测器设计、火灾探测器与火灾报警控制器的连接等有关。一般要求每个火灾探测器采用两条或更多条导线与火灾报警控制器相连接，以确保从每个火灾探测点发出火灾报警信号。简而言之，多线制结构的火灾报警系统采用简单的模拟或数字电路构成火灾探测器，并通过电平翻转输出火警信号，火灾报警控制器依靠直流信号巡检和向火灾探测器供电，火灾探测器与火灾报警控制器采用硬线一一对应连接，有一个火灾探测点便需要一组硬线与之对应。

（1）四线制。即 $n+4$ 线制，n 为探测器数，4 指公用线为电源线（＋24V）、地线（G）、信号线（S）、自诊断线（T），另外每个探测器设一根选通线（ST）。仅当某选通线处于有效电平时，在信号线上传送的信息才是该探测部位的状态信号，如图 5－17 所示。这种方式的优点是探测器的电路比较简单，供电和取信息相当直观。

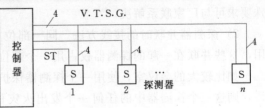

图 5－17　多线制（四线制）接线方式

但缺点是线多，配管直径大，穿线复杂，线路故障也多，故已不用。

（2）两线制。也称 $n+1$ 线制，即一条公用地线，另一条则承担供电、选通信息与自检的功能。这种线制比四线制简化得多，但仍为多线制系统。

探测器采用两线制时，可完成电源供电故障检查、火灾报警、断线报警（包括接触不良、探测器被取走）等功能。

火灾探测器与区域报警器的最少接线是 $n+n/10$，其中 n 为占用部位号的线数，即探测器信号线的数量，$n/10$（小数进位取整数）为正电源线数（采用红线导线），也就是每10个部位合用一根正电源线。

另外也可以用另一种算法，即 $n+1$，其中 n 为探测器数目（准确地说是房号数），如探测器数 $n=50$，则总线为51根。

前一种计算方法应是 $50+50/10=55$ 根，这是已进行了巡检分组的根数，与后一种分组后是一致的。

1）每个探测器各占一个部位时底座的接线方法。例如，有10只探测器，占10个部位，无论采用哪种计算方法，其接线及线数均相同，如图 5-18 所示。

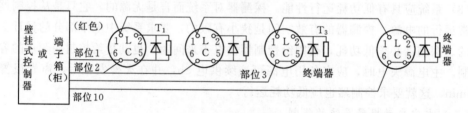

图 5-18　探测器各占一个部位时的接线

在施工时应注意以下几点：

a. 为保证区域控制器的自检功能，布线时每根连接底座 L_1 的正电源红色导线，不能超过10个部位数的底座（并联底座时作为一个看待）。

b. 每台区域报警器允许引出的正电源线数为 $n/10$（小数进位取整数），n 为区域控制器的部位数。当碰到管道较多时，要特别注意这一情况，以便10个部位分成一组，有时某些管道要多放一根电源正线，以利编组。

c. 探测器底座安装好并确定接线无误后，将终端器接上，然后用小塑料袋罩紧，防止损坏和污染，待装上探测器时才除去塑料罩。

d. 终端器为一个半导体硅二极管（2CK 或 2CZ 型）和一个电阻并联。安装时应注意二极管负极接 +24V 端子或底座 L_2 端。其终端电阻值大小不一，一般取 $5\sim36\mathrm{k}\Omega$ 之间。凡是没有接探测器的区域控制器的空位，应在其相应接线端子上接终端器。如设计时有特殊要求可与厂家联系解决。

2）探测器并联时的接线方法。同一部位上，为增大保护面积，可以将探测器并联使用，这些并联在一起的探测器仅占用一个部位号。不同部位的探测器不宜并联使用。

如比较大的会议室，使用一个探测器保护面积不够，假如使用三个探测器并联就够的话，则这三个探测器中的任何一个发出火灾信号时，区域报警器的相应部位的信号灯燃亮，但无法知道哪一个探测器报警，需要现场确认。

某些同一部位但情况特殊时，探测器不应并联使用。例如，大仓库，由于货物堆放较高，当探测器发出火灾信号后，到现场确认困难。所以从使用方便、准确的角度看，应尽量不使用并联探测器为好。不同的报警控制器所允许探测器并联的只数也不一样，如JB-QT-10-50-101报警控制器只允许并联三只感烟探测器和七只感温探测器；而JB-QT-10-50-101A允许并联感烟、感温探测器的数量分别为十只。

探测器并联时，其底座配线是串联式配线连接，这样可以保证取走任何一只探测器时，火灾报警控制器均能报出故障。当装上探测器后，L_1 和 L_2 通过探测器连接片连接起来，这时对探测器来说就是并联使用了。

探测器并联时，其底座应依次接线，如图 5-19 所示。不应有分支线路，这样才能保证终端器接在最后一只底座的 L_2、L_5 两端，以保证火灾报警控制器的自检功能。

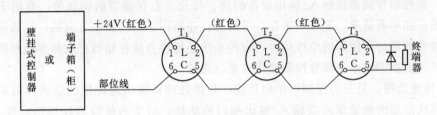

图 5-19　探测器并联时的接线

3）同一根管路内既有并联又有独立探测器时，其底座的接线方法如图 5-20 所示。

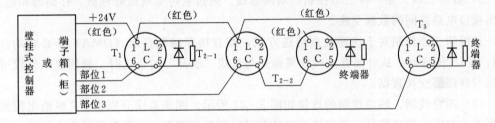

图 5-20　探测器的混合接线

2. 总线制系统

总线制系统采用地址编码技术，整个系统只用几根总线，建筑物内布线极其简单，给设计、施工及维护带来了极大的方便，因此被广泛采用。值得注意的是，一旦总线回路中出现短路问题，则整个回路失效，甚至损坏部分控制器和探测器，因此为了保证系统正常运行和免受损失，必须采取短路隔离措施，如分段加装短路隔离器。

（1）总线的概念。总线是一些信号线的集合，这些信号线是组成计算机及计算机各器件、各功能部件和各系统之间传输与交换信息通路时用的。选择各种系统要求的标准芯片，直接通过总线传输和交换信息，能构成具有不同功能的各种微型计算机系统。

到目前为止，已经定义和建立了各种各样的标准总线，种类繁多。通常的总线包括几十根到100多根信号线，一般可以把这些信号线分成以下四类。

1）数据线和地址线。决定了数据传输的宽度和直接选址的范围。

2）控制、时序和中断信号线。决定了总线功能的强弱以及适应性的好坏，好的总线应该控制功能强、时序简单、使用方便。

3）电源线和地线。决定了电源的种类及地线的分布利用法。

4）备用线。是厂家和用户作为性能扩充或作为特殊要求使用的线。

根据信息是否可以朝两个方向传送，总线可分为单向传送总线和双向传送总线。双向传送总线可以朝两个方向传送，既可用来发送数据，也可用来接收数据。单向传送总线只能朝一个方向传送。

连接微处理器、存储器和输入/输出接口电路的信号线（如一个微型计算机的系统总线），一般由三种总线组成。

1）控制总线。通过它传输控制信号，使微型计算机各个部件动作同步。这些控制信号有从微处理器向其他部件输出，也有从其他部件输入到微处理器中的。它们有用于系统控制的，如控制存储器或输入/输出设备的读、写及动态存储器的刷新等；有用于微处理器控制的，如中断请求、复位、暂存、等待等；还有用于总线控制方向的，如数据总线接通来自微处理器的可使用的总线信号；有些系统还提供直接存储器存取和多处理机管理所需的信号。根据需要，一部分控制总线也是三态的。

2）地址总线。是三态控制的单向总线，是微处理器输出地址用的总线，用来确定存储器中存放信息的地址单元或输入/输出端口的地址。对于八位微型计算机，有 16 位宽度，可对 $2^{16}=65536$ 个单元地址寻址。地址总线常和数据总线结合使用，以确定在数据总线上传输数据的来源或目的地。

3）数据总线。是一种三态控制的双向总线。通过它可实现微处理器、存储器和输入/输出接口电路之间的数据交换。

总线的三态控制对于快速数据传送方式，即直接存储器存取（DMA）是必要的。当进行 DMA 传送时，从外部看，微处理器是与总线"脱开"的。这时，利用总线外设可以直接与存储器交换数据。

（2）四总线制。四总线制的连接如图 5-21 所示。四条总线分别为：P 线给出探测器的电源、编码、选址信号；T 线给出自检信号以判断探测部位或传输线是否有故障；控制器从 S 线上获得探测部位的信息；G 为公共地线。P、T、S、G 均为并联方式连接，S 线上的信号对探测部位而言是分时的，从逻辑实现方式上看是"或"逻辑。

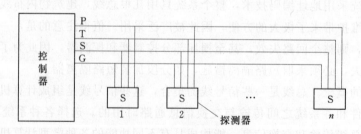

图 5-21　四总线制的连接

由图 5-21 可见，从探测器到区域报警器只用四根总线，另外一根 V 线为 DC24V，也以总线形式由区域报警控制器接出来，其他现场设备也可使用。这样控制器与区域报警器的布线为 5 线，大大简化了系统，尤其是在大系统中，这种布线优点更为突出。

（3）二总线制。二总线制是一种最简单的接线方法，用线量更少，但技术的复杂性和难度也提高了。二总线中的 G 线为公共地线，P 线则完成供电、选址、自检、获取信息等功能。目前，二总线制应用最多，新型智能火灾报警系统也建立在二总线的运行机制上。二总线系统有树枝形、环形和链式接线三种。

1）树枝形接线如图 5-22 所示。这种方式应用广泛，这种接线如果发生断线，可以报出断线故障点，但断点之后的探测器不能工作。

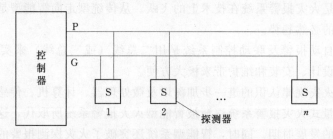

图 5-22　树枝形接线（二总线制）

2）环形接线如图 5-23 所示。这种系统要求输出的两根总线再返回控制器的另外两个输出端子，构成环形。这种接线方式，若中间发生断线，不影响系统正常工作。

3）链式接线如图 5-24 所示。这种系统的 P 线对各探测器是串联的，对探测器而言，变成了三根线，而对控制器还是两根线。

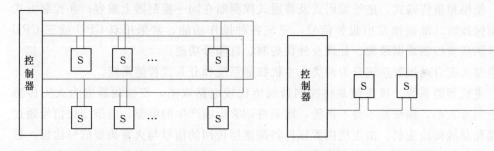

图 5-23　环形接线（二总线制）　　　　图 5-24　链式接线（二总线制）

二、传统型与智能型火灾自动报警系统

1. 传统型火灾自动报警系统

传统型火灾自动报警系统是多线制开关量式火灾探测报警系统，现已很少使用，但在高层建筑及建筑群体的消防工程中，传统型火灾自动报警系统仍不失为一种实用有效的、重要的消防监控系统。其主要缺点：每个探测器都有一根接线，造成线路复杂、连接线数多、安装与维护费用高、故障率和误报率高。前面讲述的火灾自动报警系统的三种基本形式（区域报警系统、集中报警系统和控制中心报警系统），就是常见的传统型火灾自动报警系统。

2. 智能型火灾自动报警系统

随着新型消防产品的不断出现，火灾自动报警系统也由传统型火灾自动报警系统向现代智能型火灾报警系统发展。虽然生产厂家较多，其所能监控的范围随不同报警设备各异，但设备的基本功能日趋统一，并逐渐向总线制、智能化方向发展。这就使得系统误报率降低，且由于采用总线制，系统的施工和维护非常方便。

使用探测器件将发生火灾期间所产生的烟、温、光等以模拟量的形式连同外界相关的环境参量一起传送给报警器，报警器再根据获取的数据及内部存储的大量数据，来判断火灾是否存在的系统，称为智能火灾报警控制系统。该系统为解决火灾报警系统存在的两大难题（误报、漏报）提供了新的方法和手段，并在处理火灾真伪方面表现出明显的有效性乃至创造性，这是火灾报警系统在技术上的飞跃。从传统型走向智能型是国内、外火灾报警系统技术发展的必然趋势。

智能型火灾自动报警及联动控制系统是用二总线（或三总线）来实现系统信息传输的，这给工程的设计、安装和维护带来极大方便。

随着人们对火灾规律认识的进一步加深以及微处理器、计算机、传感器技术的飞速发展，传统的开关量式火灾报警系统逐渐被智能型火灾报警系统所取代，这标志着火灾报警已进入一个全新的发展时期。同时，智能型系统还突破了火灾探测报警的范畴，与建筑物内的空调、供电、供水、照明、防盗系统等公共设施，以及其他公共安全和管理系统合并成一个整体，组成楼宇智能化管理系统。

智能型火灾报警系统普遍使用集成电路及微型计算机，昔日由硬件电路完成的功能已由软件功能所代替。在线路构成上，通常采用模块化结构方式，通过插入式更换不同的模块来改变控制器的功能或进行维护；在连接部件形式上，通过调整软件或插入（更换）控制模块，使模拟量传输式、地址编码式及普通式探测器在同一控制器上兼容；在控制方式上，为确保及时、准确地发出报警信号，完成各种操作功能，常采用双 CPU 或三 CPU 结构，分别负责控制数据采集、处理及外设控制、打印等功能。

智能型火灾自动报警系统分为两类：主机智能系统和分布式智能系统。

（1）主机智能系统。该系统是将探测器阈值比较电路取消，使探测器成为火灾传感器。无论烟雾大小，探测器本身不报警，而是将烟雾影响产生的电流、电压变化信号通过编码电路和总线传给主机。由主机内置软件将探测器传回的信号与火警典型信号比较，根据其速率变化等因素判断出是火灾信号还是干扰信号，并增加速率变化、连续变化量、时间、阈值幅度等一系列参考量的修正，只有信号特征与计算机内置的典型火灾信号特征相符时才会报警，这样就极大减少了误报的次数。

主机智能系统的主要优点有：灵敏度信号特征模型可根据探测器所在环境的特点来设定；可补偿各类环境中的干扰和灰尘积累对探测器灵敏度的影响，并能实现报警功能；主机采用微处理机技术，可实现时钟、存储、密码自检联动、联网等多种管理功能；可通过软件编程实现图形显示、键盘控制、翻译等高级扩展功能。

尽管主机智能系统比非智能系统优点多，但由于整个系统的监测、判断功能不仅全部要由控制器完成，而且还要一刻不停地处理上千个探测器发回的信息，因而系统软件程序复杂，并且探测器巡检周期长，导致探测点大部分时间失去监控，系统可靠性降低和使用维护不便等。

（2）分布式智能系统。该系统是在保留智能模拟探测系统优点的基础上形成的，它将主机智能系统中对探测信号的处理、判断功能由主机返回到每个探测器，使探测器真正有智能功能。而主机由于免去了大量的现场信号处理负担，可以从容不迫地实现多种管理功能，从根本上提高了系统的稳定性和可靠性。

智能防火系统可按其主机线路方式，分为多总线制和二总线制等。智能防火系统的特点是软件和硬件具有相同的重要性，并在早期报警功能、可靠性和总成本费用方面显示出明显的优势。

（3）智能火灾报警系统的组成及特点。

1）智能火灾报警系统的组成。智能火灾报警系统由智能探测器、智能手动按钮、智能模块、探测器并联接口、总线隔离器、可编程继电器卡等组成。以下简单介绍一下智能探测器的作用及特点。

智能探测器将所在环境收集的烟雾浓度或温度随时间变化的数据，送回报警控制器，报警控制器根据内置的智能资料库中有关火警状态资料收集回来的数据进行分析比较，决定收回来的资料是否显示有火灾发生，从而作出报警决定。报警资料库内存有火灾实验数据，智能报警系统的火警状态曲线如图5-25所示。智能报警系统将现场收集回来的数据变化曲线与图5-25所示的曲线相比较，若相符则系统发出火灾报警信号。如果从现场收集回来如图5-26所示的非火灾信号（因昆虫进入探测器或探测器内落入粉尘），则不发出报警信号。

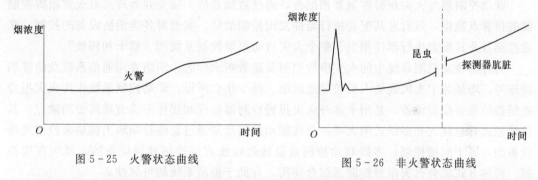

图5-25 火警状态曲线 　　　图5-26 非火警状态曲线

通过图5-25和图5-26的比较可以看出，由于昆虫和粉尘引起的烟雾浓度均超过火灾发生时的烟雾浓度，如果是非智能报警系统必然发出误报信号，可见智能系统判断火警的方法使误报率大大降低，减少了由于误报启动各种灭火设备所造成的损失。

智能探测器的种类随着不同厂家的不断开发而越来越多，目前比较常用的有智能离子感烟探测器、智能感温探测器、智能感光探测器等。其他智能型设备其作用同非智能型相似。

2）智能火灾报警系统的特点。

a. 为全面有效地反映被监视环境的各种细微变化，智能系统采用了设有专用芯片的模拟量探测器。对温度和灰尘等影响实施自动补偿，对电干扰及线路分布参数的影响进行自动处理，从而为实现各种智能特性，避免火灾误报和准确报警奠定了技术基础。

b. 系统采用了大容量的控制矩阵和交叉查询软件包，以软件编程替代了硬件组合，提高了消防联动的灵活性和可修改性。

c. 系统采用主—从式网络结构，解决了对不同工程的适应性，又提高了系统运行的可靠性。

　　d. 利用全总线计算机通信技术，既完成了总线报警，又实现了总线联动控制，彻底避免了控制输出与执行机构之间的长距离穿管布线，大大方便了系统布线设计和现场施工。

　　e. 具有丰富的自诊断功能，为系统维护及正常运行提供了有利条件。

第六节　消防联动控制器

　　一个完整的火灾报警系统应由三部分组成，即火灾探测、报警控制和联动控制，从而实现从火灾探测、报警至现场消防设备控制，实施防火灭火、防烟排烟和组织人员疏散、避难等完整的系统控制功能。同时还要求火灾报警控制器与现场消防控制设备能进行有效的联动控制。一般情况下，火灾报警控制器产品都具有一定的联动功能，但这远不能满足现代建筑物联动控制点数量和类型的需要，所以必须配置相应的联动控制器。

一、联动控制系统概述

　　联动控制系统用于完成对消防系统中重要设备的可靠控制，如消防泵、喷淋泵、排烟机、送风机、防火卷帘门、电梯等。

　　联动控制器与火灾报警控制器相配合，通过数据通信，接受并处理来自火灾报警控制器的报警点数据，然后对其配套执行器件发出控制信号，实现对各类消防设备的控制。联动控制器及其配套执行器件相当于整个火灾自动报警控制系统的"躯干和四肢"。

　　另外，联动控制系统中的火灾事故照明及疏散指示标志、消防专用通信系统及防排烟设施等，均是为了火灾现场人员较好地疏散、减少伤亡所设。联动控制系统作为火灾报警控制器的重要配套设备，是用来弥补火灾报警控制器监视和操作不够直观简便的缺点。其接线形式有总线式和多线式两大类：总线联动控制盘是通过总线控制输出模块来控制现场设备的，属于间接控制；多线联动控制盘是通过硬线直接控制现场设备的，属于直接控制。两种方式结合火灾报警控制器综合使用，有助于提高系统的可靠性。

二、消防联动控制器的基本功能及类型

　　1. 消防联动控制器的基本功能

　　消防联动控制器最基本的功能可以归纳为以下几点。

　　（1）能为自身和所连接的配套中继执行器件供电。

　　（2）能接受并处理来自火灾报警控制器的报警点数据，并对相关的中继执行器件发出控制信号，控制消防外控设备。

　　（3）能检查并发出系统本身的故障信号。

　　（4）有自动控制和手动控制及其切换功能。

　　（5）受控的消防外控设备的工作状态，应能反馈给主机并有显示信号。

　　2. 消防联动控制器的类型

　　消防联动控制器的品种很多，大致有以下几种分类法及其相应的类型。

　　（1）按组成方式分类。

　　1）单独的联动控制器。消防控制中心火灾报警控制系统由两方面构成，即：火灾探

测器与报警控制器单独构成探测报警系统，再配以单独的联动控制器及其配套执行器件。

2）带联动控制功能的报警控制器。这类控制器联系火灾探测器，是通过配套执行器件联系现场消防外控设备，联动关系是在报警控制器内部实现。

（2）按用途分类。

1）专用的联动控制装置。具有特定专用功能的联动控制装置，其品种较多，如水灭火系统控制装置、防烟排烟设备控制装置、气体灭火控制装置、火灾事故广播通信设备、电动防火门及防火卷帘门等防火分割控制装置、火警现场声光报警及诱导指示控制装置等。在一个建筑物的防火工程中，消防联动控制系统则由部分或全部的专用联动控制装置组成。

2）通用的联动控制器。这类联动控制器可通过其配套的中继执行器件提供控制结点，可控制各类消防外控设备，而且还可通过对探测点与控制点的现场编程设置控制逻辑对应关系。因此，消防联动控制系统简单明了，应用面广，可用于各类工程。

（3）按电气原理和系统连线分类。

1）多线制联动控制器。这类联动控制器与其配套的执行器件之间采用一一对应的关系，每只配套执行器件与主机之间分别有各自的控制线、反馈线等。通常情况下，控制点容量比较小。

2）总线制联动控制器。这类联动控制器与其配套的执行器件的连接用总线方式，具体有二总线、三总线、四总线等不同形式。此类控制器具有控制点容量大，安装调试及使用方便等特点。

3）总线制与多线制并存的联动控制器。这类联动控制器同时有总线控制输出和多线控制输出。总线控制输出适用于控制各楼层的消防外控设备，如各类电磁阀门、声光报警装置、各楼层的空调、风机、防火卷帘、防火门等；多线控制输出是用于控制整个建筑集中的中央消防外控设备，如消防泵、喷淋泵、中央空调、集中的送风机、排烟机及电梯等。

（4）按主机电路设计分类。

1）普通型联动控制装置。其电路设计采用通用的逻辑组合形成，具有成本低廉、电路简单等特点，但其功能简单、控制对象专一，控制逻辑关系无法现场编程。

2）微机型联动控制器。其电路设计采用微机结构形式，对软、硬件均有较高要求，技术要求较复杂，功能一般较齐全，应用面广，使用方便，且具有现场编程控制逻辑关系的功能。

（5）按机械结构形式分类。

1）壁挂式联动控制器。其联动控制点数量比较少，控制功能较简单一些，一般用于小型工程。

2）柜式联动控制器。其联动控制数量比较多，控制功能较齐全、复杂。它常常与火灾报警控制器组合在一起，操作使用较方便，一般用于大、中型工程。

3）台式联动控制器。与柜式联动控制器基本相同，仅结构形式不同。消防控制中心等面积较大的工程可采用台式联动控制器。

（6）按使用环境分类。

1）按船用陆用分类：

a. 陆用型联动控制器，其环境指示为温度 0～40℃、相对湿度不大于 92%［(40±2)℃]。

b. 船用型联动控制器，其工作温度、相对湿度等环境要求均高于陆用型。

2）按防爆性能分类：

a. 非防爆型联动控制器，其无防爆性能，目前民用建筑中适用的绝大多数联动控制器均属此类型。

b. 防爆型联动控制器，其具有防爆性能，常用于石油化工企业、油库、化学品仓库等易爆场合。

3. 消防联动控制器的技术性能

与火灾报警控制器类似，联动控制器主要包括电源部分和主机部分。

联动控制器的直流工作电压应符合国家标准（GB 156）的规定，应优先采用直流24V。联动控制器的电源部分同样由互补的主电源和备用电源组成，其技术要求与火灾报警控制器的电源部分相同。有些工厂的产品，当联动控制器和火灾报警控制器组装在一起时，就直接用一个一体化的电源，同时为火灾报警控制器及其连接器件、联动控制器及其配套器件提供工作电压。

联动控制器的主机部分承担着接收来自火灾报警控制器的火警数据信号、根据所编辑的控制逻辑关系发出的控制驱动信号、显示消防外控设备的状态反馈信号、系统自检和发出声光的故障信号等作用。其数据通信接口与火灾报警控制器相连，驱动电路、发送电路与有关的配套执行器件连接。

同样，衡量联动控制器产品档次和质量高低的技术性能，除了其电气原理、电路设计工艺和能实现的功能外，还包括联动控制器的控制点容量、联动控制器的最长传输距离（从主机至最远端控制点的距离）、联动控制器的功耗（静态功率和额定功率）、联动控制器的结构和工艺水平（造型、表面处理、内部结构和生产工艺等）、联动控制器的可靠性（长期不间断工作时执行其所有功能的能力）、联动控制器的稳定性（在一个周期时间内执行其功能的一致性）及联动控制器的可维修性（对产品可以修复的难易程度）等。此外，还有其主要部件的性能是否合乎要求，整机耐受各种环境条件的能力。这种能力包括：耐受各种规定气候的能力（如高温、低温、湿热、低温储存）；耐受各种机械干扰的能力（如振动、冲击、碰撞等）；耐受各种电磁干扰的能力（如主电源供电电压波动、电瞬变干扰、静电放电干扰、辐射电磁场干扰以及产品的绝缘能力和耐压能力）。

第七节　联动控制系统的主要组成部分及其功能

一、消火栓、喷淋联动控制系统

自动水灭火系统是以水为介质的自动灭火系统，通常分为水喷淋系统和消火栓系统。

1. 喷淋系统概述

自动喷水灭火系统是目前世界上采用最广泛的一种固定式消防设施，是解决建筑物早期自防自救的重要措施。从 19 世纪中叶开始使用，至今已有 100 多年的历史。它具有价格低廉、灭火效率高的特点。据统计，自动喷水灭火系统的灭火成功率在96%以上，有的已达99%。在一些发达国家（美、英、日、德等）的消防规范中，几乎所有的建筑都要求具有自动喷水灭火系统。有的国家（如美、日等）已将其应用在住宅中了。我国随着工业民用建筑的飞速发展，消防法规正逐步完善，自动喷水灭火系统在宾馆、公寓、高层建筑、石油化工中得到了广泛的应用。

（1）基本功能。

1）能在火灾发生后，自动地进行喷水灭火。

2）能在喷水灭火的同时发出警报。

（2）自动喷水灭火系统的分类。目前，采用的自动喷水灭火系统类型较多，主要有湿式喷水灭火系统、干式喷水灭火系统、预作用喷水灭火系统、雨淋灭火系统、水幕系统等。

1）湿式喷水灭火系统。湿式喷水灭火系统是应用最广泛的自动喷水灭火系统，应用面占70%以上，建筑物的重要场所通常均设置此类喷水灭火系统，尤其当室内温度不低于4℃的场合下，应用此系统特别合适，如图5-27所示。

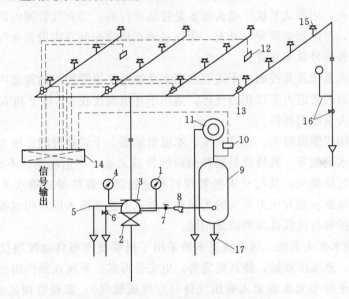

图5-27 湿式喷水灭火系统组成

1—阀前压力表；2—控制阀；3—湿式报警阀；4—阀后压力表；5—放水阀；6—试警铃阀；7—警铃管截止阀；
8—过滤器；9—延迟器；10—压力继电器；11—水力警铃；12—火灾探测器；13—水流指示器；
14—火灾报警控制箱；15—闭式喷头；16—末端检验装置；17—排水漏斗

湿式喷水灭火系统及其控制：该系统由闭式感温喷头、管道系统、水流指示器、湿式报警阀及压力开关、喷淋泵及供水设施等组成。与火灾报警控制系统配合，可构成自动水喷淋灭火系统。在水流指示器和压力开关上连接输入模块，即构成报警点（地址由输入模块设定），经输入总线进入火灾报警控制系统，从而达到自动启动喷淋泵的目的。湿式喷水灭火系统的特点是在报警阀前后管道内均充满有一定压力的水，当发生火灾后，闭式感温喷头处达到额定温度值时，感温元件自动释放（易熔合金）或爆裂（玻璃泡），压力水从喷水头喷出，管内水的流动，使水流指示器动作而报警。由于自动喷水而引起湿式报警阀动作，总管内的水流向支管，当总管内水压下降到一定值时，使压力开关动作而报警，火灾报警控制器接收到水流指示器和压力开关的报警信号后，一方面发出声光报警提示值班人员，并记录报警地址和时间，另一方面同时将报警点数据传递给联动控制器，经其内部设定的逻辑控制关系判断，发出控制执行信号，使相应的配套器件中的控制继电器动作，控制启动喷淋泵，以保证压力水从喷头持续均匀地喷泄出来，以达到灭火的目的。

喷淋泵控制的设计规范要求与消防泵相同，所以要使用多线制可编程联动控制器。有的湿式喷水灭火系统只设置水流指示器报警，而不同时采用压力开关报警，故当水流指示器动作，即可自动启动喷淋泵。

为了避免水管内水的偶然流动而使水流指示器发生误报而自动启泵，水流指示器的输入模块能延时 10s，以确认喷头喷水后再报警。

2）干式喷水灭火系统。干式喷水灭火系统与湿式喷水灭火系统的不同之处在于：①在灭火速度上不如湿式系统来得快，原因在于感温喷头受热动作后，先排出管网中的气体，才能喷水灭火，而湿式系统中喷头喷水是持续进行的；②充气管网内的气压平时要保持在一定范围内，否则就必须充气补充，所以必须在消防控制室内设置充气压力指示装置和高、低压力警告信号显示装置。

干式喷水灭火系统及其控制：干式喷水灭火系统是在报警阀前的管道内充以一定压力的水，在报警阀后的管道内充以压力气体。适用于环境温度在 4℃以下和 70℃以上而不宜采用湿式喷水灭火系统的场所。

该系统包括闭式感温喷头、管道系统、水流指示器、干式报警阀、压力开关、充气设备、喷淋泵及供水设施等。其特点是报警阀后的管道无水，不怕冻结，不怕环境温度高，不怕水渍会造成污染损失。其与火灾报警控制系统控制原理和湿式喷水灭火系统基本相同，同样采用水流指示器和压力开关的无源动合触点上连接输入模块构成报警点，联动控制器对喷淋泵的控制与接线也与消防泵相同。

3）预作用喷水灭火系统。该系统更多地采用了报警技术与自动控制技术，尤其在该系统中采用感烟、感温探测器，使其更完善、更安全可靠。系统在预作用控制阀门之后的干式喷水管网中平时不充水或充入有压气体（空气或氮气），监视管网是否有渗漏现象。发生火灾时由火灾报警控制系统，自动开启或手动开启预作用阀门，迅速排出管网内的有压气体，使管道充水呈临时湿式系统。该系统可认为是干式系统和火灾自动监测系统综合应用而产生的系统，所以也适用于干式系统适用的场所。

该系统控制过程如下：当火灾发生后，被保护场所的感烟式和感温式火灾探测器的报警信号输入火灾报警控制器，经确认传递到联动控制器，输出控制信号，控制预作用阀门动作，使之开阀向管网充水呈湿式系统。当火灾温度上升到一定值时使闭式感温喷头自动喷水，之后控制过程与湿式喷水灭火系统相同，从而达到灭火的目的。其中联动控制器对喷淋泵的控制及接线与消防泵也相同。

联动控制器对预作用阀门的控制，可使用联动控制器及其控制模块实施，阀门动作状态信号由控制模块经控制总线返回。

4）雨淋喷水灭火系统。雨淋喷水灭火系统是由火灾报警控制系统自动控制的带雨淋阀的开式喷水灭火系统。该系统使用的是普通开式喷水头，这是一种不带热敏元件和密封件的敞口喷水头，雨淋阀之后的管道平时为空管，火灾时由火灾报警控制系统自动开启或手动开启雨淋阀，使由该雨淋阀控制的管道上所有开式喷水头同时喷水，而达到迅速灭火目的。这类系统对电气控制要求较高，不允许有误动作或不动作。适用于需大面积喷水快速灭火的特殊危险场所，如炸药厂、剧院舞台上部、大型演播室、电影摄影棚等。系统由水箱、喷淋水泵、雨淋阀、管网、开式喷头及报警器和控制箱等组成。

雨淋喷水灭火系统与火灾报警控制系统配合原理和控制过程如下。

当火灾发生后，被保护场所的火灾探测器的报警信号输入到火灾报警控制器，经确认传递到联动控制器，控制相应雨淋阀动作，从给水干管提供的水迅速进入该雨淋阀控制的喷水灭火区管道，并使管道上所有开式喷水头同时喷水，灭火区管道中水的流动，使水流指示器动作而报警。由于自动喷水引起湿式报警阀动作，总管内水补充入上述灭火区管道，引起总管水压下降，至一定值时使压力开关动作而报警，火灾报警控制器接收到水流指示器和压力开关的报警信号后，在发出声光报警指示和记录报警地址的同时，将该报警点数据传递给联动控制器，经其内部控制逻辑判断后发出控制执行信号，通过相应的配套器件自动控制启动雨淋泵，以保证压力水从开式喷水头持续喷泄出来，迅速扑灭大火。另外，一个系统中放水灭火区一般宜在四个及四个以下。

联动控制器对雨淋阀的控制与预作用系统中的预作用阀相同。另外，还常用带易熔锁封的钢索绳装置来控制雨淋阀的动作。其原理是：当火灾发生时，易熔锁封受热熔解脱开后，传动阀自动开启，使传动管排水，传动管网压力降低自动开启雨淋阀，雨淋阀的动作状态信号同样应反馈给联动控制器主机。

5）水幕系统及其控制。水幕系统也是由火灾报警控制系统自动控制的开式喷水系统，由水幕喷头、管道、控制阀等组成。它的工作原理与雨淋喷水灭火系统相同，与雨淋系统不同的是，水幕系统不直接用于扑灭大火，而是用做防火隔断或进行防火分区及局部降温保护，因此，该系统使用的开式喷头为水幕喷头，喷出的水能形成一个水幕，起隔火降温作用。通常，该系统与防火卷帘门或防火幕配合使用，做降温防火保护，喷头成单排布置，并喷向防火卷帘门、防火幕或保护对象。在一些大空间，可用水幕系统来做防火分隔或进行防火分区，此时喷头布置应为2～3排。水幕系统与火灾报警控制系统的配合原理及控制过程同雨淋系统类似，联动控制器对水幕泵的控制及接线也与雨淋泵相同。

6）水喷雾灭火系统及其控制。水喷雾灭火系统是一种用特殊的加压设备，使水经喷雾喷头呈雾状散射出来的灭火、防火装置。一般包括有喷雾喷头、配水管道系统、水流指示器、控制阀、压力开关、加压水泵、供水管道等组成，与火灾报警控制系统相配合，可构成自动水喷雾灭火系统。喷雾喷头可将有一定压力的水，喷射成微粒状态的水雾，由于喷出的水雾压力高、水滴小、分布均匀，且水雾的绝缘性好，灭火时能形成大量的水蒸气，所以有以下灭火作用。

冷却灭火作用、窒息灭火作用、乳化灭火作用、稀释灭火作用和阻燃灭火作用等。

该系统通常用于扑救固体火灾、闪点高于60℃的液体火灾和电气火灾；用于防护时可对可燃气体和甲、乙、丙类液体的生产、储存场所或装卸设施进行防护冷却；并对有火灾危险的工业装置，有粉尘火灾或爆炸危险的车间及电气、橡胶等特殊可燃物的火灾危险场所进行防护。

水喷雾灭火系统的联动控制方法与湿式喷水灭火系统类似，可用自动喷头做感温元件，水流指示器和压力开关做报警点，控制阀作用类似报警阀，水流指示器和压力开关的报警信号输入火灾报警控制系统，从而自动控制启动加压水泵，以保证加压水源。其中，联动控制器对加压水泵的控制及接线与喷淋泵相同。

此外也可采取以下控制方法，即不采用自动感温喷头和水流指示器，而直接由火灾探测器的报警信号输入火灾报警控制器，再传递至联动控制器，分别控制控制阀动作和启动加压水泵供水，向喷雾灭火系统管网充水，压力水从水雾喷头喷向保护区域。控制阀和加压水泵的动作状态信号均应反馈给联动控制器主机。

为了防止水中杂质堵塞喷头，在控制阀或水泵出水处应安装过滤器，为便于过滤器的经常性清洁，要求其易装易卸。

除此以外，还有干湿两用灭火系统、轻装简易系统、泡沫雨淋系统、大水滴（附加化学品）系统及自动启动系统等。

2. 室内消火栓系统

采用消火栓灭火是最常用的灭火方式，它由蓄水池、水箱、加压送水装置（水泵）及室内消火栓等主要设备构成。这些设备的电气控制包括水池、水箱的水位控制、消防用水和加压水泵的启动。水位控制应能显示出水位的变化情况和高、低水位报警及控制水泵的开/停。室内消火栓系统由水枪、水龙带、消火栓、消防管道等组成。为保证喷水枪在灭火时具有足够的水压，需要采用加压设备。常用的加压设备有两种：消防水泵和气压给水装置。采用消防水泵时，在每个消火栓内设置消防按钮，灭火时用小锤击碎按钮上的玻璃小窗，按钮不受压而复位，从而通过控制电路启动消防水泵；水压增高后，灭火水管有水，用水枪喷水灭火。采用气压给水装置时，由于采用了气压水罐，并以气水分离器来保证供水压力，所以水泵功率较小，可采用电接点压力表，通过测量供水压力来控制水泵的启动。

室内消火栓系统如图 5-28 所示。

在建筑物各防火分区（或楼层）内均设置消火栓箱，内装有消火栓按钮，在其无源触点上连接输入模块，构成由输入模块设定地址的报警点，经输入总线进入火灾报警控制系统，达到自动启动消防泵的目的。

消火栓按钮与手动报警按钮不同，除了发出报警信号外，还有启动消防泵的功能。消火栓按钮必须安装在消火栓箱内，

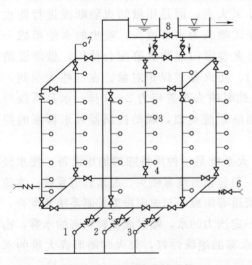

图 5-28 室内消火栓系统

1—生活泵；2—消防泵；3—消火栓；4—阀门；5—单向阀；
6—水泵接合器；7—屋顶消火栓；8—高位水箱

当敲破消火栓箱门玻璃使用消火栓时,才能使用消火栓按钮报警,并自动启动消防泵以补充水源,供灭火时使用,整个控制过程如下:当发生火灾时,消火栓箱玻璃罩被击碎,按下消火栓按钮报警,火灾报警控制器接收到此报警信号后,一方面发出声光报警指示,显示并记录报警地址和时间,另一方面同时将报警点数据传送给联动控制器,经其内部逻辑关系判断,发出控制执行信号,使相应的配套器件中的控制继电器动作,自动控制启动消防泵。

按照《火灾自动报警系统设计规范》要求,对消防泵必须有启动、停止控制功能;必须具备显示消防泵工作状态(运行、停机)的功能。

多线制可编程联动控制器或用可编程联动控制器和输出模块配合使用,均可满足设计规范的要求,而且都具备自动联动控制功能。

3. 喷淋泵系统联动控制原理

(1) 喷淋泵系统联动控制原理。喷淋泵系统联动控制原理如图5-29所示。当发生火灾时,温度上升,喷头开启喷水,管网压力下降,报警阀后压力下降使阀板开启,接通管网和水源以供水灭火。管网中设置的水流指示器感应到水流动时,发出电信号。管网中压力开关因管网压力下降到一定值时,也发出电信号,启动水泵供水,消防控制室同时接到信号。

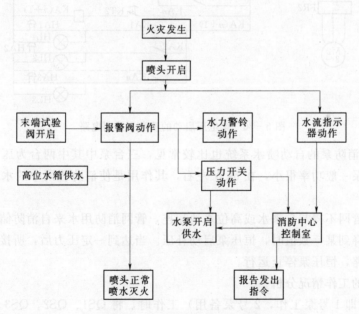

图5-29　喷淋泵系统联动控制

(2) 电气线路的组成。在高层建筑及建筑群体中,每座楼宇的喷水系统所用的泵一般为2~3台。采用两台泵时,平时管网中的压力水来自高位水池,当喷头喷水,管道里有消防水流动时,水流指示器启动消防泵,向管网补充压力水。两台水泵,平时一台工作,一台备用,当一台因故障停转、接触器触点不动作时,备用泵立即投入运行,两台可互为备用。图5-30所示为两台泵的全电压启动的喷淋泵控制电路,图5-30中B1、B2、Bn为区域水流指示器。如果分区较多,可有n个水流指示器及n个继电器与之配合。

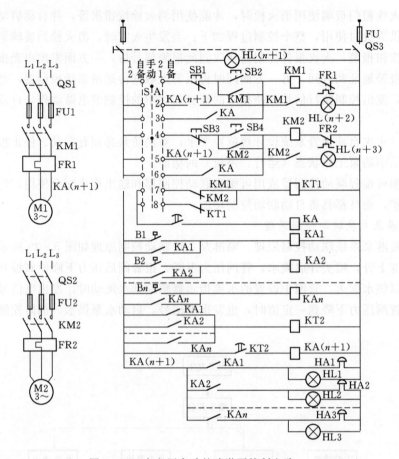

图 5-30　全电压启动的喷淋泵控制电路

采用三台消防泵的自动喷水系统也比较常见，三台泵中其中两台为压力泵，一台为恒压泵。恒压泵一般功率很小，在 5kW 左右，其作用是使消防管网中的水压保持在一定范围之内。

此系统的管网不得与自来水或高位水池相连，管网消防用水来自消防储水池，当管网中的渗漏压力降到某一数值时，恒压泵启动补压。当达到一定压力后，所接压力开关断开恒压泵控制回路，恒压泵停止运行。

（3）电路的工作情况分析。

1）正常（即 1 号泵工作，2 号泵备用）工作时，将 QS1、QS2、QS3 合上，将转换开关 SA 调至"1 自，2 备"位置，其 SA 的 2、6、7 号触头闭合，电源信号灯 HL（$n+$ 1）亮，做好火灾的运行准备。

若二层着火，且火势使灾区现场温度达到热敏玻璃球发热的程度时，二楼的喷头爆裂并喷出水流。由于喷水后压力降低，压力开关动作，向消防中心发去信号，同时管网里有消防水流动时，水流指示器 B2 闭合，使中间继电器 KA2 线圈通电，时间继电器 KT2 线圈通电；经延时后，中间继电器 KA（$n+1$）线圈通电，使接触器 KM1 线圈通电，1 号喷淋消防泵启动运行，向管网补充压力水；信号灯 HL（$n+1$）亮，同时警铃 HA2 响，信号灯 HL2 亮，即发出声光报警信号。

2）当 1 号泵故障时，2 号泵的自动投入过程（如果 KM1 机械卡住）。如 n 层着火，n 层喷头因室温达到动作值而爆裂喷水，n 层水流指示器 Bn 闭合，中间继电器 KAn 线圈通电，使时间继电器 KT2 线圈通电；延时后，KA（$n+1$）线圈通电，信号灯 HLn 亮，警铃 HLn 响并发出声光报警信号；同时 KM1 线圈通电，但因为机械卡住其触头不动作，于是时间继电器 KT1 线圈通电，使备用中间继电器 KA 线圈通电；接触器 KM2 线圈通电，2 号备用泵自动投入运行，向管网补充压力水，同时信号灯 HL（$n+3$）亮。

3）手动强投。如果 KM1 机械卡住，而且 KT1 也损坏时，应将 SA 调至"手动"位置，其 SA 的 1、4 号触头闭合；按下按钮 SB4，使 KM2 通电，2 号泵启动；停止时按下按钮 SB3，KM2 线圈失电，2 号电动机停止。

在实际工程中，目前喷淋泵控制装置，均与集中报警控制器组装为一体，构成控制平台。

4. 消火栓泵系统联动控制原理

在现场，对消防泵的手动控制有两种方式：一是通过消火栓按钮（打破玻璃按钮）直接启动消防泵；二是通过手动报警按钮，将手动报警信号送入控制室的控制器后，由手动或自动信号控制消防泵启动，同时接收返回的水位信号。一般消防泵都是经中控室联动控制，其联动控制过程如图 5-31 所示。

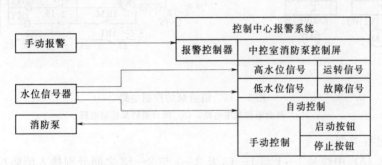

图 5-31　消防泵联动控制过程

消防栓内打破玻璃按钮直接启动消防泵的控制电路如图 5-32 所示，主电路如图 5-32（a）所示，图中 ADC 为双电源自动切换箱。消防泵属一级供电负荷，需双电源供电，末端切换，两台消防泵一用一备。

图 5-32（b）中 1SE、…、nSE 是设在消火栓箱内的消防泵专用控制按钮，按钮上带有水泵运行指示灯。SE 按钮平时由玻璃片压着，其常开触点闭合，使 4KI 得电；其常闭触点断开，使 3KT 不通电，水泵不运转。这也是消防泵在非火灾时的常态。

当发生火灾时，打碎消火栓箱内消防专用按钮 SE 的玻璃，该 SE 的常开触点复位到断开位置，使 4KI 断电，其常闭触点闭合，使 3KT 通电。经延时后，其延时闭合的常开触点闭合，使 5KI 通电吸合。此时，假若选择开关 SAC 置于"1 号用 2 号备"，则 1 号泵的接触器 1KM 通电，1 号泵启动。如果 1 号泵发生故障，1KM 跳闸，则 2KT 得电；经延时后，2KT 常开触点闭合，接触器 2KM 通电吸合，作为备用的 2 号泵启动。如果将 SAC 置于"2 号用 1 号备"的位置，则 2 号泵先投入运行，1 号泵处于备用状态，其动作

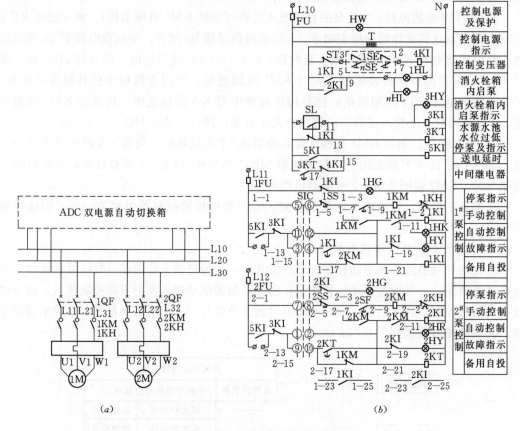

图 5 - 32　消防泵的控制电路

(a) 两台消防泵主电路；(b) 两台消防泵控制电路

过程与前述过程类似。

图 5 - 32 (b) 中线号 1—1 与 1—13 及 2—1 与 2—13 之间分别接入消防控制系统控制模块的两个常开触点，则两台消防泵均受消防中心集中控制其启/停。

图 5 - 32 (b) 中 4KI 的作用是提高了控制电路的可靠性。如果不设 4KI，按一般习惯，用常开按钮控制水泵，未出现火灾时就不会去敲碎玻璃按下启泵按钮。假如按钮回路断线或接触不良，就不易被发现，一旦发生火灾，按下启泵按钮，电路仍不通，消防泵不能启动，影响灭火。而采用 4KI 后，由于把与 4KI 线圈串联的消火栓按钮强迫常闭，使 4KI 通电吸合。一旦线路锈蚀断线或按钮接触不良，4KI 断电，消防泵启动。这样，故障被及时发现，提高了控制电路的可靠性。3KT 的延时作用，主要是避免控制电路初通电时，5KI 误动作，造成水泵误启动。5KI 自保持触点的作用：一旦发生火灾，水泵启动之后，便不再受消火栓箱内按钮及其线路的影响，保持运转，直到火灾被扑灭，人为停泵或水源水池无水停泵。

当水源水池无水时，则液位器触点 SL 闭合，3KI 通电，其常闭触点断开，使两台水泵的接触器均不能通电，当启动的水泵不能启动，正在运转的水泵也停止运转。

水源水池的液位器可采用浮球式或干簧式。当采用干簧式时，需设下限触头以保证水池无水时可靠停泵。

二、自动气体灭火联动控制系统

在一些不能用水灭火的场合，如计算机房、档案室和通信机房等，可选用不同的气体进行灭火。常用的灭火气体有二氧化碳气体、七氟丙烷气体、惰性气体。

按灭火方式，可分为全淹没系统、局部应用系统。

按系统保护范围，可分为单元独立系统、组合分配系统。

1. 灭火气体

（1）二氧化碳。二氧化碳气体是一种常用的灭火剂，常温、常压下是一种无色无味的气体，二氧化碳气体在空气中含量达到15％以上时能使人窒息死亡，达到35％～40％时，能使一般可燃物质的燃烧熄灭，达到43.6％时能抑制汽油蒸气和其他燃烧气体的燃烧和爆炸。所以，二氧化碳气体能灭火主要是向灭火区喷放高浓度的二氧化碳气体，增强灭火区空气中二氧化碳气体的含量，降低灭火区空气中的含氧浓度，达到灭火的目的。

（2）七氟丙烷。七氟丙烷气体是替代卤代烷气体的一种新的化学灭火剂。卤代烷气体灭火过程中产生大量的氟氯烃，对大气臭氧层造成破坏，所以被七氟丙烷灭火剂替代。其灭火机理是：七氟丙烷灭火剂参与物质燃烧过程中的化学反应，消除维持燃烧所必需的活性游离基 H^+ 和 OH^-，生成稳定的水分子和二氧化碳以及活性较低的游离基 R，从而抑制燃烧达到灭火的目的。

以上两种灭火剂在灭火时多对在场人员身体造成危害，甚至窒息死亡，所以灭火时人员必须撤离现场，否则会造成严重后果。

（3）惰性气体。惰性气体灭火剂是由40％的氩气、52％的氮气和8％的二氧化碳混合而成，当混合气体在空气中含量达38％～40％时，能使一般可燃物质的燃烧熄灭。通常房间的空气含有21％的氧气和小于1％的二氧化碳，如果房间的空气中氧气的含量小于15％，大部分普通的可燃物将停止燃烧，而在使用惰性气体灭火时，由于三种气体严格的配比，灭火时灭火区的氧气浓度下降到12.5％达到灭火的目的，而灭火区的二氧化碳的浓度上升到4％，二氧化碳的浓度增加，加快了人的呼吸速率和人体吸收氧气的能力，即4％二氧化碳的浓度刺激人体更深、更快的呼吸来补偿环境中较低的含氧浓度。因此，在使用惰性气体灭火剂灭火时，在场人员不需撤离，正好适用于火灾时不允许人员离开的场合，如指挥中心等重要场合。

2. 灭火方式

（1）局部应用系统。局部应用系统对建筑物的局部或对局部保护对象进行保护的系统。它通常由安装在现场的灭火剂钢瓶、喷头和控制阀门组成。当报警控制器接到火灾现场的两种不同探测器发来的报警信号时，自动或手动打开控制阀门，灭火剂从喷头喷出，达到灭火的目的。

（2）全淹没系统。全淹没系统是指在规定时间内，向防火区喷射一定浓度的气体灭火剂，并使其均匀地充满整个防火区，达到灭火的目的。它由专门的存储灭火剂的钢瓶间、通往保护区的钢管及现场喷头组成，储气钢瓶上装有电控或气控阀门，受报警控制中心控制。同样，当报警控制器接到火灾现场的两种不同探测器发来的报警信号时，自动或手动打开控制阀门，灭火剂沿固定钢管送往保护区现场，从喷头喷出，达到灭火的目的。

（3）系统保护范围。

1）单元独立系统。单元独立系统是指一个或一组灭火剂钢瓶保护一个区域的灭火形式。

2）组合分配系统。组合分配系统是指一个或一组灭火剂钢瓶保护几个封闭区域的灭火形式。在灭火气体的总管上接若干根支管分别通往不同的防护区，支管上装有选择阀，根据灭火需要打开相应区域的选择阀，灭火气体通过固定管道送往灭火现场，达到灭火的目的，如图 5-33 所示。

（4）有管网气体灭火系统及其控制。气体灭火系统有以七氟丙烷气体为灭火剂的灭火系统、以二氧化碳为灭火剂的二氧化碳灭火系统和以惰性气体为灭火剂的灭火系统。

1）气体灭火系统的特点。它的特点是对保护物体不产生污损，可用于怕水污染的场合，同时还具有灭火速度快、空间淹没性能好等优点。通常应用于计算机房、通信机房、电视发射机房、精密仪器室、图书档案室和文物资料储藏室等重要场所，而且一般均为有管网全淹没气体灭火系统。

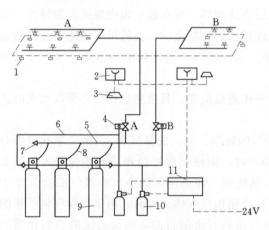

图 5-33 组合分配型气体灭火系统
1—探测器；2—手动启动按钮；3—报警器；4—选择阀；
5—总管；6—操作管；7—安全阀；8—连接管；9—储存
容器；10—启动用气容器；11—报警控制装置

2）气体灭火系统的控制。有管网全淹没气体灭火系统通常由灭火剂储存容器、容器阀（瓶头阀）、选择阀（分配阀）、管网、喷嘴、启动气瓶装置（包括储气钢瓶、启动容器阀、操纵管等），以及安全阀、单向阀（止回阀）、集流管等组成，如图 5-33 所示，A、B 为两个保护区，其灭火控制过程如下。

当防护区（灭火区）发生火灾时，火灾探测器动作报警，经火灾报警控制器和气体灭火联动控制器，进行顺序控制（现场发出声光报警指示、关闭防护区的通风空调、防火门窗及有关部位的防火阀），延时 30s 后，启动启动气瓶装置启动容器阀，利用高压的启动气体开启灭火剂储存容器

的容器阀和分配阀，灭火剂通过管道输送到防护区，从喷嘴喷出实施灭火，在管网上一般设有压力（或流量）信号装置（如压力开关），集流管为储存容器至选择阀的管道，安全阀用于安全泄压，防止集流管内压力过高引起事故，单向阀用于防止灭火剂的回流。

3）有管网气体灭火系统控制的要求。《火灾自动报警系统设计规范》详细规定了有管网七氟丙烷、二氧化碳等灭火系统的控制应符合下列要求：

a. 设有七氟丙烷、二氧化碳等气体灭火系统的保护场所，应设置感烟、感温探测器及其联动控制装置。

b. 被保护场所主要出入口门外，应设置手动紧急启动、停止控制按钮，并有明显的标志。

c. 主要出入口上方应设气体灭火剂喷放指示标志灯。

d. 联动控制装置应设置延时机构及声光警报器。

e. 组合分配系统及单元控制系统，宜在保护区外的适当部位设置气体灭火控制盘（箱）。

f. 气体灭火控制盘（箱）应有下列控制、显示功能：控制系统的紧急启动和停止；由火灾探测器联动控制的系统应具有 30s 可调的延时功能；显示系统的手动、自动工作状态；在报警、喷射各阶段，控制盘（箱）上应有相应的声光警报信号，且声响信号可手动切除；在延时阶段，应自动关闭防火门，停止通风空调系统，关闭有关部位的防火阀。

g. 气体灭火系统在报警、延时、喷放时，应将报警、喷放及防火门和通风空调等联动信号送至消防控制室。

（5）气体自动灭火控制器。气体自动灭火控制器由火灾报警控制器和气体灭火联动控制部分组成，可与有管网气体灭火系统配合使用，并要满足设计规范的要求。

与其他灭火系统相比，气体灭火系统造价高，尤其是灭火剂价格昂贵，同时，七氟丙烷、二氧化碳灭火剂都具有一定的毒性，灭火的同时会对人产生毒性危害，所以有几点问题应特别注意。

1）设计规范规定了必须设置感烟和感温两类探测器，只有当两类不同探测器都动作报警后的"与"控制信号才能联动控制灭火系统。

2）设置在防护区出入口门外的手动紧急启动、停止控制按钮，必须有透明的玻璃保护窗口并加强管理，不能因人为原因造成误动作，使灭火剂无故释放。

3）延时 30s（可调）期间，关闭防火门、防火阀，关停通风空调系统，关闭防护区的门窗和防护区内人员的安全疏散。

三、防排烟联动控制系统

1. 防排烟系统概述

（1）设置防排烟系统的必要性。日本、英国对火灾中造成人员伤亡的原因的统计结果表明，由于一氧化碳中毒窒息死亡或被其他有毒烟气熏死者一般占火灾总死亡人数的 40%～50%，最高达 65% 以上，而在被火烧死的人当中，多数是先中毒窒息晕倒后被烧死的。如日本的"千日"百货大楼火灾，死亡的 118 人中就有 93 人是被烟熏死的；美国的"米高梅"饭店于 1980 年 11 月 21 日发生火灾，死亡的 84 人中就有 67 人是被烟熏死的。

据测定分析，烟气中含有一氧化碳、二氧化碳、氟化氢、氯化氢等多种有毒成分，高温缺氧也会对人体造成危害。同时，烟气有遮光作用，使人的能见距离下降，这给疏散和救援活动造成了很大的障碍。

为了及时排除有害烟气，确保高层建筑和地下建筑内人员的安全疏散和消防扑救，在高层建筑和地下建筑设计中设置防烟、排烟设施是十分必要的。

防火的目的是防止火灾的发生与蔓延，以及有利于扑灭火灾。而防烟、排烟的目的是将火灾产生的大量烟气及时予以排除，阻止烟气向防烟分区以外扩散，以确保建筑物内人员的顺利疏散、安全避难和为消防人员创造有利的扑救条件。因此，防烟、排烟是进行安全疏散的必要手段。

防烟、排烟的设计理论就是对烟气控制的理论。从烟气控制的理论分析而言，对于一幢建筑物,当内部某个房间或部位发生火灾时,应迅速采取必要的防烟、排烟措施,对火灾区域实行排烟控制,使火灾产生的烟气和热量能迅速排除,以利于人员的疏散和扑救;对非火灾区域及疏散通道等应迅速采用机械加压送风防烟措施,使该区域的空气压力高于火灾区域的空气压力,阻止烟气的侵入,控制火势的蔓延。如美国西雅图市的某大楼的防烟、排烟系统采用了计算机控制,当收到烟气或热感应器发出的信号,计算机立即命令空调系统进入火警状态,火灾区域的风机立即停止运行,空调系统转而进入排烟动作。同时,非火灾区域的空调系统继续送风,并停止回风与排风,使非火灾区处于正压状态,以阻止烟气侵入。这种防烟、排烟系统对减少火灾损失是很有效的。但是这种系统的控制和运行,需要先进的控制设备及技术管理水平,投资比较高,我国目前的经济技术条件较难达到。从当前我国国情出发,《高层民用建筑设计防火规范》(GB 50045—1995,2001 版)对设置防烟、排烟设施的范围作出了规定。具体说,是按以下两个部分考虑的:防烟楼梯间及其前室、消防电梯前室和两者合用前室、封闭式避难层按条件设置防烟设施;走廊、房间及室内中庭等按条件设置机械排烟设施或采用可开启外窗的自然排烟措施。

(2) 高层建筑设置防烟、排烟设施的分类。高层建筑的防烟设施分为机械加压送风的防烟设施和可开启外窗的自然排烟设施。

正压送风防烟方式主要用在高层建筑中,作为疏散通道的楼梯间及其前室和救援通道的消防电梯井及其前室,在一些重要的建筑物中,对走道也采用正压送风防烟的方式,在地下建筑工程中也普遍采用此方式。

这种方式的工作机理是:对要求烟气不要侵入的地区采用加压送风的方式,以阻挡火灾烟气通过门洞或门缝流向加压的非着火区或无烟区,特别是疏散通道和救援通道,这将有利于建筑物内人员的安全疏散逃生和消防人员的灭火救援。其中正压送风机可设在建筑物的顶部或底部,或顶部和底部各设一台,正压送风口在楼梯间或消防电梯井通常每隔 2 ~3 层设一个,而在其前室各设置一个。正压送风口的结构形式有常开和常闭式两种,正压送风机应与火灾报警控制系统和常闭式正压送风口联动。

高层建筑的排烟方式有以下三种。

1) 自然排烟法。自然排烟是在自然力作用下,使室内空气对流进行排烟。自然排烟又可分为开启门窗进行排烟和利用竖井自然排烟。

2) 密闭防烟法。当发生火灾时将着火房间密闭起来。这种方式多用于小面积房间,如墙、楼板属耐火结构,宜密封性能好时,有可能因缺氧而使火势熄灭,达到防止烟气扩散的目的。

3) 机械排烟法。一般情况下,烟气在建筑物内的自由流动路线是着火房间→走廊→竖向梯、井等向上扩展。当火灾发生时,高层建筑机械排烟系统利用机械排烟风机,抽吸着火层或着火区域内的烟气,并将其排至室外。当排烟量大于烟气生成量时,着火层或着火区域内就形成一定的负压,可有效地防止烟气向外蔓延扩散,所以,又称为负压机械排烟。

机械排烟分为局部排烟和集中排烟两种不同系统。局部排烟是在每个房间和需要排烟的走道内设置小型排烟风机,适用于不能设置竖向烟道的场所;集中排烟是把建筑物分为若干系统,每个系统设置一台大容量的排烟风机,系统内任何部位着火时所生成的烟气,通过排烟阀口进入排烟管道,由排烟风机排至室外。排烟风机、排烟阀口应与火灾报警控制系统联动。

(3)高层建筑设置防烟、排烟设施的范围。

1)一类高层建筑和建筑高度超过32m的二类高层建筑的下列部位应设排烟设施:

a. 长度超过20m的内走道。

b. 面积超过100m²,且经常有人停留或可燃物较多的房间。

c. 高层建筑的中庭和经常有人停留或可燃物较多的地下室。

2)高层建筑的下列部位应设置独立的机械加压送风设施:

a. 不具备自然排烟条件的防烟楼梯间、消防电梯前室或合用前室。

b. 采用自然排烟措施的防烟楼梯间,其不具备自然排烟条件的前室。

c. 封闭避难层(间)。

d. 建筑高度超过50m的一类公共建筑和建筑高度超过100m的居住建筑的防烟楼梯间及其前室、消防电梯前室或合用前室。

(4)地下人防工程设置防烟、排烟设施的范围。

1)人防工程的下列部位应设置机械加压送风防烟设施:

a. 防烟楼梯间及其前室或合用前室。

b. 避难走道的前室。

2)人防工程的下列部位应设置机械排烟设施:

a. 建筑面积大于50m²,且经常有人停留或可燃物较多的房间、大厅和丙、丁类生产车间。

b. 总长度大于20m的疏散走道。

c. 电影放映间、舞台等。

3)丙、丁、戊类物品库宜采用密闭防烟措施。

4)自然排烟口的总面积大于该防烟分区面积的2%时,宜采用自然排烟的方法排烟。自然排烟口底部距室内地坪不应小于2m,并应常开或发生火灾时能自动开启。

2. 防、排烟系统联动控制原理

防、排烟系统联动控制的设计,是在选定自然排烟、机械排烟、自然与机械排烟并用或机械加压送风方式以后进行。排烟控制一般有中心控制和模块控制两种方式,如图5-34所示。其中图5-34(a)所示为中心控制方式:当火灾发生时,着火层感烟火灾探测器发出火警信号,消防中心接到火警信号后,直接产生信号控制排烟阀门开启、排烟风机启动,空调、送风机、防火门等关闭,并接收各设备的返回信号和防火阀动作信号,监测各设备的运行状况。图5-34(b)所示为模块控制方式:当火灾发生时,着火层感烟火灾探测器发出火警信号,消防中心接收到火警信号后,产生排烟风机和排烟阀门等动作信号,经总线和控制模块驱动各设备动作并接收其返回信号,监测其运行状态。

某些排烟阀门的动作采用温度熔断器自动控制方式,熔断器的动作温度目前常用的有70℃和280℃两种。即有的排烟阀门在温度达到70℃时能自动开启,并作为报警信号,经输入模块输入火灾报警控制系统,联动开启排烟风机。有的排烟阀门在温度达到280℃时能自动关闭,并作为报警信号,经输入模块输入火灾报警控制系统,联动停止排烟风机。

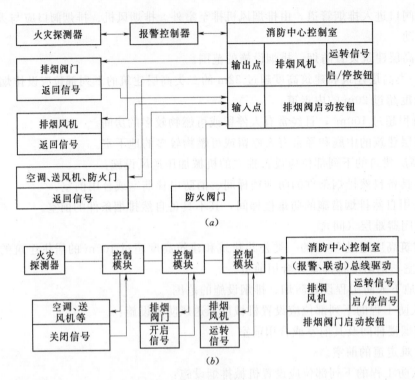

图 5-34 排烟控制的方式

(a) 中心控制方式；(b) 模块控制方式

机械加压送风控制的原理：当火灾发生时，着火层感烟火灾探测器发出火警信号，火灾报警控制器接收到此信号后，一方面发出声光报警信号，并显示及记录报警地址和时间，另一方面同时将报警点数据传递给联动控制器，经其内部控制逻辑关系判断后，发出联动控制信号，通过配套执行件自动开启正压送风机，并同时自动控制开启着火层及其上、下层的正压送风口，其中联动控制器对正压送风机的控制原理及接线方式与排烟风机类似。

3. 防火阀、排烟阀、正压送风的控制

这类防火设备为防烟、排烟及防火而设置的控制装置，其联动的共同特点是：与相关设备有关，防火阀与中央空调、新风机联动，排烟阀与排烟风机联动，送风口与正压送风机联动；均要求实现着火层及其上、下层三层联动；同一层内可能几种装置并存，火灾发生时，均要求同时动作（或相互间隔时间尽可能短），一般来说，配备此类防火设备的系统均采用联动控制器及其输出模块进行控制，如果同一层中各种阀门的数量较多时，可采用延时控制器，间隔3~8s顺序供电，既可减轻外控电源的瞬时工作负担，又可节约联动控制点。

根据设计规范要求，这类防火设备均需在消防控制室显示其状态信号（动作信号），可以用控制模块或返回信号模块来返回其状态。模块必须连接在阀门的无源动合触点上，否则必须采用中间继电器过渡。

(1) 排烟阀的控制要求：

a. 排烟阀宜由其排烟分区内设置的感烟探测器组成的控制电路在现场控制开启。

b. 排烟阀动作后应启动相关的排烟风机和正压送风机，停止相关范围内的空调风机及其他送、排风机。

c. 同一排烟区内的多个排烟阀，若需同时动作时，可采用接力控制方式开启，并由最后动作的排烟阀发送动作信号。

（2）设在排烟风机入口处的防火阀动作后应联动停止排烟风机。排烟风机入口处的防火阀，是指安装在排烟主管道总出口处的防火阀（一般在280℃时动作）。

（3）设于空调通风管道上的防、排烟阀，宜采用定温保护装置直接动作阀门关闭；只有必须要求在消防控制室远方关闭时，才采取远方控制。设在风管上的防、排烟阀，是堵在各个防火分区之间通过的风管内装设的防火阀（一般在70℃时关闭）。这些阀是为防止火焰经风管串通而设置的。关闭信号要反馈至消防控制室，并停止有关部位风机。

（4）消防控制室应能对防烟、排烟风机（包括正压送风机）进行应急控制，即手动启动应急按钮。

四、防火门、防火卷帘门联动控制系统

（一）防火门系统及联动控制

1. 防火门概述

防火门、窗是建筑物防火分隔的措施之一，通常用在防火墙上、楼梯间出入口或管井开口部位，要求能隔烟、火。防火门、窗对防止烟、火的扩散和蔓延和减少火灾损失起重要作用。

防火门按其耐火极限分甲、乙、丙三级，其最低耐火极限为甲级防火门1.2h、乙级防火门0.9h、丙级防火门0.6h。按其燃烧性能分，可分为非燃烧体防火门和难燃烧体防火门两类。

2. 防火门的构造及原理

防火门由防火门锁、手动及自动环节组成，如图5-35所示。

防火门锁按门的固定方式可分为两种。一种是防火门被永久磁铁吸住处于开启状态，当发生火灾时通过自动控制或手动关闭防火门。自动控制是由感烟探测器或联动控制盘发来指令信号，使DC24V、0.6A电磁线圈的吸力克服永久磁铁的吸着力，从而靠弹簧将门关闭。手动操作的方法是：只要把防火门或永久磁铁的吸着板拉开，门即关闭。另一种是防火门被电磁锁的固定销扣住呈开启状态，发生火灾时，

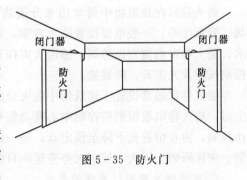

图5-35 防火门

由感烟探测器或联动控制盘发出指令信号使电磁锁动作，或作用于防火门使固定销掉下，门关闭。

3. 电动防火门的控制要求

（1）重点保护建筑中的电动防火门应在现场自动关闭，不宜在消防控制室集中控制（包括手动或自动控制）。

（2）防火门两侧应设专用感烟探测器组成控制电路。

（3）防火门宜选用平时不耗电的释放器，且宜暗设。

（4）防火门关闭后，应有关闭信号反馈到区控盘或消防中心控制室。

防火门设置如图 5-36 所示，S1~S4 为感烟探测器，FM1~FM3 为防火门。当 S1 动作后，FM1 应自动关闭；当 S2 或 S3 动作后，FM2 应自动关闭；当 S4 动作后，FM3 应自动关闭。

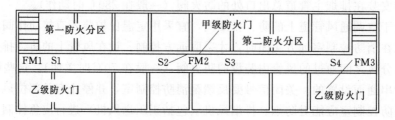

图 5-36 防火门的设置

电动防火门的作用在于防烟与防火。防火门在建筑中的状态是：正常（无火灾）时，防火门处于开启状态；火灾时受控关闭，关后仍可通行。防火门的控制就是在火灾时控制其关闭，其控制方式可由现场感烟探测器控制，也可由消防控制中心控制，还可以手动控制。防火门的工作方式有两种：平时不通电，火灾时通电关闭；平时通电，火灾时断电关闭。

（二）防火卷帘门系统及联动控制

1. 防火卷帘门系统概述

当发生火灾时，为了防止火势的蔓延扩散，需要采取防火分隔措施，设置防火分隔物，以限制火灾的燃烧面积，最大限度减少火灾损失。防火分隔物的类型通常有防火墙、防火钢筋混凝土楼板、防火卷帘、防火门和防火阀等。其中防火卷帘、防火门和防火阀等均属于需联动控制的消防设备。

防火卷帘在建筑物中通常用来分隔防火分区，建筑物中门洞宽度较大的场所，如商场、营业厅等，一般也要设置防火卷帘，有的还同时要求具有防烟性能。根据设计规范要求，防火卷帘两侧宜设感烟、感温火灾探测器组及其报警、控制装置，且两侧应设置手动控制按钮及人工升、降装置。

防火卷帘通常设置于建筑物中防火分区的通道口外，以形成门帘式防火分隔。火灾发生时，防火卷帘根据消防控制中心联动信号（或火灾探测器信号）指令，也可就地手动操作控制，使卷帘首先下降至预定点；经一定延时后，卷帘降至地面，从而达到人员紧急疏散、灾区隔烟、隔火，控制火势蔓延的目的。

2. 电动防火卷帘门系统的组成

电动防火卷帘门系统的组成如图 5-37 所示，防火卷帘门系统的控制程序如图 5-38 所示，防火卷帘系统的电气控制如图 5-39 所示。

3. 防火卷帘门联动控制原理

正常时，卷帘卷起，且用电锁锁住。当发生火灾时，卷帘门分两步下放，具体过程如下。

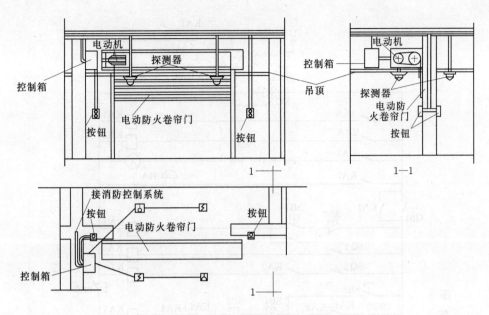

图 5-37　防火卷帘门系统的组成

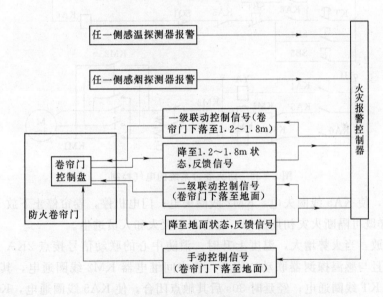

图 5-38　防火卷帘门系统的控制程序

第一步下放：当火灾初期产生烟雾时，来自消防中心的联动信号（感烟探测器报警所致）使触点 1KA（在消防中心控制器上的继电器因感烟报警而动作）闭合；中间继电器 KA1 线圈通电动作，使信号灯燃亮，发出报警信号，电警笛 HA 响，发出声报警信号；KA1$_{11-12}$ 号触头闭合，给消防中心一个卷帘启动的信号（即 KA1$_{11-12}$ 号触头与消防信号灯相接）；将开关 QS1 的常开触头短接，全部电路通以直流电；电磁铁 YA 线圈通电，打开锁头，为卷帘门下降作准备；中间继电器 KM5 线圈通电，将接触器 KM2 线圈接通，KM2 触头动作，门电机反转卷帘下降；当卷帘下降到距地 1.2～1.8m 时，位置开关 SQ2

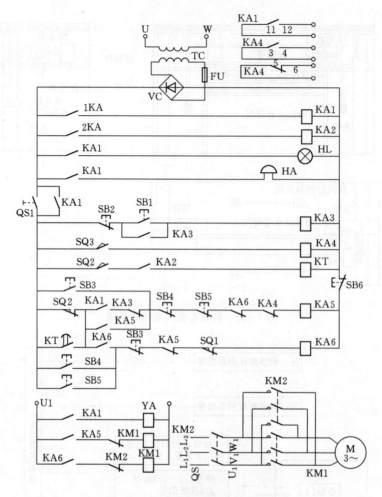

图 5 - 39 防火卷帘系统的电气控制

受碰撞而动作，使 KA5 线圈失电，KM2 线圈失电；门电机停，卷帘停止下放（现场中常称中停），这样既可隔断火灾初期的烟，也有利于灭火和人员逃生。

第二步下放：当火势增大，温度上升时，消防中心的联动信号接点 2KA（安在消防中心控制器上且与感温探测器联动）闭合，使中间继电器 KM2 线圈通电，其触头动作，使时间继电器 KT 线圈通电；经延时 30s 后其触点闭合，使 KA5 线圈通电，KM2 又重新通电，门电机又反转，卷帘继续下放；当卷帘落地时，碰撞位置开关 SQ3 使其触点动作，中间继电器 KA4 线圈通电，其常闭触点断开，使 KA5 失电释放，又使 KM2 线圈失电，门电机停止；同时，KA4$_{3-2}$ 号、KA4$_{5-6}$ 号触头将卷帘门完全关闭信号（或称落地信号）反馈给消防中心。

卷帘上升控制：当火扑灭后，按下消防中心的卷帘卷起按钮 SB4 或现场就地卷起按钮 SB5，均可使中间继电器 KA6 线圈通电，使接触器 KM1 线圈通电，门电机正转，卷帘上升；当上升到顶端时，碰撞位置开关 SQ1 使之动作，使 KA6 失电释放，KM1 失电，门电机停止，上升结束。

开关 QS1 用于手动开、关门，而按钮 SB6 则用于手动停止卷帘升、降。

防火卷帘的联动控制过程为：当火灾发生时，感烟火灾探测器动作报警，经火灾报警控制系统联动控制防火卷帘下降到距地 1.5m 处，感温火灾探测器再动作报警，经火灾报警控制系统联动控制其下降到底。防火卷帘的动作状态信号（包括下降到 1.5m 处和下降到底）均返回到消防控制室显示出来，可采用联动控制器及其输出模块进行控制，状态信号经输出模块反馈返回至主机上显示，一般在感温探测器动作后，还应联动水幕系统电磁阀，启动水幕系统对防火卷帘做降温防火保护。

目前，有些设计中只采用感烟火灾探测器动作报警，联动控制防火卷帘下降到离地 1.5m 处，然后由防火卷帘自身控制装置完成其落底控制，即延时 30s 后，防火卷帘自动下降到底。此时，动作状态信号仍应返回至消防控制室显示。

通常防火卷帘可采用成组控制方式，即一个联动控制继电器可控制一组防火卷帘下降至离地 1.5m 处及控制它们下降到底，并返回动作状态信号到消防控制室。

五、消防广播、火灾应急照明和疏散指示联动控制系统

（一）消防广播系统

在高层建筑物中，尤其是高层宾馆、饭店、办公楼、综合楼、医院等，一般人员都比较集中，发生火灾时影响面很大。为了便于发生火灾时统一指挥疏散，控制中心报警系统应设置火灾应急广播。在条件许可时，集中报警系统也应设置火灾应急广播。

火灾应急广播扬声器应设置在走道和大厅等公共场所。扬声器的数量应能保证从本楼层的任何部位到最近一个扬声器的步行距离不超过 25m；在环境噪声大于 60dB 的场所设置的扬声器，在其播放范围内最远点的播放声压级应高于背景噪声 15dB，每个扬声器的额定功率不应小于 3W。客房内设置专用扬声器时，其功率不宜小于 1W。涉外单位的火灾应急广播应用两种以上的语言。

火灾应急广播与广播音响系统合用时，应遵循以下原则。

（1）在发生火灾时，应能在消防控制室将火灾疏散层的扬声器和广播音响扩音机强制转入火灾应急广播状态。强制转入的控制切换方式一般有以下两种。

1）火灾应急广播系统仅利用音响广播系统的扬声器和传输线路，而火灾应急广播系统的扩音机等装置是专用的。在发生火灾时，由消防控制室切换输出线路，使音响广播系统的传输线路和扬声器投入火灾应急广播。

2）火灾应急广播系统完全利用音响广播系统的扩音机、传输线路和扬声器等装置，在消防控制室设置紧急播放盒。紧急播放盒包括话筒放大器和电源、线路输出遥控电键等。在发生火灾时，遥控音响广播系统紧急开启作火灾应急广播。

以上两种强制转入的控制切换方式，应注意使扬声器不管处于关闭或在播放音乐等状态下，都能紧急播放火灾应急广播。特别应注意，在设有扬声器开关或音量调节器的系统中的紧急广播方式，应用继电器切换到火灾应急广播线路上。

（2）在床头控制柜、背景音乐等已装有扬声器的高层建筑物内设置火灾应急广播时，要求原有音响广播系统应具有火灾应急广播功能。即要求在发生火灾时，不论扬声器当时是处在开还是关的状态，都应能紧急切换到火灾应急广播线路上，以便进行火灾疏散广播。

（3）当广播扩音机没有设在消防控制室内时，不论采用哪种强制转入的控制切换方式，消防控制室都应能显示火灾应急广播扩音机的工作状态。

（4）应设置火灾应急广播备用扩音机，其容量不应小于发生火灾时需同时广播范围内火灾应急广播扬声器最大容量总和的 1.5 倍。

未设置火灾应急广播的火灾自动报警系统，应设置火灾警报装置。每个防火分区至少应安装一个火灾警报装置，其安装位置宜设在各楼层走道的靠近楼梯出口处，警报装置宜采用手动或自动控制方式。在环境噪声大于 60dB 的场所设置火灾警报装置时，其报警器的声压级应高于背景噪声 15dB。

（二）火灾应急广播、警报装置的控制程序

消防控制室应设置火灾警报装置与应急广播的控制装置，其控制程序应符合下列要求：

（1）两层及两层以上的楼层发生火灾，应先接通着火层及其相邻的上、下层。

（2）首层发生火灾，应先接通本层、2 层及地下层。

（3）地下室发生火灾，应先接通地下各层及首层。

（4）含多个防火分区的单层建筑应先接通着火的防火分区及其相邻的防火分区。

（三）火灾应急照明和疏散指示系统

建筑物发生火灾，在正常电源被切断时，如果没有火灾应急照明和疏散指示标志，受灾的人们往往因找不到安全出口而发生拥挤、碰撞、摔倒等，尤其是高层建筑、影剧院、礼堂、歌舞厅等人员集中的场所，发生火灾后，极易造成较大的伤亡事故；同时，也不利于消防队员进行灭火、抢救伤员和疏散物资等。因此，设置符合规定的火灾应急照明和疏散指示标志是十分重要的。

1. 设置部位

（1）单层、多层公共建筑，乙、丙类高层厂房，人防工程，高层民用建筑的下列部位应设火灾应急照明：

a. 封闭楼梯间、防烟楼梯间及其前室、消防电梯及其前室、合用前室和避难层（间）。

b. 配电室、消防控制室、消防水泵房、防排烟机房、供消防用电的蓄电池室、自备发电机房、电话总机房以及发生火灾时仍需坚持工作的其他房间。

c. 观众厅、展览厅、多功能厅、餐厅、商场营业厅、演播室等人员密集的场所。

d. 人员密集且建筑面积超过 300m² 的地下室。

e. 公共建筑内的疏散走道和居住建筑内长度超过 20m 的内走道。

（2）公共建筑、人防工程和高层民用建筑的下列部位应设灯光疏散指示标志：

a. 除二类居住建筑外，高层建筑的疏散走道和安全出口处。

b. 影剧院、体育馆、多功能礼堂、医院的病房楼等的疏散走道和疏散门。

c. 人防工程的疏散走道及其交叉口、拐弯处、安全出口处。

2. 设置要求

（1）疏散用的火灾应急照明，其地面最低照度不应低于 0.5lx。

（2）消防控制室、消防水泵房、防排烟机房、配电室和自备发电机房、电话总机房以及发生火灾时仍需坚持工作的其他房间的火灾应急照明，仍应保证正常照明的照度。

(3) 疏散用火灾应急照明灯宜设在墙面或顶棚上。安全出口标志宜设在出口的顶部；疏散走道的指示标志宜设在疏散走道及其转角处距地面 1m 以下的墙面上。走道疏散标志灯的间距不应大于 20m，如图 5-40 所示。

(4) 火灾应急照明灯和灯光疏散指示标志，应设玻璃或其他不燃烧材料制作的保护罩。

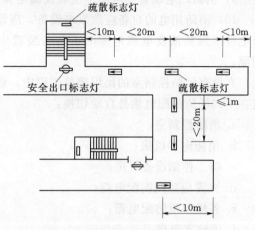

图 5-40 疏散标志灯的设置位置

(5) 火灾应急照明和疏散指示标志，可采用蓄电池作备用电源，且连续供电时间不应少于 20min，高度超过 100m 的高层建筑连续供电时间不应少于 30min。

六、非消防电源、电梯联动控制系统

1. 消防供电

(1) 对消防供电的要求及规定。建筑物中火灾自动报警及消防设备联动控制系统的工作特点是连续、不间断的。为了保证消防系统供电的可靠性及配线的灵活性，根据《建筑设计防火规范》和《高层民用建筑设计防火规范》，消防供电应满足下列要求：

1) 火灾自动报警系统应设有主电源和直流备用电源。

2) 火灾自动报警系统的主电源应采用消防电源，直流备用电源宜采用火灾报警控制器专用蓄电池。当直流电源采用消防系统集中设置的蓄电池时，火灾报警控制器应采用单独的供电回路，并能保证消防系统处于最大负荷状态下时不影响报警器的正常工作。

3) 火灾自动报警系统中的 CRT 显示器、消防通信设备、计算机管理系统、火灾广播等的交流电源应由 UPS 装置供电。其容量应按火灾报警器在监视状态下工作 24h，再加上同时有两个分路报火警 30min 用电量之和来计算。

4) 对于消防控制室、消防水泵、消防电梯、防排烟设施、自动灭火装置、火灾自动报警系统、火灾应急照明和电动防火卷帘、门窗、阀门等消防用电设备，一类建筑应按现行国家电力设计规范规定的一类负荷要求供电；二类建筑的上述消防用电设备，应按二级负荷的两回线要求供电。

5) 消防用电设备的两个电源或两回线路，应在最末一级配电箱处自动切换。

6) 对容量较大或较集中的消防用电设施（如消防电梯、消防水泵等）应自配电室采用放射式供电。

7) 对于火灾应急照明、消防联动控制设备、报警控制器等设施，若采用分散供电设备层（或最多不超过 3~4 层）应设置专用消防配电箱。

8) 消防联动控制装置的直流操作电压，应采用 24V。

9）消防用电设备的电源不应装设漏电保护开关。

10）消防用电的自备应急发电设备，应设有自动启动装置，并能在 15s 内供电，当由市电转换到柴油发电机电源时，自动装置应执行先停后送程序，并应保证一定的时间间隔。

在设有消防控制室的民用建筑工程中，消防用电设备的两个独立电源（或两回线路），宜在下列场所的配电箱处自动切换：

　　a. 消防控制室；

　　b. 消防电梯机房；

　　c. 防、排烟设备机房；

　　d. 火灾应急照明配电箱；

　　e. 各楼层消防配电箱；

　　f. 消防水泵房。

（2）消防设备供电系统。消防设备供电系统应能充分保证设备的工作性能，当发生火灾时能充分发挥消防设备的功能，将火灾损失降到最小。这就要求对电力负荷集中的高层建筑或一、二级电力负荷（消防负荷）一般采用单电源或双电源的双回路供电方式，用两个 10kV 的电源进线和两台变压器构成消防主供电电源。

1）一类建筑消防供电系统。一类建筑（一级消防负荷）的供电系统如图 5-41 所示。

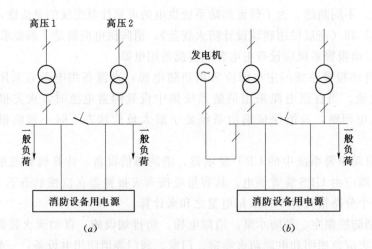

图 5-41　一类建筑消防供电系统
(a) 不同电网；(b) 同一电网

图 5-41（a）中的供电系统采用不同电网构成双电源，两台变压器互为备用，单母线分段提供消防设备用电源；图 5-41（b）中的供电系统采用同一电网双回路供电，两台变压器互为备用，单母线分段，设置柴油发电机组作为应急电源向消防设备供电，与主供电电源互为备用，满足一级负荷的要求。

2）二类建筑消防供电系统。对于二类建筑（二级消防负荷）的供电系统如图 5-42 所示。

从图 5-42（a）中可知，一路低压电源供电系统由外部引来的一路低压电源与本部门电源（自备柴油发电机组）互为备用，供给消防设备用电；图 5-42（b）是双回路供电系统，可满足二级负荷的要求。

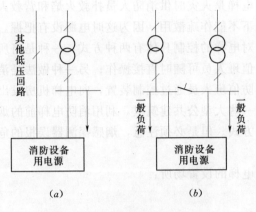

图 5-42　二类建筑消防供电系统

（a）一路低压电源；（b）双回路供电

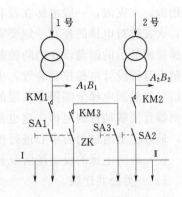

图 5-43　电源自动投入装置的接线

（3）备用电源自动投入。备用电源的自动投入装置（BZT）可使两路供电互为备用，也可用于主供电电源与应急电源（如柴油发电机组）的连接和应急电源自动投入。

1）备用电源自动投入的线路组成。如图 5-43 所示，电源自动投入装置由两台变压器，KM1、KM2、KM3 三只交流接触器，自动开关 QF，手动开关 SA1、SA2、SA3 组成。

2）备用电源自动投入的原理。正常情况下，两台变压器分列运行，自动开关 QF 处于闭合状态，将 SA1、SA2 先合上后，再合上 SA3，接触器 KM1、KM2 线圈通电闭合，KM3 线圈断电触头释放。若Ⅰ段母线失压（或 1 号回路掉电），KM1 失电断开，KM3 线圈通电，其常开触头闭合，使Ⅰ段母线通过Ⅱ段母线接受 2 号回路的电源供电，以实现自动切换。

应当指出，两路电源在消防电梯、消防泵等设备端实现切换（末端切换）常采用备用电源自动投入装置。

2. 消防电梯

（1）消防电梯概述。高层建筑中均设置有普通电梯与消防电梯。在火灾发生时，均应安全地自动降到首层，并切断其自动控制系统。消防电梯是高层建筑特有的消防设施，高层建筑的工作电梯在发生火灾时，常常因为断电和不防烟等原因而停止使用，这时楼梯则成为垂直疏散的主要设施。如不设置消防电梯，一旦高层建筑高处起火，消防队员若靠攀登楼梯进行扑救，会因体力不支和运送困难而贻误战机；且消防队员经楼梯奔向起火部位进行补救火灾工作，势必和向下疏散的人员产生"对撞"情况，也会延误战机；另外，未疏散出来的楼内受伤人员不能利用消防电梯进行及时的抢救，容易造成不应有的伤亡事故。因此，必须设置消防电梯，以控制火势蔓延和为扑救赢得时间。

消防队需要使用消防电梯时，可在电梯桥厢内使用专用的手动操纵盘来控制其运行。

（2）电梯运行盘及其控制。消防控制室在火灾确认后，应能控制电梯全部停于首层，并接收其反馈信号。

电梯是高层建筑纵向交通的工具，消防电梯是火灾时供消防人员扑救火焰和营救人员使用的。火灾时，一般电梯在没有特殊情况下不能作疏散用，因为这时电源没有把握。因此，火灾时对电梯的控制一定要安全可靠。对电梯的控制具体有两种方式：一种是将所有电梯控制显示的副盘设在消防控制室，消防值班人员可随时直接操作；另一种做法是消防控制室自行设计电梯控制装置，火灾时，消防值班人员通过控制装置，向电梯机房发出火灾信号和强制电梯全部停于首层的指令。在一些大型公共建筑里，利用消防电梯前的烟感探测器直接联动控制电梯，这也是一种控制方式。但是必须注意，烟感探测器误报的危险性，最好还是通过消防中心进行控制。

（3）消防电梯的设置场所及数量。消防电梯的设置场所：

1）一类公共建筑。

2）塔式住宅。

3）十二层及十二层以上的单元式住宅、相通廊式住宅。

4）高度超过32m的其他二类公共建筑。

消防电梯的设置数量：

1）当每层建筑面积不大于1500m²时，应设一台。

2）当大于1500m²但不大于4500m²时，应设两台。

3）当大于4500m²时，应设三台。

4）消防电梯可与客梯或工作电梯兼用，但应符合消防电梯的要求。

消防电梯的设置应符合下列规定：

1）消防电梯的载重量不应小于800kg。

2）消防电梯轿厢内装修时应采用不燃材料。

3）消防电梯宜分别设在不同的防火分区内。

4）消防电梯轿厢内应设专用电话，并应在首层设供消防队员专用的操作按钮。

5）消防电梯间应设前室，其面积：居住建筑不应小于4.5m²，公共建筑不应小于6m²。当与防烟楼梯间合用前室时，其面积：居住建筑不应小于6m²。公共建筑不应小于10m²。

6）消防电梯井、机房与相邻其他电梯井、机房之间应采用耐火极限不低于2h的隔墙隔开，当在隔墙上开门时，应设甲级防火门。

7）消防电梯间前室宜靠外墙设置，在首层应设直通外室的出口或经过长度不超过30m的通道通向室外。

8）消防电梯间前室的门，应采用乙级防火门或具有停滞功能的防火卷帘。

9）消防电梯的行驶速度，应按从首层到顶层的运行时间不超过60s计算确定。

10）动力与控制电缆、电线应采取防水措施；消防电梯间前室门口宜设挡水设施。消防电梯的井底应设排水设施，排水井容量不应小于2.00m³，排水泵的排水量不应小于10L/s。

（4）消防电梯的控制。电梯迫降的联动控制过程为，当火灾报警控制器接收到探测点的火警信号后，在发出声光报警指示及显示（记录）报警地址与时间的同时，将报警点数据送至联动控制器，经其内部控制逻辑关系判断后，发出联动执行信号，通过其配套执行件自动迫降电梯至首层，并返回显示迫降到底的信号。

消防电梯在火灾状态下应能在消防控制室和首层电梯门厅处明显的位置设有控制归底的按钮。在消防联动控制系统设计时，常用总线或多线控制模块来完成此项功能。消防电梯控制系统的结构如图 5-44 所示。

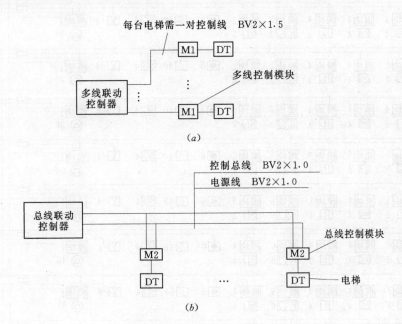

图 5-44　消防电梯控制系统

（a）消防电梯多线制控制系统；（b）消防电梯总线制控制系统

七、中央空调机、新风机联动控制系统

高层建筑中通常设置有中央空调机或新风机，平时用以调节室温或提供新鲜空气，火灾发生时应及时关闭中央空调机或新风机。在空调、通风管道系统中，各楼层有关部位均设置有防火阀，平时均处于开启状态，不影响空调和通风系统的正常工作，当火灾发生时，为了防止火势沿管道蔓延，必须及时关闭防火阀。中央空调机或新风机应与火灾报警控制系统和防火阀联动。整个报警及联动控制过程与排烟风机、排烟阀门类似，联动控制器对中央空调机、新风机的控制原理及接线方式也与排烟风机类似。

第八节　某工程消防报警系统

某工程消防报警系统如图 5-45 所示。

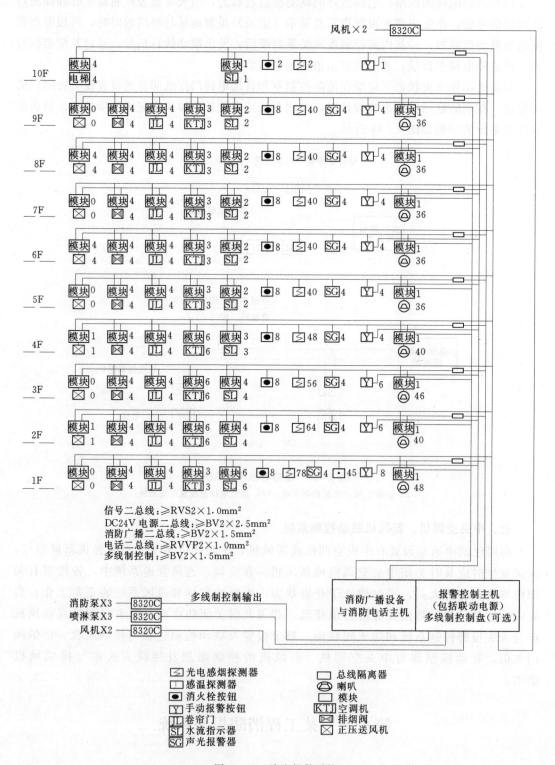

图 5-45 消防报警系统

第九节　某工程火灾自动报警及消防
联动控制系统投标实例

一、系统功能

某工程火灾自动报警及消防联动控制系统的主要作用是：及早监测到火灾发生情况，及时报警。同时火灾报警控制器根据事先设定执行相应的联动灭火功能，详细功能描述如下。

（1）数据采集功能。在正常情况下，火灾报警控制器对整个系统的火灾报警实现实时监控，并能反映系统中各探测区域中探测设备、报警设备、联动设备情况及各火灾探测回路的故障。

（2）火灾报警功能。系统在自动模式下，当火灾探测器报警时，系统将自动启动报警区域内的声光火灾报警器，发出声光警报，提醒现场人员注意，并同时启动该区域内的消防联动设备。

系统在人工确认火警模式下，当探测器发出火灾报警信号时，消防值班人员借助其他手段如消防（对讲）电话等进行火灾确认后，通过控制器上的人工确认按钮，实施人工报警确认，启动控制器进入火灾处理程序。

（3）消防联动功能。系统在火灾确认后，即发出火灾声光报警、火灾信息显示、火灾打印记录等，同时还将进入消防联动模式，即对消防设备进行监控，主要完成以下联动功能。

1）能切断火灾发生区域的非消防电源，接通消防电源，并将控制信号传送至消防控制中心。

2）发生火灾时能控制应急照明系统投入工作。

3）可通过自动或手动两种方式控制消防水泵的启动和停止，接收反馈信号并显示状态。编码型消火栓手动报警按钮可显示其所在位置。

4）能输出自动喷水和水喷雾灭火系统的启动和停止的信号，可自动或手动控制喷淋泵的启动和停止，接收反馈信号并显示状态，能显示水流指示器、报警阀以及其他有关阀门所处状态。

5）能启动有关部位的防烟、排烟风机和排烟阀，接收反馈信号并显示状态，排烟风机能自动、手动直接控制。

6）能控制用作防火分隔的防火卷帘门的控制信号，接收反馈信号并显示状态。

7）能控制疏散通道防火卷帘门的半降、全降的控制信号，接收反馈信号并显示状态。

8）能控制平开防火门的控制信号，接收反馈信号并显示状态。

9）发生火灾时能对失火区域疏散通道上的门禁系统控制器进行解锁，并显示反馈信号。

10）能在管网气体灭火系统的报警、喷洒各个阶段发出相应的声、光警报信号，声信号能手动清除；在延时阶段能输出关闭相关的防火门、窗，停止空调通风系统，关闭相关部位防火阀的控制信号，接收反馈信号并显示状态。

11）能停止有关部位的空调通风机、关闭电动防火阀，接收反馈信号并显示状态。

12）能控制常用电梯，使其自动降至首层，接收反馈信号并显示状态。

13）发生火灾时能将火灾疏散层的扬声器和公共广播扩音机强制转入火灾应急广播状态，并接收反馈信号。

14）发生火灾时能输出相关的疏散、诱导指示设备投入工作的控制信号。

15）发生火灾时能输出警报装置投入工作的控制信号。

（4）数据通信功能。报警控制器可实现与消防专用电话系统、火灾应急广播系统之间的通信功能。系统具有开放的通信协议和通信接口，可在控制中心集成在一个平台下，以便于系统进行统一管理和联动控制，将现场状况显示在主机液晶屏上。

二、现场设备的设置

（1）点型探测器的设置。点型火灾探测器的探测区域应按独立房（套）间划分，每个探测器带有地址编码点。根据被保护场所类型选用不同类型的点型火灾探测器。

智能光电感烟探测器 JTY-GD-G3：设置在火灾发生时易产生烟雾的场所。探测器内置单片机，为智能型探测器。探测器可直接接入无极性信号二总线。

智能电子差定温感温探测器 JTW-ZCD-G3N：设置在火灾发生时有明显温升或温度可缓慢升至报警温度的场所。探测器兼具有差温、定温报警功能。内置单片机，为智能型探测器。探测器可直接接入无极性信号二总线。

（2）手动火灾报警按钮的设置。根据《火灾自动报警系统设计规范》的要求，每个防火分区至少设置一个手动火灾报警按钮。从一个防火分区内的任何位置到最邻近的一个手动火灾报警按钮的距离不应大于 30m。

手动报警按钮（J-SAM-GST9121、J-SAM-GST9122）：主要设置在公共活动场所的出入口处或通道处等明显的便于操作的地方。手动报警按钮安装在墙上时其底边距地高度宜为 1.3～1.5m，并有明显标志。火灾时按下玻璃片，向消防控制中心报火警。J-SAM-GST9122 型手动报警按钮带电话插孔。手动报警按钮为电子编码型，可直接接入无极性信号二总线。

（3）报警按钮的设置。在设有室内消火栓灭火系统的场所，在消火栓箱内设置消火栓手动报警按钮。

消火栓手动报警按钮（J-SAM-GST9123、J-SAM-GST9124）：设置在现场消火栓箱内。消火栓按钮具有直接启动消火栓泵的触点，并带有泵运行指示灯。火灾时按下玻璃片，可向消防控制中心报火警，并且启动消火栓泵。消火栓按钮为电子编码型，可直接接入无极性信号二总线。

（4）声光报警装置的设置。每个防火分区至少应设置一部声光报警装置，便于在各楼层楼梯间和走道上能听到报警信号，以满足火灾时的疏散要求。

火灾声光报警器（HX-100B、GST-HX-M8502）：设置在各楼层走道靠近楼梯出口处的火灾声光报警器采用电子编码方式，采用四线制连接方式，与控制器采用无极性信号二总线，与电源线采用无极性电源二总线。火灾时由火灾报警控制器启动。声压级不小于 85dB。

（5）各类模块的设置。输入模块 GST-LD-8300：将现场各种信号输出型设备，如水流指示器、压力开关、防火阀等，接入到火灾自动报警系统的信号总线上。通过模块将这些设备的动作反馈信号传至火灾报警控制器。该模块为电子编码型设备，直接接入无极性信号二总线。

输入/输出模块 GST-LD-8301：将现场各种一次动作并有动作信号输出的设备，如排烟阀、送风阀、排烟防火阀等，接入到火灾自动报警系统的信号总线上。模块提供直流 24V 有源输出，控制现场设备的关闭或打开；模块具有开关量信号输入端子，将现场设备的动作信号传至火灾报警控制器。该模块为电子编码型设备，直接接入无极性信号二总线。

输入/输出模块 GST-LD-8303：完成对二步降防火卷帘门、消防泵、排烟风机等双动作设备的控制。模块具有两路常闭常开无源输出端子，可完成对水泵及风机的启/停控制，并可对防火卷帘门的两步降进行控制。模块具有的两路无源输入端子将设备的动作反馈信号传至火灾报警控制器。该模块为电子编码型设备，具有两个编码地址，编码地址连续，模块可直接接入无极性信号二总线。

三、消防控制中心

本方案采用控制中心报警系统，消防控制中心由 GST9000 琴台柜式火灾报警控制器（联动型）、消防控制室 CRT 彩色显示系统、多线制联动盘、消防应急广播系统、消防电话系统组成。

火灾报警控制器采用海湾公司 JB-QG-GST9000 火灾报警控制器（联动型）。控制器采用琴台柜安装。火灾报警控制器显示屏采用汉字液晶显示，清晰直观。除可显示各种报警信息外，还可显示各类图形。火灾报警控制器可直接接收火灾探测器传送的各类状态信号，通过控制器可将现场火灾探测器采集到的现场环境参数信号进行数据及曲线分析，为更准确地判断现场是否发生火灾提供了有利的工具。

控制器采用内部并行总线设计，积木式结构，容量扩充简单方便。探测器与控制器采用无极性信号二总线技术，整个报警系统的布线极大简化，便于工程安装、线路维修，降低了工程造价。系统还设有总线故障报警功能，随时监测总线工作状态，保证系统可靠工作。

报警控制器可自动记录报警类别、报警时间及报警地址号，便于查核。报警控制器配有时钟及打印机，记录、备份方便。

GST-CRT 彩色显示系统：包含一套图形显示软件、一台计算机。其主要功能有：建立图形监控中心；提供多媒体功能，并在设备火警、故障、动作时进行语音提示；图形显示时可进行局部放大、缩小；可进行多控制器组网监控；可在本系统上完成所有设备控制操作（启动、停止、隔离、释放设备等）；系统提供多级密码，便于系统安全管理，防止误操作。

四、联动控制系统

工程火灾报警联动控制系统采用总线制联动与多线制联动方式相结合的方式。

总线制联动控制系统通过连接在信号总线上的各类控制及监视模块对防排烟系统、空调送风系统及消防水系统进行自动或手动控制。在自动状态下，火灾报警控制器自动通过预先编制好的联动逻辑关系发出控制命令，打开排烟阀、排烟风机、消防水泵，关闭防火阀、空调送风等设备；在手动状态下，通过总线制手动盘上的操作按钮启/停相关设备。

多线制联动控制系统采用多线制控制盘对重要的消防设备（如消防泵、排烟风机等）进行直接可靠控制。从控制室多线制控制盘到每台设备引出一根联动控制电缆，通过多线制控制盘上的启动/停止按钮对消防设备进行直接操作。在自动状态下，自动通过火灾报警控制器预先编制好的联动逻辑关系发出控制命令，打开排烟风机、消防水泵等设备；在手动状态下，通过多线制控制盘上的操作按钮启/停相关设备。

1. 消火栓系统联动

（1）消火栓报警按钮设置在消火栓箱内，采用 J－SAM－GST9123 型编码消火栓按钮。启动消火栓时，可按下按钮上的有机玻璃片，启动消防水泵，同时向报警控制器发出泵启动信号，控制器在确认消火栓泵启动后点亮按钮上的泵运行指示灯。

（2）对消火栓泵的总线制联动采用 GST－LD－8303 型输入/输出模块，通过报警控制器对消火栓泵进行自动或者手动启/停，并采集其反馈信号。

（3）对消火栓泵的多线制联动采用 LD－KZ014 多线制控制盘，多线制控制盘采用直接硬拉线方式对消火栓泵进行启/停控制。

2. 自动喷淋灭火系统联动

（1）对水流指示器、信号碟阀、湿式报警阀（湿式灭火系统适用）采用 GST－LD－8300 型输入模块，火灾时采集其反馈信号。

（2）对雨淋阀及预作用阀（干式灭火系统适用）采用 GST－LD－8301 型输入/输出模块，火灾时打开，并采集其反馈信号。

（3）对喷淋泵的总线制联动采用 GST－LD－8303 型输入/输出模块，通过报警控制器对喷淋水泵进行自动或者手动启/停，并采集其反馈信号。

（4）对喷淋泵的多线制联动采用 LD－KZ014 多线制控制盘，多线制控制盘采用直接硬拉线方式对排烟风机进行启/停控制。

3. 气体灭火系统联动

气体灭火系统的联动控制可采用以下两种方式。

（1）采用 GST－QKP01 气体灭火控制器/火灾报警控制器。GST－QKP01 气体灭火控制器是满足国标《火灾报警控制器》（GB 4717—2005）和《消防联动控制系统》（GB 16806—2006）的火灾报警控制器。可直接配接感烟、感温、火焰探测器、手动报警按钮、紧急启/停按钮、声光报警器、气体喷洒指示灯、手动/自动转换开关以及输出模块等，具有火灾探测和气体灭火控制功能。

GST－QKP01 气体灭火控制器可设置在防护区门口、现场钢瓶间，也可设置在控制室，可实现对一个防火区的火灾报警和气体灭火控制。控制器外接气体灭火钢瓶电磁阀，通过控制器上的启/停按钮打开或关闭。气体灭火设备启动后，控制器可接收压力开关的反馈动作信号。防护区内设置火灾声报警器，必要时，可增设闪光报警器，提醒室内人员及时疏散。防护区门口设置声光报警器及喷洒指示灯，在气体喷洒阶段提醒人员注意。在防护区门口设置紧急启/停按钮，用于在防护区外对气体灭火钢瓶电磁阀打开或关闭。在防护区门口设置手动/自动转换开关，设置各区的手动和自动工作方式。控制器外接输出模块，可联动启动输出模块，实现关闭防护区内防火阀和停止空调等。

注：手/自动开关的手动工作方式只适于保护区有人时使用；保护区无人时应使用自动工作方式。

（2）GST－QKP04、GST－QKP04/2 气体灭火控制器。GST－QKP04 气体灭火控制

器符合国标《消防联动控制系统》（GB 16806—2006）中有关气体灭火控制器的要求。具有气体灭火控制功能，可实现四个防火区的气体灭火控制；本产品为典型的气体灭火控制装置，可配接紧急启/停按钮、声光报警器、气体喷洒指示灯、手动/自动转换开关及输出模块等。GST - QKP04 气体灭火控制器与海湾公司的各类火灾报警控制器配套使用，组成火灾报警和气体灭火控制系统，可满足大多数气体灭火系统设计需要。

GST - QKP04/2 气体灭火控制器是 GST - QKP04 控制器的分型产品，除最多控制两个防火区的气体灭火外，其他均与 GST - QKP04 控制器相同。

GST - QKP04 气体灭火控制器可设置在防护区门口、现场钢瓶间，也可设置在控制室，最大可控制四个气体灭火分区。控制器外接气体灭火钢瓶电磁阀，通过控制器上的启/停按钮打开或关闭。气体灭火设备启动后，控制器可接收压力开关的反馈动作信号。防护区内设置火灾声报警器，必要时，可增设闪光报警器，提醒室内人员及时疏散。防护区门口设置声光报警器及喷洒指示灯，在气体喷洒阶段提醒人员注意。在防护区门口设置紧急启/停按钮，用于在防护区外对气体灭火钢瓶电磁阀打开或关闭。在防护区门口设置手动/自动转换开关，设置各区的手动和自动工作方式。控制器外接输出模块，可联动启动输出模块，实现关闭防护区内防火阀和停止空调等。

注：手/自动开关的手动工作方式只适于保护区有人时使用；保护区无人时应使用自动工作方式。

4. 防排烟系统联动

（1）对防火阀采用 GST - LD - 8300 型输入模块，火灾时采集防火阀的反馈信号。

（2）对排烟阀采用 GST - LD - 8301 型输入/输出模块，火灾时打开，并采集其反馈信号。

（3）对排烟风机的总线制联动采用 GST - LD - 8303 型输入/输出模块，通过报警控制器对排烟风机进行自动或者手动启/停，并采集其反馈信号。

（4）对排烟风机的多线制联动采用 LD - KZ014 多线制控制盘，多线制控制盘采用直接硬拉线方式对排烟风机进行启/停控制。

五、消防电话系统

消防通信电话系统是消防专用的通信系统，通过消防电话系统可迅速实现对火灾现场的人工确认，并可及时掌握火灾现场情况及进行其他必要的通信联络，便于指挥灭火及恢复工作。

本系统采用总线制消防电话系统，在消防控制中心设置一台消防电话主机。在经常有人值守的与消防联动有关的机房设置消防电话分机。在设有手动报警按钮的地方设置电话插孔（本系统手动报警按钮带电话插孔）。

电话总机容量满足火灾自动报警及消防联动系统要求。另外，在控制室设置一部直拨外线电话，可直接拨通当地 119 火灾报警电话以及主要负责人的电话或传呼。

总线制消防通信电话系统接线示意图如图 5 - 46 所示。

1. 系统组成

GST - TS9000 消防电话系统满足《消防联动控制系统》（GB 16806—2006）中对消防电话的要求，是一套总线制消防电话系统。总线制消防电话系统由消防电话总机、火灾报警控制器（联动型）、消防电话接口、固定消防电话分机、消防电话插孔、手提消防电话分机等

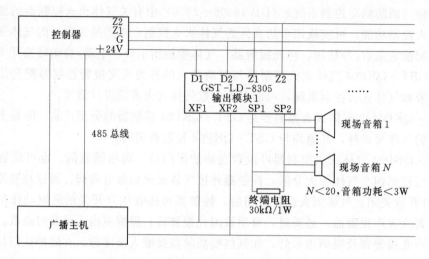

图 5-46 总线制消防通信电话系统接线示意图

设备构成,系统主要设备如下:GST-TS-Z01A 型消防电话总机;GST-TS-100A/100B 型消防电话分机;GST-LD-8312 消防电话插孔;GST-LD-8304 消防电话接口。

2. 设备布置原则

(1) 消防控制室设置消防专用电话总机。

(2) 在消防控制室、企业消防站、总调度室、消防泵房、备用发电机房、配变电室、主要通风和空调机房、排烟机房、消防电梯间及其他与消防联动控制有关且经常有人值班的机房等重要场所设置固定式消防电话分机。

(3) 在手动火灾报警按钮、消火栓按钮等处设置消防电话插孔。

(4) 在消防控制室、消防值班室等处设有直接报警的外线电话。

3. 配置说明

(1) 每台电话主机最多可连接 90 路消防电话分机或 2100 个消防电话插孔。

(2) GST-LD-8304 消防电话接口可连接一台固定消防电话分机或最多连接 25 只消防电话插孔。

六、消防应急广播系统

消防应急广播系统是火灾逃生疏散和灭火指挥的重要设备,在整个消防控制管理系统中起着极其重要的作用。

当发生火灾时,火灾报警控制器(联动型)通过自动或人工方式接通着火的防火分区及其相邻的防火分区的广播音箱,进行火警紧急广播,进行人员疏散、指挥现场人员有效、快速地灭火,减少损失。

总线制消防紧急广播系统接线示意图如图 5-47 所示。

1. 系统组成

GST-GF9000 是总线制消防应急广播系统,完全满足《消防联动控制系统》(GB 16806—2006)要求,系统主要由音源设备、广播功率放大器、广播分配盘、火灾报警控制器(联动型)、消防广播输出模块、音箱等设备构成。系统主要设备如下。

(1) GST-CD 型 CD 录放盘。

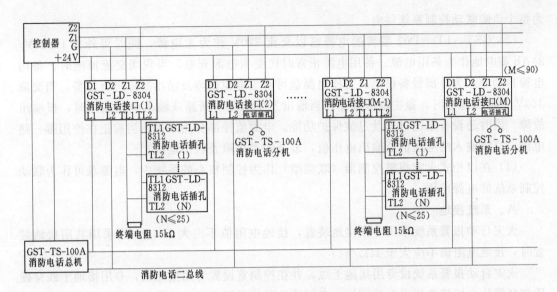

图 5-47 总线制消防紧急广播系统接线示意图

(2) GST-GF300/150 广播功率放大器。

(3) GST-GBFB200 广播分配盘。

(4) GST-LD-8305 输出模块。

(5) YXG3-3、YXJ3-4A 室内扬声器。

2．设备布置原则

在经常有人出入的走道和大厅等公共场所设置扬声器，每个扬声器的额定功率不小于 3W。保证从一个防火分区的任何部位到最近一个扬声器的距离不大于 25m。走道内最后一个扬声器至走道末端的距离不大于 12.5m。

在环境噪声大于 60dB 的场所设置扬声器，其播放范围内最远点的播放声压级应高于背景噪声 15dB。

3．配置说明

(1) 广播区域应根据防火分区设置，设置原则为每个防火分区至少设置一只消防广播输出模块。

(2) 每个消防广播输出模块可接入音箱总功率 60W。

(3) 依据广播分区数量确定广播分配盘，GST-GBFB-200 广播分配盘主盘为 30 个分区，最多可增加两个扩展盘，可达 90 个分区。

(4) GST-GBFB-200 广播分配盘主盘可级联两个功率放大器，提供两条广播干线。

七、消防电源

(1) 火灾自动报警系统采用主电源和直流备用电源两种供电方式。主电源采用消防电源，由业主提供，在末端自动切换后接入电源盘。直流备用电源采用蓄电池。备用电源和主电源可以自动切换，以保证控制器正常工作。

(2) 本工程的电源系统选用 GST-LD-D02 型智能电源盘。GST-LD-D02 型智能电源盘由交/直流转换电路、备用电源浮充控制电路及电源监控电路三个部分组成，专门为整个消防联动控制系统供电。

（3）GST－LD－D02型智能电源盘以交流220V作为主电源，同时可外接DC24V/24Ah蓄电池作为备用电源。备用电源正常时接受主电源充电，当现场交流掉电时，备用电源自动导入为外部设备供电。智能电源盘可对主电源故障及输出故障进行报警，当交流220V主电源掉电时，报主电源故障；当输出发生短路、断路或输出电流跌落时，报输出故障。同时还设有电池过充及过放保护功能。电源监控部分用来指示当前正在使用哪一路电源、交流输入的电压值及输出电压值，以及各类故障及状态显示。

（4）在以柜式火灾报警控制器（联动型）作为控制核心的系统中，电源盘可作为联动控制系统的电源使用。

八、系统接地

火灾自动报警系统采用专用接地装置，接地电阻值不应大于4Ω。当采用共用接地装置时，接地电阻值不应大于1Ω。

火灾自动报警系统设专用接地干线，并在控制室设置专用接地板，专用接地干线穿硬质塑料管从专用接地板引至接地体。专用接地干线采用铜芯绝缘导线，其线芯截面面积应大于25mm^2。由接地板引至各消防电子设备的专用接地线选用铜芯绝缘导线，其线芯截面面积应大于4mm^2。

消防电子设备凡采用交流供电时，设备金属外壳和金属支架等应作保护接地，接地线应与电气保护接地干线（PE线）相连接。

九、布线

火灾自动报警系统的传输线路应采用穿金属管、经阻燃处理的硬质塑料管或封闭式线槽保护方式布线。

消防控制、通信和警报线路采用暗敷设时，宜采用金属管或经阻燃处理的硬质塑料管保护，并应敷设在不燃烧体的结构层内，且保护层厚度不宜小于30mm。当采用明敷设时，应采用金属管或金属线槽保护，并应在金属管或金属线槽上采取防火保护措施。

采用经阻燃处理的电缆时，可不穿金属管保护，但应敷设在电缆竖井或吊顶内有防火保护措施的封闭式线槽内。

火灾自动报警系统用的电缆竖井，宜与电力、照明用的低压配电线路电缆竖井分别设置。如受条件限制必须合用时，两种电缆应分别布置在竖井的两侧。

十、火灾自动报警及消防联动控制系统清单报价

火灾自动报警及消防联动控制系统清单报价见表5－5。

表5－5　　　　　火灾自动报警及消防联动控制系统清单报价

项目编码	项 目 名 称	计量单位	数量	综合单价（元）	合价（元）	其中	
						人工费（元）	机械费（元）
030212003001	管内穿线 ZR－BV－1.5mm^2	m	1967.8	1.71	3365.00	452.59	0.00
030212003002	管内穿线 ZR－BV－2.5mm^2	m	1049.2	2.64	2770.00	241.32	0.00
030212003003	管内穿线 ZR－BV－2×1.5mm^2	m	1583.4	3.44	5447.00	728.36	0.00

续表

项目编码	项目名称	计量单位	数量	综合单价（元）	合价（元）	其中	
						人工费（元）	机械费（元）
030208002001	控制电缆敷设 ZR－KYJV－7×1.5；控制电缆头制作安装	m	130	12.62	1641.00	139.10	0.00
030705001001	智能光电烟感探测器 BDSO51	只	254	76.54	19441.00	2179.32	167.64
030705001002	智能温感探测器 BDSO31	只	3	73.06	219.00	25.74	0.54
030705003001	手动火灾报警按钮 BDS121	只	3	62.23	187.00	10.92	2.94
030705003002	警铃 ZR2114	只	3	132.72	398.00	23.40	1.62
030705003003	固定电话 ZR2712A	只	3	90.05	270.00	7.02	0.00
030705003004	消防电话插孔 ZR2714A	只	3	39.44	118.00	3.90	0.00
030705004001	控制模块 BDS161	只	92	79.65	7328.00	2081.04	141.68
030705004002	信号模块 BDS132	只	62	107.01	6635.00	1869.92	147.56
030705003005	消火栓按钮	只	61	60.86	3712.00	222.04	59.78
030705002001	煤气探测器	只	1	205.74	206.00	8.58	0.18
030705008001	楼层显示器	台	1	894.31	894.00	83.20	43.21
030212001002	消防接线箱	个	14	471.47	6601.00	491.40	0.00
030706003001	电梯系统调试	部	6	337.68	2026.00	1035.84	107.52
030706003002	正压送风阀、排烟阀、防火阀控制系统装置调试	处	81	47.84	3875.00	730.62	224.37
030212001001	焊接钢管 SC20 沿砖、混凝土结构暗配；钢管接地，接线盒安装	m	1075.2	12.77	13730.00	2075.14	204.29
030212003001	管内穿线 ZR－BV－1.5mm²	m	688.4	1.71	1177.00	158.33	0.00
030212003002	管内穿线 ZR－BV－2.5mm²	m	528.8	2.64	1396.00	121.62	0.00
030212003003	管内穿线 ZR－BV－2×1.5mm²	m	599.3	1.71	1025.00	137.84	0.00
030208002001	控制电缆敷设 ZR－KYJV－7×1.5；控制电缆头制作安装	m	39.4	12.71	501.00	42.95	0.00
030705001001	智能光电烟感探测器 BDSO51	只	151	76.54	11558.00	1295.58	99.66
030705003001	手动火灾报警按钮 BDS121	只	3	62.23	187.00	10.92	2.94
030705003002	警铃 ZR2114	只	3	132.72	398.00	23.40	1.62
030705003003	固定电话 ZR2712A	只	1	90.05	90.00	2.34	0.00
030705003004	消防电话插孔 ZR2714A	只	3	39.44	118.00	3.90	0.00
030705004001	控制模块 BDS161	只	35	79.65	2788.00	791.70	53.90
030705004002	信号模块 BDS132	只	33	107.01	3531.00	995.28	78.54
030705003005	消火栓按钮	只	30	60.86	1826.00	109.20	29.40
030212001002	消防接线箱	个	5	471.47	2357.00	175.50	0.00

项目编码	项目名称	计量单位	数量	综合单价（元）	合价（元）	其中	
						人工费（元）	机械费（元）
030705008001	楼层显示器	台	1	894.31	894.00	83.20	43.21
030706003001	电梯系统调试	部	3	337.68	1013.00	517.92	53.76
030706003002	正压送风阀、排烟阀、防火阀控制系统装置调试	处	25	47.84	1196.00	225.50	69.25
030212001001	焊接钢管 SC20 沿砖、混凝土结构暗配；钢管接地，接线盒安装	m	1037.9	12.39	12860.00	1930.49	197.20
030212003001	管内穿线 ZR－BV－1.5mm²	m	683	1.71	1168.00	157.09	0.00
030212003002	管内穿线 ZR－BV－2.5mm²	m	365.4	2.64	965.00	84.04	0.00
030212003003	管内穿线 ZR－BV－2×1.5mm²	m	618.4	3.44	2127.00	284.46	0.00
030208002001	控制电缆敷设 ZR－KYJV－7×1.5；控制电缆头制作安装	m	37.7	12.75	481.00	41.47	0.00
030705001001	智能光电烟感探测器 BDSO51	只	95	76.54	7271.00	815.10	62.70
030705003001	手动火灾报警按钮 BDS121	只	3	62.23	187.00	10.92	2.94
030705003002	警铃 ZR2114	只	3	132.72	398.00	23.40	1.62
030705003003	固定电话 ZR2712A	只	1	90.05	90.00	2.34	0.00
030705003004	消防电话插孔 ZR2714A	只	3	39.44	118.00	3.90	0.00
030705004001	控制模块 BDS161	只	31	79.65	2469.00	701.22	47.74
030705004002	信号模块 BDS132	只	17	107.01	1819.00	512.72	40.46
030705003005	消火栓按钮	只	26	60.86	1582.00	94.64	25.48
030212001002	消防接线箱	个	4	471.47	1886.00	140.40	0.00
030705008001	楼层显示器	台	1	894.31	894.00	83.20	43.21
030706003001	电梯系统调试	部	1	337.68	338.00	172.64	17.92
030706003002	正压送风阀、排烟阀、防火阀控制系统装置调试	处	27	47.84	1292.00	243.54	74.79
030212001001	焊接钢管 SC20 沿砖、混凝土结构暗配；钢管接地，接线盒安装	m	1297.8	12.83	16651.00	2530.71	246.58
030212003001	管内穿线 ZR－BV－1.5mm²	m	1124	1.71	1922.00	258.52	0.00
030212003002	管内穿线 ZR－BV－2.5mm²	m	701	2.64	1851.00	161.23	0.00
030212003003	管内穿线 ZR－BV－2×1.5mm²	m	625.7	3.44	2152.00	287.82	0.00
030208002001	控制电缆敷设 ZR－KYJV－7×1.5；控制电缆头制作安装	m	40.2	12.69	510.00	43.82	0.00
030705001001	智能光电烟感探测器 BDSO51	只	156	76.54	11940.00	1338.48	102.96
030705003001	手动火灾报警按钮 BDS121	只	3	62.23	187.00	10.92	2.94

续表

项目编码	项目名称	计量单位	数量	综合单价（元）	合价（元）	其中	
						人工费（元）	机械费（元）
030705003002	警铃 ZR2114	只	3	132.72	398.00	23.40	1.62
030705003003	固定电话 ZR2712A	只	1	90.05	90.00	2.34	0.00
030705003004	消防电话插孔 ZR2714A	只	3	39.44	118.00	3.90	0.00
030705004001	控制模块 BDS161	只	64	79.65	5098.00	1447.68	98.56
030705004002	信号模块 BDS132	只	48	107.01	5136.00	1447.68	114.24
030705003005	消火栓按钮	只	51	60.86	3104.00	185.64	49.98
030212001002	消防接线箱	个	6	471.47	2829.00	210.60	0.00
030705008001	楼层显示器	台	1	894.31	894.00	83.20	43.21
030706003001	电梯系统调试	部	3	337.68	1013.00	517.92	53.76
030706003002	正压送风阀、排烟阀、防火阀控制系统装置调试	处	49	47.84	2344.00	441.98	135.73
030212001001	焊接钢管 SC20 沿砖、混凝土结构暗配；钢管接地，接线盒安装	m	9999.9	12.63	126299.00	19099.81	1899.98
030212001002	焊接钢管 SC20 沿砖、混凝土结构暗配；钢管接地，接线盒安装	m	923.8	16.43	15178.00	1884.55	267.90
030212003001	管内穿线 ZR－BV－1.5mm²	m	7288.6	1.71	12464.00	1676.38	0.00
030212003002	管内穿线 ZR－BV－2.5mm²	m	1486	2.64	3923.00	341.78	0.00
030212003003	管内穿线 ZR－BV－2×1.5mm²	m	7548.8	3.44	25968.00	3472.45	0.00
030212003004	线槽配线 ZR－BV－2×1.5mm²	m	1263.6	3.30	4170.00	593.89	0.00
030212003005	线槽配线 ZR－BV－2.5mm²	m	2527.2	2.53	6394.00	606.53	0.00
030208002001	控制电缆敷设 ZR－KYJV－7×1.5；控制电缆头制作安装	m	3789.7	11.79	44681.00	3334.94	0.00
030705001001	智能光电烟感探测器 BDSO51	只	1326	76.54	101492.00	11377.08	875.16
030705001002	智能温感探测器 BDSO31	只	252	73.06	18411.00	2162.16	45.36
030705003001	手动火灾报警按钮 BDS121	只	73	62.23	4543.00	265.72	71.54
030705003002	警铃 ZR2114	只	73	132.72	9689.00	569.40	39.42
030705003003	固定电话 ZR2712A	只	2	90.05	180.00	4.68	0.00
030705003004	消防电话插孔 ZR2714A	只	73	39.44	2879.00	94.90	0.00
030705004001	控制模块 BDS161	只	42	79.65	3345.00	950.04	64.68
030705004002	信号模块 BDS132	只	146	107.01	15623.00	4403.36	347.48
030705003005	消火栓按钮	只	141	60.86	8581.00	513.24	138.18
030705008001	重复显示器	台	19	894.31	16992.00	1580.80	820.99
030212001003	消防接线箱	个	38	471.47	17916.00	1333.80	0.00

续表

项目编码	项目名称	计量单位	数量	综合单价（元）	合价（元）	其中	
						人工费（元）	机械费（元）
030705006001	联动控制器；消防电源 1 台；消防控制机 FS1131 1 台；消防电话 1 台；手动控制面板 1 台；广播切换 1 台；通信接口 1 只	台	1	11088.40	11088.00	1012.96	279.24
030706003001	电梯系统调试	部	8	126.63	1013.00	517.92	53.76
030706003002	正压送风阀、排烟阀、防火阀控制系统装置调试	处	40	29.90	1196.00	225.60	69.20
030212001012	砖、混凝土结构暗配焊接钢管 SC20；接线盒（箱）安装 防腐 油漆 接地	m	15308.2	12.37	189362.00	28473.25	2908.56
030212001013	砖、混凝土结构暗配焊接钢管 SC25；接线盒（箱）安装 防腐 油漆 接地	m	17	16.43	279.00	34.68	4.93
030212001014	金属软管敷设 DN20；接地	m	850	7.50	6375.00	1360.00	0.00
030212003031	管内穿线 铜芯 ZR－BV－1.5mm²	m	27098.4	1.71	46338.00	6232.63	0.00
030212003032	管内穿线 铜芯 ZR－BV－2.5mm²	m	2655.6	2.64	7011.00	610.79	0.00
030208002002	控制电缆敷设 ZR－KYJV－7×1.5；控制电缆头制作安装	m	544.4	12.16	6620.00	528.07	0.00
030208004006	金属桥架 200×100；含支架及配件支架制作、除锈、刷油、安装	m	362	121.36	43932.00	5310.54	923.10
030705001001	智能光电烟感探测器 BDS051 吸顶安装	只	514	76.54	39342.00	4410.12	339.24
030705003001	消火栓按钮（消火栓箱内安装）	只	100	60.86	6086.00	364.00	98.00
030705001002	智能感温探测器 BDS031 吸顶安装	只	1461	73.06	106741.00	12535.38	262.98
030705003002	手动火灾报警按钮 BDS121 挂墙明装	只	75	62.23	4667.00	273.00	73.50
030705009002	固定电话 ZR2712A	台	8	90.05	720.00	18.72	0.00
030212001015	消防电话插孔 ZR2714A 挂墙明装	m	75	39.44	2958.00	97.50	0.00
030705009003	警铃 ZR2114 挂墙明装	台	75	132.72	9954.00	585.00	40.50
030705008001	楼层显示器	台	10	894.31	8943.00	832.00	432.10
030705004001	控制模块 BDS161	只	107	79.65	8523.00	2420.34	164.78
030705004002	信号模块 BDS161	只	199	107.01	21295.00	6001.84	473.62
030705004003	总线隔离器	只	12	61.78	741.00	271.44	18.48
030706002001	水灭火系统控制装置调试 500 点以下	系统	22	5741.26	126308.00	89503.70	4928.88

续表

项目编码	项 目 名 称	计量单位	数量	综合单价（元）	合价（元）	其中	
						人工费（元）	机械费（元）
031004005001	继电线路报警系统4点以下	套	6	37.81	227.00	137.10	18.96
030706003001	广播喇叭及音箱、通信分机及插孔调试	处	233	11.36	2647.00	699.00	724.63
030706003002	防火卷帘门调试	处	13	101.09	1314.00	880.88	71.11
030706003003	正压送风阀、排烟阀、防火阀控制系统装置调试	处	52	47.84	2488.00	469.04	144.04
030706001001	自动报警系统装置调试2000点以下	系统	2	12505.42	25011.00	14255.80	2405.72

思考题与习题

5-1 消防联动控制系统有哪几种基本形式？

5-2 在湿式喷淋灭火系统中，压力开关和水流指示器的作用有何不同？

5-3 消防联动控制对象包括哪些内容？

5-4 处于疏散通道上的防火卷帘的控制要求是什么？

5-5 什么是预作用灭火系统？

5-6 画出火灾报警控制系统的原理框图。

5-7 湿式报警阀的功能是什么？

5-8 简述正压送风系统由哪几部分组成及其联动控制原理。

第六章 综合布线系统

第一节 概　述

　　20世纪50年代，为了增加建筑物的使用功能和提高服务水平，首先提出楼宇自动化的要求，在建筑内装有各种仪表、传感器、控制装置和显示器设备等，并通过各种线路连接分散在现场各处的机电设备上，用来集中监控设备的运行情况，并对各种机电系统实现手动或自动控制，这种线路一般称为专业布线系统。由于这些系统基本采用人工手动或简单的自动控制方式，技术含量较低，所需的设备和器材品种繁多而复杂，线路数量很多，平均长度也长，而控制点数目受到很大的限制，监控点少，系统小是当时控制系统的特点。随着建筑物功能的日益复杂化，电话、有线电视、计算机网络、机电设备控制和消防报警等系统相继出现，使监控点大大增加，楼宇的大型化使各系统更趋复杂，各系统由于由不同的厂商设计和安装，布线也采用不同的线缆、不同的插接件和不同的终端插座，如电话采用一对双绞线，计算机网络采用细的同轴电缆，闭路电视采用射频同轴电缆，而且连接这些不同布线的插头、插座及配线架均无法互相兼容，当办公环境改变，需调整或增加办公设备或随着新技术的发展，需要更换设备时，就必须更换布线，因此，传统的专业布线系统已经不能满足需要。为此，美国电话电报（AT&T）公司的贝尔（Bell）实验室的专家们经过多年的研究，在该公司的办公楼和工厂试验成功的基础上，于80年代末期在美国率先推出了结构化布线系统（SCS）。发达国家逐渐开始研究和推出其相应的布线系统——综合布线系统。

　　综合布线系统一推出就表现出其极大的优越性，综合布线系统是一个极其灵活的、模块的、建筑物内或建筑群之间的信息传输通道，是一种在建筑物和建筑群中综合数据传输的网络系统，是智能建筑的"信息高速公路"。它既能使数据、语音、图像设备和交换设备彼此相连接，也能与其他信息管理系统彼此相连，并能使这些设备与外部通信网络相连接，如城市电话网、城市的数据网或各个系统的专用局域网。综合布线由不同系列和规格的部件组成，其中包括传输介质、相关连接硬件（如配线架、连接器、插座、插头、适配器）及电气保护设备等。这些部件可用来构建各种子系统，它们都有各自的具体用途，以满足不同用户、不同系统的需求，而且能随需求的变化而变换。

　　建筑物综合布线系统（Premises Distribution System，PDS）又称开放式布线系统（Open Cabling Systems）或建筑与建筑群综合布线系统 GCS（Generic Cabling Systems for building and campus），它是依据国际标准化组织（ISO）及国际电工技术委员会（IEC）有关技术标准设计和架构的预布线系统，目的是为了适应计算机及网络传递技术的发展，以达到网络的系统化、标准化和灵活化。

一、综合布线系统的特性

综合布线系统是一个全新概念，它同传统的布线系统相比较，有着许多的优越性，是传统布线所无法做到的。其特性主要表现为它的兼容性、开放性、灵活性、可靠性、先进性和经济性。另外，在设计和施工方面也给人们带来许多方便。

1. 兼容性

综合布线系统的首要特性是它的兼容性。所谓兼容性是指其设备或程序可以用于多种系统中的性能。过去，为一幢大楼或一个建筑群内的语音和数据线路布线时，往往是采用不同厂家生产的电缆线、配线插座及接头等。例如，用户交换机通常采用双绞线，计算机系统通常采用粗同轴电缆或细同轴电缆。这些不同的设备使用不同的配线材料构成网络，而连接这些不同配线的接头、插座及端子板也各不相同，彼此互不相容。一旦需要改变终端机或电话机位置时，就必须敷设新的缆线，以及安装新的插座和接头。

综合布线系统将语音信号、数据信号与监控设备的图像信号的配线经过统一的规划和设计，采用相同的传输介质、信息插座、交连设备、适配器等，把这些不同信号综合到一套标准的布线系统中。由此可见，这个系统比传统布线系统大为简化，这样可节约大量的物资、时间和空间。

在使用时，用户可不用定义某个工作区的信息插座的具体应用，只把某种终端设备（如个人计算机、电话、视频设备等）接入这个信息插座，然后在管理间和设备间的交连设备上做相应的跳线操作，这个终端设备就被接入到自己的系统中。

2. 开放性

对于传统的布线方式，只要用户选定了某种设备，也就选定了与之相适应的布线方式和传输介质。如果更换另一种设备，那原来的布线系统就要全部更换。可以想象，对于一个已经完工的建筑物，这种变化是十分困难的，要增加很多新的投资。

综合布线系统由于采用开放式体系结构，符合多种国际上流行的标准，因此它几乎对所有著名厂商的产品都是开放的，如 IBM、HP、SUN 的计算机设备，AVAYA 等的交换机设备。并对几乎所有通信协议也是开放的，如 EIA - 232 - D、RS - 422、RS - 423、Ethernet、Token Ring、FDDI、CDDI、ISDN、ATM 等。

3. 灵活性

传统的布线方式由于各个系统是封闭的，其体系结构是固定的，若要迁移设备或增加设备是相当困难而麻烦的，甚至是不可能的。

而综合布线系统，由于所有信息系统皆采用相同的传输介质、物理星型拓扑结构，因此所有信息通道都是通用的。每条信息通道可支持电话、传真、多用户终端。所有设备的开通及更改均不需改变系统布线，只需增减相应的网络设备以及进行必要的跳线管理即可。另外，系统组网也可灵活多样，甚至在同一房间可有多用户终端、10Base - T 工作站、令牌环工作站并存，为用户组织信息流提供了必要条件。

4. 可靠性

由于传统的布线方式中各个系统互不兼容，因而在一个建筑物中往往要有多种布线方式，因此建筑系统的可靠性要由所选用的各个系统的可靠性来保证，而且如果各系统布线不当，还会造成交叉干扰。

综合布线系统采用高品质的材料和组合压接的方式构成一套高标准信息通道。所有器件均通过 UL、CSA 及 ISO 认证，每条信息通道都要采用专用仪器校核线路阻抗及衰减率，以保证其电气性能。系统布线全部采用物理星型拓扑结构，点到点端接，任何一条线路故障均不影响其他线路的运行，同时为线路的运行维护及故障检修提供了极大的方便，从而保障了系统的可靠运行。各系统采用相同传输介质，因而可互为备用，提高了备用冗余。

5. 先进性

当今社会信息产业飞速发展，特别是多媒体技术使信息和语音传输界限已被打破，因此现在建筑物如若采用传统布线方式，肯定是落后的，它不再能满足目前信息技术的需要，更不能适应未来信息技术的发展。

综合布线系统应用极富弹性的布线概念，采用光纤与双绞线混布方式，极为合理地构成一套完整的布线系统。所有布线均采用世界上最新通信标准，信息通道均按 B－ISDN 设计标准，按八芯双绞线配置，通过五类双绞线，数据最大速率可达到 155Mbps，对于特殊用户需求可把光纤铺到桌面（Fiber-to the Desk）。干线光缆可设计为 500Mbps 带宽，为将来的发展提供了足够的裕量。通过主干通道可同时传输多路实时多媒体信息，同时物理星型的布线方式为发展交换式网络奠定了坚实的基础。

6. 经济性

综合布线系统在经济性方面比传统的布线系统也有其优越性。

二、综合布线的应用场合

综合布线采用模块化设计和分层星型拓扑结构，它能适应任何建筑物的布线。综合布线可以支持语音、数据和视频等各种应用。综合布线按服务对象和应用场合不同，通常分为下列几种。

1. 综合办公类型

如政府机关、公司企业总部等办公大厦，办公、贸易和商业兼有的综合业务楼和租赁大厦等。

2. 商业贸易类型

如商务贸易中心、金融机构（如银行和保险公司等）、高级宾馆饭店和大型超市等高层建筑。

3. 新闻机构类型

如广播电台、电视台、新闻报业和出版社等。

4. 交通运输类型

如航空港、火车站、长途汽车客运枢纽站、城市公共交通指挥中心、出租车调度中心、邮政枢纽楼和电信枢纽楼等公共服务建筑。

5. 其他重要建筑类型

如军事基地和重要部门（如安全部门等）的建筑、医院、科研机构、高等院校园区和工业企业等。

6. 生活居住类型

智能化居住小区（又称智能化社区），也需要采用综合布线系统。

在 21 世纪，随着科学技术的发展和人类生活水平的提高，综合布线系统的应用范围和服务对象会逐步扩大和增加，以适应信息化社会的发展需要。

三、综合布线系统和结构化布线系统的区别

综合布线系统（PDS，Premises Distribution System）指的是把智能化大厦中所有子系统的传输音频、数据、图像、视频的布线全部纳入到统一的布线之中。它使用标准化的线缆和接插头模块，这样在办公室搬迁时电话机和终端设备的移位，仅需将插头拔出，插入新的位置，并在布线系统的管理间作些跳线处理或者作些软件上的更改，即可重新投入使用，同时它因可提供高达 155Mbps 的信息传输能力，既能满足当前的需求又具扩展性，能够满足未来发展的需要。

结构化布线系统（SCS，Structured Cabling System）则与综合布线不同，它认为仅需局限于电话和计算机网络（近来发展到包括有线电视线缆）的布线即可，而其他的弱电系统仍可采用各自的传统布线方式。

结构化布线认为没有必要将所有系统纳入到综合布线之中的理由如下。

（1）在智能化大厦中，除电话系统和计算机网络系统外，其他弱电系统的固定性强，位置一般不会移动，在相当长的一段时间内也少有更新换代之需。

（2）综合布线的出现也是源于电话线，数据电缆越来越多，难以集中管理和终接而提出的一种解决方案，没有必要包罗万象。

（3）电视系统采用同轴电缆既可靠又方便，消防信号的传输采用总线制线缆甚少，其布线和系统结构均久经考验，何必均将其全部改为 UTP 双绞线并经过相应配线架来传输呢？特别是由于中国特殊的国情，像消防设施、保安系统等仍然要求单独设计、单独施工、单独管理，从布线施工中独立出来，不允许置于其他布线系统中。类似于这些特殊要求，限制了综合布线在智能建筑中的一些应用。

（4）考虑到目前现实并非所有的弱电控制设备均与综合布线相兼容，这样在线路两端增加转换设备转换来转换去，不仅浪费资金且对信号质量有所损失。

（5）经费上的考虑，结构化布线的花费要比综合布线节省许多。

智能大厦的各部分功能与不同布线学说的关系如图 6-1 所示。

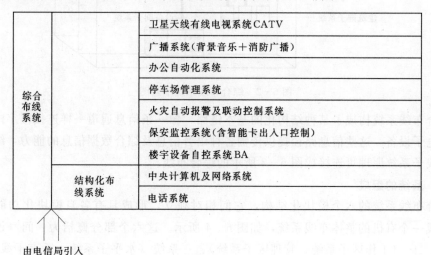

图 6-1 综合布线系统与结构化布线系统

第二节 综合布线系统的组成

一、系统划分

综合布线系统划分通常有两种。

(1) 根据通信线路和接续设备的整体性,国际标准化组织/国际电工委员会标准 ISO/IEC 11801,将其划分为建筑群主干布线子系统、建筑物主干布线子系统和水平布线子系统三部分,并规定工作区布线为非永久性部分,工程设计和施工也不涉足为用户使用时临时连接的部分。

(2) 根据通信线路和接续设备的分离和美国标准 ANSI/EIA/TIA 568A,把综合布线系统划分为建筑群子系统、干线(垂直)子系统、配线(水平)子系统、设备间子系统、管理子系统、工作区子系统,共六个独立的子系统。但不管怎么区分,综合布线的结构是开放性的,它由各个相对独立的部件组成,改变、增加或重组其中一些布线部件并不会影响其他子系统。

综合布线系统示意图如图 6-2 所示。

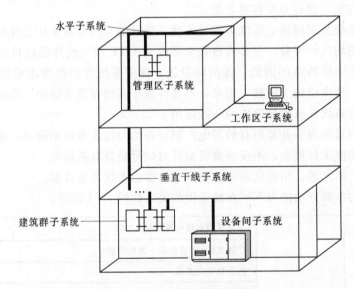

图 6-2 综合布线系统示意图

综合布线系统构成了某种结构化的基本链路,像一条信息通道一样连接楼宇内或室外的各种电子设备。这些信息路径提供传输各种语音信息及综合数据信息的能力,综合布线各个布线子系统原理可连接成图 6-3 所示的综合布线。

二、系统的组成

综合布线系统的六个模块化结构,它们相对独立,形成具有各自模块化功能的子系统,组成一个有机的整体布线系统,如图 6-4 所示。这六个部分概括为一间(设备间子系统)、二区(工作区子系统、管理区子系统)、三系统(水平子系统、垂直干线子系统、建筑群子系统)。

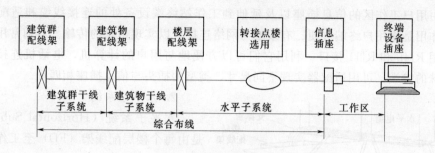

图6-3 综合布线系统原理

从图6-4中可以看出，这六个部分中的每一部分都相互独立，因此在设计、施工时可以单独进行。改变一个子系统时，均不会对其他子系统造成很大的影响。

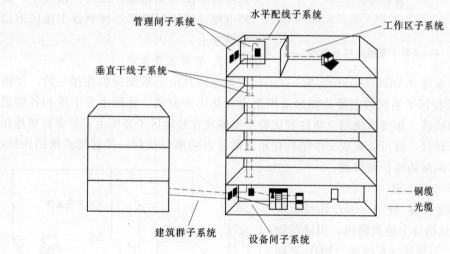

图6-4 综合布线系统结构

1. 工作区子系统

工作区子系统（Work Area Subsystem）处在用户终端设备（包括电话机、计算机终端、监视器、数据终端等）和水平子系统的信息插座之间，起搭桥的作用。如图6-5所

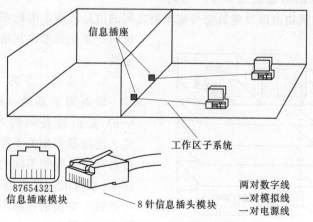

图6-5 工作区子系统连接示意图

示,它由用户工作区的信息插座以及延伸到工作站终端设备处的连接线缆和适配器等组成,其作用是将用户终端方便、有效地与网络连接,以实现信息的传输。目前常用的信息插座采用 RJ45 和 RJ11 接口,利用它们可以方便地与用户的计算机、电话机连接。对于一些特殊的终端,可用适配器实现不同尺寸、类型的插头与信息插座相匹配。

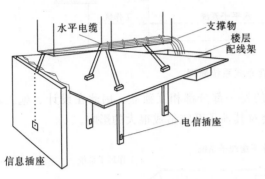

图 6-6 水平子系统连接示意图

2. 水平子系统

水平子系统（Horizontal Subsystem）是由每个楼层配线架（FD）至工作区信息插座之间的线缆、信息插座、转接点及相应配套设施组成的系统,如图 6-6 所示。水平子系统的作用是将楼层内的每个信息点与楼层配线架相连,在同一楼层中,要将电缆从楼层配线架连接到各工作区的信息插座上。

3. 管理区子系统

管理区子系统（Administration Subsystem）为连接其他子系统提供连接手段,如图 6-7 所示。管理区子系统的主要功能是采用交连和互连等方式,管理垂直干线和各楼层水平子系统的线缆。布线系统的灵活性和优势主要体现在管理区子系统上,只要简单地在配线架上进行转接,就可以完成一个结构化布线的信息插座与任何一类智能系统的连接,极大地方便了网络的维护和管理。

4. 垂直干线子系统

垂直干线子系统（Riser Backbone Subsystem）是指每个建筑物内,由建筑物配线架（BD）至楼层间配线架（FD）之间的线缆及配套设施组成的系统,如图 6-8 所示。其主要作用是在建筑物内 BD 与 FD 之间形成一个信息传输通路。垂直干线子系统是一幢大楼内的信息枢纽部分,它的

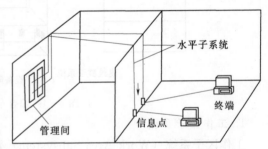

图 6-7 管理区子系统连接示意图

好坏直接影响着建筑物内以及建筑物与建筑物之间的信息传输。因此在设计垂直干线子系统时,要充分考虑其重要性、先进性和安全性。

5. 设备间子系统

设备间子系统（Equipment Subsystem）是由设备间的各种设备、连接电缆、连接器和相关支撑硬件组成的。它通过各种连接线把不同的设备互连起来,如图 6-9 所示。常见的网络互联设备有主计算机、交换机、路由器、接入设备及网络的监控设备等。

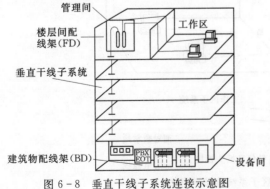

图 6-8 垂直干线子系统连接示意图

一般情况下，综合布线是由各种网络互联设备、主配线架（MDP）、分配线架（IDF）及信息插座（TO）等基本单元，经线缆连接组成的。网络互联设备实现对内外网络的互联、互通和控制管理功能。主配线架放在设备间，分配线架放在楼层配线间，它们负责对线缆的端接、标识和连接。信息插座安装在工作区，是用户终端与网络的连接点。对于规模比较大的建筑物，在分配线架与信息插座之间也可设置中间交叉配线架，中间交叉配线架（ICF）安装在二级交接间。连接主配线架和分配线架的线缆称为干线，连接分配线

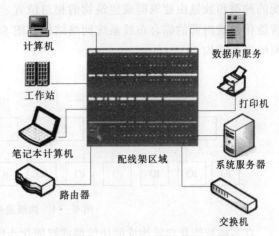

图 6-9 设备间子系统连接示意图

架和信息插座的线缆称为水平线。若有二级交接间，连接主配线架和中间交叉配线架的线缆也称为干线。连接中间交叉配线架和信息插座的线缆统称为水平线。

6. 建筑群子系统

建筑群子系统（Campus Backbone Subsystem）是指由建筑群配线架（CD）与其他建筑物配线架（BD）之间的缆线及配套设施组成的系统。采用它可使相邻近的几个建筑物内的综合布线系统形成一个统一的整体，在楼群内部交换和传输信息，并对电信公用网形成唯一的出入端口，通过该出入端口把公网信息分配到各建筑物内，如图 6-10 所示。

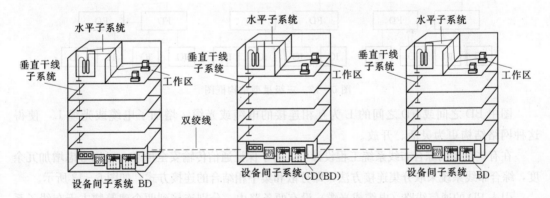

图 6-10 建筑群子系统连接示意图

综上所述，综合布线系统被划分为建筑群子系统、垂直干线子系统、水平子系统、设备间子系统、管理区子系统和工作区子系统六个独立的子系统。这种按照逻辑功能划分的系统，便于工程设计、核算、施工和维护。

第三节 综合布线系统的网络结构

综合布线系统最常用的是分级星型网络拓扑结构。对一具体的综合布线系统，其子系

统的种类和数量由建筑群或建筑物的相对位置、区域大小及信息插座的密度而定。如单幢智能化建筑内部的综合布线系统网络结构如图6-11所示，从图中可以看出网络采用的是两级星型结构。

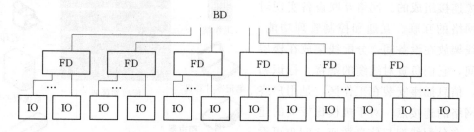

图6-11　两级星型结构框图

在多栋智能化建筑构成的建筑群或智能化小区里，其综合布线系统的建设规模较大，网络结构较复杂，通常在建筑群或智能化小区内设有中心机房，机房内设有建筑群配线架（CD），其他每幢楼中还分别设有BD和FD（小型楼座BD与FD合一），构成三级星型结构。

为了使综合布线系统网络结构具有更高的灵活性和可靠性，且能适应今后多种应用系统的使用要求，也可以在两个层次的配线架（如BD或FD）之间用电缆或光缆连接，构成分级（又称多级）有迂回路由的星型网络拓扑结构，如图6-12所示。

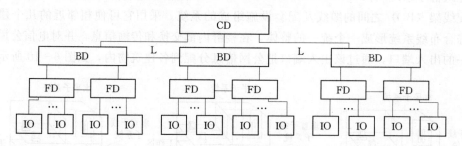

图6-12　三级星型结构框图

图中BD之间或FD之间的L为互相连接的电缆或光缆，增加了电缆或光缆L，使得这种网络结构更为灵活、开放。

在有些重要的综合布线系统工程设计中，为了保证通信传输安全可靠，可以考虑增加冗余度，综合布线系统采取分集连接方法，即分散和集中相结合的连接方式，如图6-13所示。

引入BD的通信线路（电缆或光缆）设有两条路由，分别连接到两个建筑物主干布线子系

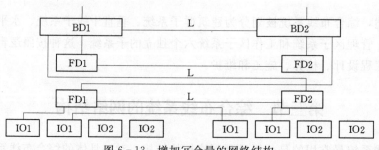

图6-13　增加冗余量的网络结构

统，与建筑物配线架相连接。根据网络结构和实际需要，可以在建筑物配线架之间（BD1—BD2）或楼层配线架之间（FD1—FD2）采用电缆或光缆互相连接，形成类似网状的形状。

这种网络结构对于防止火灾等灾害或有特殊需求的用户具有保障作用。

第四节　综合布线系统的传输介质

综合布线系统是由各个相对独立的部件组成，了解每个部件的功能是合理配置系统的基础。综合布线系统的部件通常由传输媒介、连接件和信息插座组成。

一、双绞电缆

1. 双绞电缆的构成

双绞电缆（Twisted Pair，TP）也称为对绞线、双扭电缆，是一种综合布线工程中最常用的传输介质，可用来传输数据、语音和图像信号。双绞线是由两根具有绝缘保护层的铜导线组成，将两根铜芯导线并排放在一起，其直径一般为 $0.4 \sim 0.65 \text{mm}^2$，常用的是 0.5mm^2，它们各自包在彩色绝缘层内，按照规定的绞距（四对双绞线绞距周期在 38.1mm 长度内，按逆时针方向扭绞，一对线对的扭绞长度在 12.7mm 以内）互相扭绞成一对对绞线，扭绞的目的是使对外的电磁辐射和遭受外部的电磁干扰减少到最小，降低信号干扰的程度，一对线作为一条通信线路，每一根导线在传输中辐射出来的电波会被另一根线上发出的电波抵消。通常，将多个这种导线对封装在一起制成线缆。封装时，有两对封装在一起，也有将四对封装在一起的。与其他传输介质相比，双绞线在传输距离、信道宽度和数据传输速度等方面均受一定限制，但价格较为低廉。

双绞电缆可分为非屏蔽双绞电缆（Unshielded Twisted Pair，UTP，也称无屏蔽双绞电缆）和屏蔽双绞电缆（Shielded Twisted Pair，STP），如图 6-14 所示。

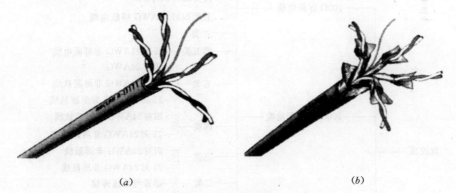

(a)　　　　　　　　　　　　　　　(b)

图 6-14　双绞电缆

(a) 四对非屏蔽双绞电缆；(b) 四对屏蔽双绞电缆

2. 双绞电缆的特点

（1）非屏蔽双绞电缆（UTP）。UTP 双绞电缆由于它具有重量轻、体积小、弹性好和价格适宜等特点，所以使用较多，但其抗外界电磁干扰的性能较差，安装时因受牵拉和弯曲，易破坏其均衡绞距。

非屏蔽双绞电缆的优点如下：

1) 无屏蔽外套,直径小,节省所占用的空间。

2) 质量小、易弯曲、易安装。

3) 将串扰减至最小或加以消除。

4) 具有阻燃性。

5) 具有独立性和灵活性,适用于结构化综合布线。

(2) 屏蔽双绞电缆（STP）。STP（每对芯线和电缆绕包铝箔、加铜编织网）、FTP（纵包铝箔）和 SFTP（纵包铝箔、加铜编织网）对绞电缆都是有屏蔽层的屏蔽缆线,具有防止外来电磁干扰和防止向外辐射的特性,但它们有重量重、体积大、价格贵和不易施工等问题,在施工安装中要求完全屏蔽和正确接地,才能保证其特性效果。因此,在决定是否采用屏蔽缆线时,应从智能化建筑的使用性质、所处的环境和今后发展等因素综合考虑,IBDN 的双绞线性能见表 6-1。

表 6-1   **IBDN 的双绞线性能**

型　号	类　别	带　宽	速率（Gbps）
NOR5	五类	100MHz	
Plus	超五类	100MHz	
1200	超过五 e 类	160MHz	1.2
2400	六类	220MHz	2.4
4800LX	增强型六类	300MHz	4.8

3. 双绞电缆的分类

对屏蔽和非屏蔽两大类对绞电缆,按其电气传输特性可分为 100Ω 屏蔽/非屏蔽电缆、双体电缆、大对数电缆和 150Ω 屏蔽电缆,每种电缆的型号又有多种,具体如图 6-15 所示。

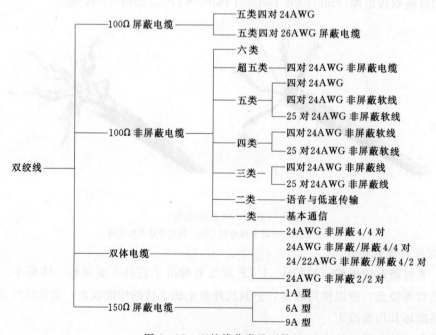

图 6-15 双绞线分类及型号

4. 双绞电缆的使用场合

国外电气工业协会、电信工业协会（EIA/TIA）按照电气特性的不同将 UTP 双绞线分为五类（Category），各类 UTP 和屏蔽对绞线 STP 的使用场合见表 6-2。

采用双绞线的局域网络的带宽取决于所用导线的质量、导线的长度及传输技术。只要选择合适的双绞线并对其正确安装，就可以在有限距离内达到几兆的可靠传输率。当距离较近，并且采用特殊的电子传输技术时，传输率可达 100～1000Mbps。

表 6-2 　　　　　　　　　　　　双绞电缆的不同类别和用途

类 别		相 应 标 准			支持的信号频率	典型用途
		EIA/TIA568 TSB-36	NEMA WC63	UL		
100Ω UTP 双绞线	1			Ⅰ类	音频和低速数据 （20bps）	模拟或数字电话
	2			Ⅱ类	音频和1Mbps的数据	1.44MbpsISDN 1.54Mbps 数字电话 IBM3270网，IBMAS/4000网 IBM system/3X网
	3	三类	100-24-STD （标准）	Ⅲ类	音频和20Mbps的数据	10Base-T 以太网 4Mbps 令牌环网 IBM 3270. 3X. AS/4000网 ISDN
	4	四类	100-24-LL （低损）	Ⅳ类	音频和100Mbps的数据	10Base-T 以太网 16Mbps 令牌环网
	5	五类	100-24-XF （扩展频率）	Ⅴ类	音频和10Mbps的数据	10Base-T 以太网 16Mbps 令牌环网，ATM 100Mbps 分布式数据接口
150Ω STP		EIA/TIA150	150-22-LL			160Mbps 令牌环网 100Mbps 分布式数据接口 宽带视频信号

在选择线缆时，应考察线缆的特性参数及 100MHz 时的典型指标，见表 6-3。

表 6-3 　　　　　　　　　　线缆的特性参数及 100MHz 时的典型指标

序 号	特 性 参 数	五类/D 级线的值
1	衰减（Attenuation）	24.0dB
2	近端串扰（NEXT）	27.1dB
3	功率相加近端串扰（Power Sun NEXT）	N/A
4	信噪比（ACR）	3.1dB
5	功率相加信噪比（Power Sun AC）	N/A
6	等效远端串扰（ELFEXT）	17.0dB
7	功率相加等效远端串扰（Power Sun ELFEXT）	14.4dB
8	回波损耗（Return Loss）	8.0dB
9	传播延迟（Propagation Delay）	548ns
10	延迟失真（Delay Skew）	50ns

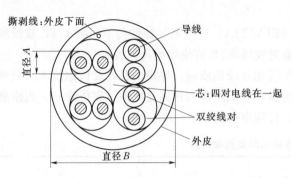

图 6-16 超五类 4 对非屏蔽双绞线

5. 常用双绞电缆

综合布线中最常用的双绞电缆如下。

（1）超五类四对非屏蔽双绞线。它是美国线规为 24 的实芯裸铜导体，以氟化乙丙烯做绝缘材料，传输频率达 100MHz，导线结构如图 6-16 所示。

（2）超五类四对 24AWG 屏蔽电缆。它是 24 号的裸铜导体，以氟化乙烯做绝缘材料，内有一 24AWG TPG 漏电线。传输频率达 100MHz，物理结构如图 6-17 所示。

（3）超五类 25 对 24AWG 非屏蔽软线。它由 25 对线组成，为用户提供更多的可用线对，并被设计为在扩展的传输距离上实现高速数据通信应用。传输速度为 100MHz。物理结构及外形如图 6-18、图 6-19 所示。

（4）双体电缆系统 24AWG 非屏蔽 4/4 对电缆。该 100Ω 双体结构的电缆有一层易于剥离的外皮。根据介质选择的需要，两个电缆体的结构可能

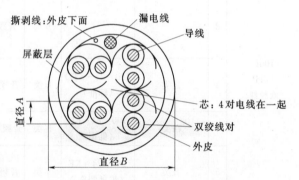

图 6-17 超五类 4 对 24AWG 屏蔽电缆

相同或不同，但对于多个缆体来说都符合它作为独立电缆时所应遵循的规范，并且具有同样的性能特点，具体的产品有三类/三类、三类/四类、三类/五类、四类/四类、四类/五类、五类/五类。物理结构如图 6-20 所示。

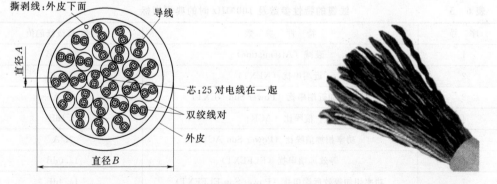

图 6-18 超五类 25 对 24AWG 非屏蔽软线　　　图 6-19 25 对大对数外形

二、同轴电缆

同轴电缆（CoaxialCable）的结构是由内部导体（或称中心导体）、环绕绝缘层、金

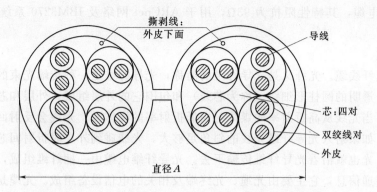

图 6-20　双体电缆系统 24AWG 非屏蔽 4/4 对电缆

属屏蔽网（外导体）和最外层的护套组成。外导体金属屏蔽网可以是密集型的，也可是网状型的，是用来屏蔽电磁干扰和防止辐射。其频率特性比双绞线好，能进行较高速率的模拟信号传输。由于它的屏蔽性能好，抗干扰能力强，通常多用于基带传输。但其传输数字信号速率较低，目前较少使用。其结构如图 6-21 所示。

图 6-21　同轴电缆的结构示意图

1. 电气参数

（1）特性阻抗。是用来描述电缆信号传输特性的指标，其数值取决于同轴线内外导体的半径、绝缘介质和信号频率。

（2）衰减（Attenuation）。一般指 500m 长的电缆段的衰减值。当用 10MHz 的正谐波进行测量时，它的值不超过 8.5dB（17dB/km）；而用 5MHz 的正谐波进行测量时，它的值不超过 6.0dB（12dB/km）。

（3）传播速度。最低传播速度为 0.77c（c 为光速）。

（4）直流回路电阻。中心导体的电阻与屏蔽层的电阻之和不超过 10mΩ/m（在 20℃下测量）。

2. 基本类型

有基带同轴电缆和宽带同轴电缆。

3. 常用的同轴电缆

目前，常用的基带同轴电缆：RG-8 和 RG-11 粗同轴电缆，其直径近似 13mm（1/2in），特性阻抗为 50Ω（平均特性阻抗为 50Ω±2Ω），通常用于粗缆以太网。粗同轴电缆的屏蔽层是用铜做成网状的；RG-58 细同轴电缆，其直径为 6.4mm（1/4in），特性阻抗为 50Ω，通常用于细缆以太网。常用的宽带同轴电缆有：RG-59 同轴电缆，其屏蔽层通常是用铝箔冲压制成的，其特性阻抗为 75Ω，可用于电视传输，也可用于宽带数据网络；

RG-62同轴电缆，其特性阻抗为93Ω，用于ARCnet网络及IBM3270系统中，是网络电缆。

三、光缆

光缆即光纤线缆。光纤又是光导纤维的简称，光导纤维是一种传输光束的细而柔韧的媒质，它是由透明的圆柱形细线（称为芯线）和包围它的外层组成，外层和芯线相比有较低的折射率。当光线从高折射率的媒体射向低折射率的媒体时，光线会反射回高折射率的媒体。因而，如果射入光导纤维光线的斜角足够大，光线碰到外层时折射回芯线，这个过程不断重复，光也就沿着光导纤维传输下去。光导纤维电缆由一捆纤维组成，光缆传输就是利用光纤传递信息，它主要由光缆、光终端及相关的电信设备组成。光缆是传输数据最有效的一种传输介质。光纤结构如图6-22所示。

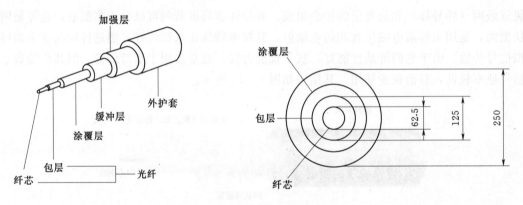

图6-22 光纤结构示意图（单位：μm）

1. 光纤的特点

光纤作为一种通信介质与其他典型的基于铜的介质相比，具有以下几个关键的优点。

（1）高带宽。

（2）由于它是一种光学介质，光纤电缆中传输的是光束，而光束是不受外界电磁干扰影响的，而且本身也不向外辐射信号，抗干扰及电磁绝缘性能好，体积小，传输的保密性强，因此它适用于传输距离长、数据容量大以及要求高度安全的场合。

（3）中继器的间隔较大，减少整个通道中继器的数目，降低成本，而同轴电缆和双绞线在长距离使用中就需要接中继器。

（4）衰减较小，可以说在较大范围内是一个常数。

光缆是理想的大容量宽频传输线路，是综合布线系统中不可缺少的技术手段。光纤的缺点是价格较贵，安装施工也较为困难。但随着工艺的进步，这种情况也正在迅速地改变。

2. 光纤的种类

光纤主要有两大类，即单模/多模光纤和折射率分布类光纤。

（1）单模/多模光纤。根据光在光纤中的传输模式不同，可分为单模光纤和多模光纤。单模光纤（Single Mode Fiber，SMF）的纤芯直径很小，在给定的工作波长上只能以单一模式传输，传输频带宽，传输容量大，一般用于长距离传输。光信号可以沿着光纤的轴向传播，因此光信号的损耗很小，离散也很小，传播的距离较远。单模光纤芯直径为 8～10μm，包括包层直径为 125μm。多模光纤（Multi Mode Fiber，MMF）是在给定的工作波长上，能以多个模式同时传输的光纤。多模光纤的纤芯直径一般为 50～200μm，而包层直径的变化范围为 125～230μm。与单模光纤相比，多模光纤的传输性能要差，见表 6 - 4 所列。

表 6 - 4　　　　　　　　　　　　单模光纤与多模光纤的特性比较

单　模	多　模	单　模	多　模
用于高速度、长距离	用于低速度、短距离	窄芯线，需要激光源	宽芯线，聚光好
成本高	成本低	耗散极小，高效	耗散大，低效

光纤波长有 850nm 的短波长（指定为 SX）、1550nm 的长波长（指定为 LX）之分。850nm 波长区为多模光纤通信，1550nm 波长区为单模光纤通信，1300nm 波长区有单模和多模两种光纤通信方式。

在网络工程中，一般是用 62.5μm/125μm 规格的多模光纤，有时也用 50μm/125μm 和 100μm/140μm 规格的多模光纤。户外布线大于 2km 时可选用单模光纤。

（2）折射率分布类光纤。按折射率分布，光纤可分为跳变式光纤和渐变式光纤。

跳变式光纤纤芯的折射率和保护层的折射率都是一个常数，在纤芯和保护层的交界面，折射率呈阶梯形变化。渐变式光纤的折射率随着半径的增加按一定规律减少，在纤芯与保护层交界处减小为保护层的折射率，纤芯折射率的变化近似于抛物线，折射率分布类光纤光束传输示意如图 6 - 23 所示。

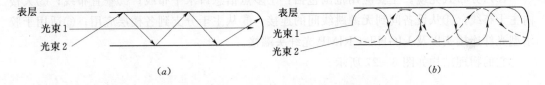

图 6 - 23 折射率分布类光纤光束传输示意图

(a) 光束在跃变式光纤中的传播过程；(b) 光束在渐变式光纤中的传播过程

光纤的类型由模材料（玻璃或塑料纤维）及纤芯和外层尺寸决定，纤芯的尺寸大小决定光的传输质量。光纤按纤芯直径尺寸划分有 50μm 渐变型多模光纤、62.5μm 渐变增强型多模光纤和 8.3μm 跳变型单模光纤，光纤的包层直径均为 125μm。

在综合布线系统中，按工作波长采用的光纤是 0.85μm（0.8～0.9μm）和 1.30μm（1.25～1.35μm）两种。

以光纤（MMF）纤芯直径考虑，推荐采用 50μm/125μm（光纤为 GB/T 12357 规定的 Ala 类）或 62.5μm/125μm（光纤为 GB/T 12357 规定的 Alb 类）两种类型的光纤。

在要求较高的场合，也可采用 8.3μm/125μm 突变型单模光纤（SMF）（光纤为 GB/T 9771 规定的 BI.I 类），一般以 62.5μm/125μm 渐变型增强多模光纤使用较多，因为它具有光耦合效率较高、纤芯直径较大，在施工安装时光纤对准要求不高，配备设备较少等优点，而且光缆在微小弯曲或较大弯曲时，其传输特性不会有太大的改变。

3. 常用光缆及其力学性能

（1）单芯互联光缆。单芯互联光缆的结构如图 6-24 所示。

主要应用范围包括：①跳线；②内部设备连接；③通信柜配线面板；④墙上出口到工作站的连接；⑤水平拉线，直接端接；⑥适于使用环氧树脂或光接续（LIGHT CRIMP）连接头端接。

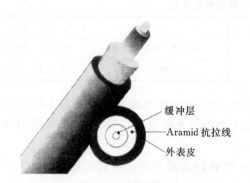

图 6-24 单芯互联光缆结构

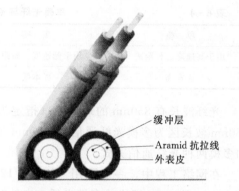

图 6-25 双芯互联光缆物理结构

（2）双芯互联光缆。主要应用范围包括：①交连跳线；②水平走线直接端接；③光纤到桌面；④通信柜配线面板；⑤墙上出口到工作站的连接；⑥适用于使用环氧树脂或 LIGHT CRIMP 连接头端接。

双芯互联光缆物理结构如图 6-25 所示。四芯光缆其物理结构如图 6-26 所示。

（3）分布式光缆。主要应用范围包括：①多点信息口水平布线；②垂直布线；③大楼内主干布线；④从设备间到无源跳线间的连接；⑤从主干分支到各楼层应用；⑥适用于胶水型光纤连接头以及 LIGHT CRIMP 光纤头端接。

它的物理结构如图 6-27 所示。

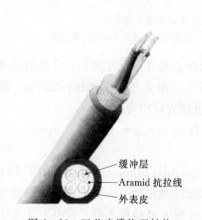

图 6-26 四芯光缆物理结构

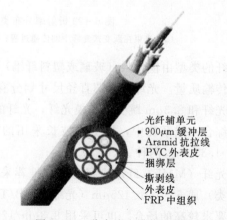

图 6-27 分布式光缆物理结构

（4）分散式光缆。主要特点：①高性能的单模和多模光纤符合所有的工业标准；②900μm 紧密缓冲外衣易于连接与剥除；③2.4mm 独立光纤辅单元，允许带套连接头端接；④UL/CSA 验证符合 OFNR 和 OFNP 性能要求；⑤设计和测试均根据 Bellcore GR -409 - CORE 及 IEC793 - 1/794 - 1 标准；⑥扩展级别 62.5/125 符合 ISO/IEC11801（1995 标准）；⑦布线方式高度灵敏；⑧Aramid 抗拉线增强组织对光纤的保护。

分散式光缆应用范围：①分散光缆组合；②多根光纤交插连接，结构坚固；③水平光纤到多站点出口，端接简单、直接；④适于环氧树脂光纤连接头以及 LIGHT CRIMP 光纤头直接端接。

分散式光缆有 4 芯、6 芯、8 芯、12 芯几种。它的物理结构如图 6 - 28 所示。

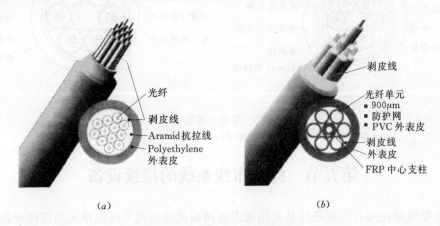

图 6 - 28　分散式光缆物理结构
(a) 多单元分散型 12 芯光缆；(b) 多单元分散型 24~72 芯光缆

（5）室外光缆 4～12 芯铠装型与全绝缘型。主要应用范围包括：①园区中楼宇之间的连接；②长距离网络；③主干线系统；④本地环路和支路网络；⑤严重潮湿、温度变化大的环境；⑥架空连接（和悬缆线一起使用）、地下管道或直埋、悬吊缆/服务缆。

分散式光缆有 4 芯、6 芯、8 芯、12 芯几种。它的物理结构如图 6 - 29 所示。

（6）室外光缆 24～144 芯铠装型与全绝缘型。主要应用范围包括：①园区中楼宇之间

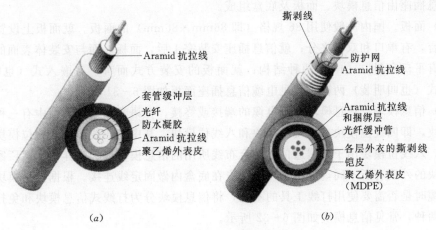

图 6 - 29　分散式光缆物理结构
(a) 室外光缆 4~12 芯（单管全绝缘）；(b) 室外光缆 4~12 芯（单管铠装）

的连接；②长距离网络；③主干线系统；④本地环路和支路网络；⑤严重潮湿、温度变化大的环境；⑥架空连接（和悬缆线一起使用）、地下管道或直埋。

室外光缆 24～114 芯光缆分全绝缘型和铠装型，规格有 24 芯、36 芯、48 芯、60 芯、72 芯、96 芯、144 芯 7 种。其物理结构如图 6-30 所示。

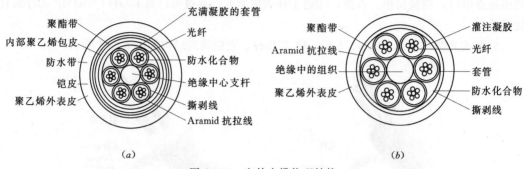

图 6-30　室外光缆物理结构
(a) 室外光缆 24～144 芯（单管铠装）；(b) 室外光缆 24～48 芯（全绝缘）

第五节　综合布线系统的接续设备

综合布线所使用的连接硬件是由用来连接两根线缆或两个线缆单元的器件或器件组合而成的。不同的线缆需要使用不同的连接硬件来进行端接或连接。

一、双绞线电缆连接件

双绞线电缆的连接件主要有信息插座、电缆配线架（简称配线架）和跳线等。通常配线电缆（水平子系统）的一端端接在楼层配线间的配线架上，再通过跳线连至垂直干线子系统（对语音）或交换机（对数据）。另一端终接于信息插座的信息模块上，再通过跳线连至终端设备。

1. 信息插座

信息插座由信息模块、面板及底盒组成。

（1）面板。国内一般使用 86 规格（即 86mm×86mm）的面板。就面板上设置的信息口数而言，有单口和双口之分；就信息插座安装完工后，面板表面与安装体表面的平行度而言，有平口和斜口（45°）两种结构；就面板的安装方式而言，有嵌入式（也叫暗装）和桌面式（也叫明装）两种。常见电缆信息插座面板如图 6-31 所示。

（2）信息模块。信息模块用于电缆的端接或终接。在语音和数据通信中有三种不同规格的模块，即四线位模块、六线位模块和八线位模块，其中的四线位或六线位模块用于语音通信，八线位模块用于数据通信。综合布线所用的信息模块多种多样，不同厂家生产的信息模块的外观有所不同，但信息模块都应在底盒内做固定线连接。根据信息模块端接双绞线电缆时是否需要使用打线工具的不同，将信息模块分为打线式信息模块和免打线式信息模块两种，常见信息模块如图 6-32 所示。

另外，除 UTP 信息模块外，还有屏蔽式信息模块，如图 6-33 所示。屏蔽式信息模块端接屏蔽双绞线电缆时，屏蔽双绞线电缆的屏蔽层与屏蔽信息模块端接处的屏蔽罩必须保持 360°圆周接触，且接触长度不宜小于 10mm。

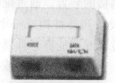
桌面型信息插座

地板插座

单口斜口 45°信息插座

单口信息插座

双口信息插座

双口斜口 45°信息插座

图 6-31　电缆信息插座面板

超五类模块

超五类模块（免打）

六类模块

四芯电话模块

图 6-32　常见非屏蔽信息模块

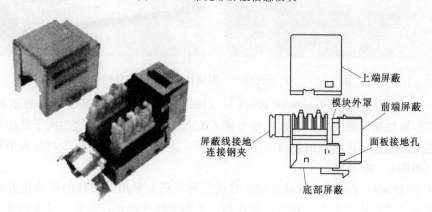

图 6-33　屏蔽信息模块外形及结构

2. 配线架

电缆配线架是在设备间和交接间，用做双绞线电缆端接的装置。通过配线架，提供各子系统间相互连接的手段，使整个布线系统与其连接的设备和器件构成一个有机的整体。调整配线架上的交接跳线则可以安排电缆路由，从而使传输线路能够延伸到建筑物内部的各个工作区。配线架是综合布线系统灵活性的集中体现，一般都与理线环或理线架搭配在一起使用，常见的电缆配线架有 RJ45 模块化配线架和 110 配线架两个系列。

（1）RJ45 模块化配线架。RJ45 模块化配线架又称数据配线架，用于端接水平电缆和通过跳线连接交换机等网络设备。

RJ45 模块化配线架结构简单，常用的有超五类、六类模块化配线架。如图 6-34 所示，这种面板型模块化配线架可安装在 19 英寸机柜内，自带的理线环方便理线，24 口、48 口随意选择，可灵活地配合系统的扩充。每个24 口的配线架上装有四个配线模块，采用独特的设计技术，模块可取下，方便从支架的前面或后面进行端接。

图 6-34 RJ45 模块化配线架

（2）110 配线架。110 配线架又叫语音配线架，需要和 110C 连接块配合使用。用于端接配线电缆或干线电缆，并通过跳线连接水平子系统和干线子系统。

110 配线架是由高分子合成阻燃材料压模而成的塑料件，它的上面装有若干齿形条，每行最多可端接 25 对线。双绞线电缆的每根线放入齿形条的槽缝里，利用冲压工具就可以把线压入 110C 连接块上。100 对线的 110 型墙挂和柜装配线架如图 6-35 所示。

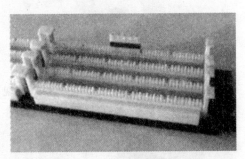

图 6-35 100 对线的 110 型墙挂配线架和柜装配线架

（3）110C 连接块（Connecting Block）。110C 连接块是一个单层耐火的塑料模密封器，内含熔锡快速接线夹子。当连接块被推入配线架的齿形条时，这些夹子就切开连线的绝缘层建立起连接。连接块的顶部用于交叉连接，顶部的连线通过连接块与齿形条内的连线相连，如图 6-36 所示。

110C 连接块有三对线、四对线和五对线三种规格。采用三对线的模块化方案时，25对线的齿形条可以使用七个三对线连接块和一个四对线连接块，最后一对线通常不用。采用四对线的模块化方案时，25 对线的齿形条可以使用五个四对线连接块和一个五对线连

图 6-36　六类 110C 连接模块

接块。采用五对线的模块化方案时，25 对线的齿形条可以使用五个五对线连接块。110C 连接块与 110 配线架的组装如图 6-37 所示。

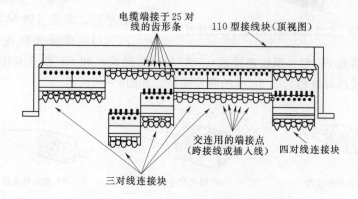

图 6-37　110 配线架和 110C 连接块的组装

（4）理线架。理线架如图 6-38 所示，作为配线架的附件，其主要功能是让机柜里的线缆更加整齐、规范，更便于管理，使整个布线系统整洁美观。

3. 电缆跳线

电缆跳线俗称跳线，是一段两端做好水晶头的软性电缆，常用的有 RJ45 跳线

图 6-38　理线架

和 RJ11 跳线。RJ45 跳线是用八芯双绞线电缆做成的，用于配线架到交换设备和信息插座到计算机的连接，根据线序要求的不同又分为直连跳线和交叉跳线两种。RJ11 跳线主要用于语音部分的连接。

二、光缆连接件

在综合布线工程中，要形成一条光纤链路，除了光缆外，还需要各种不同的连接部件，其中主要包括光纤配线架、光纤连接器、光纤适配器、光纤尾纤和光纤插座等。

1. 光纤配线架（ODF）

光纤配线架是光缆与光通信设备之间的配线连接部件，用于光纤通信系统中光缆的端接和分配，具有光缆端接、光纤配线、尾纤收容等功能，可方便地实现光纤链路的熔接、跳线、分配和调度。

光纤配线架有机架式光纤配线架、壁挂式光缆终端盒和光纤配线箱等类型。机架式光

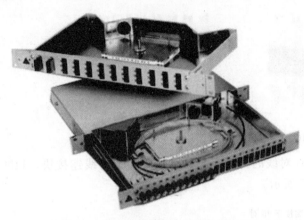

图 6-39 光纤配线架外形及内部结构图

纤配线架的外形和内部结构如图 6-39所示。

2. 光纤连接器

光纤连接器是用来成端光纤的。光纤连接器按连接头结构的不同可分为 FC、SC、ST、LC、D4、DIN、MU、MT 等各种形式；按光纤端面形状的不同，可分为 FC（对接端面是平面）、PC（对接端面成球面）和 APC 三种类型；按光纤芯数多少还有单芯、多芯（如 MT-RJ）之分。

（1）传统光纤连接器。主流的传统光纤连接器是 FC 型（螺纹连接式）、SC 型（直插式）和 ST 型（卡扣式）三种，它们的共同特点是都有直径为 2.5mm 的陶瓷插针，如图6-40所示。

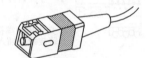
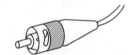

FC 型光纤连接器　　　　SC 型光纤连接器　　　　ST 型光纤连接器

图 6-40　FC、SC、ST 型光纤连接器

其中，FC 型光纤连接器的外壳呈圆形，其外部加强采用金属套，紧固方式为螺丝扣。采用的陶瓷插针的对接端面是平面接触方式。

SC 型光纤连接器的外壳呈方形，紧固方式为插拔销闩式，其中的陶瓷插针端面多采用 PC 或 APC 研磨方式。

ST 型光纤连接器的外壳呈圆形，紧固方式为卡扣式，其中的陶瓷插针端面多采用 PC 或 APC 研磨方式。

（2）小型化（SFF）光纤连接器。小型化光纤连接器是为了满足用户对连接器小型化、高密度连接的使用要求而研发出来的。它压缩了光纤配线架、配线箱等所需要的空间，使其占有的空间只相当传统 ST 和 SC 连接器的一半，已经越来越受到用户的喜爱，大有取代传统光纤连接器的趋势，是光纤连接器的发展方向。目前最主要的 SFF 光纤连接器有四种类型，即美国朗讯公司开发的 LC 型光纤连接器、日本 NTT 公司开发的 MU 型光纤连接器、美国 Tyco Electronics 和 Siecor 公司联合开发的 MT-RJ 光纤连接器和 3COM 公司开发的 VF-45 型光纤连接器，其外形如图 6-41 所示。

3. 光纤适配器（光耦合器）

光纤适配器又称光耦合器，用于连接已成端的光纤或尾纤，是实现光纤活动连接的重要器件之一。它通过尺寸精密的开口套管在适配器内部实现了光纤连接器的精密对准连

 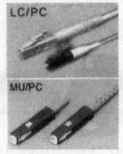 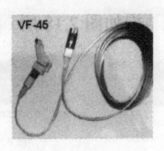

图 6-41 小型化（SFF）光纤连接器

接，保证两个连接器之间有一个低的连接损耗。

综合布线中常用的光耦合器有 ST、SC 和 FC 耦合器等，如图 6-42 所示。

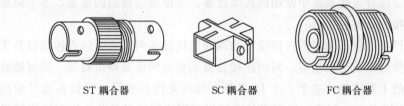

ST 耦合器　　　　　SC 耦合器　　　　　FC 耦合器

图 6-42 光耦合器

4. 光纤跳线和光纤尾纤

光纤跳线是两端带有光纤连接器的光纤软线，又称为互连光缆，有单芯和双芯、多模和单模之分。单模光纤跳线为黄色，多模光纤跳线为橘红色。光纤跳线主要用于光纤配线架到交换机光口、光电转换器之间或光纤信息插座到计算机的连接。根据需要，光纤跳线两端的连接器可以是同类型的，也可以是不同类型的，其长度一般在 5m 以内。

光纤尾纤的一端是光纤，另一端是光纤连接器，用于采用光纤熔接法制作光缆成端。事实上，一条光纤跳线剪断后，就成了两条光纤尾纤。常见光纤跳线和光纤尾纤如图 6-43 所示。

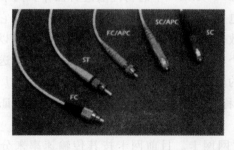 

SC 型跳线

图 6-43 光纤跳线和光纤尾纤

5. 光纤信息插座

光纤到桌面时，需要安装光纤信息插座，光纤信息插座是一个带光纤适配器的光纤面板，如图 6-44 是部分光纤信息插座面板的外形。

OPO7-MLC   OPO7-STO2   OPO7-SCO2

图 6-44 光纤信息插座面板外形

第六节 网络连接设备

前面介绍了综合布线系统中常用的接续设备，考虑组建网络的需要，本节简单介绍几个有关网络连接的设备。

网络连接设备通常分为网内连接设备和网间连接设备两大类。网内连接设备主要有网卡、中继器、集线器及交换机等。网间连接设备主要有网桥及路由器等。同时随着无线局域网产品技术的不断成熟，基于 802.11 系列标准的无线局域网连接设备也开始出现。按照 ISO/OSI-RM 的七个层次，除网卡外，可以将网络连接设备分为物理层连接设备、数据链路层连接设备、网络层连接设备等类型。

目前，在计算机网络和 Internet 中，用于计算机之间、网络与网络之间的常见连接设备有网卡、集线器、交换机及路由器等。

一、网卡

网卡也叫"网络适配器"（NIC，Network Interface Card）是物理上连接计算机与网络的硬件设备，是计算机网络中最基本的部件之一。每种 NIC 都针对某一特定的网络，如以太网络、令牌环网络、FDDI 等。无论是对绞电缆连接、同轴电缆连接还是光纤连接，都须借助网卡才能实现数据通信、资源共享。

网卡在开放式互联参考模型（ISO/OSI-RM）中的物理层进行操作。网卡插在计算机的主板扩展槽中，通过网线（如对绞电缆、同轴电缆等）与网络交换数据。它主要完成两大功能，一是读入由网络传输过来的数据包，经过拆包，将其变成计算机可以识别的数据，并将数据传输到所需设备中。另一个功能是将 PC 发送的数据，打包后输送至其他网络设备。对于网卡而言，都有一个唯一的网络结点地址。这个地址是网卡生产厂家在生产时烧入只读存储芯片（ROM）中的，并称之为 MAC 地址或物理地址，且保证绝对不会重复。

我们日常使用的网卡大多数是以太网网卡。目前网卡按其传输速率来分，可分为 10Mbps、100Mbps、10/100Mbps 自适应网卡及千兆（1000Mbps）网卡。如果只是作为一般用途，如日常办公等，目前多数选用 10/100Mbps 自适应网卡。图 6-45 所示是 Intel PRO/1000GT 台式机网卡，这种网卡基于 Intel 无铅技术而制造，在无需额外付费的情况下为用户提供了赋予台式机千兆位性能的环保方式。之所以环保是因为 GT 台式机网卡不含铅，符合欧盟的有害物质限用指令和日本的白色商品回收法令（White Goods Recycling Act）。

局域网常用的主干通信设备有集线器、交换机、网络适配器、路由器和调制解调器等。

二、集线器

集线器（Hub）属于通信网络系统中的基础设备，是对网络进行集中管理的最小单元。英文 Hub 就是中心的意思，像树的主干一样，它是各分支的汇集点。集线器工作在局域网（LAN）环境，像网卡一样，应用于 ISO/OSI-RM 参考模型的物理层，因此被称为物理层设备。

图 6-45　Intel PRO/1000GT 台式机网卡外形

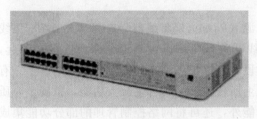

图 6-46　集线器外形

最简单的独立型集线器有多个用户端口（8 口或 16 口），如图 6-46 所示，用对绞电缆把每一端口与网络工作站或服务器进行连接。数据从一个网络结点发送到集线器以后，就被中继到集线器中的其他所有端口，供网络上每一个用户使用。独立型集线器通常是最便宜的集线器，适合小型独立的工作组、办公室或者部门。

普通集线器外部面板结构非常简单。比如 D-Link 最简单的 10Base-T Ethernet Hub 集线器是个长方体，背面有交流电源插座和开关、一个 AUI 接口和一个 BNC 接口，正面的大部分位置分布有 RJ45 接口。在正面的右边还有与每个 RJ45 接口对应的 LED 接口指示灯和 LED 状态指示灯。高档集线器从外表上看，与现代路由器或交换式路由器没有多大区别。尤其是现代双速自适应以太网集线器，由于普遍内置有可以实现内部 10Mbps 和 100Mbps 网段间相互通信的交换模块，使得这类集线器完全可以在以该集线器为结点的网段中，实现各结点之间的数据交换，有时大家也将此类交换式集线器简单地称之为交换机。这些使得初次使用集线器的用户很难正确地辨别它们，通常比较简单的方法是根据背板接口类型来判别。

集线器是一个共享网络连接设备，主要提供信号放大和中转功能，它把一个端口接收的所有信号向所有端口分发出去。一些集线器在分发之前将弱信号加强后重新发出，一些集线器则排列信号的时序以提供所有端口间的同步数据通信。在这方面，集线器所起的作用相当于多端口的中继器。其实，集线器实际上就是中继器的一种，区别仅在于集线器能够提供更多的端口服务，所以集线器又叫多口中继器。

依据 IEEE 802.3 协议，集线器功能是随机选出某一端口的设备，并让它独占全部带宽，与集线器的上连设备（交换机、路由器或服务器等）进行通信。由此可以看出，集线器在工作时具有以下两个特点。

首先，Hub 只是一个多端口的信号放大设备，工作中当一个端口接收到数据信号时，由于信号在从源端口到 Hub 的传输过程中已有了衰减，所以 Hub 便将该信号进行整形放大，使被衰减的信号再生（恢复）到发送时的状态，紧接着转发到其他所有处于工作状态的端口上。从 Hub 的工作方式可以看出，它在网络中只起到信号放大和重发作用，目的是扩大网络的传输范围，而不具备信号的定向传送能力，因此是一个共享式网络连接设备。

其次，Hub 只与它的上连设备（如上层 Hub、交换机或服务器等）进行通信，同层的各端口之间不会直接进行通信，而是通过上连设备将信息再广播到所有端口上。由此可见，即使是在同一 Hub 的不同两个端口之间进行通信，需要经过两步操作：第一步，将信息上传到上连设备；第二步，上连设备将该信息再广播到所有端口。不过，随着技术的发展变化，目前许多 Hub 在功能上进行了拓宽，不再受这种工作机制的影响。

Hub 作为网络通信传输介质间的中央结点，它实现了局域网的星型连接，克服了总线结构局域网的缺陷。以集线器为网络连接中心的优点是当网络中某条线路或某结点出现故障时，不会影响网上其他结点的正常工作。

如果按照工作模式区分，集线器可分为无源（Passive）集线器、有源（Active）集线器和智能（Intelligent）集线器三种。无源集线器只是将多段网络通信介质连接在一起，不对所传输的信号进行任何处理，每一种介质段只允许扩展到其最大有效距离的一半。有源集线器与无源集线器类似，但它具有对网络上所传输信号的再生放大功能，扩展了介质段的长度。智能集线器除具有有源集线器的功能外，还可将网络控制管理的部分功能集成到集线器中。随着集线器技术的发展，出现了交换技术和网络分段方式，从而提高了终端结点的传输带宽。

如果按照设备类型区分，集线器又可分为切换式、共享式和可堆叠共享式三种。切换式集线器在工作时重新生成每一个传输信号，在发送前过滤每一个数据包，并且只将其发送到目的地址。切换式集线器允许 10Mbps 和 100Mbps 的结点计算机处于同一网段中。共享式集线器向所有连接的结点计算机提供一个共享的最大频宽，但是它不过滤或重新生成所传输的信号，所有连接的结点计算机必须以同一速度工作。共享式集线器的价格低于切换式集线器。堆叠共享式集线器是共享式集线器的一种，多个小型集线器可以级联在一起，作为一个大型集线器使用。如四个八端口的集线器级联在一起时，可以当作一个 32口的集线器。

三、交换机

交换机（Switch）又称网络开关，如图 6-47所示，属于集线器的一种，也是一种多端口网络连接设备，其外观、接口与集线器一样，但是与普通集线器在功能上有很大差别。集线器位于计算机网络体系结构的物理层，其功能仅限于接收和发送数据，通常以广播方式工作，即集线器某

图 6-47　交换机外形

个端口工作时，其他所有端口都能够收听到信息，所有的端口共享一个通信带宽，容易产生广播风暴。交换机位于计算机网络体系结构的数据链路层，它是在对数据包智能分析的基础上，有选择地针对目的结点计算机进行数据发送。交换机在进行通信处理时，只有发

出请求的端口和目的端口之间相互响应，而不影响其他端口，每个端口都有自己独占的带宽。因此，交换机能够确保收发结点计算机之间的通信带宽，并且能够有效抑制广播风暴的产生。

传统局域网交换机是工作在 ISO/OSI－RM 数据链路层的网络互联设备。其工作原理是交换机收到数据帧后，根据该数据帧的 MAC 地址，查询交换机的内部地址表（MAC 地址表），找到相应的交换机端口后，将此数据帧转发出去。这样，在两个终端传输数据的同时，其他终端也能进行数据通信。利用专门设计的集成电路可使交换机以线路速率在所有的端口并行转发数据。显然，第二层交换机的最大好处是数据传输快，因为它仅需要识别数据帧中的 MAC 地址，而直接根据 MAC 地址产生选择转发端口的算法又十分简单，易于采用 ASIC 芯片实现。所以，第二层交换的解决方案实际上是一个"处处交换"的廉价方案。

第三层交换机实际上是将传统交换机与传统路由器结合起来的网络互联设备，它既可以完成传统交换机的端口交换功能，又可完成部分路由器的路由功能。当然，这种两层设备与三层设备的结合，并不是简单的物理结合，而是各取所长的逻辑结合。其中最重要的是，当某一信息源的第一个数据流进入第三层交换机后，其中的路由系统将产生一个 MAC 地址与 IP 地址映射表，并将该表存储起来；当同一信息源的后续数据流再次进入第三层交换机时，交换机将根据第一次产生并保存的地址映射表，直接从第二层由源地址传输到目的地址，而不再经过第三层路由系统处理，消除了路由选择时造成的网络时延，提高了数据分组的转发效率，解决了网间数据传输时路由产生的速率瓶颈。

如上所述，第三层交换机是将第二层交换机和路由器两者优势结合成一个有机、灵活并可提供线速性能的整体交换方案。另外，第三层交换的目的也非常明确，即只需在源地址和目的地址之间建立一条更为直接快捷的第二层通路，而不必经过路由器来转发同一信息的每个数据分组。

事实上，第三层交换方案是一个能够支持分类所有层次动态集成的解决方案，虽然这种多层次动态集成也能够由传统路由器和第二层交换机搭载一起完成。但搭载方案与采用第三层交换机相比，不仅需要更多的设备配置、更大的空间和更多的布线成本，而且数据传输性能也差很多，因为在海量数据传输中，搭载方案中的路由器无法克服传输速率瓶颈问题。

最近，在第三层交换机的基础上已开始研发第四层交换机。

四、路由器

十几年来，随着计算机网络规模的不断扩大，Internet 的迅猛发展，路由技术在计算机网络技术中已逐渐成为关键，路由器也随之成为最重要的网络互联设备。用户的需求推动着路由技术的发展和路由器的普及，人们已经不满足于仅在本地网络上共享信息，而希望最大限度地利用全球各个地区、各种类型的网络资源。而在目前情况下，任何一个有一定规模的计算机网络（如企业网、园区网等），无论采用的是快速以太网技术、FDDI 技术，还是 ATM 技术，都离不开路由器，否则就无法正常运行和管理。

按照 ISO/OSI－RM，路由器工作在网络层，是一种连接多个网络或网段的网络互联设备，它为不同网络之间的用户提供最佳的通信路径，因此路由器有时俗称为"路径选择器"。路由器通过路由决定数据的转发。转发策略称为路由选择（Routing），这也是路由器名称的由来（Router，转发者）。路由器能将不同网络或网段之间的数据信息进行"翻译"，以使它们能够相互"读"懂对方的数据含义，从而构成一个更大的网络。作为不同网络之间互相连接的枢纽，路由器系统构成了基于 TCP/IP 协议体系的 Internet 的主体脉络，也可以说，路由器构成了 Internet 的核心。因此，路由器的处理速度是通信网络的主要瓶颈之一，可靠性则直接影响着网络互联的质量。所以在园区网、企业网、乃至整个 Internet 研究领域，路由器技术始终处于核心地位，其发展历程和方向，成为整个 Internet 研究的一个缩影。目前，各种不同档次的产品已经成为实现各种骨干网内部连接、骨干网间互联和骨干网与 Internet 互联互通的主力军。

所谓路由就是指通过相互连接的网络把数据信息从源结点传送到目的结点的活动。一般说来，在路由过程中，信息至少会经过一个或多个中间结点。通常，人们会把路由和交换进行对比，这主要是因为在普通用户看来两者所实现的功能完全一样。其实，路由和交换之间的主要区别就是交换发生在 ISO/OSI－RM 的数据链路层，而路由发生在网络层。这一区别决定了路由和交换在数据传输过程中需要使用不同的控制信息，所以两者实现各自功能的方式是不同的。

路由器主要用于多个逻辑上独立的网络间的通信。逻辑上独立的网络通常是指网络地址不同的网络或网络地址相对独立的子网。当数据从一个逻辑上独立的网络传输到另一个网络时，要通过路由器进行转发。因此路由器在计算机网络体系结构中位于网络层。路由器在工作时是多个网络的成员在它的内部维护着一张路由表，记录网络与路由器收发端口的对应关系。当某台计算机发送的跨越不同网络的数据包被路由器接收后，路由器查路由表，确定输出端口，转发给下一台路由器，这台路由器又转发给另外一台路由器，直到接收端计算机收到这个数据包。因此，路由器具有判断网络地址、选择通信路径和进行数据包转发的功能，路由器在局域网和广域网中都被用作网络主干通信设备。

如图 6－48～图 6－50 所示为常见的几种形式的路由器。

五、调制解调器

调制解调器是计算机联网中的一个非常重要的设备。它是一种计算机硬件。它能把计算机产生出来的信息翻译成可沿普通电话线传送的模拟信号。而这些模拟信号又可由线路另一端的调制解调器接收，并译成接收计算机可懂的语言。这一简单过程展现了计算机通信的广阔世界。

调制解调器的英文单词为 Modem，它来自于英文术语 MODulator/DEModulator（调制器/解调器），是一种翻译器。它将计算机输出的原始数字信号变换成适应模拟信道的信号，我们把这个实现调制的设备称为调制器。从已调制信号恢复为数字信号的过程称为解调，相应的设备叫做解调器。调制器与解调器合起来称为调制解调器。

在计算机联网中，往往需要将城市中的不同区域甚至不同城市、不同国家的数据装置连接起来，使它们能相互传输数据。在这些远程连接中，不同的数据装置的空间距离有数千米甚至几千千米，一般用户很难为它们敷设专用的通信媒体。于是人们把眼光放在了早

图6-48 四端口路由器

图6-49 无线路由器

图6-50 宽带路由器

已遍布全球各个角落的电话网上。电话网除可用作电话通信外，还可用来开放数据传输业务。由于公司电话网最初是为适应电话通信的要求而设计的，因此它采用频分多路载波系统来实现多个电话电路复用的模拟传输方式。每个话路的有效频带宽度为 0.3～3.4kHz。但数据终端是"1"、"0"组合的数字信号，其频带宽度远大于一个话路的带宽。为了使这种"1"、"0"数字信号能在上述的模拟信道上传送，需要把"1"、"0"数字信号变换为模拟信号的形式，在通信的另一端作相反方向的变换，以便于数据终端的接收。这种功能的转换，就需要通过使用调制解调器来完成。

第七节 综合布线的主要参数指标

信道（Channel）是通信系统中必不可少的组成部分，它是从发送输出端到接收输入端之间传送信息的通道。以狭义来定义，它是指信号的传输通道，即传输介质，不包括两端的设备。综合布线系统的信道是有线信道，从图6-51可看出其信道不包括两端设备。

链路与信道有所不同，它在综合布线系统中是指两个接口间具有规定性能的传输通道，其范围比信道小。在链路中既不包括两端的终端设备，也不包括设备电缆（光缆）和工作区电缆（光缆）。在图6-51中可以看出链路和信道的不同范围。

在综合布线系统工程设计中，必须根据智能化建筑的客观需要和具体要求来考虑链路的选用。它涉及链路的应用级别和相关的链路级别，且与所采用的缆线有着密切关系。目前链路有五种应用级别，不同的应用级别有不同的服务范围及技术要求。布线链路按照不同的传输介质分为不同级别，并支持相应的应用级别。具体分类情况见表6-5。

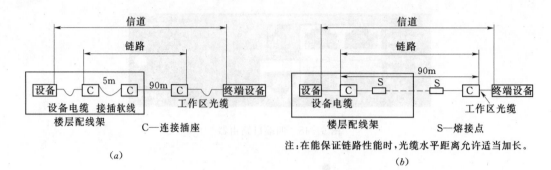

图 6-51 对称电缆与光缆的水平布线模型

(a) 对称电缆水平布线模型;(b) 光缆水平布线模型

表 6-5   综合布线系统链路的应用级别和链路级别

应用级别	布线链路传输介质	应用场合	支持应用的链路级别	频率
A	A级对称电缆布线链路	话音带宽和低频信号	最低速率的级别,支持 A 级	100kHz 以下
B	B级对称电缆布线链路	中速(中比特率)数字信号	支持 B 级和 A 级的应用	1MHz 以下
C	C级对称电缆布线链路	高速(高比特率)数字信号	支持 C 级、B 级和 A 级的应用	16MHz 以下
D	D级对称电缆布线链路	超高速(甚高比特率)数字信号	支持 D 级、C 级、B 级和 A 级的应用	100MHz 以下
光缆级	光缆布线链路	高速和超高速率的数字信号	支持光缆级的应用,支持传输速率 10MHz 及以上的各种应用	10MHz 及其以上

特性阻抗为 100Ω 双绞电缆及连接硬件的性能分为三类、四类、五类、六类,它们分别适用于以下相应的情况:

三类 100Ω 的双绞电缆及其连接硬件,其传输性能支持 16MHz 以下速率的应用;

四类 100Ω 的双绞电缆及其连接硬件,其传输性能支持 20MHz 以下速率的应用;

五类 100Ω 的双绞电缆及其连接硬件,其传输性能支持 100MHz 以下速率的应用;

六类 100Ω 的双绞电缆及其连接硬件,其传输性能支持 1000MHz 以下速率的应用。

特性阻抗为 150Ω 的数字通信用对称电缆(简称 150Ω 对称电缆)及其连接硬件,只有五类一种,其传输性能支持 100MHz 以下速率的应用。

在我国通信行业标准中,推荐采用三类、四类和五类 100Ω 的对称电缆;允许采用五类 150Ω 的对称电缆。目前我国综合布线六类国家标准正在制订中。

一、铜缆参数

1. 信道长度(传输距离)

双绞线信道长度是综合布线系统中极为重要的指标。它是分别根据传输介质的性能要求(如对称电缆的串扰或光缆的带宽)与不同应用系统的允许衰减等因素来制订的。为了便于在工程设计中使用,在表 6-6 中列出了链路级别和传输介质的相互关系。该表还列出了可以支持各种应用级别的信道长度。由于通信、计算机等领域的技术不断发展，该表规定的综合布线系统所支持的国际标准各种应用的目录并不完整，未能列入目录的某些应用也可被综合布线系统所支持，具体应根据通信行业标准中链路要求规定的内容办理。

表 6 - 6 传输介质可达到的信道长度

指标名称	链路级别	最高带宽	传输介质						应用举例
			对称电缆				光缆		
			三类 100Ω	四类 100Ω	五类 100Ω	六类 150Ω	多模光纤	单模光纤	
信道长度 (m)	A 级	100kHz	2000	3000	3000	3000			PBX（用户电话交换机），X.21／V.11
	B 级	1MHz	200	260	260	400			SO－总线（扩展），SO－点对点 S1/S2，CSMA/CD，1Base5
	C 级	16MHz	100	150	160	250			CSMA/CD，10Base-T，令牌环，4Mbps，令牌环，16Mbps
	D 级	100MHz			100	150			令牌环，16Mbps，ATM（TP），TPOPMD
	光缆						2000	3000	CSMA/CD，FOIRL，CS-MA/CD10Base-F，令牌环，FDDI，LCF FDDI SM FDDI，HIPPI，ATM，FC

此外，国内外厂商已完成六类线（传输带宽 250MHz）的正式标准和产品的生产，七类线（传输带宽 600MHz）标准正在商讨制订中。所以在综合布线系统工程设计中，应充分注意相关技术的发展动态。

综合布线全系统网络结构中的各段缆线传输最大长度必须符合图 6 - 52 所示的要求。这是由于网络传输特性的限制，为保证通信质量所确定的。该图中的 A、B、C、D、E、F、G 表示相关段落缆线或跳线的长度。楼层配线架到建筑群配线架之间如采用单模光纤光缆作为主干布线时，其最大长度可延长到 3000m。若采用国外产品不能满足我国通信行业标准规定的最大长度要求时，应设法采取技术措施，进行切实、有效的调整。

2. 衰减

衰减（Attenuation，A）是指信号传输时在一定长度的电缆中的损耗，它是一个对信号损失的度量，衰减与电缆的长度有关，每 100m 的传输距离会增加 1dB 的线路噪声，衰减越低，信号传输的距离就越长。

综合布线系统链路传输的最大衰减限值，包括两端的连接件、跳线和工作区连接电缆在内，应符合表 6 - 7 所列的规定。

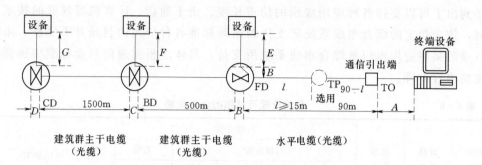

图 6-52 综合布线系统各段缆线的最大长度

CD—建筑群配线架；BD—建筑物配线架；FD—楼层配线架；TP—转接点；TO—信息插座

表 6-7   链路传输的最大衰减限值表

频率（MHz）	最大衰减（dB）				
	A 级	B 级	C 级	D 级	E 级
0.1	16	5.5			
1.0		5.8	3.7	2.5	1.9
4.0			6.6	4.8	3.5
10.0			10.7	7.5	5.6
16.0			14.0	9.4	7.1
20.0				10.5	7.9
31.25				13.1	10
62.5				18.4	14.4
100.0				23.2	18.5
200					27.1
250					30.7

注 要求将点连成曲线后，测试的曲线全部应在标准曲线的限值范围之内。

3. 近端串扰

当信号在一个线对上传输时，会同时将一小部分信号感应到其他线对上，这将对其信号传输造成不良干扰，近端串扰（Near End Cross Talk，NEXT）就是指对同在近端的传送线对与接收线对所产生的影响。近端串扰与电缆类别、连接方式和频率有关。

综合布线系统任意两线对之间的近端串扰衰减限值，包括两端的连接硬件、跳线和工作区连接电缆在内（但不包括设备连接器），应符合表 6-8 所列的规定。

4. 反射衰减

综合布线系统中任一电缆接口处的反射衰减限值应符合表 6-9 所列的规定。

5. 衰减串扰比

通信链路在信号传输时，衰减和串扰都会存在。串扰反映电缆系统内的噪声，衰减反映线对本身的传输质量，这两种参数的混合效应（信噪比）可以反映出电线链路的实际传输质量。

表 6-8　　　　　　　　　　**线对间最小近端串扰衰减限值表**

频率（MHz）	最小近端串扰衰减限值（dB）				
	A 级	B 级	C 级	D 级	E 级
0.1	27	40			
1.0		25	39	54	65.7
4.0			29	45	64.1
10.0			23	39	57.8
16.0			19	36	54.6
20.0				35	53.1
31.25				32	50
62.5				27	45.1
100.0				24	41.8
200					36.9
250					35.3

注　1. 所有其他音源的噪声应比全部应用频率的串扰噪声低 10dB。

　　2. 在大多数主干电缆中，最坏线对的近端串扰衰减值，应以功率累计数来衡量。

　　3. 桥接分叉或多组合电缆，以及连接到多重信息插座的电缆，任一对称电缆组或单元之间的近端串扰衰减至少
要比单一组合的四对电缆的近端串扰衰减好一个数值 Δ。

$$\Delta = 6 + 10\lg(n+1)\text{dB}$$

　　式中，n 为电缆中相邻的对称电缆单元数。

表 6-9　　　　　　　　　　**电缆接口处最小反射衰减限值表**

频率（MHz）	最小反射衰减限值（dB）		频率（MHz）	最小反射衰减限值（dB）	
	C 级	D 级		C 级	D 级
$1 \leqslant f \leqslant 10$	18	18	$16 < f \leqslant 20$		15
$10 < f \leqslant 16$	15	15	$20 < f \leqslant 100$		10

综合布线系统链路衰减与近端串扰衰减的比率（ACR）应符合表 6-10 的规定。

表 6-10　　　　　　　　　　**最小 ACR 限值表**

频率（MHz）	最小 ACR 限值（dB）	频率（MHz）	最小 ACR 限值（dB）	频率（MHz）	最小 ACR 限值（dB）
	D 级		D 级		D 级
0.1	—	10.0	35	31.25	23
1.0	—	16.0	30	62.5	13
4.0	40	20.0	28	100.0	4

注　1. ACR＝$a_n - a$

　　式中，a_n 为任意两线对间的近端串扰衰减值；a 为链路传输的衰减值。

　　2. 本表所列的 ACR 值优于计算值，在衰减和串扰衰减之间允许有一定限度的权衡选择，其选择范围见
表 6-11。

表 6-11　　　　　　　　　　**衰减和近端串扰衰减的选择极限表**

频率（MHz）	每 100m 最大衰减量（dB）	每 100m 最小近端串扰衰减量（dB）	频率（MHz）	每 100m 最大衰减量（dB）	每 100m 最小近端串扰衰减量（dB）
20	8	41	62.5	15	33
31.25	10.3	39	100	19	29

6. 直流电阻

综合布线系统线对的限值，当系统分级和传输距离在规定情况下应符合表 6-12 所列的规定。

表 6-12 直流环路电阻极限表

链路级别	A 级	B 级	C 级	D 级
最大环路电阻（Ω）	560	170	40	40

注 1. 100Ω 双绞电缆的直流环路电阻值应为 19.2Ω/100m；
　 2. 150Ω 双绞电缆的直流环路电阻值应为 12Ω/100m。

7. 传播延迟

综合布线系统线对的传播延迟限值，应符合表 6-13 的规定。这些限值是由应用系统要求决定的，任一测量或计算值应与布线电缆长度和材料相一致，水平子系统的最大传输延迟不应超过 1μs。

表 6-13 最大传播延迟限值表

测量频率（MHz）	等级	时延	测量频率（MHz）	等级	时延
0.01	A	20	10	C	1
1	B	5	30	D	1

8. 纵向差分转换衰减

测量纵向差分转换衰减可看出电缆通道的性能。衡量纵向差分转换衰减有两种重要的测试：纵模变换损耗（LCL）和纵模变换传输损耗（LCTL）。这些参数应遵循 ITU-TG. 117 建议测试。LCL 是在一个通道单端接口测量的，它可以找出靠近发送端产生不平衡链路段。LCTL 是在一个通道末端两个接口之间测量的，它可以确定送入接收器的差模干扰。

对已安装好的通道，这些值的测量并不容易做到，但应在设计时加以充分考虑。电缆的对称性好，使它在高频有稳定的性能，辐射低，抗干扰能力强。

综合布线系统的纵向差分转换衰减（平衡）限值，应符合表 6-14 的规定。

表 6-14 纵向差分转换衰减限值表

频率（MHz）	最小纵向差分转换衰减限值（dB）			
	A 级	B 级	C 级	D 级
0.1	30	45	35	40
1.0		20	30	40
4.0			待定	待定
10.0			25	30
16.0			待定	待定
20.0			待定	待定
100.0				待定

注 纵向差分转换衰减的测试方法正在研究。

9. 综合近端串扰

近端串扰是一对发送信号的线对对被测试线对在近端的串扰。而在四对电缆中,三个发送信号的线对向另一相邻接收线对产生的总串扰就称为综合近端串扰。综合布线系统的相邻线对限值应符合表 6-15 所列的规定。

相邻线对综合近端串扰(Power Sum NEXT)其值为在四对双绞线的一侧,三个发送信号的线对向另一相邻接收线对产生串扰的总和近端串扰值。

$N_4 = \sqrt{N_1^2 + N_2^2 + N_3^2}$,$N_1$、$N_2$、$N_3$、$N_4$ 分别为线对一、线对二、线对三、线对四的近端串扰值。

表 6-15 相邻线对综合近端串扰限定值一览表

频率(MHz)	D 级(dB)		E 级(dB)	
	通道链路	基本链路	通道链路	永久链路
1	57.0	57.0	62	62
10	44	45.5	54	55.5
100	27.1	29.3	37.1	39.3
200			31.9	34.3
250			30.2	32.7

10. 等效远端串扰

等效远端串扰是指某线对上远端串扰损耗与该线路传输信号衰减的差值。综合布线系统的等效远端串扰损耗(ELFEXT)限值应符合表 6-16 所示的规定。

表 6-16 等效远端串扰损耗最小限值表

频率(MHz)	D 级(dB)		E 级(dB)	
	通道链路	基本链路	通道链路	永久链路
1	57.4	60	63.3	64.2
10	37.4	40	43.3	44.2
100	17.4	20	23.3	24.2
200			17.2	18.2
250			15.3	16.2

等效远端串扰损耗(ELFEXT)系指远端串扰损耗与线路传输衰减差。

从链路近端线缆的一个线对发送信号,该信号经过线路衰减,从链路远端干扰相邻接收线时,定义该远端串扰值为 FEXT,FEXT 是随链路长度(传输衰减)而变化的量,并且定义:

$$ELFEXT = FEXT - A$$

式中 A——受串扰接线对的传输衰减。

11. 远端等效串扰总和

综合布线远端等效串扰总和(PS ELFEXT)限值应符合表 6-17 所列的规定。

频率（MHz）	D 级（dB）		E 级（dB）	
	通道链路	基本链路	通道链路	永久链路
1	57.4	60	63.3	64.2
10	37.4	40	43.3	44.2
100	17.4	20	23.3	24.2
200			17.2	18.2
250			15.3	16.2

表 6-17　　　　　　　　　远端等效串扰总和限定值

12. 传播时延差

综合布线线对间传播时延差规定以同一缆线中信号传播时延时最小的线对的时延值作为参考。其余线对与参考线对时延差值不得超过 45ns。若线对间时延差超过该值，在链路高速传输数据下四个线对同时并行传输数据信号时，将造成数据结构严重破坏。

13. 回波损耗

综合布线最小回波损耗值应符合表 6-18 所列的规定。

表 6-18　　　　　　　　　最 小 回 波 损 耗 值

频率（MHz）	最小回波损耗标准值（dB）	
	D 级	E 级
1～10	15	19
10～16	15	19
16～20	15	19
$20 < f \leqslant 100$	$15 - 10\lg(f/20)$	$19 - 10\lg(f/20)$
250	5	11

回波损耗系指由线缆特性阻抗和链路接插件偏离标准值导致功率反射引起。RC 为输入信号幅度和由链路反射回来的信号幅度的差值。

14. 噪声

综合布线链路脉冲噪声是指大功率设备间断性启动对布线链路带来的电冲击干扰。综合布线链路在不连接有源器械和设备的情况下，高于 200mV 的脉冲噪声个数的统计，测量 2min 捕捉脉冲噪声个数不大于 10 个。

综合布线背景杂信噪声由一般用电器械带来的高频干扰和电磁干扰，布线链路在不连接电源器械及设备情况下，杂信噪声电平应不大于 -30dB。

二、光缆参数

1. 波长

综合布线系统光缆波长窗口的各项参数应符合表 6-19 所列的规定。

2. 传输距离

综合布线系统的光缆，在规定各项参数的条件下，光纤链路可允许的最大传输距离应符合表 6-20 所列的规定。

表 6 - 19 光 缆 窗 口 参 数 表 单位：nm

光纤模式、标称波长	下限	上限	基准试验波长	最大光谱宽带 FWHM
多模 850	790	910	850	50
多模 1300	1285	1330	1300	150
多模 1310	1288	1339	1310	10
多模 1550	1525	1575	1550	10

注 1. 多模光纤：芯线标称直径为 $62.5/125\mu m$ 或 $50/125\mu m$；
　　　50nm 波长时最大衰减为 3.5dB/km；最小模式带宽为 200MHz；
　　　1300nm 波长时最大衰减为 1dB/km；最小模式带宽为 500MHz。
　　2. 单模光纤：芯线应符合 IEC793 - 2，型号 BI 和 ITU - TG625 标准；
　　　1310nm 和 1550nm 波长时最大衰减为 1dB/km；截止波长应小于 1280nm；
　　　1310nm 时色散应不大于 6PS/（km·nm）；1550nm 时色散应不大于 20PS/（km·nm）。
　　3. 光纤连接硬件：最大衰减 0.5dB；最小反射衰减：多模 20dB。

表 6 - 20 光纤链路允许最大传输距离表

光缆应用类别	链路长度（m）	多模衰减值（dB）		单模衰减值（dB）	
		850nm	1300nm	1310nm	1550nm
配线（水平）子系统	100	2.5	2.2	2.2	2.2
主干（垂直）子系统	500	3.9	2.6	2.7	2.7
建筑群子系统	1500	7.4	3.6	3.6	3.6

注 1. 表中规定的链路长度，是在采用符合表 6 - 5 规定的光缆和光纤连接硬件的条件下，允许的最大距离。
　　2. 对于短距离的应用场合，应插入光衰减器，以保证达到表中规定的衰减值。

3. 模式带宽

综合布线系统多模光纤链路的最小光学模式带宽应符合表 6 - 21 所列的规定。

4. 反射衰减限值

综合布线系统光纤链路任一接口的光学反射衰减限值应符合表 6 - 22 所列的规定。

表 6 - 21 多模光纤链路的光学模式带宽表

标称波长（nm）	最小光学模式带宽（MHz）
850	100
1300	250

注 单模光纤链路的光学模式带宽，ISO/IEC 11801：1995（E）尚未作出规定。

表 6 - 22 光纤链路的光学反射衰减限值表

光纤模式	多 模		单 模	
标称波长（nm）	850	1300	1310	1550
最小反射衰减限值（dB）	20	20	26	26

综合布线系统的缆线与设备之间的相互连接应注意阻抗匹配和平衡的转换适配。特性阻抗的分类应符合 100Ω、150Ω 两类标准，其允许偏差值为 $\pm15\Omega$（适用于频率大于 1MHz）。

第八节　综合布线的系统设计

本节将系统地介绍智能化建筑和智能化小区的综合布线系统设计，重点介绍网络结构、设备配置、管槽系统及连接方式等。

一、工作区子系统

综合布线工作区由终端设备（或终端设备通过适配器）及其连接到水平子系统信息插座的接插软线（或软线）等组成。工作区的终端设备可以是电话、微机，也可以是检测仪表、测量传感器、控制器或执行器等，如图6-53所示。

图6-53 工作区示意图

工作区的设定是综合布线系统的基础，工作区的要求和数量决定了布线系统的系统配置，因此对工作区的要求和数量的确定是非常重要的。

工作区终端设备决定了工作区的信息插座和接插软线的性能，如终端设备是电话或楼宇控制系统中的传感器、控制器或执行器，因传输速度很低，则可选用支持低速率的信息插座和线缆；如终端设备是计算机或图形处理设备，则需选用支持高速率的信息插座和线缆；如果终端设备是光接收机，则要选用光纤插座与光缆。

信息插座数量的设定也是非常重要的，设计少了，将来可能不够用，系统使用不够灵活，设计太多了，又可能造成系统资源浪费。

信息插座数量的设定通常与建筑物的功能有关，如专用办公楼（政府机关办公楼；银行、证券办公楼；研究所、学校、医院等办公楼）和出租办公楼的信息插座数量的设定就不一样，高级住宅楼与商住办公楼信息插座数量的设定也不一样，智能化小区因其标准不同，信息插座数量的设定也不一样。为了使综合布线工程设计系列化、具体化，可将上述几种建筑物内的综合布线分为基本型、增强型和综合型三个设计等级。在设计时，可以结合用户需求，选择适当的设计等级。

1. 基本型

基本型适用于综合布线中配置标准较低的场合，使用铜芯对绞电缆，基本型综合布线配置如下。

（1）每个工作区有一个信息插座（每$10m^2$设一个信息插座）。

（2）每个工作区的配线电缆为一条四对双绞电缆。

（3）采用夹接式交接硬件。

（4）每个工作区的干线电缆至少有两对双绞线。

2. 增强型

增强型适用于综合布线中中等配置标准的场合，使用铜芯对绞电缆，增强型综合布线配置如下。

（1）每个工作区有两个或两个以上信息插座（每$10m^2$设两个信息插座）。

（2）每个工作区的配线电缆为两条四对双绞电缆。

（3）采用夹接式或插接交接硬件。

（4）每个工作区的干线电缆至少有三对双绞线。

3. 综合型

综合型适用于综合布线中配置标准较高的场合，使用光缆和铜芯对绞电缆或混合电缆。综合型综合布线配置应在基本型和增强型综合布线的基础上增设光缆及相关连接硬件。

信息插座数量的设定应该是根据建筑物近期和远期通信业务、计算机网络等需要，根据建筑物不同的功能分区，统一规划，而不能简单地选用上述基本型、增强型或综合型标准。

综合布线系统选用标准的信息插座（RJ45 插座），终端设备可以通过接插软线（或软线）与信息插座相连，如果终端设备的信号接口与标准的信息插座（RJ45 插座）的尺寸或接线不符，则可以通过适配器与综合布线系统标准的信息插座相连。

适配器是一种使不同尺寸或不同类型的插头与信息插座相匹配，提供引线的重新排列，把电缆连接到应用系统的设备接口的器件。平衡/非平衡适配器是一种将电气信号由平衡转换为非平衡或由非平衡转换为平衡的器件。在综合布线中，通常指双绞电缆和同轴电缆之间的阻抗匹配。适配器目前还没有统一的国际标准，但各供应商的产品，相互兼容，可以根据应用系统的终端设备选择适当的适配器，但适配器的选用不在综合布线系统设计范围内。

二、水平布线子系统

水平布线子系统是综合布线结构的一部分，它由楼层配线间至信息插座的电缆或光缆和工作区用的信息插座等组成，典型的水平子系统连接如图 6-54 所示。

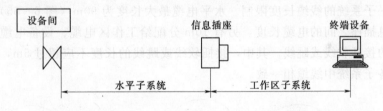

图 6-54　水平子系统与工作区子系统示意图

1. 设计依据与步骤

（1）根据工作区对信息插座数量和性能的要求确定水平布线的线缆或光缆的选择（包括性能与数量）。

（2）根据工程提出的近期和远期的终端设备要求，复核信息插座数量和性能，复核传输介质（线缆或光缆）的数量与性能。

（3）根据复核结果，确定水平布线的路由及管线的敷设方法。

（4）画出布线的系统图及施工平面图。

（5）计算线缆或光纤的长度。

2. 水平子系统的线缆（光缆）与长度

水平布线子系统的网络拓扑结构都为星型结构，它是以楼层配线架为主结点，各个信息插座为分结点，两者之间采取独立的线路相互连接，形成以 FD 为中心向外辐射的星型线路网状态。这种网络拓扑结构的线路长度较短，有利于保证传输质量、降低工程造价和维护管理。

（1）水平子系统的线缆。水平布线子系统的线缆（光缆）配置主要是根据信息插座数量与性能。选用水平布线子系统的线缆（光缆）时，应根据该楼层目前用户信息点的需要和今后可能发展的数量来决定。此外，还应考虑预留适当空间，以便今后扩展时需要。

水平布线子系统的线缆（光缆）选择与信息插座的性能有关，表6-23给出与信息插座相对应的线缆选择，供设计时参考。

表6-23　　　　　　　　　　　　信息插座与布线线缆配用表

综合布线等级	传输速率	传输媒质	信息插座	备注
基本型	低速系统	三类双绞线	四针信息插座一个	在高速率系统时，传输媒质也有采用光缆
	高速系统	五类双绞线	八针信息插座一个	
增强型	低速系统	三类双绞线	四针信息插座二个	
	高速系统	五类双绞线	八针信息插座二个	
综合型	高速系统	五类双绞线和多模或单模光纤光缆	两个连接八芯插座或更多个信息插座	以光缆与铜芯双绞线混合组网

为了适应语音及监控设备的发展，语音及监控部分建议选用较高类型的电缆，设计水平线缆应便于维护和扩充。

三类为 100Ω 双绞线，五类为 100Ω 双绞线，单模光纤为 $8.3/125\mu m$，多模光纤为 $62.5/125\mu m$。

（2）水平子系统的线缆长度限制。水平电缆最大长度为90m（图6-55），这是楼层配线架到信息插座之间的电缆长度。另有10m分配给工作区电缆、设备电缆、光缆和楼层配线架上的接插软线或跳线。其中，接插软线或跳线的长度不应超过5m，且在整个建筑物内应与各子系统中线缆相一致。

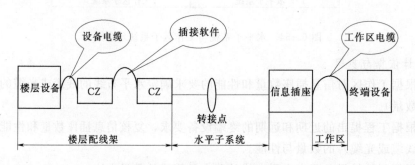

图6-55　双绞电缆水平布线长度

1）有转接点的水平布线。在综合布线系统中，有的布线系统的水平布线不能直接与信息插座相连，而要通过另一点过渡，该点称为转接点，这种情况通常发生在出租型的商务楼。由于在出租型的商务楼，其用户是不定的，或是经常变化的，那么其信息点的位置也是经常变化的，尤其是大开间的办公室。为了满足不同用户的不同需求，使用有转接点的水平布线系统则非常方便。

转接点是水平布线中的一个互连点，它将水平布线延长至相应的信息插座，转接点也可紧靠终端设备，用很短的设备电缆与终端设备相连，另外再用很短的水平电缆连接其他信息插座，这样的重组能够保持水平布线的完整，转接点应该容纳尽量多的工作区。

比如在一个出租型的商务楼里，某办公区可以设置足够多的信息插座，以满足不同用户的不同办公位置的需求，但水平布线的数量可以少于信息插座的数量，水平布线的数量只要大于终端设备数量就行，终端设备根据不同的用户、不同的需求，可以连接在不同的信息插座上，可以在转接点完成对终端的链接。

转接点增加了水平布线的灵活性，根据系统的需求在转接点前设置混合电缆，即双绞线加光缆，那么信息插座的使用就更方便了，终端可以根据不同需求链接到不同的水平布线上。当工作区满足不了功能需求而需重组时，只需替换或重新分配混合电缆就行了。

在楼层配线架与信息插座之间设置转接点，最多转接一次。但整个水平电缆最长90m的传输特性应保持不变。

包含多个工作区的较大房间，如设置有非永久性连接的转接点，在转接点处允许用工作区电缆（设备电缆）直接连接到终端设备。这种转接点到楼层配线架的电缆长度不应过短，至少15m，否则转接点的设置就变得没有必要了。而整个水平电缆最长90m的传输特性仍应保持不变。

有转接点的水平布线通常用在工作区变化的场所，如果工作区变化过于频繁，则可以选用多终端信息插座，把多个信息插座安装组合在一起，组成多终端信息插座，一边通过水平布线系统与楼层配线架相连，另一边通过多根软接线与多个终端设备相连接，保证了系统的灵活性。而整个水平电缆最长90m的传输特性仍应保持不变。

2）冗余、局部的水平布线。在有些重要的综合布线系统工程设计中，为了保证通信传输安全可靠，可以考虑增加冗余度，综合布线系统采取分集连接方法，即分散和集中相结合的连接方式，如图6-56所示。

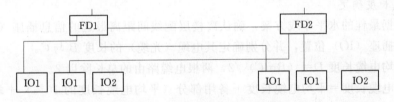

图6-56　增加冗余量的网络结构

引入FD的通信线路（电缆或光缆）设有两条路由，分别连接到建筑物两个垂直主干布线子系统，与建筑物设备间的配线架相连接。根据网络结构和实际需要，可以在楼层配线架之间（FD$_1$—FD$_2$）采用电缆或光缆互相连接，形成类似网状的形式。这种网络结构对于防止灾害或有特殊需求的用户具有保障作用。

在一些重要的情报单位、政府机关或综合布线系统中的某一区域，为了保密，需要组成一个独立的应用系统，可以采用局部布线方法，构成一个新的局域网，这个局部布线可以在某一楼层、某一楼层的一个区域，也可以包括几个楼层甚至整个大楼。

如果这个独立的应用系统较小，在一个独立的楼层上，则可以单设一个小房间作为设备间，将主配线架、网络互联设备及服务器放在该间，再通过水平布线连接工作区的信息插座，构成一个完整的布线系统。如果可能，也可以将该层的配线间作为设备间，将主配线架、网络互联设备及服务器放在该间，通过楼层配线架的跳接，再与本层的水平布线系统相连，构成一个完整的布线系统。

如果这个独立的应用系统很大，涵盖几个楼层甚至整个大楼，那么就应该在完成常规的布线系统之外，再另设一套布线系统，完全与常规的布线系统隔离。不管系统怎么做，水平布线距离应小于 100m。

3. 确定水平布线系统的路由和布线方法

水平布线是将线缆（光缆）从配线间的配线架接到工作区的信息插座上。要根据建筑物的结构特点，从路由（线）最短、造价最低、施工方便和扩充简便等几个方面考虑。

根据建筑物的不同结构，水平系统布线并非一定是水平的布线，比如智能小区中的多层或高层住宅，其配线间通常设在楼梯间的底层，从配线间的配线架到每家每户的用户终端（信息插座）的路由通常一部分为垂直布线，另一部分为水平布线。另外在一些单层跨距较小的楼座，配线间的配线架到最远的信息插座距离较短，通常将几层的信息插座合用一个配线架，那么这些布线的一部分也将是垂直的，另一部分为水平。只要满足配线间的配线架到最远的信息插座距离小于 100m 就行。

楼层配线间只要可能，尽可能设在楼宇或楼层的中部，优选最佳的水平布线方案，使配线架到最远端的信息插座距离小于 100m。

水平系统布线方法通常有三种：

（1）先经吊顶内的电缆桥架再沿钢管（或 PVC 管）到信息插座。

（2）直接经钢管（或 PVC 管）到信息插座。

（3）用地面线槽再沿钢管（或 PVC 管）到地面信息插座，或用地面线槽直接接到地面信息插座。

4. 电缆长度确定

（1）根据最佳的水平布线方案，确认离楼层配线间距离最远的信息插座（IO）位置、最近的信息插座（IO）位置，并分别确定其电缆（光缆）的长度 B 与 C。

（2）平均电缆长度 $D=（B+C）/2$，两根电缆路由的总长除以 2。

（3）总电缆长度＝平均电缆长度＋备用部分（平均电缆长度的 10%）＋端接电缆长度（6m），每个楼层用线量的计算公式如下：

$$A = [0.55(B+C)+6]n \quad (m)$$

式中　A——每个楼层的用线量；

　　　B——最远的信息插座（IO）离配线间的距离；

　　　C——最近的信息插座（IO）离配线间的距离；

　　　n——每层信息插座（IO）的数量。

整幢楼的用线量为

$$W = \sum MA \quad (m)$$

式中　M——楼层数。

（4）点/箱线 $E=305m$（每箱线长度）/D（平均电缆长度）。

（5）线缆箱数 $F=$ 信息插座总点数/E（每箱线能连接信息插座点数）。

三、垂直干线子系统

垂直干线子系统由设备间到楼层配线间配线架之间的连接线缆（光缆）组成。

垂直干线子系统的布线根据建筑物的不同结构，并非一定是垂直的布线，比如智能小区中的多层或高层住宅，其配线间通常设在楼梯间的底层，从计算中心（控制中心）到住宅配线间的路由通常为水平方向的。另外在一些单层跨距较大的楼座，从设备间到配线间配线架的布线为水平方向的，但仍属于垂直干线子系统。工厂内部的局域网布线，从计算机房到厂房配线间配线架的布线为水平方向的，但仍属于垂直干线子系统。学校的校园网，从计算中心到教学楼、实验楼、图书馆等配线间配线架的布线为水平方向的，但仍属于垂直干线子系统。

为了加强布线的路由管理，垂直干线子系统中信息的交接最多只能两次，通过建筑物配线架完成建筑群与楼层配线架，设备间内信息设备与楼层配线架之间的交接。

垂直干线子系统布线走向应选择干线线缆最短、最安全和最经济的路由。通常通过建筑物内的弱电井的电缆桥架连接各楼层的配线架，弱电井通常设在建筑物的中部，以方便垂直干线子系统的路由管理。

1. 垂直干线子系统的布线距离和布线数量

垂直干线子系统布线的距离与信息传输速率、信息编码技术以及选用的线缆和相关连接硬件有关。

垂直干线子系统布线的最大距离如图 6-57 所示。即建筑群配线架（CD）到楼层配线架（FD）间的距离不应超过 2000m，建筑物配线架（BD）到楼层配线架（FD）的距离不应超过 500m。

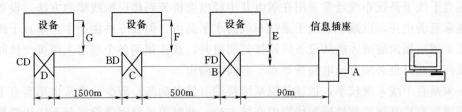

图 6-57　垂直干线子系统电缆、光缆最大长度

通常将设备间设在建筑物的中部，弱电井附近，使主配线架与楼层配线架之间线缆的距离最短。当超出上述距离限制，可以分成几个区域布线，使每个区域满足规定的距离要求。

整座建筑物的数量是根据每层楼面积和布线密度来确定的。一般每 $1000m^2$ 设一个电缆孔或电缆井；建立一条干线子系统信道较为合适。如果布线密度很高，可适当增加干线子系统的信道。另外，如果在给定楼层所要服务的所有终端设备都在配线间的 75m 范围之内，则采用单干线接线系统。凡不符合这一要求的，则采用双通道干线子系统，或者采用经分支电缆与楼层配线间相连接的二级交接间。

根据不同的建筑类型和不同的建筑功能，在垂直干线子系统中通常采用以下四种类型的线缆：100Ω 双绞电缆；150Ω 双绞电缆；$8.3/125\mu m$ 单模光缆；$625/125\mu m$ 光缆。

在干线子系统中，采用双绞电缆时，根据应用环境可选用非屏蔽双绞电缆或屏蔽双绞电缆。采用五类双绞电缆时，传输速率超过 100Mbps 的高速应用系统，布线距离不宜超过 90m，否则宜选用单模或多模光缆。传输速率在 1Mbps 以下时，采用五类双绞电缆布线距离可达 2km 以上。

采用 $62.5/125\mu m$ 多模光纤，信息传输速率为 100Mbps 时，传输距离为 2km。采用单模光缆时，传输最大距离可以延伸到 3000m。在智能小区的布线系统中，常常会遇到这种情况。

把通信设备连接到建筑群配线架或建筑物配线架的设备电缆、设备光缆长度不宜超过 30m，如果使用的设备电缆、设备光缆超过 30m 时，干线电缆、干线光缆的长度值相应减少。

垂直干线子系统电缆（光缆）的类别、数量选择依据水平干线子系统电缆（光缆）的选择，在确定了各楼层水平干线的规模后，将所有楼层的水平干线分类相加，就可确定整座建筑物的垂直干线线缆类别和数量。垂直干线子系统电缆（光缆）的线缆总对数依据于布线系统的类型。

基本型的布线系统每个工作区可选定两对双绞电缆。

增强型的布线系统每个工作区可选定三对双绞电缆和 0.2 芯光纤。

综合型的布线系统每个工作区可选定四对双绞电缆和 0.2 芯光纤。

双绞电缆和光纤类型的选择依据于布线系统的性能，垂直干线子系统的电缆通常选用 25 对、50 对、100 对或 300 对的大对数电缆。光纤通常用四芯、六芯多模光纤。在校园网、智能小区中如干线距离太长，也可以选用四芯、六芯单模光纤。

2. 垂直干线子系统的布线路由

垂直干线子系统布线通常采用在弱电井中经电缆桥架到楼层配线架的方法。设备间应尽可能靠近弱电井，以减小干线子系统布线的水平路由，但在一些楼宇中，垂直干线电缆经常需要通过横向通道才能从设备间连接到弱电井，或连接到各个楼层上两级交接间或楼层配线间，此时也必须有经电缆桥架水平方向的路由。

如果垂直干线系统较小，也就是说系统终端（信息插座）较少，通常也用垂直干线电缆（光缆）直接穿钢管到楼层配线架的布线方法，此时要注意钢管管径与干线线缆数的匹配，选择钢管管径要有足够的冗余量，以方便施工和以后扩展用。通常要求线缆的截面积为钢管或水泥管的截面积的 30%～50%。

校园网、工厂厂区局域网等的干线子系统布线，室外部分干线电缆（光缆）通常直接穿钢管或水泥管敷设，室内部分干线电缆（光缆）通常经电缆桥架到配线架敷设。

3. 垂直干线子系统电缆的端接方法

垂直干线线缆与楼层配线架（包括与两级交接间配线架）的连接方法目前有点对点端接、分支递减连接两种。这两种连接可根据网络拓扑结构和设备配置情况，既可单独采用也可混合使用。

（1）点对点端连接。此种连接只用一根电缆独立供应一个楼层配线架，干线电缆直接延伸到指定的楼层配线间或楼层二级交接间配线架，如图 6-58 所示。其双绞线对数或光纤芯数应能满足该楼层的全部用户信息点需要。主要优点是主干路路由上采用容量小、重量轻的电缆单独供线，没有配线的接续设备介入，发生障碍容易判断和测试，有利于维护和管理，是一种最简单直接相连的方法。缺点是电缆条数多、工程造价增加、占用干线通道空间较大。因各个楼层电缆容量不同，安装固定的方法和器材不一而影响美观。

（2）分支递减连接。分支递减连接是采用一根容量较大的电缆，通过接续设备分成若干根容量较小的电缆，分别连到各个楼层，如图 6-59 所示。主要优点是干线通道中的电缆条数少、节省通道空间，有时比点对点端连接方法工程费用少。缺点是电缆容量过于集中，如电缆发生障碍波及范围较大。由于电缆分支经过接续设备，在判断检测和分隔检修时增加了困难和维护费用。

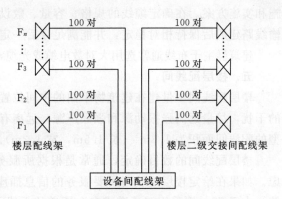

图 6-58　垂直主干线点对点端接示意图

在一般的综合布线系统工程设计中，为了保证网络安全可靠，应首先选用点对点端连接方法，为了节省投资费用，也可改用分支递减连接方法。

四、建筑群干线子系统

大型建筑通常是由几幢相邻或不相邻的房屋建筑组成，如学校、工厂、智能化住宅小区也是由很多幢建筑所组成，这些建筑物之间的干线或对外与城域网、公用电信网的联络干线多属于建筑群干线子系统。

建筑群干线子系统是智能楼宇与外部联络的主干传输线路，它的系统好坏、工程质量的高低、技术性能的优劣都直接影响整个布线系统的性能，所以必须高度重视。

建筑群干线子系统由建筑群配线架（CD）与之间的电缆（光缆）组成，而系统中的配线架（CD）等设备是装在屋内的，而其他所有线缆都设在屋外，与室内的布线条件相比，线缆长度长，受环境影响较大，工程范围大，涉及面较宽，在设计和建设中更须加以重视。

建筑群干线子系统的缆线在校园内、小区内或工厂厂区内，其建设计划应纳入园区的规划，注意与其他专业管网的配合。具体分布应与近期需要和现状相结合，并符合远期发展规划要求（包括总平面布置），而且应符合城市建设和有关部门的规定，使传输干线建设后能长期稳定、安全可靠地运行。

建筑群干线子系统的缆线尽可能采用地下敷设，如不得已而采用架空方式（包括墙壁电缆引入方式）时，应采取隐蔽引入，其引入位置宜选择在房屋建筑的后面等不显眼的地方。地下敷设方式分为经地下电缆管道、电缆沟敷设和线缆直埋等几种方式，有条件的话尽量选用前两种方式。

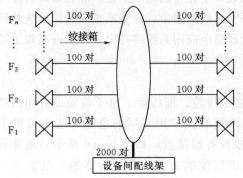

图 6-59　垂直主干线分支递减连接示意图

建筑群主干布线设计应根据建筑群体用户对信息数量、性能的需求，采取相应的技术措施和实施方案。在确定缆线的规格、容量、敷设的路由等建设方案时，务必考虑使通信传输线路建成后保持相对稳定，并能满足今后一定时期信息业务的发展需要。

建筑群主干布线通常选用大对数电缆或光缆，其数量与性能依据楼宇内部的系统需求。

五、楼层配线间

楼层配线间尽量建在建筑物平面的中间位置，尽可能靠近弱电井，尽量避开强电磁场的干扰，尽量远离强振动源和强噪声源，远离有害气体源以及腐蚀、易燃、易爆炸物，典型的配线间面积为 $1.8m^2$（长 1.5m，宽 1.2m）。

楼层配线间的数目确定，通常是根据所服务的楼层面积和楼层信息插座的密度来考虑。如果在给定楼层配线间所要服务的信息插座都在 75m 范围以内，可采用单干线子系统。大于 75m 则采用双通道或多个通道的干线子系统，也可采用分支电缆与配线间干线相连接的二级交接间。如果在给定楼层配线间所要服务的信息插座超过 200 个时，通常也要增设楼层配线间。

楼层配线间通常放置各种不同的电子传输设备、网络互联设备等，因此，配线间的温、湿度应满足能连续进行工作的正常范围，温度为 $10\sim30℃$，湿度为 $20\%\sim80\%$，超出这个范围则应采取相应措施。

为了防止有害气体（如 SO_2、H_2S、NH_3 和 NO_2 等）侵入，设备间内应有良好的防尘措施。尘埃或纤维性颗粒积聚，会影响电子设备的电气性能，腐蚀性气体的作用还会使线路板被腐蚀断掉。

楼层配线间通常还放置各种不同的设备等。这些设备的用电要求质量高，最好由设备间的 UPS 供电或设置专用 UPS，其容量与配线间内安装的设备数量有关。应设置事故照明，在距地面 0.8m 处，照度不应低于 5lx。

楼层配线间应有良好的接地极，综合接地电阻应小于 1Ω。接地极建议用 $16mm^2$ 铜绞线单独与大楼接地极相连。

楼层配线间是放置配线架（柜）、电子传输设备、网络互联设备和应用系统设备的专用房间，水平子系统和干线子系统在这里的配线架（柜）上进行交接。

管理干线子系统、水平子系统线缆及相关连接硬件的区域称为管理区。它由配线间（设备间、二级交接间相同）的线缆、配线架及相关接插软线等组成，因此每个配线间及设备间和二级交接间中都有管理区。每个管理区提供了各子系统与其他子系统连接的路径，使整个布线系统与其连接的设备、器件等构成一个完整的应用系统。综合布线管理人员可以在管理区管理调整交接方式、改变或重新安排线路路由，改变或重新安排系统的网络结构。只要在管理区调整交接方式，就可以管理整个应用系统终端设备，从而实现了综合布线的灵活性、开放性和扩展性。

1. 综合布线系统中的色场

在综合布线系统中的设备、楼层配线间，它由线缆、配线架、电子传输设备和网络互联设备组成。为了方便管理，将相关设备与线缆的接口用不同的色场来表示，则不同的色场分别标明该场是干线电缆、水平电缆或设备端接点，如图 6-60 所示，系统管理者可以通过配线架上的色标，简单地就能知道线缆的来去方向，具体的各色场表示的意义如下。

来自城域网、城市公用电话网的主干线用绿场表示，布线网络接口与设备连接的线缆也用绿场（G）表示；来自系统公用设备（如分组交换机、数据交换机或集线器）的线缆用紫场表示；建筑群干线线缆与来自设备间的垂直干线线缆用白场（W）表示；到工作区（IO）或用户终端的干线线缆用蓝场（B）表示；来自交接间多路复用器的线缆用橙场表示；楼层配线间连接二级交接间或各二级交接之间的线缆用灰场（C）表示；来自控制台或调制解调器之类的辅助设备的连线用黄场（Y）表示。

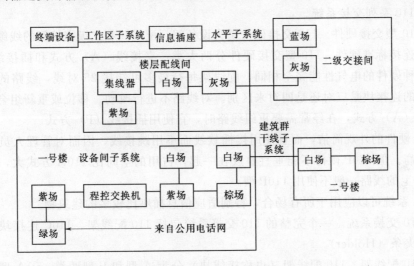

图 6-60 综合布线系统中的色场示意图

目前，统一的色标规定见表 6-24。

表 6-24 统一色标规定

序号	色别	设备间	干线交接间	二级交接间
1	绿	网络接口的进线侧，即电话局线路或网络接口的设备侧，如用户电话交换机中继线		
2	紫	公用设备（如用户电话交换机或计算机系统）等引来的连接线路	来自系统公用设备（如分组交换型集线器）的线路	来自系统公用设备（如分组交换型集线器）的线路
3	蓝	设备间至工作站或用户终端的线路	连接输入/输出服务的终端线路	连接干线交接间输入/输出服务的终端线路
4	黄	用户电话交换机的用户引出线或辅助装置的连接线路		
5	白	建筑物干线电缆和建筑群主干电缆	来自设备间的干线电缆端	来自设备间的干线电缆端
6	橙	由多路复用设备引来或接到公用通信网的线路	多路复用器的线路	多路复用器的线路
7	灰		至二级交接间的线路	来自干线交接间的线路

2. 楼层配线间交接设备

楼层配线间交接设备主要是配线架，用于端接或直接连接线缆，完成垂直主干线与水平干线的跳接。配线架又可分为电缆配线架和光缆配线架（箱）。

光缆配线架（箱）类型有 LGX 光纤配线架、组合式可滑动配线架、光纤接续箱等。

电缆配线架类型有模块化系列配线架和 110 系列配线架。模块化配线架结构比较简单，110 系列分夹接式（A 型）和插接式（P 型）两种。

（1）110 系列交接系统。

1）110 型交接硬件。110 交接硬件是为设备间、配线间和二级交接间的线缆跳接而选定的布线连接标准硬件。110 型交接硬件分两大类：夹接线（A）方式和插接线（P）方式。这两种硬件的电气性能完全相同，配线架每行最多可端接 25 对线，线路的模块化系数由采用的连接块是三对还是四对来区别。对线路不进行改动、移位或重新组合时，宜使用夹接线（A）方式，在经常需要重组线路时，宜使用插接线（P）方式。

110P 硬件的外观简洁，而且使用接插软线而不用跳接线，因而对管理人员技术水平的要求不高。但 110P 硬件不能垂直叠放在一起，占用的空间比 110A 方式大，所以超过 2000 条以上的线路一般不使用 110P 型。

110A 系统可以应用于所有场合，特别适应信息插座比较多的建筑物。

2）110 交接系统。一个完整的 110 交接系统包括 110 配线架、110C 连接块和带有标签的标签夹条（Holder）。

3）110 配线架。110 配线架（也称接线块）分为 A 型和 P 型两类：①A 型配线架有 100 对、300 对，若有其他对数的需要，可现场随意组装；②P 型配线架有 300 对、900 对，900 对配线架宽度与 300 对相同，高为 300 对的 3 倍。

4）110A 连接硬件的组成：①100 或 30 对线的配线架，配线架可以带"脚"安装或不带"脚"安装；②三、四或五对线的 110C 连接块；③底板；④定位器；⑤跨接线；⑥标签带（条）。

5）110P 连接硬件的组成：①安装于终端块面板上的 100 对 110D 型配线架；②三、四或五对线的连接块；③188C2 和 188D2 垂直底板；④188E2 水平跨接线过线槽；⑤管道组件；⑥插接线；⑦标签带（条）。

（2）110 配线架。110 配线架是由高分子合成阻燃材料压模而成的塑料件，其上装有若干齿形条，每行最多可端接 25 对线，如图 6-61 所示。沿配线架正面从左到右均有色标，以区别各条输入线。这些线放入齿形条的槽缝里，再与连接块接合，利用接线工具就可以把连接块的连线"冲压"到 110 配线架上。现场安装人员做一次这样的操作，最多可端接五对线，具体数目取决于所选用的连接块大小。

110 型配线架有两种类型：A 型和 P 型。110A 配线架配有若干引脚，以便为其后面的安装电缆提供空间，配线架侧面的空间可供垂直跳线使用。110P 型配线架没有引脚，只用于某些空间有限的特殊环境，如装在机柜内。

110A 系统通常直接安装在设备间、配线间或二级交接间墙壁上。每个配线架后面备有线缆走线用的空间。100 对线的配线架必须在现场端接，而 300 对线的配线架可以配有连接器。这种配线架为面板型终端块。产品在出厂前已完全组装好，吊架组合装置中有

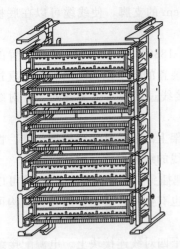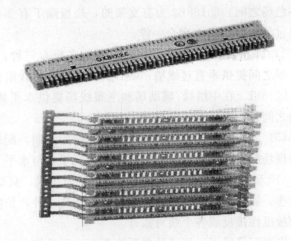

图 6-61　110A110 对线的配线架组装件

12 根 25 对线（24 号线）的网络连接电缆（NCC），可延伸到高于面板型终端块上部。用面板型终端块，可以用带插头电缆方便地与相应的接口连接。面板型终端块，可用三、四或五对线的 110C 连接块，或这三种连接块的任何组合，还包括标记带和插入式防尘盖。

（3）110C 连接块。连接块是一个单层、耐火的塑料模密封器，内含熔锡快速接线夹子，当连接块推入配线架的齿形条时，这些夹子就切开连线的绝缘层。连接块的顶部用于交叉连接，顶部的连线通过连接块与齿形条内的连线相连。

110A 连接块有三对线、四对线和五对线三种规格。采用三对线的模块化方案，可以使用七个三对连接块，最后一对线通常不用。采用二对线或四对线的模块化方案，可以在末端使用五个四对线连接块和一个五对线连接块。

当使用三对线或四对线的连接块时，每个齿形条上的最后一个连接块必须比前面各个连接块多一对线，（3×8、4×6）才能凑足 25 对线。设计选型决定了终端块所配的连接块的类型，110C 连接块的组装如图 6-62 所示。

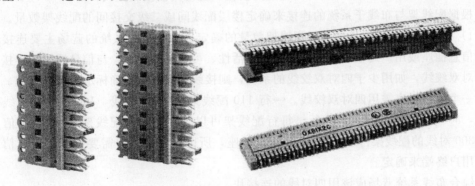

图 6-62　110C 连接块

（4）110A 及 110P 配用的底板。

1）110A 配用的底板。110A 配用的底板是由金属制成的，上面装有两个封闭的塑料分线环，它有两种：①188R1 用于承受和支持连接块之间的水平方向走线，安装在终端块的各色场之间；②188B2 为有支架的，底板除了有 2.53cm 的支脚，使线缆可以在底板后面通过外，与 188B1 完全一样。

2）110P 配用的底板。110P 配用的底板有三种：①188C2 在 900 对线组合装置的各个色场之间提供垂直过线槽；②188D2 在 300 对线组合装置的各个色场之间提供垂直过线槽；③188E2 在中继线/辅助场和主布线场提供水平插接线过线槽，也为各列 300 对线终端块之间提供水平插接过线槽。

（5）交接时跳线、插接软线及其长度的限制。配线架上的跳接软线可根据长度、性能需要现场配接，但跳接软线的性能必须高于或与水平干线的线缆性能一致。

110 型插接软线是预先装有连接器的跨接线，只要把插头夹到所需的位置，就可以完成交连。插接线有一、二、三对和四对线共 4 种，长度也有数种。其内部的独特结构可防止插接极性接反或各线对错开。

电源配接线可以把辅助电源连至 110 配线架上的一个四对线连接块上。电源配接线是一根一对线的电缆。该电缆的一端接有一个含六个导电片的模块化插头，把它接到电源上；另一端接有一个一对线的 110 型插接线插头，把它连至 110 型连接块。

D 型测试线可以在不拆卸任何跨接线的情况下，测试链路。长度有 1.2m、1.8m 两种。测试线上装有一个锁定机构能与 110 型连接块互连。

在配线间和二级交接间配线架中，跳线和接插软线的长度不超过 20m。

在配线间和二级交接间配线架中，如有相关网络设备、交换设备、集线器等，其连接的水平布线和主干布线的跳线和插接软线不应超过 6m，超过 6m 时应从最大允许的水平电缆长度中减去。

（6）配线间配线架及连接模块的确定。110 系列的配线架均是每行端接 25 对线。它们可以使用三、四还是五对线的连接块，具体取决于布线系统的子系统及系统类型。

确定楼层配线间或二级交接间的配线架类型、数量及连接块数量是楼层配线间设置的基础。对于不需要对楼层上的线路进行修改、移位或重新组合，可使用夹接线方式，如110A 型；对经常需要重组线路的出租型办公楼，宜使用插接线方式，如 110P 型。

根据配线架与布线子系统的连接来确定楼层配线间或二级交接间的配线架数量。

1）与水平子系统连接的蓝场配线架数量的确定。综合布线系统的蓝场主要连接工作区的信息插座或用户终端，按照布线系统灵活性、可扩展的需求，与信息插座的连接线宜用四对双绞线，如用少于四对双绞线的系统，则接线方式必须明确标示，以供管理、维护用。一个信息插座需用四对双绞线。一行 110 配线架端接 25 对线，100 对线的配线架为四行，300 对线的配线架为 12 行。每行配线架可以 100 对线的配线架端接 24 个信息插座，300 对线的配线架可以端接 72 个信息插座，所以蓝场配线架需要的数目应有信息插座或用户终端来确定。

综合布线系统蓝场应该用四对线的连接块。

110A 交接配线架有 100 对线和 300 对线的两种。110P 交接配线架有 300 对线和 900 对线两种规格。

2）配线间、二级交接间中的白场配线架数量的确定。白场配线架数量与整个布线系统的类型有关。

基本型的布线系统干线电缆端接采用两对线，一行 110 配线架能端接 25 对线，对应 12 个信息插座。可以选用四对线的连接块。通常选用 5 个四对线的连接块、一个五对线的连接块。

增强型的布线系统干线电缆端接采用三对线，一行 110 配线架能端接 25 对线，对应 8 个信息插座。可以选用三对线的连接块。通常选用 7 个三对线的连接块、一个四对线的连接块。

综合性综合布线系统干线电缆端接采用四对线，一行 110 配线架端接 25 对线，对应 6 个信息插座。工作站端接干线电缆端接采用四对线，一行 110 配线架端接 25 对线，同样可以端接 6 个工作站。可以选用四对线的连接块，通常选用 5 个四对线的连接块、一个五对线的连接块。

3）配线间、二级交接间中的紫场、橙场配线架数量的确定。配线间、二级交接间中的紫场连接来自系统公用设备（如分组交换机、数据交换机或集线器）端接于四对线的模块，橙场上的多路复用器同样端接于四对线模块，计算配线架规格和数量同上。

4）配线间、二级交接间中的灰场配线架数量的确定。在综合布线系统中灰场与蓝场连接电缆数是以 1∶1 配置的，灰场端接的电缆数与蓝场端接的电缆数相等，因此灰场配线架数量也与蓝场的配线架数相当。

为了便于管理，综合布线通常分成两部分：一部分用于语音；另一部分用于数据。语音选用大对数电缆，而数据选用光纤。这将使白场、灰场的管理容易得多。

（7）光缆传输系统。光缆传输系统具有传输速率高、衰减低、频带宽、抗电磁干扰能力强等特点，作为垂直主干线主要用来传输数据信号。用光缆传输系统组成高性能的通信网络，能与公用通信网相连，使得综合布线系统对内和对外的信息传输均能顺畅并可保证质量。光缆传输系统除了在大楼里作为垂直主干线主要用来传输数据信号外，经常用在长距离高速数据通道中，如数据城域网、公共电信网和智能小区局域网、学校的校园网等。

1）光缆传输系统的选用。为满足智能化建筑或智能化小区对数据和视频等多种信息的综合传输要求，有以下情况时宜采用光缆传输系统：①建筑群体间长距离的通信数据传输，或高速率的大容量通信传输网络；②通信线路需与其他网络（如电力系统网络）一起敷设，要求有强抗电磁干扰能力的场合；③智能化建筑和智能化小区的周围干扰场强很高，用屏蔽方法也无法抵御干扰的缆线结构的综合布线系统；④综合布线系统的发射干扰波指标超过规定，为防止传输信息向外辐射，不宜采用电缆传输系统。

2）光缆的选用。综合布线系统中采用光缆传输系统时，对光缆的选用应根据网络结构和传输距离等因素综合考虑。

短距离传输的计算机局域网络，一般采用多模光纤光缆。

在公用通信网中，由于是长距离传输系统，光缆均采用单模光纤。当综合布线系统作为公用通信网的一部分时，为了在网络连接时简便，采用的光缆应互相适应、性能匹配，因此，光缆传输系统也应采用单模光纤光缆。

综合布线系统中常用的光缆光纤直径和模式有 $62.5\mu m/125\mu m$ 缓变增强型多模光纤和 $8.3\mu m/125\mu m$ 突变型单模光纤两种，它们各有其特点和适用场合。

在综合布线系统中较为常用的是缓变增强型多模光纤，上述两种光纤应根据工程的实际需要选用。

光缆传输网络结构目前有点对点、星型和环型三种常用结构，作为综合布线的主干通常为星型结构。

3）光缆特点。有 2～48 纤各种规格，$900\mu m$ 紧缓冲层光纤可用于现场安装，全绝缘结构，无需熔接，光纤子单元有颜色编码，易于识别，注有以 m 为单位的长度标记，易于测定。图 6-63 所示为光纤示意图。

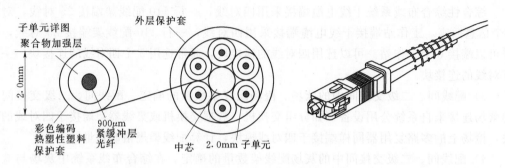

图 6-63　光纤示意图

垂直主干线的光纤系统，一头端接设备间的光发送器或光纤盒，另一头端接楼层配线间的光接收器或光纤盒，如图 6-64 所示。其光纤数由用户终端或信息插座的规模来确定。

六、设备间

设备间是放置综合布线的进出线配线架及语音、数据、图像、楼宇控制等设备的地方，是对建筑物或建筑群的布线及其应用系统进行管理和维护的场所。设备间的主要设备为数字程控交换机、计算机主机、计算机网络设备及布线系统设备。

设备间的理想位置应尽量靠近公共通信线路引入接口，以便与室内外公共通信设备、网络接口及装置连接。通信线路的引入端和楼宇设备及网络接口的间距，一般不超过 15m。

设备间应尽可能设置在建筑物或建筑群的中部，尽量靠近弱电井，以便于布线，缩短到最远端用户的距离，应尽量远离强电磁场，如有可能弱电井应与强电井分设，如不能分设，弱电桥架也应与强电桥架分开安装在井的两边，做好电磁屏蔽。

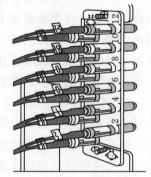

图 6-64　楼层配线间用的
光纤盒和光纤头

设备间的位置应选择在环境安全、干燥通风、清洁明亮和便于维护管理的地方。应避免设在建筑物的高层或地下室，设备间的上面或附近不应有渗漏水源，应尽量远离有害气体源以及腐蚀、易燃、易爆炸物。

设备间是安装设备的专用房间，所装设备对于环境要求较高，因此，内部装修和安装工艺必须注意满足通信机房、计算机房的规范要求。

设备间内的电子设备对温度、湿度有较高的要求，室温过高会使电子元件性能失稳、寿命下降，温度过高会使元件内部热噪声、电噪声增大，设备性能下降。相对湿度过低，容易产生静电，对微电子设备造成干扰，严重的甚至损坏设备。相对湿度过高会使微电子设备内部漏电流增大，影响设备稳定性。因此，设备间应有良好的温、湿度条件，以保证设备和维护人员的正常工作，要求室温应保持在 10～25℃之间，相对湿度应保持在 30%～80%，噪声应小于 70dB。

设备间应有良好的接地装置，根据通信机房和计算机房的技术要求，设备间接地应用铜绞线直接引向大楼接地极。铜绞线的截面视设备机房与楼宇接地极的距离，一般取 16～25mm²，设备间的设备、配线架也应可靠接地。

设备间内应有可靠的交流电源，必要时可设置备用电源和不间断电源，尤其设备间内装设计算机主机时，应根据其需要配置不间断电源。

设备间除设一般照明外，还应有应急照明，以供特殊情况时使用，其照度应达到工作照明度要求，设备间的一般照明，按照规定水平工作面距地面高度 0.8m 处、垂直工作面距地面高度 1.4m 处被照面的最低照度标准应为 150lx。

设备间内应防止有害气体侵入，并有良好的防尘措施，允许有害气体和尘埃含量的限值分别见表 6-25 和表 6-26，表中规定的灰尘粒子应是不导电的、非铁磁性和非腐蚀性的。

表 6-25　　　　　　　　　　　有 害 气 体 限 值

有害气体（mg/m³）	二氧化硫（SO_2）	硫化氢（H_2S）	二氧化氮（NO_2）	氨（NH_3）	氯（Cl_2）
平均限值	0.2	0.006	0.04	0.05	0.01
最大限值	1.5	0.03	0.15	0.15	0.3

表 6-26　　　　　　　　　　　尘 埃 含 量 限 值

灰尘颗粒的最大直径（μm）	0.5	1.0	3.0	5.0
灰尘颗粒的最大浓度（粒子数/m³）	$1.4×10^4$	$7×10^5$	$2.4×10^5$	$1.3×10^5$

设备间面积的大小应根据综合布线系统的规模、管理方式及应用设备的数量等进行综合考虑，并应考虑今后发展需要，一般不应小于 20m²。

1. 管理方式

设备间是对建筑物或建筑群的布线及其应用系统进行管理和维护的场所，其功能与规模取决于对系统的管理方式。

对系统的管理方式通常有两种，即单点管理、双点管理。

（1）单点管理。

1）工作区位于设备间的交接设备附近，线路不进行跳线管理，直接连至设备间的蓝场，如图 6-65 所示。

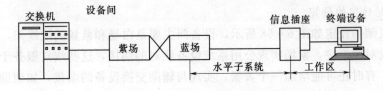

图 6-65　单点管理一次交联示意图

2）工作区通过水平子系统、垂直子系统与主设备相连，但仅在主配线架上交接管理，如图 6-66 所示。

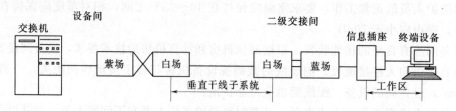

图 6-66 单点管理二次交联示意图

（2）双点管理。在综合布线系统中，为了保证系统的灵活性与可扩展性，对系统的管理通常用双点管理。双点管理除了在设备间里有一个管理点之外，在楼层配线间或二级交接间还有第二个可管理的交接区，如图 6-67 所示。

图 6-67 双点管理二次交联示意图

在综合布线系统中，如果系统较大，而且结构复杂，如跨距很大的单层商业网点、工厂厂房、校园网络等，还能采用双点管理三次交联、双点管理四次交联的方式。为了加强管理，应明确标示多次交联的色场，这些色场的标示应是符合综合布线的规范要求的，技术人员可以按照交联的色场简单地识别各条线路的来去方向，如图 6-68 所示。

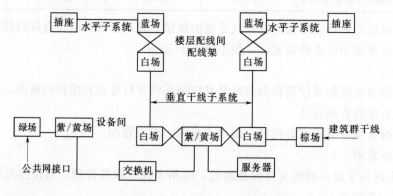

图 6-68 设备交联的色场

2. 色场配线架的设定

色场配线架的设定如图 6-68 所示，设备间主要是白场和紫场的配线架，白场实现干线和建筑群线对的端接，紫场实现公用系统设备线对的端接，这些线对服务于干线和建筑群布线系统。有时还可能增加一个黄场，实现与辅助交换设备的端接，如辅助交换机，黄场容量通常很小，在设备间里通过紫场与白场的交接，实现一次管理。

在理想情况下，在设备间里把两个需要交接的色场安装在一起，插接线或跨接线可以连接交接的色场的任何两点，在小的系统安装中很容易做到这一点，在大的系统安装中，这样的色场结构使得线路管理变得很困难，这是因为插接跳线的长度有限，使得一个较大交接场不得不一分为二，放在另一交接场的两边，这时要注意两个相邻色场的安排，通常情况下，在一个紫场（或加黄场）的两边设置两个白场，如图 6-68 所示。

3. 供电方式

在设备间供电系统中，应考虑程控用户电话交换机和计算机主机等机房的供电，以便节省设备和投资，有利于维护管理，一般有以下几种供配电方式。

（1）当整个建筑是一类供电时，供电十分可靠，没有强电磁干扰时，可考虑采用直接供电方式，以减少设备数量、节省工程投资。为了保证通信设备安全运行及计算机主机不中断工作，宜采用不间断电源系统（UPS），并配备多台设备并联运行。

（2）直接供电和 UPS 相结合的方式。即由市电直接供给设备间和机房内的辅助设备，程控用户电话交换机和计算机主机及网络系统的互联设备均由 UPS 供电。这种供配电方式不仅可减少系统之间的互相干扰，也有利于维护检修。此外，还可减少 UPS 设备数量，使工程投资费用降低。

（3）设备间内装设程控用户电话交换机和计算机主机时，其电源设计的具体内容和设计要求应分别按照《工业企业程控用户交换机工程设计规定》（CECS.09—89）或计算机主机电源要求的有关规定考虑。

（4）为了保证综合布线系统正常运行，设备间、楼层配线间或干线交接间内应设有独立、稳定、可靠的交流 50Hz、220V 电源，以便维护检修和日常管理，并有应急照明系统。

（5）为了避免电磁干扰和对外辐射，电力线进入机房以后，均应采用穿金属管的屏蔽方式。从配电柜到各有关设备的电力电缆，为避免 50Hz 交流电源对综合布线系统的缆线产生电磁干扰，也应采用穿金属管的屏蔽方式。配电柜一般应设置在设备间或机房的出入口附近，以便于操作、控制和管理。

4. 设备间内的缆线敷设

设备间内的缆线敷设应根据房间内设备布置和线缆的路由等具体情况，分别选用不同的敷设方式，设备间内缆线的各种敷设方式、适用场合及优、缺点可见表 6-27。

表 6-27　　　　设备间内缆线的敷设方式和适用场合

敷设方式	特　点	优　点	缺　点	适用场合
活动地板	线缆在活动地板下的空间敷设	1. 线缆敷设和拆除均简单方便，能适应线路增减变化，有较高的灵活性 2. 地板下空间大，电缆容量和条数多，路由自由短捷，节省电缆费用	1. 造价较高 2. 减少房屋的净高 3. 对地板表面材料有一定要求	一般用于电话交换机房、计算机主机房及设备间，且能全房间铺设，没有地下管线和障碍物
预埋管路	在建筑的墙壁或楼板内预埋管路，其管径和根数根据线缆需要来设计	1. 穿放线缆比较容易，维护、检修和扩建均有利 2. 造价低廉，技术要求不高 3. 不会影响房屋建筑结构	1. 管路容纳线缆的条数少，设备密度较高的场所不宜采用 2. 线缆改建或增设有所限制 3. 线缆路由受管路限制，不能变动	预埋管路只适用于新建建筑，管路敷设段必须根据线缆分布方案要求设计，路由不易更改

续表

敷设方式	特　点	优　点	缺　点	适用场合
电缆桥架	在设备（机架）上、沿墙安装桥架、桥架尺寸根据缆线需要设计	1. 不受建筑的设计和施工限制，可以在建成后安装 2. 便于施工和维护，也有利于扩建 3. 能适应今后变动的需要	1. 桥架安装不隐蔽、不美观 2. 机架上安装走线架或槽道在层高较低的建筑中不宜使用	在已建或新建的建筑中均可使用这种敷设方式（除楼层层高较低的建筑外），适应性较强，使用场合较多

第九节　某工程综合布线系统案例

1. 系统理解

某智能化项目是以综合布线系统为基础，计算机网络为桥梁，实现整个大楼的信息资源共享，并与外部公用信息网形成良好的沟通。布线系统的设计，考虑使整个系统具有实用、灵活、可扩展、模块化、可靠等特点，满足纪委监察局各大楼的通信需求。

在本智能化项目综合布线系统的设计规划上，按照设计院提供的平面图、系统图和业主对布线系统应用及营运的基本要求，并根据综合布线国际及国内标准的要求，结合公司的系统专业经验，为用户提供保证现在及未来应用的高速网络平台。该综合布线系统建设主要满足语音、数据及视频的应用需求，为高带宽应用程序提供完全的端到端布线解决方案，具有很强的超前性，适用于未来网络的扩展及升级，减少维护费用。

2. 系统配置

为了使本大楼得到长期的、更多的收益，本项目智能化项目综合布线系统设计，在充分满足项目需求的前提下，提出了理想的解决方案，并重点考虑了今后的系统扩充、可靠性、易维护、易管理等问题，相信本方案能给本智能化项目带来最大的实惠。

为实现上述目标，本系统将按以下原则设计：

（1）采用先进、成熟、实用的技术。

（2）考虑21世纪的客户对办公环境及舒适性的需求。

（3）采用的系统和设备是标准化的，具有开放性、可扩性和灵活性。

（4）构成的系统必须具有安全性、可靠性和容错性。

考虑到综合布线系统的需求、性能价格比、造型等实际因素，选用了著名的布线供应商——瑞士德特威勒的全系列布线解决方案。德特威勒公司在瑞士总部有一家具有30多年历史的线束装配厂，无论在材料还是在技术上积累了丰富的经验，同时德特威勒公司还是一家拥有Datwyler控股的接插件、零部件的供应商，可满足部分客户特殊的原材料需求，在必要时可以为客户提供强有力的支持。

为了切实保证本项目的综合布线系统能够按规划实现，在本次智能化项目综合布线系统设计中所使用的技术均经过严格的论证，确保这些技术切实可行。

综合布线系统清单报价见表6-28。

3. 设计依据

（1）《智能建筑设计标准》（GB/T 50314—2007）。

表 6－28

综合布线系统清单报价

序号	项目编码	项目名称	数量	综合单价(元)	合价(元)	其中		备注
						人工费(元)	机械费(元)	
		A.1 工作区子系统			93358.08	6097	4535.19	
1	0312020050001	六类 RJ45 非屏蔽模块:符合 TIA/EIA 568B 和 ISO/IEC 11801及相关国内标准;接线方式:T568B/568A;模块所有的可能接触面都需要镀金处理;直流电阻为 0.3Ω;绝缘阻抗:不低于 500MΩ;插拔寿命不少于 750 次;安装方式:免打线工具安装,并可使用在面板和配线架上	891 个	43.39	38660.49	231.66	106.92	
2	0312020050002	六类非屏蔽 RJ45 跳线:模块化 RJ45/RJ45 跳线,标准:TIA/EIA－568B.2－1 和 ISO11801 2nd;导体直径24AWG,内部多芯软线结构需有多种长度可供选择;传输带宽不小于 250MHz(100MHz);阻抗:100Ω+15%;跳线全部为原厂机制生产	891 条	52.79	47035.89	3474.9	4428.27	
3	0302040310001	双口面板:86 型,可提供单口/双口/四口类型;颜色为白色;材料符合 UL94－V0;安装方式:可以斜向下45°安装非屏蔽模块	328 个	13.05	4280.4	1535.04	0	
4	0302040310002	单口面板:86 型,可提供单口/双口/四口类型;颜色为白色;材料符合 UL94－V0;安装方式:可以斜向下45°安装非屏蔽模块	235 个	11.58	2721.3	855.4	0	
5	0312020050003	单工 SC 适配器:符合 TIA/EIA568,IEC874－14	11 个	35	385	0	0	
6	补 001	配套光纤支架	11 套	25	275	0	0	
		A.2 水平子/干线子系统			303174.91	22229.17	558.38	
7	0302120030001	六类非屏蔽线缆(PVC,十字芯):23AWG 实芯裸铜导体;内部须用十字骨架;符合 TIA/EIA568B 和 ISO/IEC11801 及相关国内标准;带宽不小于 250MHz,特性阻抗为 100Ω	57950.00m	3.27	189258.91	18578.77	0	
8	0302120030002	四芯室内多模光纤	3370.00m	8.54	28779.13	963.82	263.2	

续表

序号	项目编码	项目名称	数量	综合单价(元)	合价(元)	其中		备注
						人工费(元)	机械费(元)	
9	030212003003	三类25对大对数线缆；芯线规格：24AWG；芯线对数：25对/50对，每芯带有彩色护套；标准：ISO/IEC 11801：2002Ed2.0，带宽不小于16MHz；特性阻抗为100Ω；符合IEC60332-1标准要求	1830.00m	15.88	29067.35	523.38	142.92	
10	030212003004	室内12芯多模光缆；UL/CSA验证符合OFNR性能要求，设计和测试均根据BellcoreGR-409-CORE及IEC793-1/794-1标准；符合ISO/IEC11801标准	2080.00m	26.96	56069.52	2163.2	152.26	
		A.3 管理子系统			138773.99	9509.76	6832.24	
11	031202005004	24口六类配线架；24口RJ45模块化结构的配线架；配用线缆托架；符合国际标准组织的防火级别要求；19英寸机柜式安装；配线架上的所有RJ45模块都和工作子区系统的模块可互换	29台	446.69	12954.01	1809.6	226.2	
12	031202005005	六类RJ45非屏蔽模块；符合TIA/EIA568B和ISO/IEC11801及相关国内标准；接线方式：T568B/568A，模块的可能接触面都需要镀金处理；直流电阻为0.3Ω；绝缘阻抗：不低于500MΩ；插拔寿命不少于750次；安装方式：免打线工具安装，并可使用在面板和配线架上	696个	43.39	30199.44	180.96	83.52	
13	031202005006	六类非屏蔽RJ45跳线；模块化RJ45/RJ45跳线；标准：TIA/EIA-568B.2-1和ISO1180 12nd；导体直径：24AWG，内部多芯软线结构需有多种长度可供选择；传输带宽不小于250MHz(100MHz)；阻抗：100Ω+15%；跳线全部为原厂机制生产	696根	52.79	36741.84	2714.4	3459.12	
14	031202005007	模块化光纤配线箱（12口双工SC，机架式）；1U光纤配线架，为固定式安装方式，1U可支持24芯SC	3个	1005.66	3016.98	93.6	10.8	
15	031202005008	SC适配器SC-SC双工；符合TIA/EIA 568，IEC874-14	36个	35	1260	0	0	

续表

序号	项目编码	项目名称	数量	综合单价（元）	合价（元）	其中		备注
						人工费（元）	机械费（元）	
16	0312020005009	通用跳线导线架(1HU):1U 高度,带盖板	37 条	130.66	4834.42	1154.4	133.2	
17	0312020005010	100 对 110 配线架:符合 TIA/EIA568B 和 ISO/IEC11801;19 英寸机柜式安装	5 套	174.28	871.4	260	30	
18	0312020005011	110C5 连接块	100 个	6.89	689	26	12	
19	0312020005012	110 跳线槽:1U 高度,带盖板	5 个	57	285	0	0	
20	0312020005013	一对 110 - RJ45 压接跳线:一对非屏蔽 RJ45 到 110 跳线,PVC 灰色	500 个	22.19	11095	1950	2485	
21	0312020005014	熔接用尾纤,SC,62.5/125μm;符合 TIA/EIA568,IEC874-14(含熔接)	72 根	124.19	8941.68	280.8	357.84	
22	补 002	非标机柜,20U	14 台	1031.09	14435.26	946.4	0	
23	0312020005015	SC - SC 多模双工光纤跳线,2m 符合 TIA/EIA568,IEC874 - 14	36 根	373.61	13449.96	93.6	34.56	
		A. 4 设备间子系统(PDS 机房)			158510.39	3042	2200.8	
24	0312020005016	100 对 110 配线架	6 条	174.28	1045.68	312	36	
25	0312020005017	110C5 连接块	120 台	8.59	1030.8	31.2	14.4	
26	0312020005018	110 跳线槽	6 个	57	342	0	0	
27	0312020005019	熔接尾纤,SC,62.5/125μm	384 根	124.19	47688.96	1497.6	1908.48	
28	0312020005020	模块化光纤配线箱(12 口双工 SC,机架式)	16 个	795.66	12730.56	499.2	57.6	
29	0312020005021	SC 适配器 SC - SC 双工	192 个	58	11136	0	0	
30	0312020005022	通用跳线导线架(1HU)	22 个	55	1210	0	0	

续表

序号	项目编码	项 目 名 称	数量	综合单价(元)	合价(元)	其中		备注
						人工费(元)	机械费(元)	
31	补003	机柜.42U	3个	3081.09	9243.27	202.8	0	
32	03120202005023	SC-SC光纤跳线	192根	373.61	71733.12	499.2	184.32	
33	补004	110五对打线工具,有把手	1把	1550	1550	0	0	
34	补005	免打线压接工具,适用于Cat.6SNAP-IN模块	1把	800	800	0	0	
		B.计算机系统			485740.98	1484.6	4499.7	
		B.1核心交换机			193798.88	145.6	132.62	
35	03120200006001	路由交换机交流主机	2台	34567.24	69134.48	78	132.34	
36	03120202007001	交换路由处理板(提供24端口以太网光口)	2块	24220	48440	0	0	
37	03120202007002	交流电源模块	2块	2175	4350	0	0	
38	03120202007003	12端口千兆以太网电接口业务板	1块	15718.6	15718.6	16.9	0.07	
39	03120202007004	12端口千兆以太网光接口业务板	1块	17218.6	17218.6	16.9	0.07	
40	03120202007005	20端口百兆以太网光接口业务板	2块	16868.6	33737.2	33.8	0.14	
41	03120202007006	光模块-SFP干兆多模模块	8个	650	5200	0	0	
		B.2接入层交换机			187788.5	1105	4289.25	
42	03120200006002	48口交换机(外网)	6台	8725.94	52355.64	265.2	1029.42	
43	03120200006003	24口交换机(外网)	7台	5125.94	35881.58	309.4	1200.99	
44	03120200006004	24口端口隔离交换机(内网)	7台	4795.94	33571.58	309.4	1200.99	
45	03120200006005	48口端口隔离交换机(内网)	5台	9945.94	49729.7	221	857.85	
46	03120200006006	多模模块:技术指标具体详见设计参数	25个	650	16250	0	0	

（2）《大楼通信综合布线系统行业标准》（YD/T 926 1997）。

（3）《建筑与建筑群综合布线系统验收规范》（GB/T 50312—2000）。

（4）《民用建筑电气设计规范》（JGJ/T 16—1992）。

（5）《建筑设计防火规范》（GBJ 16—87）95 修订。

（6）《高层民用建筑设计防火规范》（GB 50045—1995）。

（7）《建筑物综合布线规范》（ISO/IEC 11801：2002）。

（8）EN 50173（欧洲布线标准）。

（9）ISO/IEC 11801（国际布线标准）。

（10）EIA/TIA 568A（美国布线标准）。

（11）《商务建筑物电信布线路由标准》（EIA/TIA—569）。

（12）《商务建筑物电信基础设施管理标准》（EIA/TIA—606）。

（13）《商务建筑物电信布线测试标准》（EIA/TIA TSB95）。

（14）《某智能化项目智能化系统工程施工图》。

（15）《某智能化项目智能化系统工程招标文件》。

4. 方案设计

（1）系统设计原则。系统的方案设计应与当前科学技术高速发展的潮流相吻合，系统总体结构应定位合理，确保能够适应未来技术发展变化的应用和扩展。

系统设计首先以实用为第一原则。在符合当前实际应用需要的前提下，合理平衡系统的经济性和先进性，避免片面追求先进性而脱离实际或片面追求经济性而损害系统智能化的功能。

系统建成后，能够保持 24h 全天候连续工作。局部故障绝对不能影响整个系统的运作，系统的关键部件宜考虑容错和备份。

充分考虑系统的极端安全性，保证系统运行安全可靠。既能符合业主、国家或国际的相关安全标准和规范的要求，又要确保系统内部的数据信息在传输、存储及使用过程中安全可靠。

在系统或设备选型中，以现有成熟的设备和系统为首选对象，以智能化总体目标为方向，局部服从全局、全局高度平衡，力求使系统在初次投入和整个运行周期内可获得最优的性能/价格比，完美实现业主建设智能化系统的初衷。

由于系统监视和控制的内容广泛，涉及各类性质的对象，系统包含的设备品种繁多且复杂，同时安装位置分散，因此，建成后，系统要求具有很强的可维护性和易维护性，既要做到有效减少工程管理维护人员，又要降低维护工作的强度和维护运行开支。

在系统设计中遵循国家和国际各相关的标准及协议，能够兼容不同厂家、不同协议的系统或设备。系统采用符合工业标准的操作系统，并针对各符合国际主流工业标准的第三方系统或设备提供开放接口，以便用户以后能根据实际需要进行二次开发。

（2）综合布线系统组成。根据 ISO/IEC11801 标准，建筑物综合布线系统由六个独立的子系统组成，如图 6-69 所示。

工作区子系统（用户端子）：由终端设备连接到信息插座的连线组成，它包括装配软线、连接器和连接所需的扩展软线，并在终端设备和 I/O 之间连接。

水平子系统（平面楼层系统）：实现信息插座和管理子系统（配线架）之间的连接。一般采用双绞线，为语音及数据的输出点。

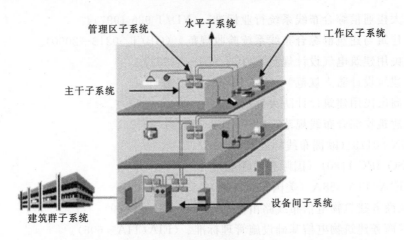

图 6-69 综合布线系统组成

主干子系统（垂直竖井系统）：实现计算机设备、程控交换机和各管理子系统间的连接。常用介质是大对数电缆、光纤等。

管理区子系统（布线配线系统）：实现配线管理，通过使用颜色编码，使得追踪和跳线变得很容易。

设备间子系统（机房子系统）：提供主干与网络连接的硬件环境与接口，如 PABX、大型机、计算机网络通信中枢等设备。在该子系统中有大量硬件设备，集中了大量的通信干线。

建筑群子系统（户外系统）：实现建筑物之间相互连接，包括支持楼群之间通信的传输介质及各种支持设备，如电缆、光缆及电气保护设备，以及微波、无线电视等其他通信手段。

（3）工作区子系统　工作区指从由水平系统而来的用户信息插座延伸至数据终端设备的连接线缆和适配器组成。工作区的 UTP/FTP 跳线为软线（Patch Cable）材料，即双绞线的芯线为多股细铜丝，最大长度不能超过 5m。

数据和语音信息插座均选用六类 RJ45 插口模块，并采用 86H 暗盒及墙型面板，除 AP 点安装高度在离地 2.5m 外，未特别标明的场合安装高度底边距地 0.3m，与强电插座水平距离为 0.2m。

工作区子系统示意图如图 6-70 所示。

系统点位设置见表 6-29。

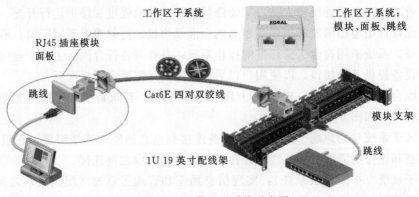

图 6-70 工作区子系统示意图

表 6 – 29 系统点位设置表

综合楼	楼层	功能区域	信息点		弱电综合箱	光纤点
			语音点	数据点		
A楼	一层					
		门卫室	1	2		
		人口门厅	2			
		办案标间×10			10	
		辅助用房（1）×7			7	
		辅助用房（2）×9			9	
		对象间×4			4	
		陪护×6			6	
		过渡陪护×2			2	
		休息区			1	
		商务中心			1	
		小计	3	2	40	0
	二层					
		医务室	2	4		
		门厅	2			
		休息室	1	1		
		办案标间×8			8	
		辅助用房（1）×6			6	
		辅助用房（2）×10			10	
		对象间×6			6	
		陪护×7			7	
		过渡陪护			1	
		主任室			1	1
		案情分析室			1	
		小计	5	5	40	1
	三层					
		管理室	4	8		
		门厅	2			
		客房服务间	1	1		
		办案标间×8			8	
		辅助用房（1）×7			7	
		辅助用房（2）×9			9	
		辅助用房（3）×1			1	
		对象间×6			6	

续表

综合楼	楼层	功能区域	信息点		弱电综合箱	光纤点
			语音点	数据点		
		陪护×7			7	
		过渡陪护			1	
		主任室			1	1
		案情分析室×2			2	
		小计	7	9	42	1
	四层					
		审计室（公共复印室）	2	4		
		门厅	2			
		客房服务间	1	1		
		办案标间×14			14	
		辅助用房（1）×7			7	
		辅助用房（2）×9			9	
		辅助用房（3）×1			1	
		会议室×2			2	
		书记室			1	1
		常委室			1	1
		案情分析室×2			2	
	顶层					
		活动室兼电子阅览室			1	1
		20人会议室			1	1
		小计	5	5	39	4
B楼	一层					
		办案用房×2	4	12		
		门厅	2	4		
		值班室	2	6		
		办案用房（大）×3			3	
		小计	8	22	3	0
	二层					
		线索排查室×9	18	54		
		线索排查室（大）	2	2		
		小计	20	56		0
	三层					
		侦查室×9	18	54		
		侦查室（大）	2	2		
		小计	20	56		
	四层					
		刑侦室×9	18	54		

| 综合楼 | 楼层 | 功能区域 | 信息点 | | 弱电综合箱 | 光纤点 |
			语音点	数据点		
		刑侦室（大）	2	2		
		小计	20	56		
	五层					
		档案室×4	8	24		
		档案室（大）	2	2		
		案情分析室×3	6	18		
		案情分析室（大）			1	
		小计	16	44	1	0
C楼	地下一层					
		值班室×3	3	3		
		防化值班室	1	1		
	一层					
		门厅	1	2		
		消控中心	3	3		
		40人会议室			1	1
		100人会议室			1	1
		健身中心服务台			1	
		休息区服务台			1	
		库房			1	
		小计	8	9	5	2
	二层					
		财务办公室	2	4		
		餐饮部主管	1	2		
		小餐厅×9	9			
		运动场	2			
		大餐厅			1	
		厨房			1	
		小计	14	6	2	0
	三层					
		准备室	1	2		
		审计室（小）	4	8		
		审计室（大）	12	24		
		公开审理听证室			1	1
		公开审理听证室285人			1	1
		小计	17	34	2	2
		合计	143	304	174	10

其中，结合招标文件要求，对象间每个房间安排一个控制箱，设在门外，每个房间安排信息点（铜）2个，综合控制信息点1个、监控用信息点4个（包括视频点4个，音频点2个，IP传输，屏蔽双绞线，谈话间只布线，不做终接）、电话语音点1个（对象间只布线，不做终接）、数字有线电视点1个（只布线，不做终接）、双向对讲系统点1个；相关的门禁、IC卡等控制线。

陪护间每个房间（小间，大间加倍）安排信息点（铜）8个，综合控制信息点1个、监控用信息点2个（仅对大套间，屏蔽线路，不做端接）、电话语音点2个、数字有线电视点1个；相关的门禁、IC卡等控制线。

办案间：每个房间（小间，大间加倍）安排信息点（铜）2个，综合控制信息点1个、监控用信息点2个（仅对大套间，屏蔽线路）、电话语音点1个、数字有线电视点1个；相关的门禁、IC卡等控制线。

会议室及休息场所：每个房间根据面积（每20m²为单位面积）安排1~2个信息点（大开间使用地插）、一个电话语音点、数字电视点；相关门禁等控制线；会议室一卡通布线（用于会议签到等）。

结合以上布点要求，系统共设置了六类信息点891个，其中语音点328个，内网数据点228个，外网数据点335个，光纤点10个。

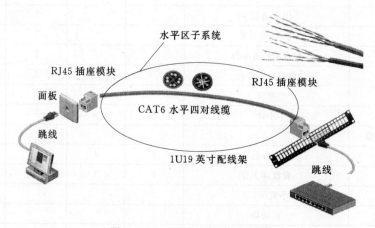

图6-71　水平区子系统示意图

（4）水平区子系统。水平布线子系统是整个布线系统的一部分，它是从RJ45信息插座开始到管理子系统的配线架间的连接，结构一般为星型，处于同一楼层上，并与信息插座连接，采用六类四对非屏蔽双绞线（UTP）作为传输介质。在某些高宽带应用时采用光纤介质。在设计水平子系统时，必须具有全面介质设施方面的知识，考虑用户的需求和未来发展的需要，能够向用户提供完善而又经济的设计。

水平区子系统示意图如6-71所示。

水平区子系统六类信息点传输线缆选用了瑞士德特威勒公司带十字芯隔离的低烟无卤双绞线缆，低烟无卤线缆具有以下特性：

1）抗张力强度比一般PVC线缆电线大：一般PVC线缆抗张力强度大于1.05kgf/mm²，而低烟无卤线缆抗张力强度大于1.2kgf/mm²。

2）具有良好的耐候性（-30～105℃）。

3）具备良好的柔软度（硬度为80～90）。

4）具有非移性（因为此产品配方中不用添加可塑剂，故不会有移形性）。

5）燃烧时不会产生有毒黑烟（会产生少量白色烟雾）。

6）具有较高的体积电阻率：PVC电线一般为$10^{12}～10^{15}\,\Omega/cm^3$，低烟无卤电线大于$10^{16}\,\Omega/cm^3$。

7）具有良好的耐高压特性：PVC电线一般耐10kV以上，而低烟无卤电线高达15kV以上。

8）具有良好的弹性和黏性。

信息口单元采用国标86型单/双孔插座安装面板，设计安装一个或二个六类信息模块。为防止用户混淆具体应用端口，可以在面板上加以标识或者采用彩色模块区别语音和数据的应用。

水平区子系统光纤信息点采用四芯室内多模光缆作为传输介质，满足系统高宽带应用。

为了确保光纤信息点及六类非屏蔽信息点内光纤及铜缆有足够的弯曲半径，建议使用的86型底盒深度不小于60mm。

水平走线方式采用电缆桥架敷设，通信电缆井内的配线架采用金属线槽敷设到房间外走廊吊顶内，用KBG管沿墙暗敷设至工作区各信息点；任何改变系统的操作（如增减用户、用户地址改变等）都不影响整个系统的运行，为系统的重新配置和故障检修提供了极大的方便。RJ45埋入式信息插座与其旁边电源插座应保持20cm的距离，信息插座和电源插座的底边沿线距地板水平面30cm，大楼内会议室等开间信息点考虑采用地插方式设置。

所有信息点就近接入相应管理间。

按《建筑与建筑群结构化布线系统工程设计规范》（GB/T 50311—2007），最大距离水平不超过90m。依据某某建筑平面图计算，大楼内信息点到各相应楼层弱电井IDF的水平布线长度为65m，符合总额布线系统工程设计规范要求。

水平线根据以下计算：

$$水平平均长度 = (Max + Min) \times 1.1/2 + 10$$

式中　Max——最远信息点水平走线长度；

　　　Min——最近信息点水平走线长度；

　　1.1——走线余量系数；

　　/2——取平均值；

　　+10——端接余量。

根据办公楼内各楼层信息点的数量及水平布线平局距离计算，系统共配置了190箱（57950m）低烟无卤十字芯双绞线缆。

（5）管理间子系统。管理间子系统设置在楼层配线间，是水平系统电缆端接的场所，也是主干系统电缆端接的场所；由大楼主配线架、楼层分配线架、跳线、转换插座等组成。用户可以在管理子系统中更改、增加、交接、扩展线缆。用于改变线缆路由。建议采用合适的线缆路由和调整件组成管理子系统。

管理子系统提供了与其他子系统连接的手段，使整个布线系统与其连接的设备和器件构成一个有机的整体。调整管理子系统的交接则可安排或重新安排线路路由，因而传输线路能够延伸到建筑物内部各个工作区，是综合布线系统灵活性的集中体现。

管理子系统三种应用：水平/干线连接；主干线系统互相连接；入楼设备的连接。线路的色标标记管理可在管理子系统中实现。

管理间子系统示意图如图6-72所示。

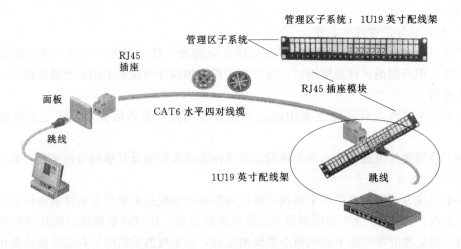

图6-72 管理间子系统示意图

本项目布线系统包括三个建筑物，在A楼、B楼、C楼每层设置一个水平交接间；每一个水平交接间与主机房（技术机房）间网络采用12芯多模光纤相连，线路可支持10KM以太网标准。

每栋楼的水平交接间电源在一层弱电井道内由UPS统一供电。

每个水平交换间设置一个20U的550×400机柜。

数据信息点采用24口六类快接式模块化配线架。

语音主干系统采用机架式110配线架。

光纤系统采用12口光纤配线架。

数据点通过RJ45跳线接入网络交换机，语音信息点通过跳线接入专用的语音配线架。

（6）垂直干线子系统。垂直干线子系统由连接主设备间至各楼层配线间之间的线缆构成。其功能主要是把各分层配线架与主配线架相连。用主干电缆提供楼层之间通信的通道，使整个布线系统组成一个有机的整体。垂直干线子系统拓扑结构采用分层星型拓扑结构，每个楼层配线间均需采用垂直主干线缆连接到大楼主设备间。垂直主干线采用25对大对数线缆时，每条25对大对数线缆对于某个楼层而言是不可再分的单位。垂直主干线缆和水平系统线缆之间的连接需要通过楼层管理间的跳线来实现。

垂直主干线缆安装原则：从大楼主设备间主配线架上至楼层分配线间各个管理分配线架的铜线缆安装路径要避开高EMI电磁干扰源区域（如电动机、变压器），并符合ANSI TIA/EIA—569的安装规定。

电缆安装性能原则：保证整个使用周期中电缆设施的初始性能和连续性能。

大楼垂直主干线缆长度小于 90m 时，建议按设计等级标准来计算主干电缆数量；但每个楼层至少配置一条六类 UTP 做主干。

大楼垂直主干线缆长度大于 90m，则每个楼层配线间至少配置一条室内六芯多模光纤做主干。主配线架在现场中心附近，保持路由最短原则。

垂直干线子系统示意图如图 6-73 所示。

总体设计：垂直子系统为各楼层分配线间至总配线间之间的线缆，可分为语音主干及数据主干，分别采用三类 25 对大对数和室内 12 芯多模光纤，将子配线管理区（IDF）与主配线管理区（MDF）用星型结构连接起来，作为信息传递的主干道。

线缆说明：多模光纤其优点有光耦合率高、纤芯对准要求相对较宽松。当计算机数据传输距离超过 100m 时，用光纤作为主干将是最佳选择。其传输距离相对较远，并具有大对数电缆无法比拟的高带宽和高保密性、抗干扰性。

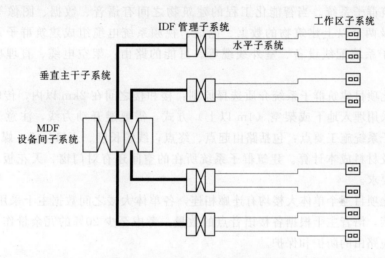

图 6-73　垂直干线子系统示意图

数据主干：每 IDF 引入两根低烟无卤的 12 芯室内多模光缆，一根内网一根外网，确保网络系统的稳定、可靠。每根 12 芯多模光纤提供六个传输通道，并提供一定数量物理链路备份，作为用户上网、视频及多媒体等通信需求传输主干。每根光缆考虑端接余量 6m，根据统计，系统共需室内 12 芯多模光缆 1200m。

语音主干：每 IDF 区采用三类 25 对大对数传输语音或低速数据，考虑到大楼日后语音的扩展需求，语音大对数在设计时考虑了 20% 的冗余。每根大对数考虑端接余量 6m，根据统计，系统共需三类 25 对大对数 1830m。

（7）设备间子系统。设备间子系统是一个集中化设备区，连接系统公共设备，如 PBX、局域网（LAN）、主机、建筑自动化和保安系统，及通过垂直干线子系统连接至管理子系统。

设备间子系统是大楼中数据、语音垂直主干线缆终接的场所，也是建筑群来的线缆进入建筑物终接的场所，更是各种数据语音主机设备及保护设施的安装场所。建议设备间子系统设在建筑物中部或在建筑物的一、二层，位置不应远离电梯，而且为以后的扩展留有余地，不建议在顶层或地下室。建议建筑群来的线缆进入建筑物时应有相应的过流、过压保护设施。

设备间子系统空间要按 ANSI/TIA/EIA－569 要求设计。设备间子系统空间用于安装电信设备、连接硬件、接头套管等。为接地和连接设施、保护装置提供控制环境，是系统进行管理、控制、维护的场所。设备间子系统所在的空间还有对门窗、天花板、电源、照明、接地的要求。

系统中心机房位于综合楼 C 楼一层 PDS 机房内，作为计算机网络系统的中央管理控制中心，项目所有信息点全部集中到此中心机房统一管理。

在本项目中，楼层设备间主要放置 24/48 口接入交换机及配线架。中心设备间用于放置核心交换机、路由器、防火墙等设备。

采用 19 英寸标准型机柜，所有信息点均通过一定的编码规则和颜色规则标识，同时在机柜旁用示意图来说明，以方便用户的使用和管理。

（8）建筑群子系统。当智能化工程的建筑物之间有语音、数据、图像等相连需要时，由两个及两个以上建筑物的数据、电话、视频系统电缆组成建筑群子系统，包括大楼设备间子系统配线设备、室外线缆等。可能的路由：架空电缆、直埋电缆、地下管道穿电缆。

本智能化项目建筑群子系统介质选择原则：楼和楼之间在 2km 以内，传输介质为室外光纤，可采用埋入地下或架空（4m 以上）方式，需要避开动力线，注意光纤弯曲半径。建筑群子系统施工要点：包括路由起点、终点；线缆长度、入口位置、媒介类型、所需劳动费用及材料成本计算。建筑群子系统所在的空间还有对门窗、天花板、电源、照明、接地的要求。

本智能化项目三个单体大楼均有连廊相连，各单体大楼之间数据主干采用两根 12 芯多模光纤连接，语音主干根据各楼语音点的数量，考虑至少 20％ 的冗余量作为主干，同时应做好线缆路由的防护和保护。

5. 产品性能及功能特点

（1）信息面板 DT741821 DT741822。

1）产品特点。①墙面用英式面板；②KS/KU 模块可以轻松地安装；③面板带有永久性防尘盖；④面板下方配有可更换的标签窗；⑤前后双层面板设计，外形美观，避免固定螺钉孔外露；⑥雾面设计，安装时不容易划伤表面；⑦面板材料防火等级达到 UL94V－0。

2）产品尺寸。①中心面板，82mm×82mm；②面板外框，86mm×86mm；③面板高度，12mm（墙面以上部分）。

3）产品材料。ABS 工程塑料。

（2）六类信息模块 418070 产品应用。见表 6－30。

（3）六类 24 口非屏蔽配线架 418024 产品描述。见表 6－31。

（4）六类非屏蔽 UTP。

1）产品特性。①系统传输带宽大于 250MHz，充分满足在电气和力学性能的方面的要求；②兼容所有 Cat. 6 非屏蔽系统，依照 ISO/IEC 11801Ed. 2；EIA/TIA56；③内部十字芯结构使得电缆结构及性能更加稳定卓越。

表 6 - 30　　　　　　　　　　**六类信息模块 418070 产品应用**

产 品 应 用
在网络中传递数字和模拟的语音、数据和视频信号
分别适用于所有 D 级和 E 级信道的应用
分别依据 EN50173；ISO11801 第二版本或 EIA/TIA568B.2－1 规定的六类标准，适用于所有六类应用

产 品 描 述
安装方式：免打线工具安装，可使用在面板和配线架上
模块体采用高抗压阻燃材料，UL94V－0 等级。Snap－in 简便卡接方式
连接片采用镀金铜铍合金；IDC 采用铜磷合金
模块屏蔽外壳材料使用镀镍铜合金制成
模块上标有 T568A/568B 打线色标

力学性能	
插拔次数	≥800 次
端接寿命	≥200 次
线束直径固线	0.4mm（AWG26）到 0.65（AWG22）
多股线（七股）	AWG26－27
	同时也适用于线径为 AWG22－24 的可重复使用的单股线
	（同一接触部分或稍大的十字区域）
绝缘线径	0.7～1.4mm（1.6mm）
温度范围	－40～70℃（储存时）
	－10～60℃（安装时）
	－10～60℃（工作时）

应 用 标 准
ISO/IEC11801：2002
IEC 60603－7－4（版本：1.02003－01－10）
IEC 60603－7－2（版本：1.02003－01－10）
EIA/TIA568B.2－1（2002de－embedded）

一 般 特 性
端接：端接色标根据 TIA/EIA568A 所规定

表 6 - 31　　　　　　　　**六类 24 口非屏蔽配线架 418024 产品描述**

产品描述	带有 24 个非屏蔽六类模块的 24 口非屏蔽六类模块化配线架，在网络中传递语音、数据和视频信号。符合 ISO11801 第二版本；EIA/TIA568B.2；EN50173－1 规定的六类传输标准	
产品特点	配线架中的模块印有打线色标，避免在安装中的打线错误。借助于模块上的卡口，能很容易与配线架上的插座相连接	
力学性能		
	插头保持力	最低 30LBS（介于插头与插座之间）
	插拔次数	大于 800 次
物理性能		

	外表面材料	高抗压及阻燃塑料，UL94V-0等级
	线束及连接片材料	铜磷合金
电气性能		
	绝缘阻抗	最小10MΩ
	绝缘电压	1000V60Hz，1Min
	接触阻抗	最大20MΩ
	电流等级	1.5A（20℃时）
环境条件		
	适用温度	−40～70℃（储存时） −10～60℃（工作时）
	相对湿度（操作时）	最大93%

2）产品应用：

①结构化布线数据传输电缆，传输数字、语音、数据和视频信号，满足高端需求；②尤其适合所有E级链路和六类的应用，包括ISDN、10M以太网、100M快速以太网、1000M以太网、4/16Mbps令牌环、TP-PMD/TP-DDI125Mbps，ATM155Mbps等。

3）电气性能（表6-32）。环路电阻（20℃时）：小于155Ω/km；容抗：50pF/m；阻抗：100Ω±15Ω。

表6-32   **电 气 性 能**

频率（MHz）	1	4	10	16	20	31.25	62.5	100	155	250
衰减（dB/100m）	1.8	3.6	5.6	7.1	8	9.9	14.2	18.1	23.3	29.1
近端串扰（dB）	80	73	67	64	61	57	53	48	46	42
综合功率近端串扰（dB）	78	71	65	62	59	55	51	46	44	40
近端串扰衰减比（dB）	78	69	61	57	53	47	39	30	23	13
综合功率近端串扰衰减比（dB）	76	67	59	55	51	45	37	28	21	11
远端串扰（dB）	86	78	67	60	56	53	46	40	36	32
综合功率等效远端串扰（dB）	84	76	65	58	54	51	44	38	34	30
回波损耗（dB）	27	32	32	32	32	32	30	30	28	25

4）弯曲半径。①固定时，≥24mm；②牵引时，≥48mm；③拉伸强度，≤93N。

5）温度范围。①安装时，0～50℃；②工作时，−20～60℃。

6）环境条件。①烟密度：根据IEC61034；②燃烧性能：根据IEC60332-1。

7）导线尺寸（$n×n×$AWG）。①4×2×23AWG；②芯线直径为0.56mm；外径为6.5mm。

（5）光纤配线架。

1）产品特点。①采用优质冷轧钢板成型，静电粉末喷涂；②设计简洁美观，抽屉式结构设计，两侧设有定位栓，更加利于简便安装；③背部设计有四个光缆进口，大大提高了灵活性；④独立可更换式前板设计，灵活的匹配各种适配器；可以实现在1U高度上的6～24口的应用；⑤配线架内部配有所有必需的附件，如绕线盘、热缩管等。

　　2）适配器。ST/FC/SC/MTRJ/LC。

　　3）产品尺寸。19英寸×1U×234mm。

　　6. 综合布线系统图

　　综合布线系统如图6-74所示（见文后附页）。

思 考 题 与 习 题

6-1　综合布线划分为几个部分？

6-2　叙述智能建筑与综合布线的关系。

6-3　叙述综合布线的特点。

6-4　综合布线适用范围是什么？

6-5　综合布线常用哪几种线缆？各有何特点？

6-6　电缆传输链路主要指标是什么？

6-7　简述香农公式在综合布线中的意义。

6-8　什么是单模光纤和多模光纤？各有什么优、缺点？

6-9　信息插座分几类？

6-10　怎样确定信息插座的类型和数量？

6-11　叙述设备间管理区电缆连接及其色标。

6-12　光缆传输链路主要指标是什么？

6-13　叙述双绞电缆传输原理。

6-14　为什么配线架和电缆屏蔽层必须接地？

参 考 文 献

［1］　程大章. 住宅小区智能化系统设计与工程实施［M］. 上海：同济大学出版社，2001.
［2］　梁华，梁晨. 建筑智能化系统工程设计手册［M］. 北京：中国建筑工业出版社，2003.
［3］　华东建筑设计院. 智能建筑设计技术（第二版）［M］. 上海：同济大学出版社，2002.
［4］　刘国林. 建筑物自动化系统［M］. 北京：机械工业出版社，2002.
［5］　张九根等. 建筑设备自动化系统设计［M］. 北京：人民邮电出版社，2003.
［6］　中国建筑东北设计研究院. 民用建筑电气设计规范［M］. 北京：中国计划出版社，2005.
［7］　王可崇. 智能建筑自动化系统［M］. 北京：中国电力出版社，2008.
［8］　张少军. 建筑智能化系统技术［M］. 北京：中国电力出版社，2006.
［9］　郭维钧，贺智修，施鉴诺. 建筑智能化技术基础［M］. 北京：中国计量出版社，2001.
［10］　谢秉正. 建筑智能化系统监理手册［M］. 南京：江苏科学技术出版社，2003.
［11］　钟吉湘. 建筑智能化施工［M］. 北京：国防工业出版社，2008.
［12］　王炳南. 综合布线系统应用手册/中国建筑智能化行业系列应用手册［M］. 北京：中国建筑工业出版社，2002.
［13］　李界家. 智能建筑办公网络与通信技术［M］. 北京：清华大学出版社，北京交通大学出版社，2004.
［14］　张爱民等. 自动控制原理［M］. 北京：清华大学出版社，2006.
［15］　程控，金文光. 综合布线系统工程［M］. 北京：清华大学出版社，2005.
［16］　龙惟定，程大章. 智能化大楼的建筑设备［M］. 北京：中国建筑工业出版社，1997.
［17］　杨连武. 火灾报警及联动控制系统施工［M］. 北京：电子工业出版社，2006.
［18］　秦兆海，周鑫华. 智能楼宇技术设计与施工. ［M］. 北京：北方交通大学出版社，2003.
［19］　杨绍胤. 智能建筑工程及其设计［M］. 北京：电子工业出版社，2009.
［20］　孙萍. 建筑智能安全系统［M］. 北京：机械工业出版社，2010.
［21］　雍静，李北海，杨岳. 建筑智能化技术［M］. 北京：科学出版社，2008.
［22］　韩宁，陆宏琦. 建筑弱电工程及施工［M］. 北京：中国电力出版社，2003.
［23］　沈晔. 楼宇自动化技术与工程［M］. 北京：机械工业出版社，2004.
［24］　熊联娥等. 建筑智能化系统设备安装工程预算知识问答［M］. 北京：机械工业出版社，2006.
［25］　禹禄君. 综合布线技术实用教程［M］. 北京：电子工业出版社，2007.
［26］　王亚娟. 智能建筑综合布线［M］. 北京：化学工业出版社，2009.
［27］　杜思深等. 综合布线［M］. 北京：清华大学出版社，2006.
［28］　王趾成，张军. 综合布线技术［M］. 西安：西安电子科技大学出版社，2007.
［29］　刘化君. 综合布线系统［M］. 北京：机械工业出版社，2008.
［30］　梁嘉强，陈晓宜. 建筑弱电系统安装［M］. 北京：中国建筑工业出版社，2006.
［31］　单光庆. 综合布线［M］. 北京：北京邮电大学出版社，2009.